理化检测人员培训系列教材

丛书主编　靳京民

金相检验与分析

姚远程　杜　勤　蔡　红　元　涛　葛东伟　刘科虹
李　宁　张　敏　高建国　高艳梅　崔景博　管秀云　等编著

机械工业出版社

本书介绍了金属学原理、热处理工艺、金属材料等基础知识；详细介绍了金相检验技术和常用的宏观及微观检验项目及方法；系统介绍了不同钢铁材料及常见有色金属材料的特点、应用及金相检验项目和质量控制要求；对失效分析及相关专业基础知识也做了介绍。

本书面向工业生产，侧重于实际应用，有较强的理论性和实用性，可作为金相检验人员的培训教材和工作参考用书，也可作为从事金属材料及制品研究、生产、技术质量管理等人员的参考用书。

图书在版编目（CIP）数据

金相检验与分析/姚远程等编著. —北京：机械工业出版社，2021.9
（2023.11 重印）

理化检测人员培训系列教材

ISBN 978-7-111-68825-9

Ⅰ.①金⋯ Ⅱ.①姚⋯ Ⅲ.①金相组织-检验-技术培训-教材
Ⅳ.①TG115.21

中国版本图书馆 CIP 数据核字（2021）第 157067 号

机械工业出版社（北京市百万庄大街 22 号　邮政编码 100037）
策划编辑：吕德齐　责任编辑：吕德齐　王春雨
责任校对：张　征　封面设计：鞠　杨
责任印制：李　昂
北京捷迅佳彩印刷有限公司印刷
2023 年 11 月第 1 版第 2 次印刷
184mm×260mm · 20.5 印张 · 502 千字
标准书号：ISBN 978-7-111-68825-9
定价：89.00 元

电话服务　　　　　　　　　　网络服务
客服电话：010-88361066　　　机 工 官 网：www.cmpbook.com
　　　　　010-88379833　　　机 工 官 博：weibo.com/cmp1952
　　　　　010-68326294　　　金 书 网：www.golden-book.com
封底无防伪标均为盗版　　　机工教育服务网：www.cmpedu.com

序

当今世界正在经历百年未有之大变局，我国经济发展面临的国内外环境发生了深刻而复杂的变化。当前，科技发展水平以及创新能力对一个国家的国际竞争力的影响越来越大。理化检测技术的水平是衡量一个国家科学技术水平的重要标志之一，理化检测工作的发展和技术水平的提高对于深入认识自然界的规律，促进科学技术进步和国民经济的发展都起着十分重要的作用。理化检测技术作为技术基础工作的重要组成部分，是保障产品质量的重要手段，也是新材料、新工艺、新技术工程应用研究，开发新产品，产品失效分析，寿命检测，工程设计，环境保护等工作的基础性技术。在工业制造和高新技术武器装备的科研生产过程中，需要采用大量先进的理化检测技术和精密设备来评价产品的设计质量和制造质量，这在很大程度上依赖于检测人员的专业素质、能力、经验和技术水平。只有合格的理化检测技术人员才能保证正确应用理化检测技术，确保理化检测结果的可靠性，从而保证产品质量。

兵器工业理化检测人员技术资格鉴定工作自 2005 年开展以来，受到集团公司有关部门领导及各企事业单位的高度重视，经过 16 年的发展和工作实践，已经形成独特的理化检测技术培训体系。为了进一步加强和规范兵器工业理化检测人员的培训考核工作，提高理化检测人员的技术水平和学习能力，并将兵器行业多年积累下来的宝贵经验和知识财富加以推广和普及，自 2019 年开始，我们组织多位兵器行业内具有丰富工作经验的专家学者，在《兵器工业理化检测人员培训考核大纲》和原内部教材的基础上，总结了多年来在理化检测科研和生产工作中的经验，并结合国内外的科技发展动态和现行有效的标准资料，以及兵器行业、国防科技工业在理化检测人员资格鉴定工作中的实际情况，围绕生产工作中实际应用的知识需求，兼顾各专业的基础理论，编写了这套《理化检测人员培训系列教材》。

这套教材共六册，包括《金属材料化学分析》《金属材料力学性能检测》《金相检验与分析》《非金属材料化学分析》《非金属材料性能检测》和《特种材料理化分析》，基本涵盖了兵器行业理化检测中各个专业必要的理论知识和经典的分析方法。其中《特种材料理化分析》主要是以火药、炸药和火工品为检测对象，结合兵器工业生产特点编写的检测方法；《非金属材料化学分析》是针对有机高分子材料科研生产的特点，系统地介绍了有机高分子材料的化学分析方法。每册教材都各具特色，理论联系实际，具有很好的指导意义和实用价值，可作为有一定专业知识基础、从事理化检测工作的技术人员的培训和自学用书，也可作为高等院校相关专业的教学参考用书。

这套教材的编写和出版，要感谢中国兵器工业集团有限公司、中国兵器工业标准化研究所、辽沈工业集团有限公司、内蒙古北方重工业集团有限公司、山东非金属材料研究所、西安近代化学研究所、北京北方车辆集团有限公司、内蒙古第一机械集团股份有限公司、内蒙金属材料研究所、西安北方惠安化学工业有限公司、山西北方兴安化学工业有限公司、辽宁庆阳特种化工有限公司、泸州北方化学工业有限公司、甘肃银光化学工业集团有限公司等单位的相关领导和专家的支持与帮助！特别要感谢中国兵器工业集团有限公司于同局长、张辉处长、王菲菲副处长、王树尊专务、朱宝祥处长，中国兵器工业标准化研究所郑元所长、孟冲云书记、康继纲副所长、马茂冬副所长、刘播雨所长助理、罗海盛主任、杨帆主任等领导的全力支持！感谢参与编写丛书的各位专家和同事！是他们利用业余时间，加班加点、辛勤付出，才有了今天丰硕的成果！也要特别感谢原内部教材的作者赵祥聪、胡文骏、董霞等专家所做的前期基础工作，以及对兵器工业理化检测人员培训考核工作所做出的贡献。还要感谢机械工业出版社的各专业编辑，他们对工作认真负责的态度，是这套教材得以高质量正式出版的保障！在编写过程中，还得到了广大理化检测人员的关心和支持，他们提出了大量建设性意见和建议，在此一并表示衷心的感谢！

由于理化检测技术的迅速发展，一些标准的更新速度加快，加之我们编写者的水平所限，书中难免存在不足之处，恳请广大读者提出批评和建议。

丛书主编　靳京民

前　言

金相分析是金属材料试验研究的重要手段之一，采用定量金相学原理，运用放大镜和金相显微镜，通过对二维金相试样磨面或薄膜的金相显微组织的测量和计算来确定合金组织的形貌，从而建立合金成分、组织和性能间的定量关系。生产实际中常称之为金相检验。

金相检验主要是研究金属及合金成分、组织与性能关系的学科，可为正确选择材料、合理进行工程设计、制订热处理工艺和提高产品质量等提供依据。金相检验工作是一项理论性和实践性均很强的工作，对于提高金属制品的内在质量，提高企业经济效益和竞争力都起着非常重要的作用。

本书的特点是与时俱进，开拓创新，在讲述成熟理论的基础上，适当增加了新技术、新材料、新仪器，同时更加注重讲述实际操作要求，因此具有先进性和实用性，对于提高读者的理论水平、业务素质和实际工作能力都有很大帮助。

本书是在全面吸取兵器行业在理化检测人员资格鉴定工作经验的基础之上，根据现行标准和技术要求精心编写而成的，可作为各行业金属材料金相检验的公共培训教材，也可作为金相检验工作者的工作参考用书，还可作为从事金属材料及制品研究、生产、技术质量管理等人员的参考用书。考虑到各工业部门对金属材料的使用及要求不尽相同，当使用本书时应根据实际情况对有关内容作适当的增减和调整。

在本书的编写中，除参考了国内外公开出版的一些专著、教材、手册、文献外，还特别参考了兵器工业、国防科技工业的内部培训教材，编写组对有关作者表示衷心感谢。

由于作者水平有限，书中难免存在缺点，敬请读者批评指正。

作　者

目　录

第一章

基础知识

第一节 金相学概论

一、金相学定义

最初，"金相学"的含义仅指利用显微镜来研究金属中相的形貌，但随着各种相关学科和技术的发展，"金相学"的覆盖面逐渐扩大，进而成为综合研究金属及合金成分、组织与性能关系的学科，其研究手段也从光学金相显微镜推广到电子显微镜及其他仪器，因此金相学的领域就划分为光学金相学和电子金相学。

二、光学金相学所包括的内容

光学金相学包括金相技术、金相检验、金相分析三方面的内容。

1）金相技术指金相试样的制备、光学显微镜及附件的使用、常用金相组织的识别、记录（摄像、录像、数字化图像处理）等实验技术与技能。

2）金相检验指对被检样品的金相组织做定性鉴别和定量测量的过程。

3）金相分析是利用金相技术对生产和研究中的某些现象和事件进行金相检验，把所得的资料用金属学的知识加以综合分析得出科学结论的过程。

三、电子金相学所包括的内容

电子金相学主要是应用透射电镜、扫描电镜、电子探针、离子探针、俄歇能谱仪和 X 射线扫描、扫描隧道显微镜等手段，对材料的组织、结构、形貌以及微区成分进行综合的检测分析，它突破了传统光学显微镜放大倍数低的限制，放大倍数最大可达到几十万倍，使观察的分辨率大幅度提高。它从微观的研究领域揭示出金属材料的形貌、结构与成分之间本质的联系和变化规律。

第二节 金属与合金

一、材料的分类

材料品种繁多，为了便于认识和应用，学者们从不同角度对其进行了分类。按化学成分、生产过程、结构及性能特点，材料可分为三大类，即金属材料、有机高分子材料、无机非金属材料。金属材料包括金属和合金。有机高分子材料又称聚合物或高聚物，它由一种或几种分子或分子团（结构单元或单体）以共价键结合成具有多个重复单体单元的大分子，它可以是天然产物，如纤维、蛋白质和天然橡胶等，也可以通过合成方法制得，如合成橡胶、合成树脂、合成纤维等。无机非金属材料是除金属材料和有机高分子材料以外的所有材料的统称，它是由硅酸盐、铝酸盐、磷酸盐、硼酸盐等原料和（或）氧化物、碳化物、氮化物、卤素化合物、硼化物等经过一定的工艺制备而成的材料，如玻璃、陶瓷等。三大材料相互交叉、相互融合。由三大材料中任意两种或两种以上复合而成的材料称为复合材料。如果把复合材料作为一类便可称为四大类材料。

金属材料包括两大类：钢铁材料和非铁（有色）金属材料。金属材料是目前用量最大、使用最广的材料。除钢铁外，其他金属材料一般统称为非铁金属材料，主要有铝、铜、钛、镁、镍及其合金等。

二、金属与合金的基本概念

金属原子依靠金属键结合起来的物质称为金属。

金属的原子结构特点是最外层电子数很少，一般只有 1~2 个，而且这些外层电子与原子核的结合力较弱，很容易脱离原子核的束缚，成为自由电子，金属原子失去外层电子而成为正离子。

金属晶体是依靠各正离子和自由电子间的相互作用（吸力或斥力平衡），使金属原子间结合起来，这种结合方式就是金属键。

金属的特性：不透明，有特殊光泽，有可塑性，有良好的导电性和导热性，具有正电阻温度系数。最外层电子很少，容易失去外层电子成为正离子，原子间以金属键的方式结合。

含有两种或两种以上元素的金属或金属与非金属所组成的具有金属特性的物质称为合金。

三、金属的结晶

金属由液态转变为固态的过程称为凝固，由于凝固后的固态金属通常是晶体，所以又将这一转变过程称为结晶。一般的金属制品都要经过熔炼和铸造，也就是说都要经历由液态转变为固态的结晶过程。金属在焊接时，焊缝中的金属也要发生结晶。金属结晶后所形成的组织，包括各种相的形状、大小和分布等，将极大地影响金属的加工性能和使用性能。对于铸件和焊件来说，结晶过程就基本决定了它的使用性能和使用寿命，而对于需要进一步加工的铸锭来说，结晶过程既直接影响它的轧制和锻压等工艺性能，又不同程度地影响其成品的使用性能。因此，研究和控制金属的结晶过程，已成为提高金属力学性能和工艺性能的重要手段。

（一）过冷现象

金属结晶时有一个理论结晶温度，在这个温度时液态金属与其晶体处于平衡状态，金属既不熔化也不结晶，只有当实际结晶温度低于理论结晶温度时金属才开始结晶，这一现象称为过冷，过冷是结晶的必要条件，理论结晶温度与实际结晶温度的差称为过冷度。过冷度并非一个固定值，它与金属性质、纯度和冷却速度等因素有关，纯度越高，冷却速度越大，则过冷度越大；过冷度越大，则结晶的驱动力越大。

（二）金属的结晶过程

研究表明，金属的结晶过程由形核和长大两个过程组成。结晶时首先在液体中形成具有某一尺寸（通常称为临界尺寸）的晶核，随着温度的降低，已形成的晶核不断长大，与此同时，液态金属中又产生第二批晶核。依此类推，原有的晶核不断长大，同时又有新的晶核不断形成，液态金属也就越来越少，直到各个晶体相互接触，液态金属消耗完毕，结晶过程结束。如果在结晶过程中，只有一个晶核形成并长大，那么就会形成单晶体金属。通常由于各个晶核是随机形成的，所以晶粒的位向各不相同，最终形成多晶体金属。

（三）晶核的形成

通常情况下，形成晶核有两种方式，一种是均匀形核，又称为均质形核或自发形核；另一种是非均匀形核，又称为异质形核或非自发形核。均匀形核是指由液态金属本身的原子集团发展成一定尺寸晶核；非均匀形核是指依靠外来质点的表面形核。实际金属的结晶都是以非均匀形核方式进行的，当第一批晶核形成后，结晶过程就开始了，结晶过程的进行依赖于新晶核连续不断地产生，以及已有晶核的进一步长大。

（四）晶核的长大

晶核的长大从宏观上来看，是晶体的界面向液相中逐步推移的过程；从微观上来看，则是依靠原子逐个由液相中扩散到晶体表面上，并按晶体点阵规律要求，逐个占据适当的位置而与晶体稳定牢固结合起来的过程。

（五）金属铸锭组织

实际生产中，金属和合金大多是在具有一定形状和尺寸的铸模中凝固的，它的组织一般由三部分组成：表层细晶区、中间柱状晶区和心部等轴晶区，见图1-1。

当液态金属浇入铸模后，由于模壁的温度很低，使模壁处的金属受到激冷，达到很大的过冷度，结晶时的形核率很大，形成细小的晶粒分布于铸锭的外壳层；外壳层形成后，铸模开始受热升温，使液体的冷却速度降低，过冷度减小，形核率也随之降低，于是沿垂直模壁的散热方向形成柱状晶粒，随着时间的延长，柱状晶不断向中心推进，散热速度也越来越慢，柱状晶的生长速度也越来越慢，剩余液态金属的温度逐渐变得均匀；当中心部位的液体也处于过冷状态，晶核开始形成并逐渐长大，于是就形成了等轴晶区，由于心部过冷度小，形成的晶核较少，因而晶粒粗大。

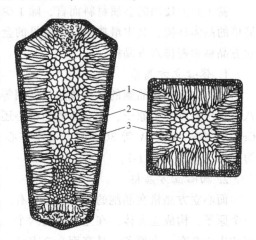

图1-1　铸锭组织示意图
1—表层细晶区　2—中间柱状晶区
3—心部等轴晶区

四、晶体结构

（一）晶体和非晶体

固态物质分为晶体和非晶体两大类，晶体和非晶体的区别不在外形，而在内部的原子排列。人们将原子在三维空间呈有规则的周期性重复排列的物质称为晶体。

晶体的特点：原子呈规则排列，具有固定的熔点，在各个方向具有不同的性能。非晶体的特点：原子排列杂乱无序，没有固定的熔点，在不同方向表现出各向同性。

（二）金属的晶体结构

金属中的原子排列是有规则的，不是杂乱无章的，金属在固态下一般都是晶体。在金属晶体中，原子排列的规律不同，则其性能也不同，因而必须研究金属的晶体结构，即原子的实际排列情况。为了方便起见，首先把金属晶体当作没有缺陷的理想晶体来研究。

为了研究晶体原子的排列规律和特性，人们把晶体中的每个原子抽象成一个点，点与点之间用直线连接起来，这种用来表示晶体中的原子在空间规则排列的格架称为晶格或晶格点阵，能够反映晶格特征的最小结构单元称为晶胞。晶胞的大小和形状常以晶胞的棱边长度及棱间夹角来表示，晶胞的棱边长度一般称为晶格常数或点阵常数，晶胞的棱间夹角又称为轴间夹角。

为了能够更清晰地了解金属材料的晶体结构，还必须掌握配位数和致密度两个概念。所谓配位数是指晶体结构中任一原子周围最近邻且等距离的原子数；致密度是指晶体结构中原子体积占总体积的百分数。如以一个晶胞来计算，则致密度就是晶胞中原子体积与晶胞体积之比值，即

$$K = nv/V \times 100\% \tag{1-1}$$

式中　K——致密度；

　　　n——晶胞中原子数；

　　　v——一个原子的体积，$v = \dfrac{4}{3}\pi R^3$（R 是原子半径）；

　　　V——晶胞体积。

就工业上使用的金属材料而言，除了少数具有复杂的晶体结构外，绝大多数都具有比较简单的晶体结构，其中最典型、最常见的金属晶体结构有三种类型，即体心立方晶格、面心立方晶格和密排六方晶格。

1. 体心立方晶格

体心立方晶格晶胞的三个棱边长度相等，三个轴间夹角均为 90°，构成立方体。晶胞的八个角上各有一个原子，在立方体的中心还有一个原子。具有体心立方结构的金属有 α-Fe、Cr、V、Nb、Mo、W 等 30 多种。每个体心立方晶胞有 2 个原子，其配位数为 8，致密度约为 68%。模型见图 1-2。

2. 面心立方晶格

面心立方晶格在晶胞的八个角上各有一个原子，构成立方体。在立方体的六个面的中心各有一个原子。具有面心立方结构的金属有 γ-Fe、β-Co、Ni、Al、Ag 等。每个面心立方晶胞有 4 个原子，其配位数为 12，致密度约为 74%。模型见图 1-3。

a) 堆垛模型　　　b) 质点模型　　　c) 晶胞原子数

图 1-2　体心立方晶格模型

3. 密排六方晶格

密排六方晶格在晶胞的 12 个顶角上各有 1 个原子，构成六棱柱体，上下底面的中心也各有一个原子，晶胞内还有三个原子。具有密排六方结构的金属有 Zn、Mg、Be、α-Ti、α-Co、Cd

a) 堆垛模型   b) 质点模型   c) 晶胞原子数

图 1-3 面心立方晶格模型

等。每个密排六方晶胞有 6 个原子，其配位数为 12，致密度约为 74%。模型见图 1-4。

五、晶体缺陷

上面论述的是理想晶体的结构，实际应用的金属材料晶体中不可能像理想晶体那样规则和完整，总会存在一些原子偏离规则排列的不完整区域，这就是晶体缺陷。晶体缺陷的出现，除与晶体形成条件有关外，还与原子的热运动以及固态下的变形加工、热处理等有关。晶体缺陷对金属的性能、原子扩散和相变等都有重要影响。

a) 堆垛模型   b) 质点模型   c) 晶胞原子数

图 1-4 密排六方晶格模型

根据晶体缺陷的几何形态特征，可以把晶体缺陷分为三种：

(一) 点缺陷

点缺陷的特征是在三维方向上的尺寸都很小，仅引起几个原子范围内的点阵结构不完整。晶体中常见的点缺陷有空位、间隙原子和置换原子，见图 1-5。

晶体中点缺陷的出现，使其微区的原子排列规则性及其结合力的平衡关系遭到破坏，从而引起晶格畸变。晶格畸变将会对金属的性能产生影响，使屈服强度升高，电阻增大。此外，金属中的扩散、沉淀等许多物理冶金过程，以及高温下的塑性变形和断裂等现象都与点缺陷的存在有关。

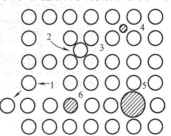

图 1-5 晶体中的各种点缺陷

1、2—空位 3—同类间隙原子
4—异类间隙原子 5—大的置
换原子 6—小的置换原子

(二) 线缺陷

线缺陷的特征是在二维方向上的尺寸很小，在另一个方向上的尺寸很大，如位错。

位错是一种非常重要的晶体缺陷，它对于金属的强度、断裂和塑性变形等起着决定性的作用。位错是在晶体中某处有一列或若干列原子发生了有规律的错排现象，使长度在几百至几万个原子间距，宽约几个原子间距范围内的原子离开其平衡位置，发生了有规律的错动。常见的位错有刃型位错、螺型位错和混合位错。

1. 刃型位错

晶体因滑移而出现的多余半原子面，形状相当于插入晶体并中止于滑移晶面的刀刃，故称为刃型位错。刃型位错线是已滑移区和未滑移区的分界线，它可以是直线，也可以是曲线或折线，但它必须与滑移方向相垂直。含有刃型位错部分，原子间距减小，点阵处于压应力状态，而另一部分则原子间距增大，点阵处于拉应力状态，畸变程度随着远离位错线而逐渐减小到零。刃型位错的示意图见图1-6。

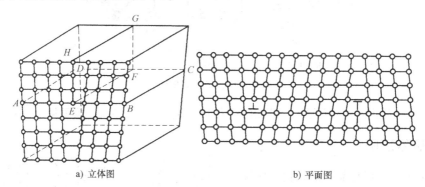

a) 立体图　　　　　　　　　　b) 平面图

图1-6　刃型位错示意图

2. 螺型位错

螺型位错的位错线附近的原子是按螺旋形排列的。含有螺型位错的晶体中，并无多余的半原子面，但其位错区同样存在点阵畸变，只是这种畸变随着离位错线距离的增加而急剧减少。螺型位错的示意图见图1-7。

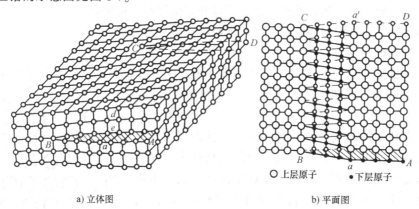

a) 立体图　　　　　　　　　　b) 平面图

图1-7　螺型位错示意图

3. 混合位错

混合位错是晶体中存在较为普遍的一种位错形式。它的位错线是与滑移方向可成任意角度的曲线，可以看成是刃型位错和螺型位错的合成，混合位错因此而得名。混合位错的示意图见图1-8。

（三）面缺陷

面缺陷特征是在某一维度方向上的尺寸很小，在另外两个维度方向上的尺寸很大。晶体中的面缺陷包括晶体的外表面和内在界面两种类型。

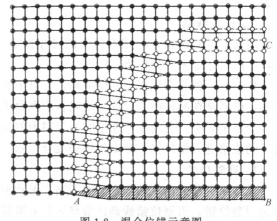

图1-8　混合位错示意图

1. 晶体外表面

晶体外表面是指金属与气体、液体、外部介质相接触的界面，由于其周围环境与晶体内部不同，致使约有几个原子层处于较高的能量状态，为了降低表面能，晶体往往以原子密度最大的晶面组成其外表面。

2. 晶体的内在界面

晶体的内在界面可分为晶粒边界及晶内的亚晶界、孪晶界、层错界和相界等，晶界的原子处于畸变状态，相邻晶粒位向差小于 10°时，称为小角度晶界；位向差大于 10°时，称为大角度晶界，大角度晶界结构见图 1-9。

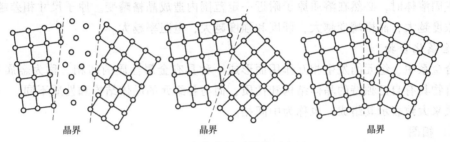

图 1-9 大角度晶界结构示意图

由于晶界的结构与晶粒内部有所不同，使得晶界具有一系列不同于晶粒内部的特性：

1）与晶内相比，由于晶界上的原子或多或少地偏离了平衡位置，因而就会或多或少地具有晶界能，使其处于能量较高的状态。晶界能越高，晶界越不稳定。由于晶界的迁移是原子扩散的过程，因此只有在较高的温度下才能进行。

2）由于溶质原子在晶粒内部所引起的畸变能要大于在晶界处的畸变能，所以为了降低系统的能量，异类原子将优先在晶界处偏聚。

3）常温下，晶界通过对位错运动的阻碍，而使金属具有较高的抗塑性变形能力，故晶粒越细（晶界越多），材料强度越高。

4）晶界能量高，原子活动能力大，所以晶界的熔点低，易氧化和腐蚀。

5）晶界上空位、位错等缺陷较多，因而新相易在晶界处形核。为了减少晶界的总面积和降低晶界的总能量，晶粒有长大倾向。

第三节　合金相图与组织

一、相与相图

（一）相

组成合金最基本的、独立的物质称为组元，或简称为元。一般来说，组元就是组成合金的元素，但也可以是稳定的化合物。当不同的组元经熔炼或烧结组成合金时，这些组元间由于物理的和化学的相互作用，形成具有一定晶体结构和一定成分的相。相是指合金中结构相同、成分和性能均一，并以界面相互分开的组成部分。由一种相组成的合金称为单相合金，由几种不同相组成的合金称为多相合金。

不同的相具有不同的晶体结构，虽然相的种类极为繁多，但根据相的晶体结构特点可以将其分为固溶体和金属化合物两大类。

1. 固溶体

合金的组元之间以不同的比例相互混合，混合后形成固相的晶体结构与组成合金的某一组元相同，这种相就称为固溶体。其中这种组元称为溶剂，其他组元称为溶质。按溶质原子的固溶能力，固溶体可以分为有限固溶体和无限固溶体。按溶质原子在晶格中所占位置分类，固溶体可分为置换固溶体和间隙固溶体。形成间隙固溶体的溶质原子半径较小，多为C、N、H、B等非金属元素。按溶质原子与溶剂原子在固溶体中的相对分布，固溶体又可分为有序固溶体和无序固溶体。

形成固溶体时，必然在溶质原子附近一定范围内造成晶格畸变。原子尺寸相差越大，溶质原子浓度越大，晶格畸变越大，硬度和强度越大，电阻率越大。

2. 金属化合物

在合金系中，组元间发生相互作用而形成一种具有金属性质的新相，称为金属化合物。金属化合物具有自己独特的晶体结构和性质，而与各组元的晶体结构和性质不同，一般可以用分子式来大致表示其组成，也称为中间相。

（二）相图

相图是表示合金系中合金的状态与温度、成分间关系的图，是表示合金系在平衡条件下，在不同温度、成分下的各相关系的图解，因此，又称之为状态图或平衡图。利用相图可以一目了然地了解到不同成分的合金在不同温度下的平衡状态，它存在哪些相，相的成分及相对含量如何，以及在加热或冷却时，可能发生哪些转变等，显然相图是研究金属材料的一个十分重要的工具。

对于纯晶体材料而言，随着温度和压力的变化，材料的组成相会发生变化。从一种相到另一种相的转变称为相变，由液相至固相的转变称为凝固，如果凝固后的固体是晶体，则又可称之为结晶；而由不同固相之间的转变称为固态相变，这些相变的规律可借助相图直观简明地表示出来。常见的相变有匀晶转变、共晶转变、共析转变和包晶转变。

匀晶转变是指由液相中直接结晶出单一固相的转变，属于非恒温转变，反应表达式为L⇔α（L表示液相，α表示固溶体）。凡是二元合金系中两组元在液态和固态下均能以任何比例互溶，在固态下能形成无限固溶体时，在结晶时均发生匀晶转变。

共晶转变是指一定成分的液相在恒温下同时转变为两个一定成分的固相的转变，反应表达式为L⇔α+β（L表示液相，α、β表示固溶体）。共晶转变的产物为两个相的机械混合物，称为共晶体或共晶组织。

共析转变是指在恒温下一定成分的固相同时生成两个不同成分的新固相的转变，反应表达式为γ⇔α+β，共析转变的产物称为共析组织。

包晶转变是指由一定成分的液相和一定成分的固相生成另一个一定成分新固相的转变。反应表达式为L+α⇔β。之所以称为包晶转变是因为新相β是包围着初生相α生长的。

相图分为单元相图、二元相图、三元相图。

由一种元素或化合物构成的晶体称为单组元晶体，该体系称为单元系。单元系相图表示了在热力学平衡条件下所存在的相与温度和压力之间的对应关系，理解这些关系有助于预测材料的性能。

二元系比单组元多一个组元，在成分上发生了变化，使材料的凝固过程和凝固产物趋于复杂。二元系相图研究二元体系在热力学平衡条件下，相与温度、成分之间关系的变化。

三元系相图与二元系相图的差别，在于增加了一个成分变量。但是由于这个成分变量的增加，使得较二元系相图更为复杂。

二、铁-碳相图

（一）相图中的点、线、区的意义

碳在铁中的含量超过溶解度后剩余的碳可以有两种形式存在，即以渗碳体 Fe_3C 和石墨碳的形式存在，因此，Fe-C 合金有两种相图，即 Fe-C 和 $Fe-Fe_3C$ 相图。通常情况下，铁碳合金是按 $Fe-Fe_3C$ 系进行转变的。图 1-10 即为 $Fe-Fe_3C$ 相图，它是研究钢铁材料的基础，图中各特性点的温度、碳含量及意义见表 1-1。其特性点的符号是国际通用的，不能随便变换。

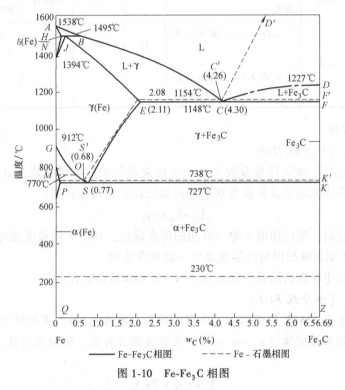

图 1-10　$Fe-Fe_3C$ 相图

相图中的 ABCD 为液相线，AHJECF 是固相线，相图中有五个单相区，它们是：

ABCD 以上——液相区（用符号 L 表示）；

AHNA——固溶体区（用符号 δ 表示）；

NJESGN——奥氏体区（用符号 γ 表示）；

GPQG——铁素体区（用 α 或 F 表示）；

DFKZ——渗碳体区（用 Fe_3C 或 C_m 表示）。

相图中有七个两相区，它们是：$L+\delta$，$L+\gamma$，$L+Fe_3C$，$\delta+\gamma$，$\gamma+\alpha$，$\gamma+Fe_3C$ 及 $\alpha+Fe_3C$。$Fe-Fe_3C$ 相图中有三条水平线，即　HJB——包晶转变线，ECF——共晶转变线，PSK——共析转变线。

此外，相图中还有两条磁性转变线：MO 线（770℃）为铁素体的磁性转变线，230℃虚线为渗碳体的磁性转变线。

表 1-1　铁碳合金相图中的特性点

符号	温度/℃	$w_C(\%)$	说　明	符号	温度/℃	$w_C(\%)$	说　明
A	1538	0	纯铁的熔点	J	1495	0.17	包晶点
B	1495	0.53	包晶转变时液态合金的成分	K	727	6.69	渗碳体的成分
C	1148	4.30	共晶点	M	770	0	纯铁的磁性转变点
D	1227	6.69	渗碳体的熔点	N	1394	0	$\gamma\text{-Fe}\Leftrightarrow\delta\text{-Fe}$ 的转变温度
E	1148	2.11	碳在 γ-Fe 中的最大溶解度	P	727	0.0218	碳在 α-Fe 中的最大溶解度
G	912	0	$\alpha\text{-Fe}\Leftrightarrow\gamma\text{-Fe}$ 转变温度（A_3）	Q	室温	0.0008	室温时碳在 α-Fe 中的溶解度
H	1495	0.09	碳在 δ-Fe 中的最大溶解度	S	727	0.77	共析点（A_1）

（二）相图分析

1. 包晶转变（水平线 HJB）

在1495℃恒温下，碳的质量分数为0.53%的液相与碳的质量分数为0.09%的δ铁素体发生包晶反应，形成碳的质量分数为0.17%的奥氏体，其反应式为：

$$L_B+\delta_H\Leftrightarrow\gamma_J \tag{1-2}$$

进行包晶反应时，奥氏体沿δ相与液相的界面成核，并向δ相和液相两个方向长大，包晶反应终了时，δ相和液相同时耗尽变成单一的奥氏体相。

此类转变仅发生在碳的质量分数为0.09%～0.53%的铁碳合金中。

2. 共晶转变（水平线 ECF）

共晶转变发生在1148℃的恒温中，由碳的质量分数为4.3%的液相转变为碳的质量分数为2.11%的奥氏体和渗碳体（$w_C=6.69\%$）所组成的混合物，称为莱氏体，用 Ld 表示，其反应式为：

$$Ld\Leftrightarrow\gamma_E+ Fe_3C \tag{1-3}$$

在莱氏体中，渗碳体是连续分布的相，而奥氏体则呈颗粒状分布在其上，由于渗碳体很脆，所以莱氏体的塑性是很差的，无实用价值。凡碳的质量分数在2.11%～6.69%的铁碳合金都发生这个转变。

3. 共析转变（水平线 PSK）

共析转变发生在727℃恒温下，是由碳的质量分数为0.77%的奥氏体转变成碳的质量分数为0.0218%的铁素体和渗碳体所组成的混合物，称为珠光体，用符号 P 表示。其反应式为：

$$\gamma_S\Leftrightarrow\alpha_P+ Fe_3C \tag{1-4}$$

珠光体组织是片层状的，其中的铁素体体积大约是渗碳体的8倍，所以在金相显微镜下，较厚的片是铁素体，较薄的片是渗碳体。所有超过 $w_C = 0.02\%$ 的铁碳合金都发生这个转变。共析转变温度常标为 A_1 温度。

4. 相图中三条重要的固态转变线

GS 线：奥氏体中开始析出铁素体或铁素体全部溶入奥氏体的转变线，常称此温度为 A_3 温度。

ES 线：碳在奥氏体中的溶解度线，此温度常称为 A_{cm} 温度。低于此温度时，奥氏体中将析出 Fe_3C，为区别从液体中经 CD 线直接析出的一次渗碳体（Fe_3C_I），把它称为二次渗碳体，记作 Fe_3C_{II}。

PQ 线：碳在铁素体中的溶解度线，在 727℃ 时，碳的质量分数在铁素体中的最大溶解度仅为 0.0218%，随着温度的降低，铁素体的溶碳量是逐渐减少的，在 300℃ 以下，溶碳量少于 0.001%，因此，铁素体从 727℃ 冷却下来，也会析出渗碳体，称为三次渗碳体，记作 Fe_3C_{III}。

5. 相图中的常见组织及性能

（1）铁素体 是碳溶解在 α-Fe 中的间隙固溶体，常用符号 F 表示。具有体心立方晶格，其溶碳能力很低，常温下仅能溶解质量分数为 0.0008% 的碳，在 727℃ 时最多溶解质量分数为 0.0218% 的碳。铁素体的强度、硬度不高，但具有良好的塑性与韧性。抗拉强度为 180MPa～280MPa，屈服强度为 100MPa～170MPa，断后伸长率为 30%～50%，断面收缩率为 70%～80%，冲击韧性为 160J/cm² ～200J/cm²，硬度为 80HBW～120HBW。

用 4% 硝酸酒精溶液能显示铁素体组织，铁素体的显微组织与纯铁相同，呈明亮的多边形晶粒组织，见图 1-11。也可呈块状、月牙状、网络状等，有时由于各晶粒位向不同，受腐蚀程度略有差异，因而稍显明暗不同。

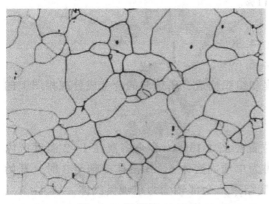

图 1-11 铁素体 400×

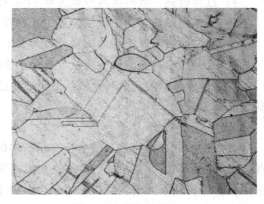

图 1-12 奥氏体 200×

（2）奥氏体 是碳溶于 γ-Fe 晶格间隙中形成的间隙固溶体，具有面心立方结构，为高温相，用符号 A 表示。其溶碳能力较大，在 727℃ 时溶碳的质量分数为 0.77%，1148℃ 时可溶碳的质量分数为 2.11%。奥氏体强度和硬度比铁素体高，塑性和韧性良好，并且无磁性。奥氏体的点阵滑移系多，故奥氏体的塑性好，屈服强度低，易于加工塑性成形。具体力学性能与含碳量和晶粒大小有关，硬度一般为 170HBW～220HBW、断后伸长率为 40%～50%。其组织形貌见图 1-12。

（3）渗碳体 渗碳体是碳和铁以一定比例化合成的金属化合物，用分子式 Fe_3C 表示，其碳的质量分数为 6.69%，在合金中形成（Fe，M）₃C。渗碳体硬而脆，塑性和韧度几乎为零，脆性很大，硬度为 800HBW。在铁碳合金中有不同形态的渗碳体，其数量、形态与分布对铁碳合金的性能有直接影响。在钢铁中常呈网络状、半网状、片状、针片状和粒状分布。

（4）珠光体 由铁素体和渗碳体组成的机械混合物称为珠光体，用符号 P 表示。碳素钢中珠光体组织碳的质量分数约为 0.77%。其力学性能介于铁素体和渗碳体之间，强度较高，硬度适中，有一定的塑性。其抗拉强度为 750MPa ~ 900MPa，硬度为 180HBW ~ 280HBW，伸长率为 20% ~ 25%，冲击吸收能量为 24J ~ 32J。珠光体是钢的共析转变产物，其形态是铁素体和渗碳体彼此相间形如指纹，呈层状排列。

（5）莱氏体 莱氏体是液态铁碳合金发生共晶转变形成的奥氏体和渗碳体所组成的共晶体，其碳的质量分数为 4.3%。当温度高于 727℃时，莱氏体由奥氏体和渗碳体组成，用符号 Ld 表示。在低于 727℃时，莱氏体是由珠光体和渗碳体组成，用符号 Ld′表示，称为低温莱氏体。

三、钢的组织转变

通常按有无共晶转变来区分碳钢和铸铁，即碳的质量分数低于 2.11%的为碳钢，大于 2.11%的为铸铁，碳的质量分数小于 0.0218%的为工业纯铁。按 Fe-Fe₃C 系结晶的铸铁，碳以 Fe₃C 形式存在，断口为白亮色，称为白口铸铁。

根据组织特征，可将铁碳合金按碳的质量分数范围划分为七种类型：

1）工业纯铁，碳的质量分数低于 0.0218%。

2）共析钢，碳的质量分数为 0.77%。

3）亚共析钢，碳的质量分数为 0.0218% ~ 0.77%。

4）过共析钢，碳的质量分数为 0.77% ~ 2.11%。

5）共晶白口铁，碳的质量分数为 4.30%。

6）亚共晶白口铁，碳的质量分数为 2.11% ~ 4.30%。

7）过共晶白口铁，碳的质量分数为 4.30% ~ 6.69%。

现选几种典型的合金来分析其平衡结晶过程和组织构成，所选取的合金成分在相图上的位置见图 1-13。

（一）工业纯铁

碳的质量分数为 0.01%的合金在相图中的位置见图 1-13①。合金溶液在 1 ~ 2 温度区内按匀晶转变结晶出 δ 固溶体。2 ~ 3 点温度之间时为单项固溶体 δ。固溶体冷却至 3 时，开始发生固溶体的同素异构转变 δ→γ，直至 4 点转变结束，全部转变为单项奥氏体。在 4 ~ 5 点温度之间为单项奥氏体。温度降至 5 ~ 6 点之间，发生奥氏体的晶核异构转变 γ→α，到 6 点温度时转变结束，合金全部变成铁素体，并保持到 7 点温度以上。冷却到 7 点温度时，碳在铁素体中溶解度达到饱和。在 7 以下将从铁素体中析出三次渗碳体。工业纯铁的室温组织见图 1-11。

（二）共析钢（碳的质量分数为 0.77%的合金）

此合金在相图中的位置见图 1-13②，结晶过程见图 1-14。在 1 ~ 2 点间，合金按匀晶转变结晶出奥氏体，在 2 点温度凝固完成，全部转变为奥氏体。冷却到 3 点（727℃）时，在恒温下发生共析转变 $\gamma_{0.77} \rightarrow \alpha_{0.0218} + Fe_3C$，转变产物为珠光体，其金相照片见图 1-15。珠光

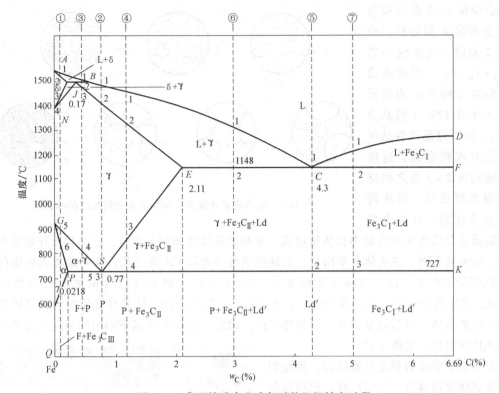

图 1-13 典型铁碳合金冷却时的组织转变过程

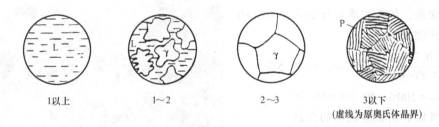

图 1-14 共析钢的结晶过程示意图

体中的渗碳体称为共析渗碳体。在随后的冷却过程中，从珠光体中的铁素体相中析出三次渗碳体。在缓冷条件下，三次渗碳体在铁素体与渗碳体的相界面上形成，与共析渗碳体联结在一起，在显微镜下难以分辨。因其数量很少，所以对珠光体的组织和性能没有明显影响。

（三）亚共析钢（碳的质量分数为 0.40% 的合金）

此合金在相图中的位置见图 1-13③，其结晶过程见图 1-16。

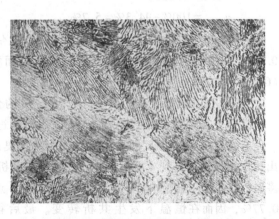

图 1-15 典型的珠光体组织 500×

合金在 1~2 点间按匀晶转变析出 δ 固溶体。冷却到 2 点时，发生包晶转变 $L_B + \delta_H \rightarrow \gamma_J$，形成奥氏体。但由于钢中碳的质量分数大于 0.17%（包晶点成分），所以包晶转变结束后，仍有液相存在，这些剩余液相在 2~3 点之间继续结晶成奥氏体，温度降到 3 点温度时，合金全部

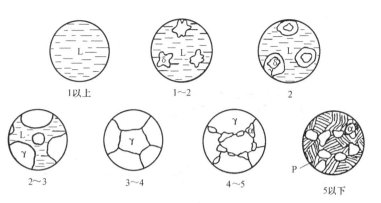

图 1-16　碳的质量分数为 0.40% 的碳钢结晶过程示意图

由碳的质量分数为 0.40% 的奥氏体所组成。单相奥氏体冷却到 4 点时，在晶界上开始析出铁素体，随温度下降，铁素体含量增加，其碳的质量分数沿 *GP* 线变化，而剩余奥氏体碳的质量分数则沿 *GS* 线变化。当温度达到 5 点（727℃）时，剩余奥氏体碳的质量分数达到 0.77%，发生共析转变，变为珠光体。在 5 点以下，先共析铁素体和珠光体中的铁素体都将析出三次渗碳体，但其数量很少，可忽略不计。因此，该钢在室温下的组织由先共析铁素体和珠光体所组成，见图 1-17。

亚共析钢中碳的质量分数越高，则组织中的珠光体含量越多。利用杠杆定律可以分别计算出钢组织中组成物——先共析铁素体和珠光体含量，如碳的质量分数为 0.40% 的合金两相比例如下

$$w_F = \frac{0.77 - 0.40}{0.77 - 0.0218} \times 100\% = 49.5\%$$

$$w_P = 100\% - 49.5\% = 50.5\%$$

同样，也可以算出相组成物的含量

$$w_\alpha = \frac{6.69 - 0.40}{6.69 - 0.0218} \times 100\% = 94.3\%$$

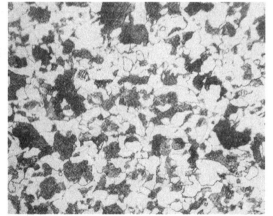

图 1-17　亚共析钢的室温组织　400×

$$w_{Fe_3C} = 100\% - 94.3\% = 5.7\%$$

还可以根据亚共析钢的平衡组织来近似地估计它的碳的质量分数：碳的质量分数 ≈ P × 0.8%，其中 P 为珠光体在显微组织中所占面积的百分数，0.8% 是珠光体碳的质量分数（0.77%）的近似值。

（四）过共析钢（碳的质量分数为 1.2% 的合金）

此合金在相图中的位置见图 1-13④，结晶过程示意图见图 1-18。

合金在 1~2 点温度间按匀晶转变为单相奥氏体后，冷却到 3 点后，开始从奥氏体中析出二次渗碳体，直到 4 点温度为止。这种先共析渗碳体多沿奥氏体晶界呈网状分布，数量较多时，还在晶内呈针状分布。当温度到达 4 点（727℃）时，奥氏体碳的质量分数降为 0.77%，因而在恒温下发生共析转变。最后得到的组织是网状二次渗碳体和珠光体，见图 1-19。

1~2　　　　　　2~3　　　　　　3~4　　　　　　4以下

图 1-18　碳的质量分数为 1.2%的过共析钢结晶过程示意图

（五）共晶白口铁（碳的质量分数为 4.3%）

此合金在相图中的位置见图 1-13⑤，其结晶过程如下：液态合金冷却到 1 点温度（1148℃）时，通过共晶反应生成奥氏体和渗碳体的共晶混合物，即莱氏体 Ld。在继续冷却的过程中，莱氏体中的渗碳体不发生变化，而奥氏体要析出二次渗碳体，同时含碳量沿 *ES* 线下降；冷却到 2 点温度（723℃）时发生共析反应生成珠光体。因此，723℃ 以下的莱氏体组织应为珠光体、

图 1-19　过共析钢缓冷后的组织　400×

共晶渗碳体和二次渗碳体，且保持高温特征，该组织称为低温莱氏体 Ld′，也称变态莱氏体，二次渗碳体与共晶中的渗碳体混在一起，显微组织中不易辨认，因此它保持原莱氏体的形态，只是共晶奥氏体已转变为珠光体，见图 1-20，所能看到的莱氏体只是在白亮的渗碳体基体上分布着珠光体。

（六）亚共晶白口铁（以碳的质量分数 3.0%为例）

此合金在相图中的位置见图 1-13⑥，其结晶过程如下：液相冷却至 1~2 点之间，发生匀晶转变，结晶出初生奥氏体。当冷却到 2 点温度时，初生奥氏体碳的质量分数变为 2.11%，液相的碳的质量分数变为 4.3%，此时发生共晶转变形成莱氏体。继续冷却，在 2 点温度以下，初生奥氏体与莱氏体中的共晶奥氏体都会析出二次渗碳体，含碳量沿 *ES* 线变化，当温度降到 3 点温度时，所有奥氏体都发生共析转变形成珠光体。故最终组织为珠光体、二次渗碳体和低温莱氏体，见图 1-21，黑色树枝状组成物为珠光体，其余为低温莱氏体。

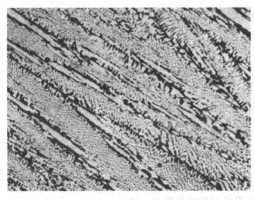 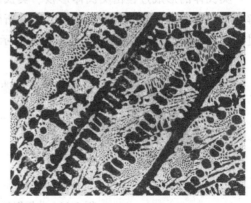

图 1-20　共晶白口铁　100×　　　　　图 1-21　亚共晶白口铁　100×

（七）过共晶白口铁（以碳的质量分数5.0%为例）

此合金在相图中的位置见图1-13⑦，其结晶过程为：液相冷却至 1~2 点之间，从液相中结晶出一次渗碳体，冷却到 2 点时发生共晶反应，形成莱氏体，继续冷却，莱氏体中的奥氏体析出二次渗碳体，冷却到 3 点，奥氏体转变为珠光体。已析出的一次及二次渗碳体在冷却过程中不发生变化，故室温组织为一次渗碳体和低温莱氏体，见图1-22，白色条片为一次渗碳体，其余为低温莱氏体。

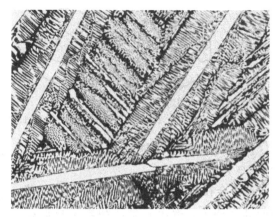

图 1-22　过共晶白口铁　100×

第四节　钢的热处理原理

一、奥氏体转变

（一）奥氏体的形成过程

奥氏体是 C 溶于 γ-Fe 中的间隙固溶体，具有面心立方结构，碳原子处在八面体的中心空隙处，即面心立方点阵晶胞的中心或棱边的中点。C 在 γ-Fe 中可能的间隙位置见图 1-23。奥氏体是顺磁性的，在钢的各种组织中，它的比容最小，线膨胀系数比其他组织大。除渗碳体外，奥氏体的导热性能最差。奥氏体的塑性高，屈服强度低，适合于塑性成形工艺。

由 Fe-Fe$_3$C 相图可知，温度在 A_1 以下时钢的平衡组织为铁素体和渗碳体，当温度在 A_1（对共析钢）或 A_3（对亚共析钢）或 A_{cm}（对过共析钢）以上时，钢的组织为单相奥氏体组织。由于新形成的奥氏体和原来的铁素体及渗碳体的碳含量和点阵结构相差很大，因此奥氏体的形成是一个渗碳体的溶解、铁素体到奥氏体的点阵重构以及碳在奥氏体中扩散的过程。

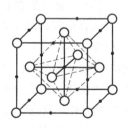

○ Fe原子　● C原子

图 1-23　C 在 γ-Fe 中可能的间隙位置

奥氏体的形成过程由奥氏体形核、奥氏体长大、残余渗碳体的溶解和奥氏体的均匀化四个过程组成。以共析钢为例说明奥氏体的形成过程。图 1-24 为共析钢的奥氏体形成过程示意图。

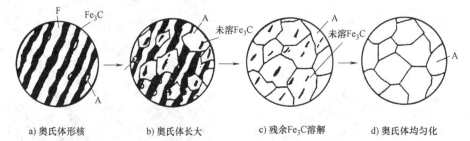

a) 奥氏体形核　　　b) 奥氏体长大　　　c) 残余Fe$_3$C溶解　　　d) 奥氏体均匀化

图 1-24　共析钢的奥氏体形成过程示意图

1. 奥氏体的形核

假设共析钢的原始组织是片状珠光体，当加热到 Ac_1 温度以上并保温一定时间后，由于珠光体中铁素体和相界面上碳浓度分布不均匀，位错密度较高，原子排列不规则，处于能量较高状态，容易获得奥氏体形核所需的浓度起伏、结构起伏和能量起伏，所以奥氏体晶核优先在相界面上形成。此外，珠光体群边界也可能成为奥氏体的形核部位。

2. 奥氏体的长大

奥氏体形核后便开始长大。奥氏体晶核形成以后，它的一侧与铁素体相邻，而另一侧与 Fe_3C 相邻。假设它们的界面是平直的，则根据 $Fe\text{-}Fe_3C$ 相图可知，奥氏体中的碳浓度是不均匀的，与 Fe_3C 相邻界面的碳浓度高于奥氏体与铁素体相邻界面的碳浓度。因此，碳在奥氏体中的分布出现梯度，并引起碳在奥氏体中不断地从高浓度处向低浓度处扩散，从而破坏了相界面的平衡，为了恢复平衡，Fe_3C 就不断地溶入奥氏体，以保持它们之间相界面的碳浓度。与此同时，在另一侧界面上，由于奥氏体的碳原子向铁素体中不断扩散，致使铁素体不断转变为奥氏体，这样奥氏体的两个界面就不断地向铁素体和 Fe_3C 方向移动，奥氏体便逐渐长大。

在铁素体内，由于它与 Fe_3C 和奥氏体接触的两个界面之间也存在碳浓度，因此，碳在铁素体内也进行着扩散，结果加速铁素体向奥氏体转变，使奥氏体长大。当铁素体全部转变成奥氏体时，便可认为奥氏体的长大过程已经完毕。

3. 残余渗碳体的溶解

但此时仍有部分 Fe_3C 尚未溶解，残留在奥氏体中。随着保温时间逐渐延长或温度升高，剩余 Fe_3C 通过碳的扩散会不断地溶入奥氏体中，使奥氏体的含碳量逐渐接近共析成分，当 Fe_3C 全部溶解时，这一过程便结束。

4. 奥氏体的均匀化

残余渗碳体溶解后奥氏体的碳浓度仍是不均匀的，因此，在保温或升温过程中，通过碳原子的扩散，奥氏体中碳浓度逐渐趋于均匀，最后成为均匀的单相奥氏体，至此，奥氏体的形成过程全部结束。

亚共析钢和过共析钢的奥氏体形成过程与共析钢基本相同，但只有当前者的加热温度超过 A_3，后者的加热温度超过 A_{cm} 并保温足够时间时，才能获得均匀单相的奥氏体。

(二) 影响奥氏体形成速度的因素

由于奥氏体的形成是靠晶核形成及长大来完成的，因此，一切影响奥氏体形成速度的因素都是通过对晶核的形成和长大速度的影响而起作用。

1. 温度的影响

加热温度愈高，原子扩散能力越强，奥氏体形成的孕育期以及整个相变过程所需要的时间愈短，奥氏体形成速度愈快。

2. 化学成分的影响

(1) 含碳量　钢中含碳量愈高，奥氏体的形成速度愈快。

(2) 合金元素　合金元素不改变奥氏体化的过程，但影响奥氏体的形成速度。碳化物形成元素 (如 Cr、Mo、W、V、Ti 等) 会降低奥氏体的形成速度，非碳化物形成元素 (如 Co、Ni) 会提高奥氏体的形成速度。

3. 原始组织的影响

在化学成分相同的情况下，钢的原始组织愈细，铁素体与渗碳体的相界面越多，奥氏体形成速度越快。另外原始组织的渗碳体形态对奥氏体形成速度也有影响，片状珠光体比粒状珠光体的相界面面积大，所以转变速度快。

（三）影响奥氏体晶粒长大的因素

金属结晶后形成一定尺寸的晶粒，晶粒尺寸的大小与金属材料的热加工工艺和力学性能存在着十分密切的关系，随着热加工变形程度和后续热处理奥氏体化温度的改变，晶粒大小会发生改变，通常随着加热温度的升高，晶粒开始长大，而且在高温时晶粒长大速度会明显加快，导致晶粒粗化，因此，晶粒度是评定加热质量的指标之一。

1. 加热温度和保温时间

加热温度越高，保温时间越长，晶粒越粗大。因为加热温度升高，原子扩散速度呈指数关系增大，因此高温时晶粒长大趋势更明显，而且温度的影响比时间要大得多。

2. 加热速度

加热速度越快，奥氏体转变时的过热度也越大，奥氏体的实际形成温度也越高，越容易得到细小晶粒，因此起始晶粒越细。

3. 含碳量

在一定范围内（共析成分附近），奥氏体晶粒随含碳量增大而增大，超过这个范围，晶粒反而减小。

4. 合金元素

形成难溶化合物的元素阻碍晶粒长大。钢中加入第Ⅵ族副族元素（如 Ti、Zr 等）和第 Ⅴ族副族元素（如 V、Nb、Ta），有强烈细化晶粒作用；用铝脱氧的钢晶粒长大倾向小，用硅、锰脱氧的钢晶粒长大倾向大。

5. 原始组织

原始组织越细、碳化物分散度越大，所得起始晶粒越小。原始组织为非平衡组织时，碳化物的分散度愈大，奥氏体起始晶粒也愈细小。

二、铁素体的同素异构转变

（一）同素异构转变

一些金属，在固态下随温度或压力的改变，还会发生晶体结构变化，即由一种晶格转变为另一种晶格，称为同素异构转变。

（二）形成过程

合金溶液先按匀晶转变结晶出 δ 铁素体。δ 铁素体继续冷却，开始发生同素异构转变 δ→γ。奥氏体的晶核通常优先在 δ 相界上形成并长大，直至结束，合金全部呈单晶奥氏体状态。继续冷却又发生同素异构转变 γ→α，全部变成铁素体。

三、珠光体转变

（一）珠光体的组织形态和力学性能

珠光体转变发生在临界温度以下比较高的温度范围内，所以又称为高温转变。珠光体转变是单相奥氏体分解为铁素体和渗碳体两个新相的机械混合物的相变过程，是典型的扩散型相变。按珠光体中的渗碳体形态，可把珠光体分成片状珠光体和粒状珠光体两种。

1. 片状珠光体

片状珠光体是由片层相间的铁素体和渗碳体片组成，若干大致平行的铁素体和渗碳体片组成一个珠光体领域或珠光体团，在一个奥氏体晶粒内，可形成几个珠光体团。

珠光体团中相邻的两片渗碳体（或铁素体）之间的距离称为珠光体片间距，见图 1-25。它是用来衡量珠光体组织粗细程度的一个重要指标。珠光体片间距的大小主要与过冷度（即珠光体的形成温度）有关，而与奥氏体的晶粒度和均匀性无关。

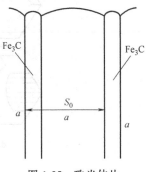

图 1-25　珠光体片层间距示意图

片状珠光体的力学性能主要取决于片间距和珠光体团的直径，珠光体团的直径越小，片间距越小，则钢的强度和硬度越高，塑性显著升高。工业上所说的片层珠光体，是指在光学显微镜下能够明显看出铁素体与渗碳体呈层状分布的一种组织形态，其层间距离为 150nm～450nm 之间。当珠光体的形成温度较低时，形成片层距离更小的珠光体，工业上把片层距离在 80nm～150nm 的细片状珠光体称为"索氏体"；把片层距离在 30nm～80nm 的极细片状珠光体称为"屈氏体"。

2. 粒状珠光体

片状珠光体经球化退火后，其组织变为在铁素体基体上分布着颗粒状渗碳体的组织，叫粒状珠光体。渗碳体的球粒大小取决于球化退火工艺，特别是冷却速度。根据渗碳体球粒大小，可将粒状珠光体分为粗粒状珠光体、粒状珠光体、细粒状珠光体和点粒状珠光体四类。粒状珠光体的组织形貌见图 1-26。

粒状珠光体的力学性能主要取决于渗碳体颗粒的大小、形态与分布状况。一般情况下，钢的成分一定时，渗碳体颗粒越细，形状越接近等轴状，分布越均匀，其强度和硬度就越好，韧性越好。

在相同成分下，粒状珠光体的硬度比片状珠光体稍低，但塑性较好，并有较好的冷加工性能；与片状珠光体相比，奥氏体化加热时溶解速度慢，不易过热。

（二）珠光体的形成过程

与一般相变相同，珠光体的形成也是由形核和长大两个过程所组成。

共析成分的过冷奥氏体，发生珠光体转变时，其晶核多半产生在奥氏体的晶界上或其他晶体缺陷比较密集的区域。由于在这些部位易于产生能量、成分和结构起伏，所以晶核就比较容易在这些高能量、含碳量接近渗碳体和晶体点阵结构类似渗碳体的区域产生。

珠光体的形成过程，包含着两个同时进行的过程，一个是碳的扩散，以生成高碳的渗碳体和低碳的铁素体；另一个是晶体点阵的重构，由面心立方点阵的奥氏体转变为体心立方点阵的铁素

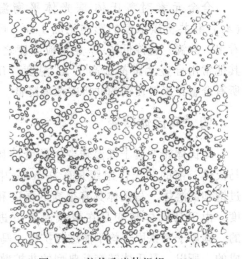

图 1-26　粒状珠光体组织　400×

体和复杂单斜点阵的渗碳体。即

$$\gamma_{(0.77\%C)} \rightarrow \alpha_{(0.0218\%C)} + Fe_3C_{(6.67\%C)}$$

图 1-27 是片状珠光体的形成过程示意图。

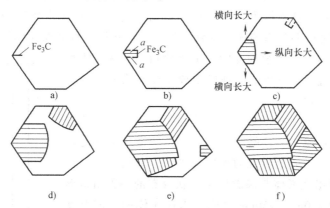

图 1-27 片状珠光体形成过程示意图

成片形成机制为，如果渗碳体为领先相，则它会在奥氏体界面上形成稳定的晶核，并依靠附近奥氏体不断供应的碳原子逐渐长大，形成一小片渗碳体。这样就使其周围的奥氏体的碳浓度降低，形成贫碳区，为铁素体形核创造了条件。当贫碳区的碳浓度降到相当于铁素体的平衡浓度时，便在渗碳体两侧形成两片铁素体。铁素体形成后与渗碳体一起长大，铁素体的长大又使奥氏体变成富碳区，进一步促使渗碳体新晶核的形成。如此不断进行，铁素体和渗碳体相互促进，交替形核，并同时平行地向奥氏体晶粒纵深方向长大，形成一组铁素体和渗碳体片层相间基本平行的珠光体领域。直到许多不同取向的珠光体领域相遇，奥氏体全部分解完毕，珠光体转变随之结束，最后得到片状珠光体组织。

过冷奥氏体转变为珠光体时，晶核点阵的重构，是由部分铁原子自扩散完成的。

（三）合金元素对珠光体转变的影响

合金元素对奥氏体-珠光体平衡温度（A_1）和共析碳浓度的影响见图 1-28。可以看出，除镍、锰降低了 A_1 点对应温度之外，其他常用合金元素都提高了 A_1 温度。几乎所有合金元素皆使钢的共析碳浓度降低。

四、马氏体转变

马氏体转变属于低温转变，转变产物为马氏体。钢的马氏体组织是碳在 α-Fe 中的过饱和固溶体。马氏体具有很高的强度和硬度。由于马氏体转变是在较低温度下进行

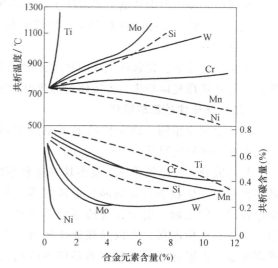

图 1-28 常见合金元素对共析温度（A_1）及共析点（S）碳含量的影响

的，碳原子和铁原子均不能进行扩散，马氏体转变过程中铁的晶格改组是通过切变方式来完成的，所以，马氏体转变是典型的非扩散型相变。

（一）马氏体的组织形态与力学性能

1. 马氏体的组织形态

马氏体的组织形态多种多样，最常见的为板条马氏体和片状马氏体。

（1）板条马氏体 板条马氏体是中、低碳钢及马氏体时效钢、不锈钢等铁基合金中形成的一种典型马氏体组织，它是由成群的、相互平行排列的板条所组成，见图1-29。

板条马氏体的空间形态是板条状的，每个板条为一个单晶体，它们之间一般以小角度晶界相间分布。板条宽度一般在 $0.025\mu m$ ~

图1-29 板条马氏体组织形态 500×

$2.25\mu m$ 之间，最常见的约为 $0.15\mu m$，板条之间往往存在厚度为 10nm~20nm 的薄片状的残留奥氏体。许多相互平行的板条组成一个板条束，一个奥氏体晶粒内通常有 3~5 个板条，采用选择性浸蚀时，有时在一个板条束内可观察到若干个黑白相间的板条块，块与块之间呈大角度晶界。图1-30 为板条马氏体显微组织结构示意图。

板条马氏体的亚结构主要为高密度的位错，这些位错分布不均匀，且相互缠结，形成胞状亚结构。

（2）片状马氏体 片状马氏体是在中、高碳钢和 Ni 的质量分数大于 29% 的 Fe-Ni 合金中出现的马氏体。片状马氏体的空间形态呈双凸透镜状，由于与试样的磨面相截，在光学显微镜下，则成针状或竹叶状，所以又称为针状马氏体或竹叶状马氏体。片状

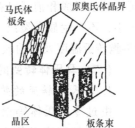

图1-30 板条马氏体显微组织结构示意图

马氏体的亚结构主要为孪晶，所以又称其为孪晶型马氏体。马氏体片之间不平行，呈一定的交角，其组织形态见图1-31。

在一个成分均匀的奥氏体晶粒内，冷至稍低于 Ms 点时，先形成的第一片马氏体将贯穿整个奥氏体晶粒而将晶粒分割为两半，使以后形成的马氏体大小受到限制。因此，片状马氏体的大小不一，愈是后形成的马氏体愈小。片的大小几乎完全取决于奥氏体的晶粒大小。

2. 马氏体的力学性能

（1）马氏体的硬度与强度 钢中马氏体最主要的特性就是高硬度、高强度，其硬度

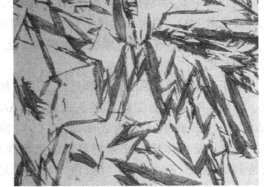

图1-31 片状马氏体组织形态 500×

随碳含量的增加而升高。但当碳的质量分数达 0.6% 时，淬火钢的硬度接近最大值。碳含量进一步增加时，虽然马氏体硬度会有所升高，但由于残留奥氏体量增加，反而使钢的硬度下降。合金元素对马氏体硬度影响不大，但可以提高它的强度。

马氏体具有高硬度和高强度，主要是以下几个因素影响所致：

1) 相变强化。马氏体相变的切变特性在晶体内产生大量微观缺陷（位错、孪晶及层错等），它们会阻碍位错运动，从而使得马氏体强化。

2) 固溶强化。主要是碳对马氏体的固溶强化。过饱和的碳原子在铁晶格间隙中分布造成晶格畸变，形成一个强的应力场，它阻碍位错运动，从而提高了马氏体的硬度和强度。

3) 时效强化。马氏体形成后，钢的 Ms 点大多处在室温以上，因此，在淬火过程中及在室温停留时，或在外力作用下，都会发生"自回火"，使碳原子和合金元素的原子向位错及其他晶体缺陷处扩散、聚集或碳化物弥散析出，钉扎位错，使位错运动受阻，从而提高马氏体的强度。

（2）马氏体的塑性和韧性　马氏体的塑性和韧性主要取决于它的亚结构，片状马氏体硬度高、强度高，但韧性很差，而具有相同强度的板条马氏体的韧性要好很多，即板条马氏体不但具有高硬度、高强度，而且还具有相当高的塑性和韧性。在片状马氏体中存在的孪晶亚结构大大减少了有效滑移，同时片状马氏体含碳量高，晶格畸变大，这些都是造成它韧性差的原因。而板条马氏体含碳量低，可以发生"自回火"，碳化物分布又均匀。同时，由于它的位错密度分布不均匀，存在低密度区，为位错提供了活动余地，缓和了局部应力集中，延缓裂纹形成和消减已存在裂纹尖端的应力峰值，有利于韧性增加。另一方面，由于淬火应力小，不产生显微裂纹。因此，板条马氏体不仅具有很高的强度和韧性，而且还具有低的韧-脆转折温度及小的缺口敏感性和过载敏感性。

（二）马氏体转变的特点

1. 马氏体转变的热力学特点

由过冷奥氏体等温转变曲线可知，奥氏体转变为马氏体有两个条件。第一是过冷奥氏体的冷却速度必须大于临界冷却速度 v_c，以抑制其发生珠光体或贝氏体转变；第二是奥氏体必须深度过冷，以获得足够的转变驱动力，所以，只有低于 Ms 点以后才能发生马氏体转变。

马氏体转变和其他相变一样，转变动力也是新相和母相的化学自由能差 ΔG_v，$\Delta G_v = G_{\alpha'} - G_\gamma$，式中 $G_{\alpha'}$ 为马氏体自由能，G_γ 为奥氏体自由能。马氏体和奥氏体的自由能随温度变化曲线见图 1-32。两根曲线相交于 T_c，T_c 即为两相热力学平衡温度，即在 $T = T_c$ 时，$G_{\alpha'} = G_\gamma$。当 $T < T_c$，$G_{\alpha'} < G_\gamma$ 时，系统自由能的变化 $\Delta G_v = G_{\alpha'} - G_\gamma < 0$，为负值，奥氏体有转变成马氏体的趋势。

由于马氏体转变除了形成新的界面并增加一项界面能外，还增加一项弹性应变能，因此，系统总的自由能变化可用下式表示：$\Delta G = \Delta G_v + (\Delta G_s + \Delta G_e)$，式中 ΔG_s 为表面能，ΔG_e 为弹性应变能。因此，马氏体转变必须对奥氏体进行深冷处理，过冷到 Ms 点以下，使 ΔG_v（负值）增大到足以补偿 $\Delta G_s + \Delta G_e$ 时，马氏体转变才能发生。所以，Ms 点是开始发生马氏体转变的温度。

2. 马氏体转变的晶体学特点

（1）无扩散性　马氏体转变为低温转变，此时，铁原子和碳原子都已失去扩散能力，因此，马氏体转变是以无扩散方式进行的。铁原子的晶格改变是通过

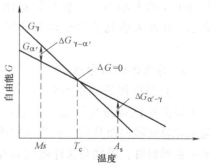

图 1-32　马氏体和奥氏体的
自由能与温度的关系

原子集体的、有规律的、近程的迁移来完成的。原来在母相中相邻的原子，转变后仍然在新相中相邻，它们之间的相对位移不超过一个原子间距。

（2）切变性　马氏体转变是晶格切变过程，在切变过程中完成晶格重组，由面心立方晶格变成体心立方晶格。

（3）共格性　马氏体转变时，新相和母相的点阵间保持了共格关系，即相界面上的原子既属于马氏体又属于奥氏体。而且，整个界面是相互牵制的，这种界面叫"切变共格界面"。它是以母相的切变维持共格关系的，故称为第二类共格界面。

（4）严格的位向关系和惯析面　由于马氏体转变时新相和母相之间始终保持着切变共格性，所以马氏体转变后的新相和母相之间存在着严格的晶体学位向关系。如在碳钢中，有K-S关系，即 $\{110\}_{\alpha'}//\{111\}_{\gamma}$，$<111>_{\alpha'}//<110>_{\gamma}$。

（三）影响马氏体转变的因素

奥氏体必须过冷到 Ms 点才能开始马氏体转变，到 Mf 点时转变结束，所以影响马氏体转变主要是影响 Ms 点。影响 Ms 点的因素主要有：

（1）化学成分　钢的 Ms 点主要取决于它的奥氏体成分，其中碳是影响最强烈的因素，随着奥氏体中含碳量的增加，Ms 和 Mf 点都不断下降。溶入奥氏体中的合金元素除铝、钴提高 Ms 点，硅、硼不影响 Ms 点以外，绝大多数合金元素均不同程度地降低 Ms 点。一般而言，凡是降低 Ms 点的合金元素，均会降低 Mf 点。

（2）形变与应变　如果奥氏体冷至温度范围内的某个温度下进行塑性变形，则可促进马氏体转变，使马氏体转变量增加。一般而言，形变量越大，转变的马氏体量越多，形变温度越低，转变的马氏体量也越多。

（3）奥氏体晶粒大小　实践证明，奥氏体晶粒增大会使 Ms 点升高。

（4）奥氏体的强度　随着奥氏体强度的提高，Ms 点降低。

（5）冷却速度　对于大多数工业用钢而言，连续冷却的冷却速度很大范围内不影响 Ms 点。

五、贝氏体转变

贝氏体转变是介于马氏体和珠光体之间的转变，又称为中温转变。其转变特点既有珠光体转变特征，又具有马氏体转变特征。其转变产物是含碳量过饱和的铁素体和碳化物组成的机械混合物。根据形成温度的不同，贝氏体可分为上贝氏体和下贝氏体。

（一）贝氏体的组织形态和力学性能

1. 贝氏体的组织形态

（1）上贝氏体　上贝氏体形成于贝氏体转变区中较高温度范围内。钢中的贝氏体呈束分布，是平行排列的铁素体和夹于其间的断续的条状渗碳体的混合物。在中、高碳钢中，当上贝氏体形成量不多时，在光学显微镜下可观察到呈束排列的铁素体的羽毛状特征。图1-33为上贝氏体的显微组织形态。

在一般情况下，随着含碳量的增加，上贝氏体中的铁素体条增多、变薄，而渗碳体数量亦增加、形态变细。上贝氏体的形态还与转变温度有关，随着转变温度降低，上贝氏体中的铁素体条变薄，渗碳体细化，在上贝氏体中的铁素体条间还存在未转变的残留奥氏体。

（2）下贝氏体　下贝氏体形成于贝氏体转变区较低的温度范围。典型的下贝氏体是由含碳量过饱和的片状铁素体和其内部沉淀的碳化物组成的机械混合物。下贝氏体的空间形态呈双凸透镜状，从显微组织的形态和分布看，下贝氏体与高碳钢的回火马氏体非常相似，都呈暗黑色针状，针与针之间呈一定夹角。图1-34为下贝氏体的显微组织形态。下贝氏体可以在奥氏体晶界上形成，但更多的是在奥氏体晶内形成。钢的化学成分、奥氏体晶粒度和均匀化程度等对下贝氏体的组织形态影响较小。

图1-33　上贝氏体的显微组织形态　400×

（3）粒状贝氏体　粒状贝氏体是近年来在一些中、低碳合金钢中发现的一种贝氏体，形成于上贝氏体转变区上限温度范围内。其组织特征是在粗大的块状或针状铁素体内或晶界上分布着一些孤立的形态为粒状或长条状的小岛，小岛为富碳奥氏体区。图1-35为粒状贝氏体的显微组织形态。

图1-34　下贝氏体的显微组织形态　400×

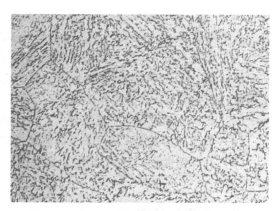

图1-35　粒状贝氏体的显微组织形态　400×

2. 贝氏体的力学性能

贝氏体的力学性能主要取决于它的组织形态。上贝氏体形成温度较高，铁素体条粗大，碳的过饱和度低，因此，其强度和硬度较低。另外，由于碳化物颗粒粗大，且呈断续条状分布，故其韧性也较低。

下贝氏体的铁素体针细小，分布均匀，在铁素体内又沉淀析出大量细小的、弥散的碳化物，而且铁素体内还含有过饱和碳和高密度位错，因此，下贝氏体不但强度高，而且韧性也好，缺口敏感性低，韧-脆转变温度低。

由于粒状贝氏体中的颗粒状或针状铁素体基体中分布着许多小岛，这些小岛又可起到复合强化作用，因此，粒状贝氏体也具有较好的强韧性。

总之，随着贝氏体形成温度的降低，贝氏体中铁素体晶粒变细，铁素体中碳含量增加，碳化物的弥散度也增大，这三方面的因素都使贝氏体的强度增加。

（二）贝氏体转变的特点

由于贝氏体转变是发生在珠光体和马氏体转变之间的中温区，所以贝氏体转变兼有珠光体和马氏体转变的某些特点。与珠光体转变相似，贝氏体转变中发生碳的扩散；与马氏体转变相似，奥氏体向铁素体的晶格改组是通过共格切变方式进行的。因此，贝氏体转变是一个有碳原子扩散的共格切变过程。

贝氏体转变包括铁素体的成长和碳化物的析出两个过程。在上贝氏体形成温度范围内，首先在奥氏体晶界上或晶界附近的贫碳区形成铁素体晶核，并成排地向奥氏体晶粒内长大，同时条状铁素体前沿的碳原子不断向两侧扩散，而且铁素体中多余的碳也将通过扩散向两侧的相界面移动。由于碳在铁素体中的扩散速度大于在奥氏体中的扩散速度，因而在较低温度情况下，碳在奥氏体晶界处发生富集，当碳浓度富集到一定程度时，便在铁素体间沉淀析出渗碳体，从而得到典型的上贝氏体组织。

在下贝氏体形成温度范围内，由于转变温度低，首先在奥氏体晶界或晶内某些贫碳区形成铁素体晶核，并按切变（共格）方式呈片状或透镜状。而此时碳原子在铁素体的某些晶界或晶面上聚集，进而沉淀析出细片状的碳化物。在一片铁素体长大时，其他方向的铁素体也会形成，从而获得典型的下贝氏体组织。

六、魏氏组织的形成

在亚共析钢或过共析钢中，钢材由高温状态以较快的速度冷却时，先共析的铁素体或渗碳体从奥氏体晶界上沿着奥氏体的一定晶面向晶内生长，呈针状析出。在光学显微镜下可以观察到从奥氏体晶界上生长出来的铁素体或渗碳体近似平行，呈羽毛状或三角形状，其间存在着珠光体的组织，这种组织称为魏氏组织。铁素体魏氏组织形态见图1-36，渗碳体魏氏组织见图1-37。

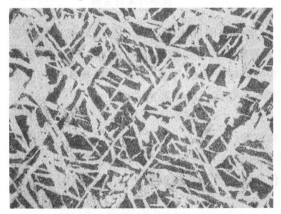

图1-36 铁素体魏氏组织 200×　　　　　　图1-37 渗碳体魏氏组织 200×

魏氏组织常伴随着奥氏体晶粒粗大而出现，因此，使钢的力学性能（尤其是塑性和冲击韧性）显著降低，同时使韧-脆转变温度升高。魏氏组织容易出现在过热钢中，因此，奥氏体晶粒越粗大，越容易出现魏氏组织。钢由高温状态以较快的速度冷却下来往往容易出现魏氏组织，慢冷则不易出现。钢中的魏氏组织一般可通过细化晶粒的正火、退火以及锻造等方法加以消除，程度严重时可采用两次正火的方法加以消除。

七、钢的过冷奥氏体转变

从 $Fe-Fe_3C$ 相图可知，在 A_1 温度以下，奥氏体是不稳定相，它将向珠光体和其他组织转变，这种在临界温度以下处于不稳定状态的奥氏体叫过冷奥氏体。

在热处理实际生产中，奥氏体的冷却方法有两大类，第一类是等温冷却，即将处于奥氏体状态的钢迅速冷却至临界点以下某一温度并保温一定时间，让过冷奥氏体在该温度下发生组织转变，然后再冷至室温。另一类是连续冷却，即将处于奥氏体状态的钢以一定的速度冷却至室温，使奥氏体在一个温度范围内发生连续转变。

（一）过冷奥氏体等温转变曲线

过冷奥氏体等温转变曲线形如英文字母 C，故又称为 C 曲线，也称为 TTT（Time Temperature Transformation）图，共析钢的过冷奥氏体等温转变图见图 1-38。

1. 共析钢等温转变图分析

共析钢等温转变图如图 1-38 所示。图中最上面的一根水平虚线为钢的临界点 A_1，下方的一根水平线为马氏体转变开始温度 Ms，另一根水平线为马氏体转变终了温度 Mf。A_1 与 Ms 线之间有两条等温转变图，左边一条为过冷奥氏体转变开始线，右边一条为过冷奥氏体转变终了线。

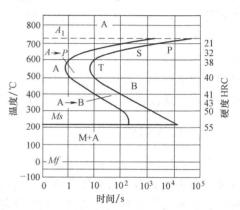

图 1-38　共析钢的过冷奥氏体等温转变图

A_1 线以上是奥氏体稳定区，Ms 线与 Mf 线之间的区域为马氏体转变区，过冷奥氏体冷却到 Ms 线以下时将发生马氏体转变。两条等温转变图之间的区域为过冷奥氏体转变区，在该区域过冷奥氏体将向珠光体或贝氏体转变，在转变终了线右侧区域为过冷奥氏体转变产物区。

在 A_1 温度以下，过冷奥氏体转变开始线与纵坐标之间的水平距离称为过冷奥氏体在该温度下的孕育期。如图 1-38 所示，在不同温度下等温，其孕育期是不同的。在 550℃左右共析钢的孕育期最短，转变速度最快，此处俗称为等温转变图的"鼻子"。过冷奥氏体转变终了线与纵坐标之间的水平距离则表示在不同温度下转变完成所需要的总时间。

2. 影响等温转变图的因素

下列各种因素主要影响等温转变图的形状和位置：

（1）碳含量的影响　与共析钢相比，亚共析钢和过共析钢的等温转变图都多出一条先共析相曲线，见图 1-39。因此，在发生珠光体转变以前，亚共析钢会先析出铁素体，过共析钢则先析出渗碳体。

（2）合金元素的影响　一般情况下，除钴和铝以外的所有溶入奥氏体中的合金元素，都会增加过冷奥氏体的稳定性，使等温转变图向右移，并使 Ms 点降低。其中，钼的影响最为强烈。加入微量的硼可以明显提高过冷奥氏体的稳定性。

（3）奥氏体状态的影响　晶粒细化有利于新相的形核和原子的扩散，有利于先共析转变和珠光体转变，但晶粒度对贝氏体转变和马氏体转变的影响不大。

奥氏体的均匀程度也会影响等温转变曲线的位置，成分越均匀，奥氏体的稳定性越好，奥氏体转变所需要的时间越长，等温转变曲线往右移。所以，奥氏体化温度越高，保温时间越长，则奥氏体晶粒越粗大，成分越均匀，从而增加了它的稳定性，使等温转变曲线向右移，反之则向左移。

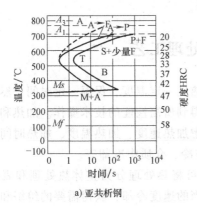 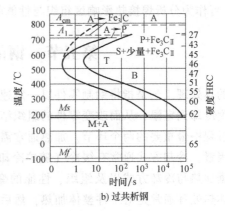

a) 亚共析钢   b) 过共析钢

图 1-39 过冷奥氏体等温转变图

(二) 过冷奥氏体连续冷却转变

1. 过冷奥氏体连续冷却转变分析

过冷奥氏体连续冷却转变图，又称为 CCT（Continuous Cooling Transformation）曲线，是指钢经奥氏体化后在不同冷却速度的连续冷却条件下，过冷奥氏体转变为亚稳态产物时，转变开始及转变终止的时间与转变温度之间关系的曲线图。但奥氏体连续冷却转变图比较复杂，它的测试也很困难，因此往往借助等温转变图来分析钢在连续冷却时的转变过程和产物，并以此作为制定热处理工艺的依据。

在绝大多数情况下奥氏体转变是在连续冷却条件下进行的，因此研究过冷奥氏体连续冷却转变图（CCT 曲线）有更大的实际意义。

下面以共析钢为例分析奥氏体连续冷却转变图，见图 1-40。与等温转变图相比，马氏体转变本来就是在连续冷却条件下转变的，因此 Ms 线无变化。过冷奥氏体在连续冷却时，抑制了贝氏体的产生，所以曲线的下半部分消失了。

图中 1、2、3、4 为连续冷却时的冷却速度曲线，根据它与等温转变图的相交位置，可大致估计其冷却转变情况，若冷却速度小于图中的曲线 3 时，奥氏体将全部转变成珠光体；若冷却速度在曲线 2、3 之间，则奥氏体冷却到 500℃ 时，已有相当一部分奥氏体转变为珠光体，而尚未转变的奥氏体将停止转变，直到冷却到 Ms 点以下发生马氏体转变；若冷速大于图中的曲线 2，则奥氏体不发生分解，将一直冷却到 Ms 以下发生马氏体转变。

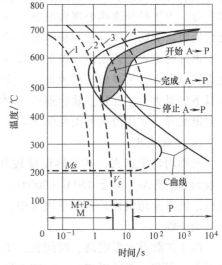

图 1-40 共析钢的过冷奥氏体
连续冷却转变动力学曲线

2. 过冷奥氏体连续冷却组织转变图的应用

钢的连续冷却转变曲线和等温转变图一样，对生产实践有一定的指导意义。

1）可作为分析淬火、正火、退火后工件组织与性能的依据。

2）可以确定临界冷却速度。

3）可作为选用合适钢材的参考。

4）可作为分析焊接热影响区组织与性能的参考。

第五节　钢的热处理工艺

钢的热处理工艺是指将钢制零件以一定速度加热到一定温度，保温一定时间，然后以一定的速度冷却到室温，从而改变零件的组织结构，得到所需性能的技术操作。加热和冷却是热处理过程中最重要的两个环节。加热通常需要考虑加热速度、加热温度、加热时间、加热设备等因素，冷却方式通常有缓冷（随炉冷却）、空冷、介质中冷却等。

依据加热与冷却方式以及组织、性能的变化，可将热处理分为整体热处理和表面热处理。整体热处理通常是对工件整体加热，然后以适当的速度冷却，获得需要的组织和性能的热处理工艺，通常指钢的退火、正火、淬火、回火。表面热处理是在不改变工件心部组织和性能的情况下，通过适当的工艺只改变工件表层的组织和性能，通常指表面化学热处理和表面淬火。

一、整体热处理

（一）钢的退火

将工件加热到一定温度，保温一定时间，然后缓慢冷却的热处理工艺称为退火。退火的目的是软化钢材，以利于切削加工，消除内应力，防止工件变形，改善和消除组织缺陷，均匀成分，为工件最终热处理做准备。亚共析钢经退火后的组织为铁素体+珠光体；共析钢退火后的组织为珠光体；过共析钢退火后的组织为珠光体+渗碳体。

钢件的退火工艺很多，按加热温度可分为两大类，一类是临界温度以上的退火，又称相变重结晶退火，主要包括扩散退火、完全退火、不完全退火和球化退火；另一类是在临界温度以下的退火，主要包括软化退火、再结晶退火和去应力退火等。常用退火种类见图 1-41。

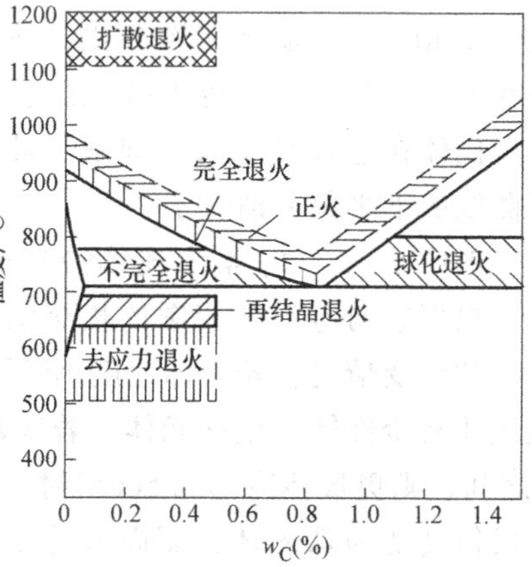

1. 扩散退火

又称均匀化退火，其加热温度较其他退火都高，一般为 Ac_3 或 Ac_{cm} 以上 150℃~300℃，其目的是消除偏析，使成分均匀化，多用于大件中、高合金钢和高合金钢铸锭。

由于扩散退火温度高、时间长，工件退火后晶粒较粗大，因此，必须再进行一次完全退火或正火，以细化晶粒，消除过热缺陷。

2. 完全退火

完全退火是将钢加热到相变温度以上 20℃~

图 1-41　常用退火种类

30℃，保温一定时间，使之完全奥氏体化后缓慢冷却，获得接近平衡组织的热处理工艺。

完全退火目的是细化晶粒，均匀组织，降低硬度，改善切削加工性能，消除内应力，并为后续的淬火做好组织准备，多用于碳钢、锻钢、热轧钢及中小型铸钢件。

3. 不完全退火

不完全退火是将钢加热到 Ac_1 和 Ac_3（或 Ac_{cm}）之间，保温后缓慢冷却，以获得接近平衡态组织的一种热处理工艺。

其目的是降低硬度，改善切削加工性能，消除内应力。由于采用的温度较低，时间也较短，因此它是成本较低的一种工艺，生产中常用它来代替完全退火。

4. 球化退火

球化退火是将钢加热到 Ac_1 和 Ac_{cm} 之间，使钢中的碳化物球化，获得粒状珠光体的一种热处理工艺，多用于共析钢和过共析钢。

目的是把片状珠光体转变为粒状珠光体，以降低硬度，改善切削加工性能，改善组织，消除网状渗碳体，为后续淬火做好组织准备。

球化退火中退火温度的选择至关重要，温度过高，会在粒状珠光体中出现粗片状珠光体，增加硬度，并对淬火带来不利影响；温度过低，会出现细片状珠光体，硬度较高，不利于加工，也会对淬火带来不利影响，易使淬火组织不均匀。常用的球化退火工艺有一次球化退火，反复球化退火和等温球化退火。

5. 再结晶退火

将经冷变形后的金属加热到再结晶温度以上，保持适当时间，使形变晶粒重新转变为均匀等轴晶粒的一种热处理工艺。目的是消除加工硬化和残余应力，提高塑性。

6. 去应力退火

也称低温退火，是将钢加热到 Ac_1 以下某一温度，保温一定时间后缓冷至 200℃ ~ 300℃，然后出炉空冷的一种热处理工艺。目的是消除内应力，提高工件尺寸稳定性，防止变形和开裂。

（二）钢的正火

正火是将钢加热到 Ac_3 或 Ac_{cm} 以上某一温度，保温一定时间，然后空冷的一种热处理工艺。

1. 正火的应用

正火主要适用于碳素钢和低、中合金钢。对于普通的低碳钢和低碳低合金钢结构件可作为最终热处理；对于重要零件，可代替完全退火，改善组织，细化晶粒，改善切削性能，为后序淬火做准备；对于过共析钢，主要是消除网状碳化物，一般在球化退火前进行。

2. 正火后的组织与性能

正火与退火均得到珠光体组织，但与退火比较，因正火的冷却速度较快，故亚共析钢中珠光体片间距较小，晶粒较小，且珠光体数量多，对于过共析钢，则正火后的组织中一般没有网状渗碳体。

因组织上的差别，在性能表现上正火与退火也不同，一般来说，正火后钢的强度、硬度较高，韧性较好。

（三）钢的淬火

淬火是热处理工艺中非常重要的一种工艺，它可以显著提高钢的强度、硬度和耐磨性，与不同的回火工艺相配合，则可以得到不同的强度、塑性和韧性配合的性能。

淬火就是将钢加热到 Ac_3 或 Ac_1 以上某一温度，保温一定时间，然后以大于临界冷却速度的速度冷却，得到马氏体或贝氏体组织的一种工艺。

1. 淬火加热

淬火加热温度的选取是为获得均匀细小的奥氏体晶粒，一般为 Ac_3 或 Ac_1 以上 30℃ ~

50℃，温度过低，则奥氏体转变不完全，得到马氏体少，影响性能，使硬度和强度降低。如果温度过高，则会引起奥氏体晶粒粗大，易引起变形和开裂，工件韧性差。

2. 淬火应力

淬火应力是引起工件变形和开裂的根本原因，一般由热应力和组织应力组成。

（1）热应力　工件在加热或冷却时，由于不同部位存在温度差异，导致热胀或冷缩不一致而引起的应力叫热应力。冷却刚开始时，由于表层先冷却而发生大于心部的收缩，由于心部的限制，表层产生拉应力，而心部受压应力，当表层温度接近室温或冷却介质的温度时，心部则以较快的速度冷却而产生收缩，此时形成的应力正好与初期相反。因此冷却结束时，最终的热应力为表面受压应力，心部受拉应力。由于热应力是由于冷却过程中不同截面存在温差造成的，冷却速度愈大，热应力愈大。在相同冷却介质条件下，工件加热温度越高，尺寸越大，钢材热传导系数越小，则热应力也越大。

（2）组织应力　工件冷却时，由于温差造成不同部位组织转变的时期不同而引起的内应力称为组织应力。组织应力起因是马氏体相变引起的比体积变化，因此又称为相变应力。淬火时马氏体相变总是开始于表面，然后向心部扩展。发生了马氏体相变的表层必然会引起体积膨胀而对尚处于奥氏体的心部产生拉应力，而其本身则因受心部的限制而受压应力，随后当心部发生相变时，由于完成相变的表层阻碍，组织应力将发生反向，最终表现为表层受拉应力，心部受压应力。

组织应力大小与钢在马氏体转变温度范围内的冷却速度、工件大小、钢的导热性、钢的含碳量和淬透性等有关。

工件淬火时，热应力和组织应力都将在同一工件中发生，绝大多数情况下还会同时发生。影响淬火应力的因素主要有：

1）含碳量。随含碳量增加，热应力作用减小，组织应力作用增加。

2）工件尺寸。完全淬透时，以组织应力为主；不完全淬透时，工件尺寸越大，淬硬层越薄，热应力越明显。

3）淬火介质和冷却方法。淬火介质的冷却能力，在不同的温度区间是不同的，因而也影响淬火内应力的分布，冷却方法的影响也是如此，如在高于 Ms 点以上的温度区域冷却速度快，则内应力以热应力为主，而在低于 Ms 点的温度区域冷却速度慢，内应力以组织应力为主。

3. 淬火介质

淬火冷却速度过快，会使工件应力增大，易产生变形或开裂；如过慢，又会得到非马氏体组织，达不到淬火目的。因此淬火时必须选择合适的淬火介质，以达到既获得马氏体组织，又减少变形和开裂倾向的目的。

常用的淬火介质有水及其溶液、油、水油混合液等。水是最常用的淬火介质，冷却能力较强。水温越高，冷却能力越低；循环水比静止水冷却能力强。在水中添加盐会增强冷却能力。常用的淬火油是矿物质油，如柴油、机油等，它们的冷却能力比水差，但其在高温区有较快的冷却速度，可以使温度快速通过过冷奥氏体最不稳定的区域，而在马氏体转变区冷却速度较慢，可以降低组织应力，故常用作合金钢的淬火介质。

4. 淬火方法

目前在生产中常用的淬火方法有四种：单液淬火法、双液淬火法、分级淬火法和等温淬火法。它们的冷却曲线示意图见图1-42。

（1）单液淬火法 单液淬火法是最简单的淬火方法，如图1-42中a曲线所示，就是把已加热到淬火温度的工件淬入一种淬火介质中，并冷却至淬火介质温度的淬火方法。这种方法常用于形状简单的碳钢件和合金钢件，碳钢件常用水淬，合金钢件常用油淬。

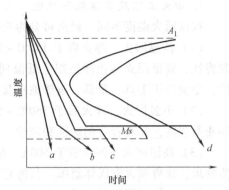

图1-42 冷却曲线示意图

（2）双液淬火法 如图1-42中b曲线所示，双液淬火法是将加热到淬火温度的工件先在冷却能力强的淬火介质中快速冷却至接近Ms点的温度，然后再移入冷却能力较弱的淬火介质中冷却的一种淬火工艺。目的是既可以保证淬火工件得到马氏体组织，又可减少内应力，从而减少变形和开裂倾向，这种方法常用于合金钢。

（3）分级淬火法 如图1-42中c曲线所示，分级淬火法是把奥氏体化温度下的工件淬入高于该钢Ms点的淬火介质中，使工件与介质温度一致后，取出冷却至室温，使过冷奥氏体转变为马氏体。这种方法可有效降低工件的淬火应力，防止变形和开裂，通常用于尺寸较小，形状复杂并对变形要求严的工件。

（4）等温淬火法 如图1-42中d曲线所示，等温淬火法又称贝氏体淬火，是将加热到奥氏体状态的工件淬入温度稍高于Ms点的介质中保温足够时间，使之转变为贝氏体组织，然后将工件取出在空气中冷却的淬火方法，目的是获得变形小、硬度较高又有良好韧性的工件，多用于合金钢和高碳钢。

5. 淬透性与淬硬性

钢的淬透性是指钢在淬火时获得马氏体的能力，其大小用钢在一定条件下淬火时所获得的淬透层深度来表示。淬透层越深，淬透性越好。淬透层深度一般规定为，由表面至半马氏体区的深度。

影响钢的淬透性的因素很多，归纳起来主要有：

1）含碳量。越接近共析成分，淬透性越大；越远离共析成分，淬透性越小。

2）合金元素。除钴、铝、钛外，其他合金元素都提高淬透性。

3）奥氏体化温度及晶粒度。温度越高，晶粒度越粗大，淬透性越好。

4）钢中第二相、原始组织等也有一定影响。

淬硬性是指钢在淬火时马氏体所能达到的最大硬度。它主要取决于钢中含碳量，含碳量越高，淬硬性越好。值得注意的是钢的淬透性与淬硬性是两个不同的概念。淬透性好的钢，淬硬性未必好，例如，T10钢的淬硬性很高，但淬透性却很低。

（四）钢的回火

工件淬火后虽然硬度、强度很高，但因脆性及内应力较大，故必须经过回火处理才能使用。

回火就是将淬火后的工件加热到相变点以下某一温度，保温一定时间后冷却至室温的热处理工艺。回火一般是工件的最后一道热处理工序，目的是减少或消除淬火应力，提高韧性和塑性，获得硬度、强度、塑性和韧性的适当配合，稳定组织结构和工件尺寸。

1. 回火工艺及其组织和性能

根据回火温度不同，回火可分为三类。

（1）低温回火　淬火后于150℃～250℃之间回火，叫低温回火。目的是减少淬火应力和脆性，获得回火马氏体组织，低温回火后工件具有高的硬度、强度、耐磨性及一定的韧性，主要用于工具、量具、滚珠轴承及渗碳淬火的零件。

（2）中温回火　淬火后于350℃～500℃之间回火，叫中温回火。目的是获得高的弹性和屈服强度，又有较好的塑性和韧性。回火后得到回火托氏体组织，主要用于弹簧钢。

（3）高温回火　淬火后于500℃～650℃之间回火，叫高温回火。淬火+高温回火又称调质处理，获得回火索氏体组织。目的是获得强度、塑性、韧性良好搭配的综合性能。与正火处理相比，钢经调质处理后，在硬度相同情况下，钢的屈服强度、韧性和塑性明显提高，高温回火主要用于中碳结构钢和合金结构钢制造的轴类零件等。

2. 淬火钢在回火过程中的转变

淬火钢在回火过程中的转变主要有以下三种：马氏体的分解及碳化物的析出和长大、残余奥氏体的分解、铁素体基体的回复与再结晶。

（1）马氏体的分解及碳化物的析出和长大　淬火马氏体是碳在α-Fe中的过饱和固溶体。在室温至100℃以下的温度回火时，过饱和的碳原子会形成偏聚；大于100℃时，马氏体开始分解，析出亚稳定的过渡碳化物相，随亚稳定过渡碳化物相的析出，马氏体中的碳浓度也逐渐减少；在250℃～300℃回火时，就会有渗碳体形成，当温度继续升高时，将不再发生碳化物的转变，只有碳化物的形态、分布和尺寸发生变化；回火温度在大于400℃时，渗碳体将聚集成球状，并逐渐长大粗化。

（2）残余奥氏体的分解　碳的质量分数大于0.4%的碳素钢淬火时，组织中总会有一定量的残余奥氏体。在回火温度为200℃～300℃的过程中，残余奥氏体就会发生分解，转变为下贝氏体；回火温度继续升高，下贝氏体也会发生转变，最后形成铁素体和渗碳体的组织。

（3）铁素体基体的回复与再结晶　随回火温度升高，基体将因马氏体发生分解，由存在大量晶体缺陷的马氏体转变为含有大量位错等晶体缺陷的铁素体。当温度升高到铁素体回复温度以上时，铁素体将发生回复；如温度继续升高，将发生再结晶和晶粒长大。

二、钢的表面热处理

许多零件在扭曲、弯曲等交变载荷下工作，有时表面还要受摩擦、冲击等，因此，实际应用中要求零件表面要有足够的强度、硬度和耐磨性，同时，心部还要有足够的塑性和韧性，这样就发展了表面热处理技术。表面热处理主要包括表面化学热处理和表面淬火。

（一）钢的化学热处理

1. 概述

将钢件放于含有某种渗入元素的介质中，加热到一定温度，让钢的表面与介质互相作用，使渗入元素自表面向内部扩散的过程称为化学热处理。化学热处理改变了钢件表面的化学成分和组织，从而改变了表层的硬度、耐磨性、疲劳强度和耐腐蚀性等性能。

金属表面渗入不同元素后，可以获得不同的性能，因此金属的化学热处理常以渗入元素来命名，如渗碳、渗氮、碳氮共渗、渗硼、渗铝等。虽然渗入元素很多，但它们的过程基本相同，可以概括为分解、吸收、扩散三个过程。分解是指从活性介质（渗剂）中分解出具有渗入元素活性原子的过程，分解的速度与渗剂的浓度、分解温度和催化剂有关。吸收是指分解出来的活性原子被金属表面吸附，溶解形成化合物的过程。而扩散是活性原子从表面向内层迁移的过程。扩散一般是先形成固溶体，达到饱和后形成化合物，因此扩散有两种方式：固溶体扩散和相变反应扩散。热处理的组织从表面向内一般可分为渗层组织、过渡层组织、基体组织三部分。

2. 渗碳

（1）渗碳的定义、目的及应用

1）钢的渗碳是指钢件在渗碳介质中加热和保温，使碳原子渗入其表面的一种热处理工艺。它是机械制造业中应用最广的一种化学热处理方法。

2）渗碳的目的是使机械零件获得高的表面硬度、耐磨性，高的接触疲劳强度和弯曲疲劳强度，而心部又保持好的韧性。渗碳用钢多为碳的质量分数 0.15% ~ 0.30% 的低碳钢或低碳合金钢。渗碳主要用于那些表面硬度要求很高，而心部又要求有足够强度和韧性的零件，如齿轮、活塞销等。

（2）渗碳工艺及热处理　渗碳工艺主要包括选择渗剂类型及单位时间消耗量、渗碳温度和渗碳时间。渗碳温度一般为 900℃ ~ 950℃，温度越高，渗层的含碳量越高；渗碳温度一定时，保温时间越长，渗碳层越深，碳浓度梯度越平缓。

为了得到所需性能，工件渗碳后通常都要经过淬火和低温回火处理，这样工件表面组织为回火马氏体+二次渗碳体+残余奥氏体，硬度一般为 58HRC ~ 62HRC，而心部组织则依渗碳钢而定。渗碳后的淬火主要有以下几种：

1）直接淬火+回火。工件渗碳后，预冷到一定温度，然后直接进行淬火、回火，表层组织为回火马氏体+二次渗碳体+残余奥氏体。这种方法的优点是减少加热冷却次数，简化了工艺，并可减少变形及氧化脱碳，但因渗碳温度较高，工件易发生奥氏体晶粒长大，致使淬火马氏体针粗大，残余奥氏体较多。故只适用于本质细晶粒钢或者合金渗碳钢，同时表面碳浓度不要太高。

2）一次加热淬火+回火。工件渗碳后缓冷，然后重新加热淬火、回火，所得马氏体为细针状，且残余奥氏体量较少。这种方法的优点是可细化组织，兼顾了表层与心部的性能，同时工艺简单，工件变形也较小，但应注意淬火后不应出现网状碳化物。图 1-43 为 25CrMo 钢渗碳后重新加热淬火、回火后的组织，由表及里的组织依次为：回火马氏体+渗碳体+残余奥氏体、屈氏体+回火马氏体+贝氏体、心部组织。

3）二次加热淬火+回火。工件在渗碳缓冷后进行二次加热淬火、回火，第一次淬火的目的是细化心部组织，并消除表面网状碳化物，一般淬火温度在 Ac_3 以上，第二次淬火目的是细化渗层中的马氏体，以期获得理想的渗层组织（隐晶马氏体+残余奥氏体+均匀细小的粒状碳化物）。一般加热温度为 780℃ ~ 820℃。这种工艺成本高，除关键零件外，一般应用较少。

图 1-43　25CrMo 钢渗碳后重新加热
淬火、回火组织　100×

（3）渗碳件缺陷　渗碳件缺陷种类很多，究其原因可能与渗前的原始组织有关，也可能与渗碳过程或渗后的热处理有关。以下列举几种常见缺陷及产生原因。

1）渗碳层深度不均匀。产生原因：①钢材中有带状组织；②炉温不均或炉内气氛循环不好；③零件表面状态不一致，如局部不干净等。

2）表层贫碳或脱碳。产生原因：①渗碳后期炉内碳浓度过低；②渗碳出炉后表面氧化脱碳；③气体渗碳炉漏气；④碳势控制系统不准确。

3）表层碳化物呈粗大块状或网状。产生原因：①表层碳浓度过高，使表面吸附碳的速度大于扩散速度；②渗碳后冷却太慢；③碳势控制系统不准确。

4）反常组织。其特征是在原奥氏体晶界上存在的网状碳化物不直接与片状珠光体相连，而是中间隔着一层较宽的铁素体区。产生原因是钢中含氧量较高或渗碳介质的滴入量不当。

5）黑色组织。其特征是在渗层表层中出现黑点、黑块组织或黑色网状组织。黑点状组织与气体析出有关，黑色网状组织是渗碳介质中的氧向钢晶界扩散，形成铬、锰、硅等氧化物或由于其他原因淬火后表层得到非马氏体组织。

6）残余奥氏体量过多。残余奥氏体量过多将导致渗层硬度下降，耐磨性下降。产生原因：①钢中合金元素多，如 Cr、Mn、Ti、V、Mo、W、Ni 增加了奥氏体的稳定性，促使淬火后残余奥氏体量增多；②渗层碳的质量分数过高，渗碳气体碳势过高和渗碳温度偏高，使溶入奥氏体中的碳量增加，造成淬火后残余奥氏体量增多；③淬火温度偏高，加热温度愈高，溶入奥氏体中的碳和合金元素量也愈多，使奥氏体稳定性提高，残余奥氏体增多；④淬火剂温度偏高，使马氏体转变不充分，残余奥氏体量增多。

3. 渗氮

渗氮是向钢的表面渗氮，提高表层氮浓度的化学热处理过程。工件经渗氮后具有很高的表层硬度和耐磨性，以及高疲劳强度和耐蚀性。渗氮温度很低，通常在 500℃~580℃ 之间，而且渗氮后无须淬火，故工件的变形很小，常用于高速钢的齿轮、磨床主轴及尺寸要求精密、耐蚀抗磨损的零件等。但是此工艺周期较长，某些钢（如含铅铜）渗氮后的表面脆性较大。

渗氮处理按工艺分有气体渗氮、离子渗氮和低温碳氮共渗（软氮化）等。其中气体渗氮与离子渗氮的工件在金相组织上基本相同。

按照铁-氮二元合金相图，氮固溶于铁可形成间隙固溶体，随着氮在铁中固溶质量分数的增加，可形成五种相，即 α、γ、γ'、ε 和 ζ 相。

α 相：氮在 α-Fe 中的固溶体。最大溶解度为 0.1%。

γ 相：氮在 γ-Fe 中的固溶体。最大溶解度为 2.8%。

γ' 相：化合物相。室温下氮的质量分数范围为 5.7%~6.1%。

ε 相：化合物相。室温下氮的质量分数范围为 8.1%~11.2%。

ζ 相：化合物相。氮的质量分数范围为 11.1%~11.35%。

纯铁渗氮后缓冷，由表面向心部的组织依次为 ε、(ε+γ')、γ'、(α+γ')、α、原始组织。经浸蚀后 ε 相呈白色，由于 γ' 很薄，所以无法分辨 (ε+γ') 和 γ' 相。

合金钢渗氮后由表层向心部的组织依次为 ε、(ε+γ')、γ'（难以分辨）、(α+γ')、原始回火索氏体。

钢渗氮后，最表层是白亮的 ε 相，它可显著提高耐蚀能力，且有相当高的硬度

（1000HV～1200HV），但表面脆性大，易剥落。如果工件需要耐磨性能且接触应力很大，则白亮层越薄越好，最好不出现。

渗氮钢多是中碳结构钢，钢中含有 Al、Cr、Mo 等元素时，渗氮处理效果好，38CrMoAl 是最典型的渗氮钢。渗氮处理温度较低，且处理后采用缓冷，因此变形很小，工件在渗氮处理后一般不再进行机械加工，只需抛光即可。为了保证工件心部有较好的综合性能，工件在渗氮前须进行调质处理，得到回火索氏体组织。

渗氮件的常见缺陷有化合物层疏松，氮化层出现针状、网状或脉状氮化物等。

化合物层疏松是指在渗层的化合物层出现细小分布的微孔或孔洞。它多发生在高氮势长时间气体渗氮情况下，是由于亚稳定的高氮相在氮化过程中分解析出氮分子而留下的气孔。疏松的严重程度和分布不同对性能的影响也不同。

针状氮化物常出现在化合物层与过渡层之间，它是高氮的 ε 相和 γ′ 相。针状氮化物会使化合物层变得很脆，受外力易脆断或剥落。这种缺陷组织与渗氮前的原始组织有关，如果表面严重脱碳或原始组织中有大块铁素体都易出现针状氮化物。

氮化工艺不当，氮化温度过高，氮气含水量过高，渗氮前晶粒粗大等，都可能造成氮化层表面出现脉状或网状氮化物，另外在零件尖角处也易出现这种组织。这将严重影响氮化质量，使氮化层脆性增加，耐磨性和疲劳强度下降。图 1-44 为 38CrMoAl 渗氮后的组织，表面白亮层为多相的 ε 化合物层，下面的扩散层中碳氮化合物粗大，呈脉状和网络状，为（γ′+ε+α）相，心部为回火索氏体。

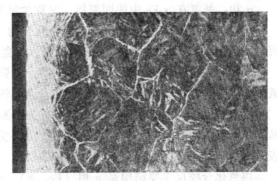

图 1-44　38CrMoAl 渗氮后的组织　500×

另外，渗前原始组织中铁素体量过高或组织粗大也是渗氮层的一种组织缺陷，它也会使氮化层的脆性增加。理想的渗氮前组织应为细小索氏体或细小索氏体+少量游离铁素体。

钢件渗氮后一般要进行渗氮金相组织检验、渗层深度测定、渗层脆性检验等，依据标准为 GB/T 11354—2005《钢铁零件　渗氮层深度测定和金相组织检验》。

4. 碳氮共渗

碳氮共渗是同时向钢的表层渗入碳、氮原子的化学热处理过程，通常在气体介质中进行。碳氮共渗处理范围很宽，在 550℃～950℃范围内均可进行共渗。随温度上升，碳的渗入量大于氮的渗入量。日常生产中常把碳氮共渗按温度不同分为三种情况，即高温碳氮共渗（900℃～950℃），中温碳氮共渗（800℃～870℃）和低温碳氮共渗（500℃～600℃）。共渗温度不同，共渗层中的碳氮浓度也不同。高温时以渗碳为主，而氮的渗入量很少；低温时以氮的渗入为主，而碳的渗入量很少，俗称软氮化。只有在中温条件下碳和氮的渗入量均适当，应用也最为广泛，因此碳氮共渗通常指中温碳氮共渗。

碳氮共渗后缓冷的组织通常由三部分组成，表层为富氮的白层，心部为共析珠光体区，过渡层则出现游离铁素体。碳氮共渗温度比渗碳温度低，一般共渗后都采用直接淬火。表层组织为针状含氮马氏体+残余奥氏体，但残余奥氏体量较多。氮的渗入使过冷奥氏体稳定性提高，故可采用冷却能力较弱的介质淬火。淬火后常用低温回火，其表层组织为含氮回火马氏体+残余奥氏体。与单独渗碳相比，碳氮共渗的速度快，生产周期短，工件变形和开裂倾向小，而且工件可获得更高的硬度、耐磨性、疲劳强度及抗啮合能力。

碳氮共渗常见的缺陷有黑色组织、表面贫碳、表面脱碳和表层不正常的化合物分布。

5. 软氮化

前已述及，软氮化即为低温碳氮共渗，实质是以渗氮为主，并少量渗碳的热处理过程。软氮化后可提高工件的硬度、耐磨性、疲劳强度、抗啮合能力以及耐蚀性能。软氮化不受钢种限制，许多由碳钢、低合金钢、高合金钢、铸铁制造的工件以及一些工模具等都可以通过软氮化来提高使用寿命。

软氮化后可能形成的相有：

ε 相：含氮成分变化较宽的铁氮化合物，一般用 $Fe_{2-3}N$ 表示。出现于软氮化最表层，能溶解较多的碳；呈白亮色。

γ' 相：以 Fe_4N 为基体的可变成分化合物，为针状。出现在氮的质量分数为 5.2%～6.1% 的氮化层中。

γ 相：是氮在 γ-Fe 中的固溶体，又称含氮奥氏体。平衡冷却分解成 $\alpha+\gamma'$ 共析体，快速冷却形成含氮马氏体。

α 相：是氮在 α-Fe 中的固溶体，又称含氮铁素体。

ζ 相：是以 Fe_2N 为基体的可变成分化合物，脆性很大，是氮化零件不允许出现的相。ζ 相是 ε 相的变体，高于 500℃ 可发生分解，转变为 ε 相。

软氮化的渗层组织一般表面为白亮层，主要是 ε 相，心部则为扩散层。含碳的 ε 相比纯氮的 ε 相韧性好，硬度和耐磨性也较高，因此软氮化希望得到 ε 相层，这与渗氮不同。

碳钢在 550℃～570℃ 进行碳氮共渗称为铁素体碳氮共渗，由于温度低于共析温度，没有奥氏体转变，所以表层是白色氮化物层，主要为含碳 ε 相和 γ' 相。铁素体低温碳氮共渗后表面组织有两层，即白色化合物层和扩散层。

白色化合物层主要结构是 ε 相（$Fe_{2-3}N$），尚有少量的 γ' 相（Fe_4N）和 Fe_3C 相。通常在白色化合物层的最表面可能有黑色小点，为疏松微孔，这是软氮化的重要标志。

扩散层位于白色化合物层与心部组织之间，对于碳素钢一般很不明显，需经 250℃～300℃ 回火 1～2 小时，使氮由过饱和 α-Fe 中呈针状的 γ' 相（Fe_4N）中析出，才容易受腐蚀显示出来。

铁素体低温碳氮共渗表层显微组织依次是：带有疏松微孔的 ε 相+少量的 γ' 相、针状 γ' 相。

如果在 590℃ 以上进行碳氮共渗，称为奥氏体碳氮共渗，第一层是 ε 相，第二层是含氮马氏体，第三层是氮的扩散层。

白色化合物层结构与铁素体低温碳氮共渗相同，但厚度增加，有明显的粗大黑色疏松微孔。

含氮马氏体未回火是白色，回火后颜色变黑，呈明显的含氮马氏体针。

扩散层位于含氮马氏体层与心部组织之间。

奥氏体碳氮共渗后表面显微组织依次是：带有粗大疏松微孔的 ε 相+少量的 γ' 相、含氮马氏体、针状 γ' 相。

奥氏体碳氮共渗后的氮化层硬度高，深度大，工件变形也较大。

（二）表面淬火

表面淬火是利用快速加热的方法，只使工件表面奥氏体化，然后淬火。它只改变表层的组织和性能，使表层得到强化和硬化，而心部仍保留原有的组织和性能，故多用于中碳调质钢。表面淬火的加热方法很多，有感应加热、火焰加热、激光加热、离子束加热等，这里只介绍两种常用的方法。

1. 感应淬火

感应淬火是利用电磁感应原理在工件表面产生电流密度很高的涡流来加热工件表面的淬火方法。由于趋肤效应，感应电流在工件截面上的分布很不均匀，表层电流密度很高，向内逐渐减小。工件表层高密度电流的电能转变为热能，使表层温度升高而实现了表面加热。电流频率越高，工件表层与内部的电流密度差越大，加热层就越薄。在加热层温度超过钢的临界点温度后迅速冷却（淬冷介质常用水或高分子聚合物水溶液），即可实现表面淬火。

根据交变电流的频率高低，感应加热热处理可分为超高频、高频、超音频、中频、工频5类。超高频感应加热所用的电流频率高达 27MHz，加热层极薄，仅约 0.15mm，可用于形状复杂工件的薄层表面淬火。高频感应加热所用的电流频率通常为 200kHz～300kHz，淬硬深度为 0.5mm～2mm，可用于齿轮、汽缸套、凸轮、轴等零件的表面淬火。超音频感应加热所用的电流频率一般为 20kHz～40kHz，用超音频感应电流对小模数齿轮加热，加热层大致沿齿廓分布，淬火后使用性能较好。中频感应加热所用的电流频率一般为 2.5kHz～10kHz，淬硬深度为 2mm～8mm，多用于大模数齿轮、直径较大的轴类和冷轧辊等工件的表面淬火。工频感应加热所用的电流频率为 50Hz～60Hz，淬硬深度可达 10mm～15mm，主要用于大直径钢材的穿透加热和要求淬硬层较深的工件。

感应加热的主要优点：①不必整体加热，工件变形小，电能消耗小。②加热速度快，工件表面氧化脱碳较轻。③表面淬硬层深度可根据需要进行调整，易于控制。④加热设备可以安装在机械加工生产线上，易于实现机械化和自动化，便于管理，且可减少运输，节约人力，提高生产效率。⑤淬硬层马氏体组织较细，硬度、强度、韧性都较高。⑥表面淬火后工件表层有较大压缩内应力，工件抗疲劳破断能力较强。

感应加热的缺点：感应加热设备较复杂，而且适应性较差，难以保证某些形状复杂工件的质量。

感应淬火的工件材料一般为中碳钢。为适应某些工件的特殊需要，相关人员已研制出供感应淬火专用的低淬透性钢。高碳钢和铸铁制造的工件也可采用感应淬火。

2. 火焰加热表面淬火

火焰加热表面淬火是用温度极高的可燃气体火焰直接加热工件表面的淬火方法。其优点是设备简单，使用方便，成本低廉，但加热过程不易控制。

由于工件各截面温度的不一致，表面淬火后从表面向内其组织一般为淬硬层、过渡层和心部组织。过渡层温度在两相区之间，组织为马氏体和心部的混合组织。

由于表面淬火的加热速度快，可以获得细小的奥氏体晶粒，淬火得到的马氏体组织比普通淬火的马氏体细，同时表面淬火会在工件表面形成残余压应力，这样表面淬火会提高工件的强度、硬度、耐磨性和抗接触疲劳强度。汽车后半轴采用感应加热表面淬火，设计载荷下的疲劳循环次数比用调质处理提高约 10 倍。

三、热处理新技术简介

随着科技和新技术产业的发展，传统的热处理技术在加工精度、性能特征、生产效率等方面都远远不能满足要求，因此，出现了一些热处理的新技术。下文主要介绍形变热处理、激光束热处理与电子束热处理、离子束热处理。

（一）形变热处理

形变热处理是将塑性变形和热处理有机结合的一种工艺。该工艺既能提高钢的强度，又可改善塑性和韧性，同时具有简化工艺、节约能源的优点。根据形变的温度可将形变热处理分为高温形变热处理和低温形变热处理。

高温形变热处理是将钢加热到 Ac_3 以上，在稳定的奥氏体温度范围内进行变形，然后立即进行淬火、回火的工艺。此种工艺多用于一般碳钢、低合金结构钢零件及一些加工量不大的锻件或轧件。形变温度和形变量对高温形变热处理的强化效果影响显著。形变温度过高，则容易发生再结晶软化，减弱形变强化效果，形变温度一般控制在 900℃ 左右。形变量增加，强度亦会增加，但塑性下降，因此形变量一般不应大于 40%，否则会因大变形量的热效应使钢材温度升高，加快再结晶软化过程，从而使强度降低。高温形变热处理能够改善强韧性的主要原因是此种工艺会使奥氏体晶粒细小化，淬火后所得马氏体板条束细化，同时还可保留较多位错和其他形变缺陷。

低温形变热处理是将钢加热到奥氏体区后，迅速冷却到等温转变曲线的亚稳定区进行形变，然后淬火、回火的一种工艺。适用于含有较多强碳化物形成元素的结构钢、弹簧钢、轴承钢和工具钢等。经低温形变热处理后，结构钢强韧性显著提高；弹簧钢疲劳强度、轴承钢强度和塑性、工具钢的切削性能及抗回火稳定性均会得到提高。

（二）激光束热处理与电子束热处理

激光及其应用在 20 世纪 60 年代才开始出现，虽然时间短，但发展很快。发生激光束的装置叫激光器，目前激光器的种类已有上百种，一般分为固体激光器、气体激光器、液体激光器、半导体激光器和化学激光器。根据材料的不同种类，通过调节激光功率密度，激光辐照时间等工艺参数或增加一定的气氛条件，可进行激光表面淬火、激光表面熔化、激光表面合金化等。它可以应用在航空航天、机械工业、化学工业、兵器工业等领域。

激光表面淬火也称激光相变强化，是目前应用最广泛、最成熟的技术，这种工艺就是使用高能激光束加热工件表面，使之发生相变生成奥氏体，当激光束离开后，由于金属良好的导热性，通过工件自然冷却，实现工件的相变强化。这种淬火方法与一般淬火方法相比有如下特点：

1）工件加热速度和冷却速度非常快，所以硬度和耐磨性都比较高，硬化层深度为 0.2mm～0.5mm。

2）热处理过程中工件变形小，对基体的性能影响也小。

3）生产效率高，易实现自动化操作，一般无须冷却介质，对环境无污染。

4）利用适当装置可以实现局部非接触式处理，适于对复杂工件的硬化加工。它的缺点是硬化层浅，均匀性差，难以实现大工件、大面积处理。

钢铁工件经激光表面淬火后，与感应加热淬火相似，表层也分为淬硬区、过渡区（热影响区）和基体三个区域。淬硬区的金相组织与常规淬火相似，但组织更细小、更弥散，也因此具有更高的硬度、耐磨性和抗疲劳性能。

激光表面熔化是利用激光照射金属表面,使表面快速熔化、凝固,从而在材料表面形成一种特殊的组织。激光表面熔化最表层为熔化后的凝固区;凝固区下面与激光表面淬火相同,为相变硬化区、热影响区和基体。熔化层凝固后的组织非常细小,而且成分偏析较少,具有硬度高、耐磨性好等特点,同时抗疲劳性能有所提高。

激光表面合金化是利用高能激光加热熔化基体表层并添加元素,使其混合后迅速凝固,从而形成以原材料为基础的表面合金层。激光表面合金化是建立在激光表面熔化的基础上,它除了具有激光表面熔化的特征外,还具有自己的特点。如合金化层的性能不同于普通化学热处理得到的合金层,它的组织更细,综合性能更好。激光表面合金化的性能取决于合金化层的成分和组织结构。

电子束热处理是利用高速运动的电子束作用于固体表面,使其温度升高并发生成分、组织结构的改变,从而达到预期性能的工艺方法。电子束热处理与激光热处理有许多相似之处,如加热速度快,表层硬度高,无污染等。电子束热处理与激光热处理的区别是:

1)电子束输出功率大,所以加热的深度和尺寸都大。

2)电子束热处理需要在真空中进行,减少了工件氧化、脱碳等缺陷,表面质量高。

3)电子束受到偏转线圈的控制可实现偏转和摆动,所以定位更准确。

电子束热处理工艺也可分为电子束表面淬火、电子束表面熔化和电子束表面合金化。

(三)离子轰击热处理

离子轰击热处理是指在稀薄气体(低压容器)中,利用阴极和阳极间的辉光放电进行热处理。离子轰击热处理可分为两类:一类是使所需原子渗入工件表面为主的化学热处理,如离子渗碳、离子渗氮、离子渗金属等;另一类是以获得覆盖为主的化学热处理,如物理气相沉积(PVD)、化学气相沉积(CVD)等。

与常规化学热处理相比,离子化学热处理具有许多突出的特点。如渗层质量高、热处理温度范围宽、工艺可控性强、工件变形小、生产周期短和节能环保等。

化学气相沉积(CVD)和物理气相沉积(PVD)都是用离子沉积的方法在工件表面获得耐磨、耐热和耐腐蚀的沉积相,从而大大提高工件的使用寿命,CVD属于高温气相沉积,多用于金属模具、工具上,但其工艺温度高,基体会出现软化,须重新淬火回火,有热处理变形等。PVD可以克服上述缺点,所以应用更广泛。

第六节 热处理常用设备

热处理设备是实施热处理工艺、完成热处理生产的装备。随着科技的不断进步,热处理设备也在不断更新,高性能的热处理设备不断出现,这些热处理设备充分满足了热处理工艺参数的要求,极大地提高了产品的质量。

在实际生产过程中,热处理设备有很多种,根据其在热处理生产过程中所完成的任务不同,热处理设备分为主要设备和辅助设备两大类。通常把完成热处理工艺操作的设备称为主要设备,主要包括加热设备和冷却设备等,这类设备对热处理效果和产品质量起决定性作用,而其中的加热设备最为重要,它包括热处理炉和加热装置。通常把与主要设备配套和维持生产所需的设备称为辅助设备,主要包括清洗设备、起重运输设备、控制气氛设备等。热处理设备的具体分类见表1-2。

表1-2　热处理设备的分类

主要设备	热处理炉	炉膛式	按照热源可分为电阻炉、燃料炉、煤气炉、油炉、真空炉等
			按照炉膛结构可分为箱式炉、井式炉、台车式炉、罩式炉、贯通式炉、转底式炉、管式炉等
			按照工作温度可分为高温炉（>1000℃）、中温炉（650℃～1000℃）、低温炉（<650℃）
		浴槽式	按照所用液体介质可分为盐浴炉、熔融金属浴炉、油浴炉等
			按照加热方式可分为电加热浴炉、燃料加热浴炉
	热处理加热装置		可分为感应加热装置、火焰加热装置、接触电阻加热装置、激光和电子束加热装置、电解液加热装置、离子轰击加热装置等
	表面氧化装置		发蓝槽、发黑槽等
	表面机械强化装置		抛丸机、辊压机等
	表面改性装置		气相沉积、离子注入等
	冷却设备		淬火槽、喷射式淬火装置、压力淬火机等
	冷处理设备		冷冻机、干冰冷却装置、液氮冷却装置
	工艺参数检测、控制仪表		温度、压力、流量、流速、时间、浓度等仪表
辅助设备	清洗和清理设备		酸洗设备、喷砂设备、喷丸设备、抛丸设备等
	炉气氛、加热介质、渗剂制备设备		热处理气氛生成设备、加热介质制备设备、渗剂制备设备等
	淬火介质循环冷却装置		储液槽、泵、冷却器、过滤器等
	质量检测设备		金相组织检测设备、力学性能检测设备、工件尺寸检测设备、探伤检测设备、残余应力检测设备等
	其他辅助设备		起重运输设备、动力运送管道及辅助设备、防火、防尘等安全设备、工夹具等

一、热处理电阻炉

电阻炉是利用电流使炉内电热元件或加热介质发热，从而对工件或物料进行加热的热处理炉。电阻炉是最主要的、应用最广泛的热处理设备，它具有结构简单紧凑、体积小、控温精度和自动化程度高、炉温均匀且波动范围小、热效率高、便于采用可控气氛、操作简便等诸多优点，可以完成多种热处理工艺，因此电阻炉在热处理车间应用极为广泛。本节主要介绍箱式电阻炉、井式电阻炉、台车式电阻炉。

（一）箱式电阻炉

箱式电阻炉由炉体和电器控制柜组成。炉体主要由炉架、炉壳、炉膛、炉门、电热元件及炉门升降机构等构成（见图1-45）。箱式电阻炉一般在空气介质中加热，无装出料装置，供小批量工件的淬火、正火、退火等常规热处理。

（1）炉壳　炉壳一般以角钢或槽钢作为支架，把钢板焊接在支架上。

（2）炉膛　炉膛采用耐火砖砌成，在耐火砖与炉壳之间填充保温材料或砌保温砖。

（3）炉底　炉底由炉底板、炉底搁砖、炉底板支撑砖、耐火砖和保温砖构成。

（4）炉门　炉门一般由铸铁支撑，内砌耐火砖及保温砖。

（5）电热元件　电热元件有金属电热元件和非金属电热元件，金属电热元件通常采用 Cr20Ni80 等合金和钼、钨等高熔点金属；非金属电热元件有碳硅系、碳系和硅钼系元件等。电热元件一般布置在炉膛内壁两侧和炉底上，也有布置在炉顶、后壁或门内侧的情况。

（二）台车式电阻炉

台车式电阻炉的炉膛一般为长方形，炉底有一个可移动的台车。台车可以沿着地面上的轨道出入加热室，台车式电阻炉结构见图 1-46。台车炉适用于处理较大尺寸的工件。

（三）井式电阻炉

井式电阻炉一般为圆柱形，由于炉体较高，一般置于地坑中，只露出地面 600mm～700mm。井式电阻炉密封性好、散热面积小、热效应较高。一般用于长形工件的热处理。井式电阻炉内加热的长形工件变形小。井式电阻炉结构见图 1-47。

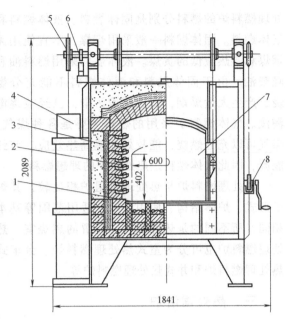

图 1-45　箱式电阻炉的结构（单位：mm）

1—炉底板　2—电热元件　3—炉衬　4—配置　5—炉门升降机构　6—限位开关　7—炉门　8—链轮

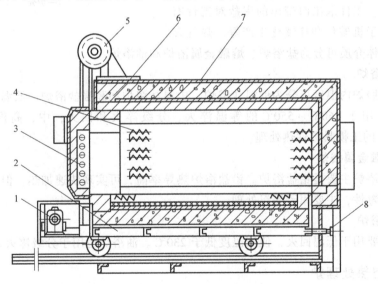

图 1-46　台车式电阻炉的结构

1—台车驱动机构　2—台车　3—炉门　4—加热元件　5—炉门机构
6—炉衬　7—炉壳　8—台车接线板

二、热处理燃料炉

热处理燃料炉是利用各种燃料燃烧产生的热量在炉中对热处理工件进行加热的设备。热处理燃料炉的燃料分别是固体燃料、液体燃料和气体燃料。固体燃料一般采用烟煤，不宜使用无烟煤和含热量低的贫煤。液体燃料采用燃料油和轻柴油。由于固体燃料和液体燃料不能充分燃烧，产生大量黑烟，造成环境污染，已经被逐渐淘汰。气体燃料炉采用的燃料主要是各种煤气，煤气可以充分燃烧，能较好地提高热效应，节约能源，因此气体燃料是热处理炉的理想燃料。

热处理燃料炉与热处理电阻炉相比较，其炉子形式、炉体结构、使用温度、适用范围等基本相同，所不同的是热源和特殊设置的燃烧室。热处理燃料炉也可分为室式热处理燃料炉、台车式热处理燃料炉和井式热处理燃料炉等。

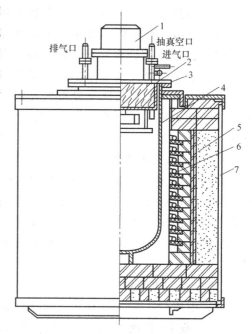

图 1-47 强迫对流井式电阻炉结构
1—风扇电动机 2—炉盖 3—密封圈
4—炉罐 5—炉衬 6—电热元件
7—炉壳

三、热处理浴炉

热处理浴炉是利用液体作为介质进行加热的一种热处理炉。热处理浴炉主要有加热速度快、温度均匀、变形小、能够对工件局部加热、不易氧化、脱碳等优点。但是热处理浴炉对环境有不同程度的污染，工件取出时带出的废盐对工件有腐蚀性，不便于机械化和连续化生产等。热处理浴炉按所用液体介质可分为盐浴炉、熔融金属浴炉和油浴炉。

（一）盐浴炉

盐浴炉按照炉内温度可分为低温盐浴炉、中温盐浴炉和高温盐浴炉。低温盐浴炉主要是硝盐盐浴炉，用于160℃~550℃的等温淬火、分级淬火和回火；中、高温盐浴炉用于600℃~1300℃的工模具零件热处理。

（二）熔融金属浴炉

熔融金属浴炉主要是铅盐浴炉。铅盐浴炉热导率高，可实现快速加热，但加热过程中铅蒸汽有很大的毒性，主要用于等温处理。

（三）油浴炉

油浴炉主要用于低温回火，使用温度低于230℃。油浴炉也用于分级淬火。

四、真空热处理炉

真空是指低于一个大气压力的气体状态。真空状态下气体的稀薄程度为真空度，国际单位用压力表示，单位为帕（Pa）。我国将真空区域划分为：低真空、中真空、高真空和超高真空。目前，真空热处理炉的真空度大多在 $10^3 Pa$~$10^{-4} Pa$ 的范围内。

真空热处理指在真空中对材料进行热处理。真空热处理的主要优点是：无氧化、无脱碳、无增碳、表面质量好、淬火变形小、低能耗、无污染、可以真空脱气脱脂等。真空热处理的主要缺点是：某些合金元素在真空中蒸发量较大；真空热处理加热缓慢，对于大型零件存在严重的加热滞后；真空热处理设备昂贵。

真空热处理炉的种类较多，按炉子结构与加热方式可分为外热式真空热处理炉和内热式真空热处理炉。

（一）外热式真空热处理炉

外热式真空热处理炉的结构与普通电阻炉类似，只是需要将盛放热处理工件的密封炉罐抽成真空状态并严格密封。

外热式真空热处理炉的炉罐大都为圆筒形，以水平或垂直方向全部置于炉体内或部分伸出炉体外形成冷却室。为了提高炉温，降低炉罐内外压力差以减少炉罐变形，可采用双重真空设计，即炉罐外的空间用另外一套抽低真空装置。为了提高生产率，可采用由装料室、加热室及冷却室三部分组成的半连续作业真空炉。该炉各室有单独的抽真空系统，室与室之间有真空密封门。为了实现快速冷却，在冷却室内可以通入惰性气体，并与换热器连接，进行强制循环冷却。常用外热式真空热处理炉的结构见图 1-48。

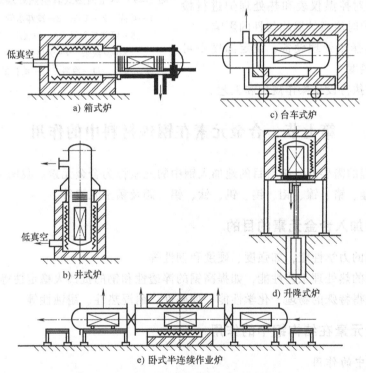

图 1-48　常用外热式真空热处理炉的结构

（二）内热式真空热处理炉

内热式真空热处理炉是将整个加热装置（加热元件、耐火材料）及欲处理的工件均放在真空容器内，没有炉罐，整个炉壳就是一个真空容器。内热式真空结构比外热式的更为复杂，加热和冷却都比较快，使用温度和生产效率高，同时可以实现大型化。典型的内热式真空热处理炉的结构示意图见图 1-49。

五、热处理炉的使用与维护要点

为了使热处理设备能力维持在最佳状态，从而保证热处理质量，达到设备寿命周期最大化，应注意热处理炉的使用和维护。

1）开炉前应检查炉膛内是否有工件存在。

2）合闸后应检查电器开关和仪表工作是否正常。

3）工件在炉内应均匀放置，不允许工件与发热体接触或距离过近。

4）装炉量不可过大，装炉时不能用力过猛，避免损坏炉底。

5）要经常注意炉衬、耐火砖的情况，发现损坏及时更换。

6）要及时清除炉内氧化皮，防止发热体之间接触。

7）要定期对控温仪表和热处理炉进行检查、校准，装炉时注意炉温均匀性的影响。

8）合理选择热处理设备，设定温度不可高于炉体设计温度。

9）要严格执行设备操作规程和工艺。

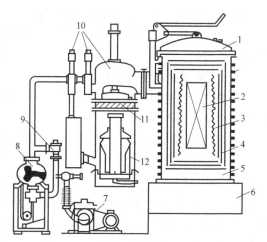

图 1-49　典型内热式真空热处理炉的结构示意图

1—炉壳　2—工件　3—冷却水管　4—电加热体

5—隔热反射屏　6—炉底座　7—机械泵

8—罗茨泵　9—旁路阀　10—真空阀

11—冷阱　12—油扩散泵

第七节　合金元素在钢铁材料中的作用

除冶炼过程的需要外，被有目的地加入钢中的元素称为合金元素。我国目前常用的合金元素有：锰、硅、铬、镍、钼、钨、钒、钛、铝、硼及稀土元素等。

一、钢中加入合金元素的目的

1）提高钢的力学性能，如强度、硬度和韧性等。

2）改善钢的热处理工艺性能，如提高钢的淬透性和钢的抗回火稳定性等。

3）使钢获得特殊的物理、化学性能，如磁性、耐湿热性、耐蚀性等。

二、合金元素在结构钢中的作用

1. 锰在钢中的作用

大幅提高淬透性，使经过淬火、回火处理的钢材得到合理的组织结构从而提高其力学性能。锰对铁素体也有较大的强化作用，有利于提高调质钢的调质强度。锰在渗碳钢中对渗碳过程没有不利的作用，如对渗层含碳量、渗层深度均无明显影响。锰可使渗碳层不易出现反常组织。

锰对钢的不利影响：含锰量较高时，钢有明显的回火脆性，尤其是第一类回火脆性严重；锰促使奥氏体晶粒长大，使钢对过热较敏感。锰钢中往往夹杂物较多，但可通过优化冶炼工艺得到解决。

2. 硅在钢中的作用

硅也能提高淬透性，但作用较弱，只含硅的合金钢没有足够高的淬透性。硅对铁素体的固溶强化作用在合金元素中居第一位，不论对正火（退火）状态或调质状态的钢都能较显著地提高其强度。硅提高屈强比的作用在合金元素中也占第一位，并能明显地提高钢的疲劳极限。

硅一般都与锰配合使用。硅锰钢强度较高，在正火状态下也有较好的强度。硅还有助于克服锰钢的过热敏感性。硅对提高钢的抗氧化性能和耐蚀性均有良好的作用。

硅对钢的不利影响：硅促进钢的表面脱碳；中、高碳钢在回火时易产生石墨化；含硅量较高时，对钢的焊接性不利。

3. 铬在钢中的主要作用

铬是大幅提高淬透性的元素之一，与锰的作用相当。铬是较强的碳化物形成元素，它阻碍调质钢在回火时碳化物的聚集，使碳化物保持较大的分散性，这样就提高了调质钢的强度。铬与钼配合使用，使钢材调质后具有较高的冲击韧性，这与钼有细化晶粒及消除回火脆性的作用有关。铬与钒配合使用，可使钢的强度和韧性同时得到改善。

4. 镍在钢中的作用

镍在结构钢中的主要作用是提高淬透性，并在各种热处理状态下提高钢的韧性尤其是低温韧性。此外，镍对铁素体也有较好的强化作用，但不如硅、锰作用强。

镍与铬配合使用，对提高钢的淬透性作用极强，远远超过各元素单独加入时作用的总和。铬镍钢的重大缺点是对回火脆性十分敏感，因此，回火后一定要尽可能快冷。镍对于渗碳钢的渗碳层有良好的影响，可避免表面碳浓度过高，并使碳浓度变化平缓，提高渗碳层的力学性能。但镍含量较高时，会使渗碳层在淬火后保留大量的残余奥氏体。

5. 钼在钢中的作用

钼在结构钢中主要作用是消除回火脆性，细化晶粒，同时也大幅提高淬透性。钼还可以提高钢的热强性能。钼在单独使用时有石墨化倾向，可与铬配合使用得到消除。

6. 钨在钢中的作用

钨对钢性能的影响和钼类似。钨和碳能形成特殊的碳化物，有很高的硬度和耐磨性。钨是重要的热强元素。

7. 钒在钢中的作用

钒是强碳化物形成元素，有强烈的细化晶粒作用，可使钢的组织致密。铬钢中加入钒，可使钢的强度、塑性和韧性同时得到改善。钒还可以提高结构钢的高温强度。钒不能提高淬透性，因此铬钒钢只能用于较小界面的零件。

8. 钛在钢中的作用

钛对钢的有利影响和钒类似。钛在钢中能形成碳化钛和氮化钛，可起稳定碳和氮的作用。此外，锰钢中加入钛还有克服锰钢过热倾向的作用。

9. 铝在钢中的作用

铝能细化晶粒，降低钢的过热敏感性。铝还能提高钢的抗氧化能力。此外，铝与氮有极大的亲和力，是形成氮化物提高氮化层硬度的主要合金元素。

10. 硼在钢中的作用

硼的主要作用是提高结构钢淬透性，微量的硼（质量分数约 0.001%）能成倍增加中、低碳钢的淬透性，所以生产中广泛运用硼作为结构钢的辅助合金元素。硼对淬透性的影响与钢中的含碳量有关，对于低碳钢，硼的作用较强，但是随着含碳量的增加硼的作用逐渐减弱，当碳的质量分数达 0.9%时，硼已不能提高淬透性。此外，在珠光体耐热钢中，微量硼可以提高钢的高温强度。

11. 稀土元素在钢中的作用

钢中加入稀土，用以清除砷、锑、铋等有害杂物，还可改善非金属夹杂物的形状和分布，提高钢的质量。此外，在低合金高强度钢中加入少量的稀土元素，可提高低温韧性、横向性能、耐热性能等，并能降低钢的白点敏感性。在高合金不锈钢和耐热钢中加入稀土，可改善其铸造组织，从而改善其热加工性能。

12. 硫在钢中的作用

硫在 α-Fe 中几乎不溶，即使含量很少，也会由于偏析形成 FeS，所以硫在钢中以 FeS 的形式存在，FeS 与 Fe 形成熔点较低（980℃）的 Fe-FeS 共晶体分布于晶界处，当钢进行热加工时，这些低熔点的共晶体率先开始熔化导致钢材开裂，这种现象称为"热脆性"。

钢中硫含量高，硫化物杂质多，会使钢的塑性和韧性降低，还会造成区域偏析和形成带状组织；硫有改善切削加工性能的作用。

13. 磷在钢中的作用

由于磷在 α-Fe 中仅少量溶解且扩散困难，所以容易产生比较严重的枝晶和区域磷偏析，导致组织和性能不均匀，显著降低钢的塑性、韧性，尤其是在低温时更为严重，这种现象称为冷脆性。此外，磷还会增加回火脆性和焊接裂纹的敏感性。

第八节　金属材料的性能

随着科学技术的发展，对材料的选择和应用也越来越科学，要做到经济合理地选用材料，充分发挥材料的潜力，就必须熟悉材料的性能。材料的性能主要包括使用性能和工艺性能，使用性能主要包括力学性能、物理性能、化学性能；工艺性能按工艺方法的不同，可分为铸造性、成形性、可焊性和切削加工性、热处理工艺性等。

1. 力学性能

力学性能是指材料在不同环境因素（温度、介质）下承受外力作用时所反映出来的性能，通常表现为材料的变形和断裂，它是用来衡量金属材料好坏的一项极其重要的标志。金属材料的力学性能指标主要有：弹性、塑性、强度、刚度、硬度、冲击韧性、疲劳强度、断裂韧度等。

2. 物理性能

金属材料的主要物理性能有密度、熔点、热膨胀性、导热性、导电性和导磁性等。由于材料的用途不同，对于其物理性能的要求也有所不同。金属材料的一些物理性能对于热加工工艺还有一定的影响。

3. 化学性能

它是金属材料在室温或高温时抵抗各种化学作用的能力，主要是指抵抗活泼介质化学侵蚀的能力，如耐酸性、耐碱性、抗氧化性等。

4. 加工工艺性能

按金属材料成形加工工艺方法的不同，工艺性能可分为铸造性能、可锻性、焊接性能和切削加工性能等。

（1）铸造性能 铸造性能是指金属浇铸成铸件时反映出来的难易程度，常用流动性、收缩性和偏析性等来综合评定。不同材料铸造性能不同，铸造铝合金、铜合金的铸造性能优于铸铁，铸铁优于铸钢。铸铁中，灰铸铁的铸造性能最好。

（2）可锻性 可锻性是指在压力加工时，金属材料在不产生裂纹的情况下改变形状难易程度的性能，它与温度密切相关。常用塑性和变形抗力来综合评定。塑性好，则易成形，加工面质量好，不易产生裂纹；变形抗力小，变形功小，金属易于充满模膛，不易产生缺陷。一般来说，碳钢比合金钢的可锻性好，低碳钢的可锻性优于高碳钢。

（3）焊接性能 焊接性能常用碳当量（CE）来评定。CE 值小于 0.4% 的材料，不易产生裂纹、气孔等缺陷，且焊接工艺简便，焊缝质量好。低碳钢和低合金高强度结构钢焊接性能良好，碳与合金元素含量越高，焊接性能越差。

（4）切削加工性能 切削加工性能与金属材料的化学成分、硬度、韧性、导热性、加工硬化程度、切削刀具的几何形状、切削速度、耐磨程度等因素有关，常用允许的最高切削速度、切削力大小、加工面 Ra 值大小、断屑难易程度和刀具磨损程度来综合评定。一般来说，材料硬度值在 170HBW～230HBW 范围内，切削加工性好。

第九节　常见钢铁材料的缺陷及其危害

一、铸造缺陷

（一）气孔或气泡

（1）气孔的形成 金属在冷凝过程中，由于溶解度的降低，致使部分气体来不及析出而残留到铸件内部便形成了气孔。气体的来源：

1）气体的溶解度随金属温度的降低而降低，从液态金属中析出的过饱和气体。

2）钢液内部或型（芯）壁面与液态金属发生化学反应生成的气体。

3）型壁或芯壁面上存在的气体侵入。

4）浇铸过程中产生的气体卷入液态金属中。

（2）气孔或气泡类型 皮下气泡、表面气孔、内部气孔、针孔，形貌见图 1-50。

（3）气孔的危害 气孔的存在减少了铸件的有效截面，而且由于缺口效应，大大地降低了材料的强度，如果铸件表面存在气孔，在热加工中被氧化，将导致在后续的加工工序中产生裂纹。

（二）疏松

铸件与钢锭内部因凝固时体积收缩而引起的细小孔隙或组织不致密现象，称为疏松。微观下疏松有晶间疏松和枝间疏松之分。宏观下疏松分为一般疏松和中心疏松，二者在本质上没有区别，只是分布状态不同。

疏松的存在使金属致密性变差，用作液体容器或管道的铸件易出现渗漏。钢材内部

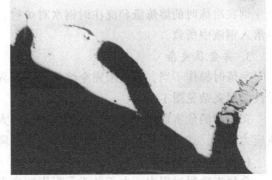

图 1-50　皮下气泡微观形貌　100×

的疏松在压力加工过程中有可能被焊合或有很大程度的改善，但严重时则不易消除，会降低材料的力学性能，以致在使用过程中发生断裂。

（三）缩孔

金属在冷凝过程中，由于体积的收缩而在铸锭头部、铸件浇冒口、铸件心部等最后凝固部位得不到液态金属的补充而形成的孔洞称为缩孔，见图 1-51。

缩孔是金属结晶时最后凝固的区域，形状特征有漏斗形、喇叭状及不规则的孔洞，其附近低熔点杂质富集，常伴有严重的疏松、夹杂物和成分偏析。有时缩孔也可能深入到钢锭中部，形成二次缩孔。

缩孔的存在将显著降低材料的力学性能，甚至在使用过程中引起断裂或其他事故；如果有缩孔存在的钢锭未完全切除或热加工未能良好焊合，在后续加工中会导致其他缺陷，如分层、缩孔残余等。缩孔残余见图 1-52。

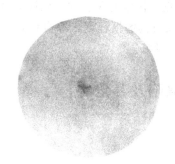
图 1-51　缩孔缺陷

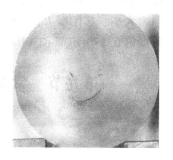
图 1-52　缩孔残余

（四）夹杂物

夹杂物可分为非金属夹杂物、非金属夹渣和异金属夹杂。人们习惯把非金属夹杂物称作内生夹杂物，把非金属夹渣和异金属夹杂称作外来夹杂物。

1. 非金属夹杂物

金属在冶炼、浇铸和冷却等过程中，各成分之间或金属与炉气、容器等接触引起化学反应而形成的产物，以及金属在冷凝或温度下降时因溶解度减小等原因析出的颗粒，称为非金属夹杂物。它的组成除了与冶炼方法有关外，更主要的取决于脱氧方法，改进冶炼工艺只能减少非金属夹杂物的组成和数量，但不能完全消除。钢中非金属夹杂物见图 1-53。

2. 非金属夹渣

钢在冶炼时的熔炼渣和浇注时钢水对炉衬、盛钢桶的侵蚀以及对浇道的冲刷使得耐火材料落入钢液中所致。

3. 异金属夹杂

冶炼时操作不当，合金未完全熔化或外来异金属块落入浇道未完全熔化所致。管体表面异性金属夹杂见图 1-54。

夹杂物的危害取决于组分、数量、形态、大小和分布，它破坏了金属的连续性，容易形成应力集中，造成零件开裂或疲劳损坏，主要降低材料的塑性。

（五）偏析

金属在冷凝过程中，由于各组元凝固顺序不同而形成的化学成分不均匀的现象，称为

图 1-53 变形破碎的非金属夹杂物 100×

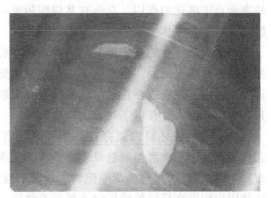

图 1-54 管体表面异性金属夹杂宏观形貌

偏析。

最常见的宏观偏析有锭型偏析和点状偏析，微观偏析有晶内偏析（枝晶偏析）和晶间偏析，枝晶偏析低倍形貌见图 1-55。

偏析会造成材料性能不均匀或产生脆性，但偏析往往是难免的，适当的控制冷凝速度可以使偏析程度得到改善，此外还可以通过采用一定的热处理工艺加以改善和消除。

二、锻造与轧制缺陷

锻造也称压力加工。借助外力的作用使金属坯料产生塑性变形，从而得到具有一定形状、尺寸和性能的锻件，这种加工方法称为锻造。金属材料经过锻造加工后，内部的一些缺陷可以密合，冶金质量得到改善，因此锻件的力学性能相比铸件要优良许多，特别是塑性和韧性大幅度提高。一些重要零件必须选用锻坯来制造，但是如果工艺不当，锻造过程中有可能产生一些缺陷。

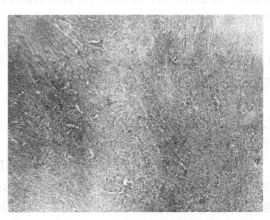

图 1-55 枝晶偏析低倍形貌

（一）锻造裂纹

锻件在加热或锻造过程中，由于加热速度过快产生热应力、加热时保温时间不足产生不均匀变形或存在内部缺陷等原因，导致锻件发生的开裂称为锻造裂纹。见图 1-56 是锻造后模锻件表面出现的锻造裂纹。锻件出现裂纹后，必须将裂纹打磨清除掉才可以进行后续热处理。

（二）折叠

材料表面金属在锻、轧时压入内部浅表层，形成的缺陷称为折叠。

折叠缺陷往往出现于金属锻、轧件的表面，通常是由于材料表面在前一道锻、轧中所产生的突出尖角或耳子，在随后的锻、轧时压入金属的主体而形成的。锻轧时产生的突出尖角或耳子一般均较细薄，冷却时其冷速常大于金属主体，同时突出

图 1-56 锻造裂纹

的表面由于氧化的作用，总是在其周围附着一层氧化皮，因此，当突出部分被挤压入主体金属时，极难与主体金属焊合。

由于引起折叠的突出部分的形状及其在金属表面上的分布位置等不同，折叠可能具有各种不同的形状，比如，存在于轧件一侧并贯穿材料全长的折叠；在轧件两边相对称的侧面上贯穿全长的折叠；或存在于锻、轧件全长上断续状的分散折叠，不论折叠的分布形状如何，其产生的原因大致有以下几方面：

（1）铸锭或坯料表面存在缺陷　表面有严重的斑疤和不平整；坯料上有粗大的刮伤；轧辊表面由于严重磨损而造成剥落，以致轧制后引起坯料表面产生凹凸的深坑（周期性分布）；铲除铸锭、坯料表面缺陷时，由于铲除槽痕过深，而又未注意槽痕周围的圆滑度等。这些因素均可在后续的锻压时造成折叠缺陷。

（2）锻、轧前金属加热不良　加热过快，导致整个截面尚未"烧透"，外层金属比内层的温度高，因而其塑性亦较内层为高，以致锻、轧时外层金属易于变形，因此在锻、轧件的两端面容易产生较大的折叠。

（3）锻模、轧槽设计不当　锻模、轧槽的设计欠妥，使坯料边缘部分产生突出的尖角或耳子，在以后继续锻、轧时将突出的尖角或耳子压入主体金属内而形成折叠。某些具有圆弧或倾斜角度的轧槽，在设计时所选用的圆弧或倾斜角太小，也会使金属通过轧槽后在表面产生折叠。

（4）锻、轧工艺或操作不当　选用不合适的压下工艺进行锻轧；坯料形状不规则；不正确地选用轧槽，尤其是前、后二道轧槽的选用不合理；锻模或锻件放置的位置不正确等。这些也都易使材料表面产生折叠缺陷。

（5）冷拔工艺不当　线材在冷拔时，由于过大的拉拔变形，使金属产生过大的冷作硬化，以致在线材表面上形成微细的裂纹。退火后，若再进行冷拔，存在于表面上的细裂纹有可能被压入表面而形成折叠。

折叠是存在于材料表面的一种缺陷，如果其大小在加工余量的范围以内，则可采用机械加工的方法将其去除，而材料仍可使用。如缺陷较大而超过加工余量，则材料不能使用，只能报废或改小尺寸后使用。对于轧制的型材，如槽钢、工字钢等，其表面轧制后是不再进行机械加工的，因此，如在表面发现有折叠缺陷时，不应再使用，否则在使用中会由于应力集中而导致开裂或疲劳断裂。

折叠裂纹在宏观上的方向常与钢材变形方向成一锐角，微观特征是尾部一般呈一定弧度或小圆角，比较圆钝，两侧会出现脱碳现象，裂纹内及两侧一般会有氧化产物。见图1-57、图1-58。

（三）划痕

由于机械损伤造成零件或坯料表面呈一定深度的道痕或凹坑，称为划痕。划痕缺陷一般比较直，长度不等。表面有划痕的型材进行轧制时易产生细小的裂纹，受压的薄板材容易在划痕处产生应力集中，耐压容器是不允许有严重划痕存在的。

（四）带状组织

金属材料中两种组织组分呈条带状沿热变形方向大致平行交替排列的组织。在亚共析钢中（多见于低碳钢热轧后），珠光体和铁素体呈带状分布。过共析钢在加工变形量较大的情况下，碳化物也能堆积成带状。25Mn的热轧状态带状组织见图1-59。

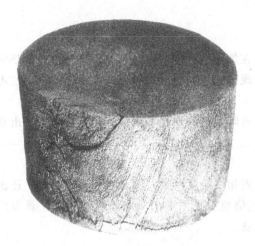

图 1-57　锻造折叠　1×

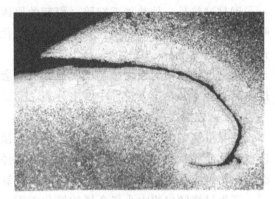

图 1-58　锻造折叠（浸蚀）　50×

带状组织是成分偏析和热加工工艺不当两个原因造成的，钢材出现带状组织使力学性能出现方向性。

三、加热过程中的缺陷

（一）氧化

氧化是指钢在氧化性介质中加热时，与氧原子形成氧化铁的现象。氧化使工件尺寸变小，表面过厚的氧化皮影响淬火冷却速度，达不到应有的淬火效果，使硬度降低。

（二）脱碳

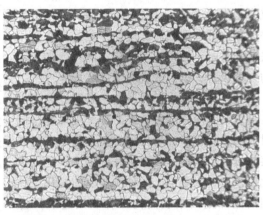

图 1-59　带状组织　100×

脱碳是指钢在高温加热时，表层的碳被氧化而导致含碳量降低的现象。加热温度越高，时间越长，脱碳现象越严重。减轻和防止脱碳的办法是在盐浴炉中加热或采用保护气氛加热、真空加热、表面涂层保护加热等。脱碳层形貌见图 1-60。

脱碳会造成钢淬火后硬度不足，疲劳强度降低，容易形成表面淬火裂纹，氧化与脱碳往往相互伴随。

（三）欠热

欠热又称加热不足，是加热温度过低或者加热时间过短造成的缺陷。欠热会使亚共析钢淬火组织中出现铁素体，造成硬度不足；在过共析钢淬火组织中会存在过多的未溶渗碳体，因碳浓度不够而硬度不足，并且

图 1-60　脱碳层组织　100×

由于奥氏体中合金元素浓度不够高，从而影响淬透性；正火时因欠热不能完全消除网状组织或带状组织；球化退火时因欠热组织中会残存片状珠光体。

欠热可通过退火或正火来矫正。

（四）过热

钢材过热是一种热加工缺陷，引起的原因是在加热过程中，由于加热温度过高或加热时间过长，造成奥氏体晶粒明显长大、组织粗化出现魏氏组织等。钢材不严重的过热可通过退火或正火来矫正。

钢材过热对钢的强度影响不明显，但是会显著降低钢的塑性和韧性，使脆性增大。出现过热后，会导致在淬火过程中发生开裂。

（五）过烧

钢材过烧是由于加热温度过高，达到或接近固相线温度所致，除具有过热特征外，还出现奥氏体晶界氧化或局部熔化的现象。40钢的过烧组织见图1-61，晶粒极为粗大，具有广泛分布的魏氏组织，在晶界处分布有网络状氧化物。

产生过烧倾向的大小与金属的熔化温度有关，而金属熔化温度的高低又与其化学组成有很大的关系。具有棱角或形状复杂的工件，加热时会造成局部过烧，尤其是在采用快速加热时，更须特别注意。此外，加热不均匀的设备，也易造成局部过烧。

通常，钢材由于锻造加热温度过高而发生过烧时，冷却后工件表面常呈现龟裂，同时表面覆有较厚的氧化皮。在金相检查时观察未侵蚀的试样，表面覆有一层浅灰色的氧化亚铁，在次表层，此种浅灰色的氧化亚铁则沿晶界呈网络状向内延伸。当过烧严重

图1-61　40钢过烧组织　100×

时，在网络状氧化物夹杂的周围基体金属上亦可看到细小颗粒状氧化物。侵蚀后观察，往往在网络状氧化物周围的基体金属上，可看到脱碳组织，脱碳的深度和严重程度，主要决定于过烧的程度。

钢材过烧导致晶界结合强度弱化，脆性增加，使力学性能严重下降，在锻、轧塑性变形加工中极易发生开裂。即使变形时未引起开裂，室温时的强度亦将大为降低。所以，具有这种缺陷的工件，一般只能予以报废。但仅局部过烧的金属，只要将过烧部分去除，其余部分经过细化晶粒的热处理后，仍可再予利用。显然，采取这样的措施后，其外形尺寸亦随之减小。

金属过烧是不允许的。因此，在加热时采用较低的温度，一般金属的热变形应在低于熔化温度100℃以下进行。此外，采用还原性气氛加热，掌握好加热和保温时间，使用炉温均匀性较好的设备，提高测温仪表的灵敏度和按期校验等方法，金属一般是不会发生过烧的。

四、淬火冷却时的缺陷

（一）淬火裂纹

在淬火冷却过程中，由于热应力和组织应力过大，导致零件发生开裂，称为淬火裂纹。其特征是裂纹两侧没有氧化脱碳现象；裂纹多由外向内扩展；裂纹起始于尖角或形状尺寸突

变处及各种缺陷处，尾部尖锐。淬火裂纹外观形貌见图1-62。

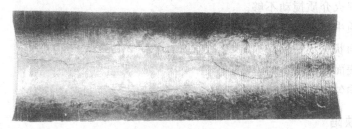

图1-62 零件表面淬火裂纹外观形貌

引起淬火裂纹的因素很多，概括起来主要有：

（1）化学成分的影响 一般来说，钢的含碳量越高，越容易产生淬火裂纹；合金元素铬、锰及杂质元素磷促进淬火裂纹的形成。

（2）原材料的影响 原材料中存在非金属夹杂物、气泡、白点、偏析、粗大第二相等，易引起淬火裂纹。

（3）淬火前组织的影响 晶粒粗大、工具钢碳化物偏析或脱碳、存在网状碳化物，易引起淬火裂纹。

（4）零件形状结构的影响 截面急剧变化或有尖角、缺口、孔洞、槽口、模型界线飞边、冲压标记、刻痕、加工刀痕等，易引起淬火裂纹。

（5）淬火介质的影响 淬火介质冷却能力越强，越容易产生淬火裂纹。

（6）淬火温度的影响 淬火温度越高，越容易产生淬火裂纹。

裂纹的存在降低了材料实际承载能力，裂纹的失稳扩展导致断裂发生，造成事故，裂纹是一种具有严重危害性的缺陷。

（二）淬火变形

淬火时由于应力和相变引起的体积变化导致零件尺寸或形状发生的改变称为淬火变形。

淬火变形件内部往往存在着应力或不稳定的组织，如不消除将影响成品零件尺寸的稳定，淬火变形缺陷较难避免，但过量的变形是不允许的。

（三）淬火硬度不足

淬火后零件没有达到应有的硬度要求。造成淬火硬度不足的原因主要有：

1）加热温度低，保温时间短，致使碳和合金元素没有充分溶入奥氏体内，组织中存在未溶铁素体（亚共析钢）或较多未溶碳化物（过共析钢），淬火后马氏体数量不足，造成淬火硬度不足。

2）表面脱碳，此时磨去表层后，硬度比表面高。

3）冷却速度不够，工件在淬火冷却过程中发生或部分发生了奥氏体向珠光体、屈氏体、贝氏体转变，即出现非马氏体组织，此时淬火工件不能得到正常数量的马氏体组织，造成硬度不足。

4）过共析钢加热温度过高，保温时间过长，奥氏体中溶有过量的碳或合金元素，使马氏体转变点 Ms 大大下降，淬火后残余奥氏体增多，使硬度降低。

（四）淬火硬度不均匀

产生淬火硬度不均匀的原因主要有：

1）淬火前组织不均，如有严重的偏析等。

2）淬火时淬火介质搅动不够。

3）淬火介质中有杂质，如水中有油等。

4）工件表面状况不一致，如有氧化皮等。

5）渗碳件表面碳浓度不均。

6）炉温不均匀或工件摆放不合理等。

五、其他缺陷

（一）回火脆性

通常情况下，淬火后钢的韧性随回火温度的升高而连续升高，某些成分钢淬火后在特定的温度范围内回火或回火后缓冷，韧性反而降低，出现脆性的现象，称为回火脆性。通常应该避开回火脆性温度区间回火，冷却时在回火脆性温度区间采用快速冷却。

1. 第一类回火脆性

发生在250℃~400℃之间的回火脆性称为第一类回火脆性，也称为不可逆回火脆性。第一类回火脆性是不可逆的，几乎所有的钢都存在这种脆性，它的产生原因是在此温度回火时，从马氏体中析出的碳化物在马氏体条束之间的界面上或晶界上析出，这种硬而脆的碳化物割裂了基体的连续性，使韧性下降；同时，在此温度区间发生的残余奥氏体分解也加重了这种脆性；另外，也与S、P、Sb等有害元素在晶界、相界上的聚集有关。

2. 第二类回火脆性

发生在450℃~600℃之间的回火脆性称为第二类回火脆性，也称为可逆回火脆性。第二类回火脆性多发生在含Ni、Cr、Mn的钢中，它是可逆的，如将已产生第二类回火脆性的工件重新加热，然后快冷，其脆性就可消除。发生第二类回火脆性的主要原因是杂质元素P、Sn、Sb等在原奥氏体晶界上聚集，引起晶界弱化。

（二）磨削裂纹

零件在磨削加工时，由于磨削速度过快或磨削量过大产生磨削热，遇到激烈冷却时发生淬火而产生的裂纹。

磨削裂纹一般比较细小且裂纹较浅。形状有两种，一种为网状龟裂纹，另一种为与磨削方向垂直的平行线状裂纹。网状龟裂状磨削裂纹见图1-63。

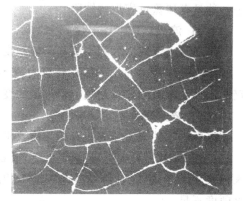

图1-63 网状龟裂状磨削裂纹 8×

经过表面淬火、渗碳淬火后的零件磨削加工不当容易产生磨削裂纹。

思 考 题

1. 简述金相学的定义和金相学所包含的内容。

2. 何为金属？金属的特性有哪些？

3. 什么是金属缺陷？常见的金属缺陷有哪些？特征是什么？

4. 简述金属的结晶过程。

5. 简述共析转变的平衡结晶过程和组织。

6. 简述奥氏体的形成过程。

7. 影响奥氏体形成速度的因素有哪些？

8. 简述影响奥氏体晶粒长大的因素。

9. 什么是同素异构转变？

10. 马氏体的组织形态有哪些？其力学性能如何？

11. 什么是魏氏组织？出现魏氏组织如何消除？

12. 什么是等温转变图？影响等温转变图的因素有哪些？

13. 什么是退火？简述退火工艺的分类。

14. 什么是淬火应力？影响淬火应力的因素有哪些？

15. 钢的淬透性与淬硬性有什么不同？

16. 简述钢在回火过程中的转变。

17. 什么是回火脆性？产生原因是什么？

18. 简述金属材料的性能有哪些？

19. 什么是淬火裂纹？淬火裂纹的特征有哪些？简述引起淬火裂纹的因素。

20. 常见的铸造缺陷有哪些？成因是什么？有哪些危害？

第二章

金相检验技术概论

第一节 金相试样的制备

金相试样的制备一般包括取样、镶嵌、研磨、抛光、组织显示五道工序,如果取样的部位不具备典型性和代表性,其检查结果不但得不到正确的结论,而且会造成错误的判断。金相试样截取的方向、部位及数量应根据金属制造的方法、检验的目的、技术条件或双方的协议选择有代表性的部位进行切取。金相试样的制备、磨抛及浸蚀参照 GB/T 13298—2015《金属显微组织检验方法》的有关规定进行。

一、金相试样的选取

1. 纵向取样

纵向取样是指沿着钢材的锻轧方向进行取样。主要检验内容为:非金属夹杂物的变形程度、晶粒畸变程度、塑性变形程度、变形后的各种组织形貌、热处理的全面情况等。

2. 横向取样

横向取样是指垂直于钢材锻轧方向取样。主要检验内容为:金属材料从表层到中心的组织、显微组织状态、晶粒度级别、碳化物网、表层缺陷深度、氧化层深度、脱碳层深度、腐蚀层深度、表面化学热处理及镀层厚度等。

3. 缺陷或失效分析取样

截取缺陷分析的试样,应包括零件的缺陷部分在内。例如,包括零件断裂时的断口,或者是取裂纹的横截面,以观察裂纹的深度及周围组织变化情况。取样时应注意不能使缺陷在磨制时被损伤甚至消失。

试样可用手锯、砂轮切割机、显微切片机、化学切割装置、电火花切割机、剪切、锯、刨、车、铣等方法截取,必要时也可用气割法截取。硬而脆的金属可以用锤击法取样。不论用哪种方法切割,均应注意不能使试样由于变形或过热导致组织发生变化。对于使用高温切割的试样,必须除去热影响部分。

二、金相试样的镶嵌

在金相试样的制备过程中,有许多试样直接磨抛(研磨、抛光)有困难,所以应进行镶嵌。经过镶嵌的样品,不但磨抛方便,而且可以提高工作效率及试验结果准确性。通常进行镶嵌的试样有:形状不规则的试件、线材及板材、细小工件、表面处理及渗层镀层和表面脱碳的材料等。

样品镶嵌的常用方法有机械镶嵌法和树脂镶嵌法。树脂镶嵌法可分为热压和浇注镶嵌法两类。

三、金相试样的磨制

研磨过程包括磨平、磨光、抛光三个步骤。

（一）磨平

磨平一般在砂轮上进行，磨制时，应注意蘸水冷却，防止组织变化。同时应注意安全。

（二）磨光

磨光包括粗磨和细磨，通常按从粗到细用不同金相砂纸进行磨制，使较深的磨痕及表面加工变形层逐渐减轻。金相砂纸一般采用的磨料为碳化硅和氧化铝，磨光试样时，每更换一道砂纸，试样应转动90°，并使前一道的磨痕被彻底去除。用预磨机磨制试样时，须注意用水冷却，避免磨面过热。

（三）抛光

常用金相试样的抛光方法有机械抛光、电解抛光和化学抛光。

1. 机械抛光

主要设备是抛光机，抛光时常用的磨料有氧化铬、氧化铝、氧化铁和氧化镁，将抛光磨料制成水悬浮液后使用。现在比较常用的抛光磨料是金刚石研磨膏、喷雾抛光剂，特点是抛光效率高，抛光后的表面质量好。

一般常用的粗糙抛光织物选用帆布，细抛和精抛织物选用海军呢、丝呢和丝绸等。

抛光操作时，对试样所施加的压力要均衡，且应先重后轻。在抛光初期，试样上的磨痕方向应与抛光盘转动的方向垂直，以便较快地抛除磨痕。在抛光后期，须将试样缓缓转动，这样有利于获得光亮平整的磨面，同时能防止夹杂物等产生曳尾现象。抛光时也应防止试样过热对组织的影响。

2. 电解抛光

采用电化学的溶解作用使试样达到抛光的目的。用被抛光的试样作为阳极，容器中盛放电解液，通电流后，试样的金属离子在溶液中发生溶解，在一定电解条件下，试样表面微凸部分的溶解速度比凹陷处快，从而逐渐使试样表面由粗糙变成平坦光亮。

电解抛光的直流电源一般采用低压蓄电池充电器即可，电路中应装有电流表和电压表。抛光时应先接通电源，再将试样放入电解液中，此时应立即将电流调整至额定抛光电流，并给予电解液充分的搅拌与冷却（或加热）。抛光完毕后，必须先将试样自电解液中取出，然后切断电源，并将试样迅速移入水中冲洗、吹干。

经电解抛光的金相试样能显示材料的真实组织，尤其是硬度较低的金属或单相合金，对于容易加工变形的合金，如奥氏体不锈钢、高锰钢等采用电解抛光更合适。但电解抛光不适用于偏析严重的金属材料、铸铁以及夹杂物检验的试样。

3. 化学抛光

化学抛光是靠化学溶解作用得到光滑的抛光表面。这种方法操作简单，成本低廉，不需要特别的仪器设备，对原试样的表面粗糙度要求不高，这些优点给金相检验工作者带来很大的方便。

化学抛光和电解抛光原理类似，是化学药剂对试样表面不均匀溶解的结果。溶解过程中表层也产生一层氧化膜。但化学抛光对试样原来凸起部分的溶解速度比电解抛光慢，因此经化学抛光后的磨面较光滑，但不平整，有波浪起伏，这种起伏一般在物镜的垂直鉴别能力之内，适于用显微镜做低倍和中倍观察。

化学抛光时将试样浸在化学抛光液中，进行适当的搅动，或用棉花经常擦拭。化学抛光兼有腐蚀的作用，能显示金相组织，抛光后可直接在显微镜下观察。

第二节　金相组织的显示

金相组织的显示方法通常采用化学浸蚀法和电解浸蚀法。

一、化学浸蚀法

化学浸蚀法是利用化学试剂的溶液，借助于化学或电化学作用显示金属的金相组织。

纯金属及单相合金的浸蚀纯粹是一个化学溶解过程，磨面表层的原子溶入浸蚀剂中，在溶解过程中由于晶内与晶界之间的溶解度不同，组织被显示出来。

两相合金的浸蚀主要是电化学腐蚀过程。合金中的两个相具有不同的电位，磨面浸入浸蚀剂中，形成许多微小的局部电池，具有较高负电位的一相成为局部电池的阳极，很快溶入浸蚀剂中，因而该相逐渐呈现凹沟；具有较高正电位的另一相成为阴极，在正常电化学作用下不受浸蚀，保持原有的光滑平面。

多相合金的浸蚀也是一个电化学溶解过程。一般电化学作用对于多相合金的浸蚀，往往是负电位较高的各相都产生溶解作用，只有正电位较高的一相未被浸蚀，因此，鉴别多相组织要用多种浸蚀剂进行浸蚀。

常用金相化学浸蚀剂见表 2-1。

表 2-1　常用金相化学浸蚀剂

浸蚀剂名称	成分	适用范围
硝酸酒精溶液	硝酸　1mL~5mL 酒精　100mL	淬火马氏体、珠光体、铸铁等
苦味酸酒精溶液	苦味酸　4g 酒精　100mL	珠光体、马氏体、贝氏体、渗碳体
盐酸、苦味酸酒精溶液	盐酸　5mL 苦味酸　1g 酒精　100mL	回火马氏体及奥氏体晶粒
盐酸、硝酸酒精溶液	盐酸　10mL 硝酸　3mL 酒精　100mL	高速钢回火后晶粒、氮化层、碳氮化层
氯化铁、盐酸水溶液	氯化铁　5g 盐酸　50mL 水　100mL	奥氏体-铁素体不锈钢、18-8 不锈钢
混合酸甘油溶液	硝酸　10mL 盐酸　20mL 甘油　30mL	奥氏体不锈钢、高 Cr-Ni 耐热钢

（续）

浸蚀剂名称	成分	适用范围
氯化铁盐酸水溶液	氯化铁　5g 盐酸　15mL 水　100mL	纯铜、黄铜及其他铜合金
过硫酸铵水溶液	过硫酸铵　10g 水　100mL	纯铜、黄铜及其他铜合金
氢氧化钠水溶液	氢氧化钠　1g 水　100mL	铝及铝合金
硫酸铜-盐酸水溶液	硫酸铜　5g 盐酸　50mL 水　50mL	高温合金
赤血盐-氢氧化钠水溶液	赤血盐　5g 氢氧化钠　5g 水　100mL	碳化钛镀层

二、电解浸蚀法

对具有极高化学稳定性的合金，如不锈钢、耐热钢、热电偶材料等用化学浸蚀法很难显示出它们的组织，这就需要采用电解浸蚀法。

电解浸蚀的工作原理基本上与电解抛光相同。由于各相之间与晶粒之间的电极电位不一致，在微弱电流的作用下各相的浸蚀深浅不同，因而能显示各相的组织。

第三节　金相分析常用仪器及其应用

一、金相显微镜

研究金属磨面金相组织的光学显微镜，称为金相显微镜。金相显微镜是金相分析中使用最广泛、最普遍的仪器。由于观察的金属物体不透明，所以金相显微镜都是反射式照明。按照光程传播方式，金相显微镜可分为立式（光程垂直传播）和卧式（光程水平传播）；按照试样观察形式，金相显微镜可分为正置式（试样观察面向上）和倒置式（试样观察面向下）。

（一）金相显微镜的放大原理

不论立式或卧式金相显微镜，均由光学系统、照明系统、机械系统、摄影系统组成。它的主要附件有：光源、物镜、目镜、垂直照明器与光路行程、光阑、滤色片、显微镜架等。

图 2-1 为倒置式金相显微镜的光学系统示意图。显微镜的工作原理主要是：光源发射的光照射到平面玻璃反射器后，反射到金相试样的磨光面上，光线被部分反射到物镜，经物镜和目镜两次放大成像而被人眼所观察。总的放大倍数 M 是物镜放大倍数 $M_物$ 与目镜放大倍数 $M_目$ 的乘积。

$$M = M_物 \times M_目 = \frac{L}{f_物} \times \frac{250}{f_目}$$ (2-1)

式中　　L——显微镜的光学镜筒长度，即物镜后焦点到目镜前焦点的距离；

　　　　$f_物$——物镜的焦距；

　　　　$f_目$——目镜的焦距。

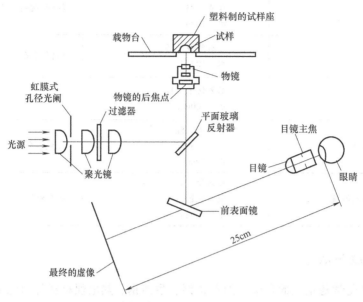

图 2-1　倒置式金相显微镜的光学系统图

（二）明场及暗场

金相显微镜的照明方式分为明场照明和暗场照明两类。

明场照明采用垂直照明方式，特点是光线垂直照在试样上，试样凹凸之处无阴影，所看到的是一片清晰平坦的相，能真实地表示出试样的各种组成相，充分发挥物镜的鉴别能力，辨别出组织中最细微的部分。它的缺点是衬度低，缺乏立体感。

暗场照明只有散射光（漫射光）进入物镜而成像。这时平坦光泽的部分应该是黑暗的，而在散射光照射下，试样微小的凹凸地区则是明亮的，所以在暗场照明下，只有凹凸的微粒（如夹杂物）显示出明亮的影像。

在暗场中观察夹杂物的特征是金相定性分析中的一个重要部分，它可以确定夹杂物的透明度、颜色及明场中不易见到的细小夹杂物。

（三）相衬与干涉

1. 相衬

一般金相显微镜是靠反射光的强弱鉴别金相组织，即应用反射光振幅大小的差别区分各相组织。如果各相的反射系数相近，其反射光的强度差也就很小，仅有因浸蚀或硬度不同而引起的微小凹凸，或者因塑性变形及共格相变引起的表面浮凸所产生的微小光程差。这时无法用一般金相显微镜进行鉴别，而用相衬可以完成这项工作。

在普通金相显微镜上增加三个特殊光学附件——狭缝遮板、相板和校正放大镜，即可构成相衬金相显微镜。

在一般金相试样的磨面上，相组织的高度差在 10nm～150nm 之间时，均可借助相衬金相显微镜以提高相衬度的方式鉴别组织。

应用相衬法可增加映像衬度，更清晰地鉴别过烧高速钢马氏体基体中的颗粒状碳化物、形变马氏体晶内滑移、共格相变的马氏体和贝氏体浮凸等。

2. 干涉

干涉是将光波干涉原理用于光学显微镜，来提高垂直分辨率的一种方法，它能显示试样表面微小起伏变化的高度差，可用于研究测量表面粗糙度、共格相变马氏体浮凸、位错等。如果将多光束光波干涉与相衬互相配合使用，可获得更好的效果。

一般金相显微镜配有以下两种附件即可改为多光束干涉显微镜。

1）具有高反射系数并且吸收系数小的均匀镀银或铝的标准板。

2）采用与试样表面垂直的平行单色光（一般为绿色光）滤光器。

（四）偏振光

自然光通过偏振装置射出的光仅呈直线方向振动，称为偏振光。金相显微镜中的偏振光装置有两个偏光滤光镜，都是由偏振片制作的，一个为起偏镜，装于靠近光源的光路中，它的作用是使自然光变为偏振光，作为观察样品用的照明光线；另一个为检偏镜，装在目镜之前，使磨面上反射过来的偏光聚集，它的作用是检定通过起偏镜的光的性质。

偏振光装置可用于测定非金属夹杂物的光学特性，也可用于晶粒位向和塑性变形择优取向的测定以及多相合金中组成相的分析。

（五）金相显微镜的主要参数

显微镜的光学技术参数包括：数值孔径、分辨率、放大率、焦深、视场直径、覆盖差、工作距离等。这些参数并不都是越高越好，它们之间是相互联系又相互制约的，在使用时，应根据镜检的目的和实际情况来协调参数间的关系，但应以保证分辨率为准。

1. 数值孔径

数值孔径（NA）是物镜的主要技术参数，是判断物镜性能的重要指标，其数值的大小，标刻在物镜的外壳上。NA越大，聚光能力就越强，放大率越大，鉴别率也就越高，但焦深越小。

NA是物镜前透镜与被检物体之间介质的折射率（n）和孔径角（θ）半数的正弦之乘积。用公式表示为 $NA = n\sin(\theta/2)$

孔径角又称镜口角，是物镜光轴上的物体点与物镜前透镜的有效直径所形成的角度。孔径角越大，进入物镜的光通量就越大，它与物镜的有效直径成正比，与焦点的距离成反比。

显微镜观察时，若想增大NA值，孔径角是无法增大的，唯一的办法是增大介质的折射率n值。基于这一原理，就产生了水浸物镜和油浸物镜，因为介质的折射率n值大于1，NA值就能大于1。

NA的最大值为1.4，这个数值在理论上和技术上都达到了极限。目前，有技术人员用折射率高的溴萘作为介质，由于溴萘的折射率为1.66，所以NA值可大于1.4。

2. 分辨率

显微镜分辨率是指所观察物体彼此相近的两点产生清晰像的能力，一般用能分辨彼此相近两点间最小距离d的倒数表示，分辨率又称鉴别率、解像力，是衡量显微镜性能的又一个重要技术参数。

显微镜的分辨率主要取决于物镜的数值孔径和照明光源的波长。NA值越大，照明光线波长越短，则分辨率就越高。

要提高分辨率，即减小 d 值，可采取以下措施：

1）降低波长 λ 值，使用短波长光源。

2）增大介质的折射率 n。

3）增大孔径角 θ。

4）增加明暗反差。

3. 放大率

放大率就是放大倍数，是指被检验物体经物镜放大，再经目镜放大后，人眼所看到的最终图像大小与原物体大小的比值，是物镜和目镜放大倍数的乘积。

放大率也是显微镜的重要参数，但也不能盲目相信放大率越高越好，在选择时应首先考虑物镜的数值孔径。

4. 焦深

焦深为焦点深度的简称，即在使用显微镜时，当焦点对准某一物体时，不仅位于该点平面上的各点都可以看清楚，而且在此平面的上下一定厚度内，也能看得清楚，这个清楚部分的厚度就是焦深，也称"景深"。焦深大，可以看到被检物体的全层，而焦深小，则只能看到被检物体的一薄层，焦深与其他技术参数有以下关系：

1）焦深与总放大倍数及物镜的数值孔径成反比。

2）焦深大，分辨率低。

5. 视场直径

显微镜观察时，所看到的明亮的范围叫视场，它的大小，是由目镜里的视场光阑决定的。

视场直径也称视场宽度，是指在显微镜下看到的圆形视场内所能容纳被检物体的实际范围。视场直径越大，越便于观察。增大物镜的倍数，则视场直径减小。因此，若在低倍镜下可以看到被检物体的全貌，而换成高倍物镜，就只能看到被检物体的很小一部分。

6. 覆盖差

显微镜的光学系统也包括盖玻片在内。由于盖玻片的厚度不标准，光线从盖玻片进入空气产生折射后的光路发生了改变，从而产生了相差，这就是覆盖差。覆盖差的产生影响了显微镜的成像质量。

国际上规定，盖玻片的标准厚度为 0.17mm，许可范围在 0.16mm ~ 0.18mm，在物镜的制造上已将此厚度范围的相差计算在内。物镜外壳上标写的 0.17，即表明该物镜所要求的盖玻片厚度。

7. 工作距离

工作距离也叫物距，即指物镜前透镜的表面到被检物体之间的距离。镜检时，被检物体应处在物镜的一倍至二倍焦距之间。因此，它与焦距是两个概念，平时习惯说的调焦，实际上是调节工作距离。

在物镜数值孔径一定的情况下，工作距离越短，孔径角则越大；数值孔径大的高倍物镜，其工作距离小。

国内外显微镜物镜常用标记见表 2-2。

表 2-2　国内外显微镜物镜常用标记

物镜类型	国内用标记	国外用标记
消色差物镜	—	Achromatic
复消色差物镜	Apo	Apochromatic
半复消色差物镜	FL	Semi apochromatic
平场消色差物镜	PC	Plan achromatic
平场复消色差物镜	PF	Plan apochromatic
偏光物镜	PG	Pol
相衬物镜	XC	Phaco
长焦距物镜	CJ	L
油浸系物镜	Y 或油	Oil 或 Oel、Hl、Ol

（六）光阑与滤色片

1. 光阑

金相显微镜的光路系统中有两个光阑：孔径光阑与视场光阑。

（1）孔径光阑　孔径光阑位于光源聚光透镜前，调节其大小可以控制入射光束的粗细（进光量），改变物镜的数值孔径，对成像质量有较大的影响。当缩小孔径光阑时，进入物镜的光锥角减小，数值孔径减小，仅物镜的中心部分起放大作用，物镜的分辨能力降低，影响细微组织的分辨；但若孔径光阑开启过大，则会降低物像的衬度。

（2）视场光阑　调节视场光阑可以改变观察视场的大小，缩小视场光阑能减少镜筒内部的反射与眩光，增加物像的衬度。

2. 滤色片

滤色片是金相显微镜的一个重要辅助工具，其作用是吸收光源发出的白光中波长不符合需要的光线，使白光成为一定色彩的单色光，单色光波长越短，物镜的分辨能力越高。

（七）金相显微镜的使用和维护

1. 使用注意事项

1）物镜与目镜使用完毕后，应立即放在干燥皿内，以免受潮发霉。

2）装卸镜头时，切忌用手指触摸镜头；镜头出现灰尘等污物时，最好先用吹灰球吹掉，再用擦镜纸擦拭。

3）在使用油浸物镜后，必须用二甲苯拭去镜头的油，不能用酒精。

4）进行调焦换镜头时，要特别小心，防止载物台与镜头相碰，造成损坏。

5）操作时，应根据试样大小选用合适的载物圈，防止试样从载物圈中落下，砸坏镜头。

6）聚焦时，应先使用粗调旋钮，使物镜和试样靠近，再从目镜对焦，轻轻转动微调旋钮，直至成像清晰。使用中要避免镜头与试样碰撞。

2. 显微镜的维护与保养

1）金相显微镜应安置在干燥、防尘、振动小及无腐蚀气氛的房间内。

2）备件的放置，特别是物镜与目镜一般应放在干燥皿中，器皿中应放适量干燥剂。

3）机械部件不可随便拆卸，要经常加润滑油，以保证正常运转。

二、透射电子显微镜（TEM）

电子显微镜与光学显微镜的成像原理基本一样，所不同的是前者用电子束作光源，用电磁场作透镜。透射电子显微镜具有高分辨率，高放大倍数等特点，由于电子束的穿透力很弱，因此用于电镜的样品必须很薄，厚度一般为几纳米至几十纳米。

（一）结构与原理

透射电子显微镜主要由电子光学系统（照明系统、成像系统、样品室）和辅助系统（真空系统、电源及控制系统、冷却系统、气动循环系统等）组成，电子光学系统中的光路见图 2-2。

照明系统主要包括电子枪、双聚光镜（电磁透镜），成像系统包括物镜、中间镜、投影镜、视窗及照相室。

透射电镜工作原理是钨灯丝发射电子被电子枪加速后，经过双聚光镜聚焦成高强度的电子束斑，电子束穿透试样，再经过物镜、中间镜及投影镜的三次放大，在荧光屏上形成图像。

当一束高能电子照射到样品上，将会产生二次电子、背散射电子、特征 X 射线、俄歇电子、透射电子、荧光等多种信息，入射电子的穿透能力是有限的，只有当样品很薄时才有足够的电子穿透，这部分透射电子就是被透射电镜利用的成像电子束。

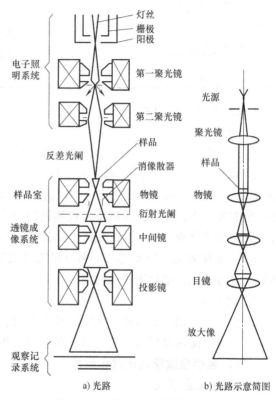

图 2-2　透射电子显微镜构造原理

（二）试样制备

在透射电子显微镜中，所观察到的图像是电子束穿透试样后，经过放大成像在显示屏上，因此放在样品室的"试样"是一种经过特定方法制备成的，可被电子束穿透的，而且能够反映被检样细微结构特点的薄膜，薄膜可以直接用样品制成，也可以用复型的方法间接制成。试样制备是透射电镜检测中关键的步骤，直接影响观察效果。

（三）透射电子显微镜的应用

1. 显微组织的辨认

透射电镜具有高的分辨率和放大倍数，能够分析确认 1μm 以下的光学显微镜无法分辨的精细结构。如可以清晰地看到托氏体的层片；辨认上贝氏体和板条马氏体；辨认回火马氏体与下贝氏体；可以观察碳化物的形态、分布和大小；观察沿晶界析出的化合物、非金属夹杂物的性质与形态、断裂形貌等。

2. 鉴别微量第二相的结构

利用透射电镜可以对薄膜试样进行选区电子衍射，对衍射花样进行标定，可以确定微量第二相的结构及第二相与母相之间的取向关系。可以利用薄膜透射技术研究钢的回火转变和过饱和固溶体的脱溶分解。

3. 研究组织的亚结构

透射电镜的薄膜透射技术还可以观察各相内的亚结构即晶体缺陷，观察马氏体板条及板条内大量的位错缠结。

4. 其他应用

安装不同附件，可以实现不同的应用，如利用高、低温台可观察材料的相变机理、微观结构的变化；利用拉伸台可对材料在外加拉应力作用下的显微组织变化、位错运动等进行研究。

三、扫描电子显微镜（SEM）

（一）结构与原理

扫描电子显微镜结合了电子显微镜、电子探针和电视摄影的显像方式，它是利用一束极细的高能电子束在样品表面做光栅扫描，激发出各种物理信号，通过检测、放大、调制显像管中的扫描电子束来达到成像的目的。

扫描电子显微镜是由电子光学系统、图像显示系统和真空系统三个部分组成，它的结构原理见图2-3。

1. 电子光学系统

电子光学系统主要由电子枪、扫描线圈、电磁透镜等组成，其作用是获得扫描电子束，作为产生物理信号的激发源。为了获得较高的信号强度和图像分辨率，扫描电子束应具有较高的亮度和尽可能小的束斑直径。

2. 图像显示系统

图像显示系统包括用于探测电子信号的电子探测器、接受X射线的流气式正比计数管和显示图像的显示管，两者之间是信号放大系统。

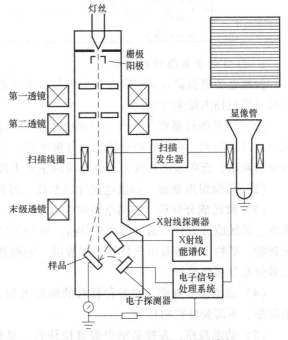

图 2-3　扫描电子显微镜构造示意图

其作用是检测样品在入射电子作用下产生的物理信号，然后经视频放大形成图像。

3. 真空系统

真空系统包括真空泵和真空柱两部分。使用真空主要是因为电子束中的灯丝在普通大气中会迅速氧化而失效，同时也是为了增大电子的平均自由程，从而使得用于成像的电子更多。

（二）扫描电镜的特点以及在材料研究中的应用

1. 常用物理信息特征及用途

当一束很细的电子束射到试样表面时，由于电子能量的作用，能够射入试样表面一定的深度，入射的电子与固体原子互相作用，产生一系列的物理信息，扫描电镜取用了其中的几种，在表 2-3 中列出了部分物理信息的特征及应用。

表 2-3　部分物理信息的特征及应用

信息名称	特　　征	用　　途
背散射电子	①凸起和棱角处产额高 ②原子序数高产额高 ③来源于试样较深层，成像立体感强，但分辨率低	背散射电子的电子像可显示成分的分布
二次电子	①对试样表面状态非常敏感 ②扩散小，成像分辨率高	显示表面微观结构非常有效，是扫描电镜的主要成像手段
吸收电子	①随原子序数的增加吸收电子减少 ②与背散射电子产额互补	可显示成分分布
透射电子	①扩散小，分辨率高 ②穿过晶体样品会发生衍射 ③能量由于被样品吸收而损失	①透射电子显微镜成像 ②电子衍射 ③可分析超轻元素成分
X 射线	①具有特征能量 ②信息来源广，扩散大	可以做定性和定量元素分析，可得到元素分布情况
俄歇电子	①具有特征能量 ②表面敏感	俄歇电子谱，做表面成分分析

2. 扫描电子显微镜的应用

扫描电子显微镜在材料研究和失效分析中具有特殊而重要的作用，目前许多显微分析工作都是用扫描电镜来完成的。

（1）微观断口观察与分析　扫描电镜应用二次电子成像，可直接对断口微观形貌进行观察，其景深大，有很强的立体感，分辨率高，放大倍数从几倍到几十万倍，并可以连续进行变倍调整，近年来已经成为失效分析的主要手段。

（2）显微组织观察　扫描电镜分辨率高，可达 3nm~4nm，可以观察表面显微组织。

（3）微区成分分析　扫描电镜配合电子探针（能谱仪和波谱仪）等附件可以实现形貌观察、微区成分分析和微区结晶学分析，使分析结果更为直观和可靠，如可以确定析出相、夹杂物、矿物、炉渣及耐火材料、扩散层、表面氧化层、基体组成相的成分，研究合金中的元素分布及显微偏析。

（4）表面形貌观察　对各种材料的颗粒表面、样品或产品表面可直接进行表面显微形貌观察，不需要特殊制样等。

（5）动态观察　在样品室中安置拉伸台、高温台、低温台等附加装置，可对样品进行加载、加热或制冷等，为研究不同温度下变形与断裂的动态过程提供了很大方便，它可以直接观察拉伸过程中裂纹的萌生和扩展同材料显微组织的关系。

四、X 射线显微分析仪

X 射线显微分析仪因其用来激发 X 射线的电子束很细，宛如针状，因此常简称为电子探针。它是一种测试微区微量成分的仪器，可直接分析块状试样直径为 1μm 区域内的成分，分析范围是原子序数 4（Be）以上的元素，还可以进行晶体学分析，它与扫描电镜具有相似的结构，以成分分析精度高为特点，显微相的观察只作为辅助手段。

现代电子探针是用 X 射线、背反射电子像和吸收电子像进行成分分析的，目前使用最多的是 X 射线分析，它能够给出定性和定量的结果。

X 射线分析是借助于分析试样发出的元素特征 X 射线波长和强度实现的。根据波长确定出试样所含的元素，根据强度确定出元素的相对含量。目前常用的方法有波谱分析法和能谱分析法。能谱分析法能够做快速定性和定量分析，波谱分析法做定量分析和元素分布浓度扫描。

五、俄歇电子能谱仪

俄歇电子能谱仪可以检测固体表面层的元素分布，俄歇电子能谱分析技术与 X 射线发射谱技术相比，具有两个不同特点：其一是对轻元素有很大的灵敏度；其二是对表面有极高的灵敏性。这是由于入射电子穿透浅，并且俄歇电子在试样内距离表面近的缘故。

俄歇电子能谱对确定表层成分的元素分布状态，尤其对断裂表面的成分分析和表层元素偏析分析具有独特的效果。

六、X 射线应力测定仪

X 射线应力测定仪是用 X 射线法对构件表面应力进行测定，这种方法实际上是测定构件（金属材料）的应变，再通过弹性力学定律由应变计算出应力的数值。它的基本原理是在固定波长的 X 射线辐射下，根据衍射线条的位移，即根据晶面间距的变化来确定应变。主要应用于测定多晶材料的残余应力、测定主应力大小和方向、测定剪切应力、测定一定区域内的应力分布、测定钢中的残余奥氏体含量、物相定量分析等。常用的分析方法有内标法、外标法、绝热法、增量法、无标样法、基体冲洗法和全谱拟合法等。

X 射线测定应力具有以下特点：

1）不需要破坏被检构件，是无损检测方法。

2）它所测定的仅仅是弹性应变，而不含塑性应变。因为构件塑性变形时，其晶面间距并不发生改变，不会引起衍射线条位移。

3）X 射线照射被测构件的截面直径可小到 1mm～2mm，因此它能够研究特定小区域的局部应变和峻陡的应力梯度，而用其他方法所测定的通常都是 20mm～30mm 以上范围内的平均应变值。

X 射线法测定构件表面应力有以下不足之处：

1）X 射线的贯穿能力有限，大约为 $10\mu m$，它只能记录构件表面的应力，由于垂直于表面的应力分量为零，所以它所处理的总是二维应力，如果需要研究深入构件内部的三维应力，则必须对构件进行切割、研磨或腐蚀才能实现。

2）对于能够给出清晰明锐衍射峰的材料，即退火后的细晶粒材料，X 射线法能够达到误差范围±20MPa 的精度；但是对于淬火硬化或冷加工材料，其衍射峰十分漫散，这时测量误差会成倍增大。

七、共聚焦显微镜

共聚焦显微镜以单波长的激光或发光二极管作为光源，并通过共轭的空间针孔过滤掉非焦平面的杂散光，从而提高显微图像的对比度和分辨率，再通过物镜的横向扫描以及高精度的 Z 轴扫描，从而实现样品的高分辨率二维及三维成像。激光共聚焦三维金相显微镜的应用是从 20 世纪 80 年代末期开始的，既可用来观察样品表面亚微米级（0.12μm）的三维形态和形貌，又可以测量多种微小的尺寸参数，诸如体积、面积、晶粒、膜厚、深度、长宽、线粗糙度、面粗糙度等。

典型的优势有如下几点：

（1）高横向分辨率　相对于传统的光学显微镜，其横向分辨率提高 40% 以上。

（2）大焦深范围　共聚焦显微镜需要在高度方向上做扫描，得到一系列的切片图，然后进行图像叠加并得到三维图像，从而提高景深范围。

（3）样品适用性强　非接触测试，无须样品制备和导电性处理，对样品无损伤（粉末、软性样品以及透明样品均可测试）。

（4）丰富的测量结果　高分辨率二维及三维成像、多种二维及三维显示结果对比、大面积图像拼接、非接触粗糙度测量、膜厚测量、荧光分析等。

（5）使用方便　全部采用计算机直观控制，短时间内即可完成全部的扫描、采样、成像、测量工作。

八、体视显微镜

体视显微镜，也称实体显微镜或解剖镜，是指一种具有正像立体感的目视仪器，被广泛地应用于材料宏观表面观察、失效分析、断口分析等工业领域。对观察体无须加工制作，直接放入镜头下配合照明即可观察，像是直立的，便于操作和解剖。

体视显微镜的特点如下：双目镜筒中的左右两光束不是平行的，而是具有一定的夹角，体视角一般为 12°~15°，因此成像具有三维立体感；虽然其放大率不如常规显微镜，但其工作距离很长，焦深大，便于观察被检物体的全貌，视场直径大。

第四节　显微硬度计及其应用

一、显微硬度计的工作原理

显微硬度计由金相显微镜和硬度压入装置组成。金相显微镜用来观察和确定试件的检测部位，并测量压痕大小；压入装置以一定的载荷将压头压入检测的部位。

显微硬度的测试是将具有一定几何形状的金刚石压头，以很小的力（$0.09807\text{N} \leqslant F < 1.961\text{N}$）压入实验材料表面，再对压痕对角线进行光学测量。留在试样上的压痕尺寸极小，必须在显微镜下测量。

1. 压头类型

显微硬度压头是相对面夹角为 136° 的金刚石正四棱锥体压头，见图 2-4a，压痕形状见图 2-4b。

2. 显微维氏硬度值

显微硬度以单位压痕凹陷面积所承受的载荷作为硬度值的计算指标，单位为 $\text{N} \cdot \text{mm}^{-2}$。显微维氏硬度值以 HV 表示。计算公式如下

$$HV = 0.102 \frac{F}{A} \tag{2-2}$$

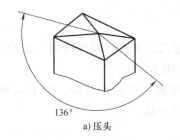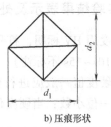

a) 压头　　　　　　　　　　　　　b) 压痕形状

图 2-4　金刚石正四棱锥体压头及压痕形状

式中　F——压头承受的载荷（N）；

$\quad\quad$ A——压痕面积（mm^2）。

以 d 表示压痕对角线的平均长度，锥体两相对面间夹角 $\alpha=136°$。因此

$$HV = 0.102 \times \frac{F}{\dfrac{d^2}{2\sin\dfrac{\alpha}{2}}} = \frac{0.1891F}{d^2} \qquad (2\text{-}3)$$

式中　F——压头承受的载荷（N）；

$\quad\quad$ d——压痕对角线的平均长度（mm）；

$\quad\quad$ α——锥体两相对面间夹角（°）。

根据维氏压头的几何形状，压痕深度 h 与压痕对角线长度 d 的关系为：$h \approx \dfrac{1}{7}d$。

二、试验操作要点

1）试验一般在 10℃~35℃ 的室温下进行。对温度要求严格的试验，试验温度应控制在 (23±5)℃。

2）使压头与试样表面接触，垂直于试验面施加试验力，加力过程中不应有冲击和振动，直至将试验力施加至规定值。从加力开始至全部试验力施加完毕的时间应不超过 10s，且压头下降速度应在 15μm/s~70μm/s。

试验力保持时间为 10s~15s。对于特殊材料或另有要求时，试验力保持时间可适当延长，直至试样不再发生塑性变形，但应在结果中注明（误差应在 2s 以内）。在整个试验期间，硬度计应避免受到冲击和振动。

3）任一压痕中心距试样边缘的距离，对于钢、铜及铜合金至少应为压痕对角线长度的 2.5 倍；对于轻金属、铅、锡及其合金至少应为压痕对角线长度的 3 倍。

两相邻压痕中心之间距离，对于钢、铜及铜合金至少应为压痕对角线长度的 3 倍；对于轻金属、铅、锡及其合金至少应为压痕对角线长度的 6 倍。

4）如果两相邻压痕大小不同，应以较大压痕确定压痕间距。

5）卸除试验力后测量压痕两对角线长度（放大系统应能将对角线放大到视场的 25%~75%），用其平均值计算（或查表）得出维氏硬度值。在平面上压痕两对角线长度之差应不大于 5%，如果超过 5%，则应在报告中注明。

三、实验结果表示及处理

维氏硬度用 HV 标明，符号之前为硬度值，符号之后按如下顺序排列：试验力、试验力保持时间（10s～15s 不标注）。如 640HV0.2、640HV0.02/20。

对维氏硬度值一般应进行修约，当硬度值≥100 时，修约至整数；当 10≤硬度值<100 时，修约至一位小数；当硬度值<10 时，修约至两位小数。

四、显微硬度计的日常检查方法

使用者在当天使用硬度计之前，应对硬度计和压痕测量装置进行检查。检查方法是利用标准硬度块进行检验。如果测得的硬度值与标准硬度值之间的差值，以及测得的标准硬度块上的压痕与标准硬度块证书上的标准值相差在 GB/T 4340.2—2012 给出的允许误差之内，则认为硬度计和压痕测量装置是满意的，否则应采取相应措施。

硬度计及标准硬度块应定期检定或校准，周期间隔不应超过 12 个月。

五、显微硬度计的维护

1）仪器安装地点必须干燥，不受潮湿和有害气体的侵蚀。

2）仪器要水平放置，用弹性橡胶或其他吸振板作垫板，以保证仪器不受振动。

3）仪器最好安装在特殊设计的工作台上，不用时将仪器封罩起来，内放硅胶等干燥剂。

4）保证仪器的清洁，镜头上有污物时，应用吹尘球吹掉，也可用镜头刷或擦镜纸去除。

5）当载物轴或压头轴上沾有污渍而影响仪器使用时，应非常谨慎地用汽油擦拭，以保证载物轴或压头轴的灵活性。

6）操作者在使用前应仔细阅读仪器的有关资料及说明书，熟悉显微硬度计各类部件的作用和操作规程，保证显微硬度测量值的准确度。

思 考 题

1. 金相试样选取的原则是什么？试样怎么截取？试样截取时应注意什么？
2. 金相显微镜的一般调整应包括哪些项目？如何调整？
3. 显微硬度试验的操作要点是什么？
4. 金相分析通常会用到哪些仪器？

第三章

钢的宏观检验

钢的宏观检验又称低倍检验，它是通过肉眼或借助于放大镜来检验金属材料及其制品的宏观组织和缺陷的试验方法。宏观检验所用试样面积大、检验范围广、视域宽，能够比较直观地显现出材料或产品内部和表面存在的冶金缺陷，因其检验设备比较简单、样品制备要求不高，能较快捷、全面地反映出材料或产品的品质，因此宏观检验在工厂中得到广泛的应用。对于大型铸、锻件来说它仍然是材质检验的主要手段之一，对于断裂失效分析也是不可缺少的环节。当然，宏观检验受其所用方法和设备条件的限制，只能从表面上直观显示出缺陷的外观形貌特征，如果要从本质上对其加以更全面的判定，还需要与其他方法相配合，深入进行分析。

金属材料在冶炼、浇铸、锻压、热处理过程中，由于某些不当操作和缺陷因素（例如非金属夹杂物、气体、工艺选择或操作不当等）的影响，致使金属材料的内部或表面产生缺陷，从而会影响到材料或产品的质量，严重时还将导致报废。钢材中疏松、气泡、缩孔残余、非金属夹杂物、偏析、白点、裂纹以及各种不正常的断口缺陷等，均可以通过宏观检验来发现。

宏观检验方法通常有低倍组织检验、断口检验、塔形试验、硫印试验等。钢的淬透性试验目前在很多企业中都有应用，放在本章一并介绍。

第一节 低倍组织检验

低倍组织检验所采用的方法就是酸蚀试验法，这种方法设备简单，操作方便，能清楚地显示出钢铁材料中存在的各种缺陷。

酸蚀试验原理属于金属电化学腐蚀范畴。因为金属材料的成分与组织不均匀性、物理状态的差别及各种缺陷的存在，在无机酸溶液中造成了试面上产生许多不同的电极电位，组成了许多微电池，电化学反应通过选择性腐蚀使各部分受腐蚀程度不同，易被腐蚀的部分呈暗色或剥落，从而清晰地显示出低倍组织和缺陷。根据低倍组织的分布以及缺陷存在的情况，可以了解钢材的冶金质量；通过推断缺陷的产生原因，在工艺上采取切实可行的措施，以达到提高产品质量的目的。

一、试样的选取

为了有效、合理地评价材料质量，不致造成漏检，酸蚀试样的选取原则是要有代表性，能反映待检验内容的真实情况，应取自最易发生各种缺陷的部位。取样的方向根据检验内容来确定，除锻造流线、应变线、带状组织能在纵向试样面显示出来以外，其他检验项目，如钢中白点、偏析、皮下气泡、翻皮、疏松、残余缩孔、轴心晶间裂纹、折叠裂纹等缺陷均取横向试样面，并保留原始外表面。

由于钢的化学成分、锭模设计、冶炼及浇注方法、成品形状和尺寸不同，一般宏观缺陷的种类、大小和分布形式也不同，应根据检验目的或技术要求正确选择取样位置和数量，可参照下述原则选取。

1）检验钢材表面缺陷时，应在钢材和零件的外表面位置截取试样。

2）检验钢材质量时，应在钢材的两端分别截取试样，对于有些冶金产品应在其缺陷严重部位取样，最大限度地保证产品的质量。

3）对铸锭检验时，应在近头部位置取样，因该处发生冶金缺陷的现象最严重。

4）在解剖钢锭及钢坯时，应选取一个纵向剖面和两个或三个（钢锭、钢坯的两端头或上、中、下三个部位）横截面试样。

5）在做失效分析或缺陷分析时，除应在缺陷处取样外，同时还应在有代表性的部位或正常部位取样，以便与缺陷处进行比较。

做低倍酸蚀试验时，试样无特别规定时应为退火、正火或热加工状态。合金结构钢或滚动轴承钢退火前应在室温放置 24h 以上，对白点敏感的低合金钢则放置时间应不少于 48h，以保证白点有充分孕育形成的时间。

二、试样的制备

1. 试样切取

试样切取可采用剪、锯、切割等方法，要留有足够的余量，取下的试样在进行机械加工时必须消除由取样造成的变形、热影响区及裂纹等加工缺陷。加工后试验面表面粗糙度的 Ra 值应不大于 $1.6\mu m$，冷酸腐蚀法处理后 Ra 值不大于 $0.8\mu m$，试验面不得有油污和加工伤痕，必要时应预先清洗。

试面距切割面的参考尺寸为：热锯切割时不小于 20mm；冷锯切割时不小于 10mm；火焰切割时不小于 25mm。

2. 试样尺寸

横向试样试面应垂直钢材（坯）的纵轴，厚度一般为 20mm ~ 30mm，尺寸等于边长或直径，或至少应包括从表面到心部的部分。

纵向试样试面一般应通过钢材（坯）的纵轴，长度一般为边长或直径的 1.5 倍，宽度为边长或直径，或至少应包括从表面到心部的部分，厚度为 20mm。

钢板试面的尺寸一般长为 250mm，宽为板厚。

检验钢材表面缺陷时，应在钢材表面位置取横向试样，钢材表面不允许有任何加工。

三、试验方法

钢铁的酸蚀试验方法按国家标准 GB/T 226—2015《钢的低倍组织及缺陷酸蚀检验法》进行，该标准中规定有热酸腐蚀法、冷酸腐蚀法和电解腐蚀法，仲裁检验时，若技术条件无特殊规定，以热酸腐蚀法为准。国家标准 GB/T 1979—2001《结构钢低倍组织缺陷评级图》中列出了常见的低倍组织和缺陷。

四、热酸腐蚀试验

热酸腐蚀是将一定配比的酸溶液加热到规定温度，对试样进行腐蚀。该法可用于显示铸态结晶组织、钢锭或钢坯的宏观组织及缺陷组织、锻造流线、焊件的宏观组织等。相比冷酸腐蚀试验效果要好，因此热酸腐蚀试验法作为低倍组织检验的仲裁试验方法。

由于酸液被加热，加速了化学电极反应，也就加快了试样的腐蚀，因此腐蚀剂成分、腐蚀时间、腐蚀温度、试片检验面粗糙度都会影响热酸蚀的效果。

值得注意的是，酸溶液加热后会出现强烈挥发，操作环境恶劣，应注意加强防护。

（一）试验所用的设备

酸蚀槽、加热器、碱水槽、流水冲洗槽、温度计、电热吹风机、无色干净毛巾。

（二）酸蚀试剂

热酸腐蚀试验应以能清晰、准确地显示钢的低倍组织及缺陷为准，常用热酸腐蚀试剂和试验规范见表 3-1。

表 3-1　热酸腐蚀试剂和试验规范

试剂名称	成分（容积比）		温度/℃	浸蚀时间/min	适用钢种
盐酸水溶液	盐酸（$\rho_{20}=1.19\mathrm{g/mL}$） 水	1 份 1 份	70~80	5~10	易切削钢
				5~30	碳素结构钢、碳素工具钢、硅钢、弹簧钢、铁素体型、马氏体型、双相不锈耐酸、耐热钢
				15~30	合金结构钢、合金工具钢、轴承钢、高速工具钢
				20~40	奥氏体型不锈钢、奥氏体型耐热钢
盐酸、硝酸水溶液	盐酸（$\rho_{20}=1.19\mathrm{g/mL}$） 硝酸（$\rho_{20}=1.40\mathrm{g/mL}$） 水	10 份 1 份 10 份	70~80	5~25	奥氏体型不锈钢、奥氏体型耐热钢
盐酸、硫酸水溶液	盐酸（$\rho_{20}=1.19\mathrm{g/mL}$） 硫酸（$\rho_{20}=1.84\mathrm{g/mL}$） 水	38 份 12 份 50 份	60~80	15~25	碳素结构钢、合金钢、高速工具钢

（三）试验操作规范

（1）配制酸液　先将水倒入酸蚀槽内，再将一定比例的酸缓缓倒入槽内，边倒入边搅拌，防止飞溅。

（2）清洗试样　用蘸有四氯化碳或酒精的棉球擦洗试样上的油污，用水冲洗、吹干，切忌用手触摸检验面。

（3）摆放试样　将试样放入酸蚀槽内，溶液没过试样，试样应该有序摆放，避免直接接触，最好使检验面朝上，不能叠压，并加以固定便于提取。

（4）进行加热　当升到规定温度后开始计时，到达规定的时间后将试样从酸液中取出（也可以先加热酸液后放入试样）。以准确、清晰地显示出钢的低倍组织及宏观缺陷组织为准。

（5）刷洗试样　从酸液中取出的试样立即用清水冲洗，试样面上的腐蚀产物可用尼龙刷在流动的清水中边冲边刷掉，切忌碰伤检验面。小型试样可直接在流动的清水中冲刷，大型试样冲刷后可放入3%～5%（体积分数）的碳酸钠水溶液或10%～15%（体积分数）的硝酸水溶液清洗，去除检验面上残存的酸液，然后在流动的清水中冲洗。

对冲洗后的试样用沸水喷淋，并快速用无色干净的热毛巾将试样表面的水分吸干，随后再用电热风机吹干试样面上的残余水渍。如果酸蚀过浅或试面上存在水渍及其他污垢，可重新放回酸蚀槽中浸泡或用稀盐酸擦洗，然后再取出重新冲洗吹干；若酸蚀过深，则将试样进行机加工，去除表面约1mm以上的腐蚀层，重新腐蚀。

（6）检测　经过酸洗擦干的试样即可用肉眼或放大镜进行观察评级与照相，如果以后要进行复查或留存，则将试样放在干燥器中，或在试面上涂上一层油脂，防止生锈。

五、冷酸腐蚀试验

冷酸腐蚀在室温下进行，也是显示钢的低倍组织和宏观缺陷的一种简便方法，但多数情况下，其反差对比度效果不如热酸腐蚀。冷酸腐蚀对试面表面粗糙度要求比较高一些，一般 Ra 值应达到 $0.8\mu m$。由于这种试验方法不需要加热设备和耐热的盛酸容器，因此特别适合不能切割的大型锻件和外形不能破坏的大型机械零件。冷酸腐蚀对于焊缝、热影响区、未淬透或淬火不均所产生的硬度分布、磨削损伤和操作不当带来的热效应等显示效果很好。冷酸腐蚀有浸蚀和擦蚀两种方法，腐蚀的时间一般较长，以准确、清晰地显示出钢的低倍组织及宏观缺陷组织为准。几种常用的冷酸腐蚀试剂见表3-2。

表 3-2　几种常用的冷酸腐蚀试剂

序号	冷蚀液成分	使用范围
1	盐酸 500mL, 硫酸 35mL, 硫酸铜 150g	钢与合金
2	氯化高铁 200g, 硝酸 300mL, 水 100mL	
3	盐酸 300mL, 氯化高铁 500g 加水至 1000mL	
4	10%～20%（体积分数）过硫酸铵水溶液	碳素结构钢、合金钢
5	10%～40%（体积分数）硝酸水溶液	
6	氯化高铁饱和水溶液加少量硝酸（每 500mL 溶液加 10mL 硝酸）	
7	100g～350g 工业氯化铜铵, 水 1000mL	
8	盐酸 50mL, 硝酸 25mL, 水 25mL	高合金钢
9	硫酸铜 100g, 盐酸和水各 500mL	合金钢、奥氏体不锈钢
10	硝酸 60mL, 盐酸 200mL, 氯化高铁 50g, 过硫酸铵 30g, 水 50mL	精密合金、高温合金
11	盐酸 10mL, 酒精 100mL, 苦味酸 1g	不锈钢和高铬钢
12	盐酸 92mL, 硝酸 3mL, 硫酸 5mL	铁基合金
13	硫酸铜 1.5g+盐酸 40mL+无水乙醇 20mL	镍基合金

（一）冷酸浸蚀法的操作过程

（1）配制酸液　按照配方将配制成的酸液放入酸蚀容器内。

（2）清洗试样　用蘸有四氯化碳或酒精的棉球清洗试样，然后将试样面朝上置入冷酸液中，且被酸液浸没，浸蚀时要不断地用玻璃棒搅拌溶液，使试样受蚀均匀。

（3）刷洗试样　试样自冷腐蚀液中取出后，置于流动的清水中冲洗，与此同时用软毛刷擦洗试面上的腐蚀产物。如果试面上的低倍组织和缺陷未被清晰显示，试样仍可再次置入冷蚀液中继续腐蚀，直至显示出清晰的低倍组织和宏观缺陷为止。

清洗后的试样用沸水喷淋并快速用无色干净的热毛巾将试样表面的水分吸干，随后再用电热风机吹干。

（4）进行检测 经过酸洗擦干的试样即可用肉眼或放大镜进行观察评级与照相。

（二）冷酸擦蚀法的操作过程

此方法特别适用于现场腐蚀和不能破坏的大型机件，具体操作过程如下：

试样表面的清洗方法如前所述，清洗后取一团干净棉花蘸吸冷腐蚀液，不断地擦拭试样面，直至清晰地显示出低倍组织和宏观缺陷为止。随后用稀碱液中和试样面上的酸液，并用清水进行冲洗。最后用酒精喷淋试样面，使其迅速干燥，随后即可通过肉眼或放大镜对试样进行检验和评级。

六、电解腐蚀试验

电解腐蚀试验是近些年发展起来的试验方法，其目的是改善酸蚀的操作环境，因此试验原理不同于热、冷腐蚀试验。电解腐蚀操作简便，不会发生酸的飞溅，也无强烈的刺激气味，酸的挥发性和空气污染小，特别适用于钢材厂大批量的大型试样检验，但腐蚀效果不如热酸蚀好。

（一）电解腐蚀基本原理

在装有电解液的槽内，把试样放在两电极之间，通以交流低电压大电流，对试样进行选择性的电化学腐蚀。试样被腐蚀的过程本身也是一种电化学反应，利用钢材在结晶时产生的偏析、夹杂、气孔、析出相及组织缺陷等的电极电位不同，在电解液中形成了复杂和多极的微电池，又在外加电压的作用下，试样面上各部位的电极电位和电流密度发生了改变，加快了腐蚀速度，从而达到显示钢的低倍组织和宏观缺陷的目的。

（二）电解腐蚀装置

电解腐蚀设备主要由变压器、电解液槽、电极钢板、耐酸增压泵等组成。

电解腐蚀需要有一台大电流低电压的变压器，输出电压小于36V，电流在0A~400A内调节。电解液槽用耐酸的硬塑料制成，底部安装有阀门，为使酸液有效地保存和利用，在电解液槽底下再安装一个盛酸液的储存槽，使用时通过增压泵将下面储存槽内的酸液压入上面的电解槽里，电解槽中安放两块普通碳素钢板制成的电极板，电极板的尺寸及厚度视电解槽和被电解腐蚀试样（阳极）大小而定，电极板借助于多股铜导线来连接变压器。电解腐蚀设备示意图见图3-1。

电解腐蚀酸液的成分为10%~30%（体积分数）工业盐酸水溶液，电解液的温度为

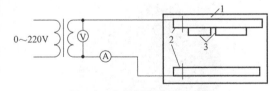

图3-1 电解腐蚀设备示意图
1—酸槽 2—电解钢板 3—试样

室温，电解时使用的电压通常小于20V，电流密度为 $0.1A/cm^2 \sim 1.0A/cm^2$，腐蚀时间以准确、清晰地显示出钢的低倍组织及宏观缺陷为准，一般为5min~30min。

（三）电解腐蚀操作

（1）安放试样 将制备好、去污处理干净的试样放在两电极钢板之间的支架上，腐蚀面要平行于阴极板，可排成数行，试样之间、试样与电极板之间的距离不得小于20mm。

（2）选择参数　试样放置完毕，酸液经增压泵进入电解槽，直到全部淹没试样为止。确定试验温度、时间、电压、电流等参数，接通电源，试样即可腐蚀，切断电源反应即停止。如果试样电蚀深度过浅，可继续通电进行电解腐蚀操作。

（3）冲洗试样　经电解腐蚀后的试样放在清水中冲洗，并用软刷子清除试样表面上的腐蚀产物，随后用电热风机吹干，进行检测和评级。

（4）安全防护　在电解腐蚀过程中要注意安全防护，防止出现烫伤、电伤和腐蚀伤害。

七、常见低倍组织缺陷

钢的低倍组织和缺陷评定按照国家标准 GB/T 1979—2001《结构钢低倍组织缺陷评级图》进行，该标准适用于碳素结构钢、合金结构钢、弹簧钢钢材（锻、轧坯）横截面酸浸低倍组织中允许及不允许的缺陷评定，标准中列出了 15 种缺陷：一般疏松、中心疏松、锭型偏析、斑点状偏析、中心偏析、冒口偏析、内部气泡、皮下气泡、残余缩孔、翻皮、白点、白亮带、非金属夹杂物、异金属夹杂物、轴心晶间裂纹。下面介绍几种常见缺陷及产生原因。

（一）一般疏松

产生原因：钢液在凝固时，各结晶核心以树枝状晶形式长大，在树枝晶主轴和各次轴之间存在着钢液凝固时产生的微空隙和析出、聚集一些低熔点组元、气体和非金属夹杂物。

特征：在经酸浸试片上表现为组织不致密，呈分散分布在整个截面上的空隙和暗点，见图 3-2。

评定原则：根据分散在整个截面上的暗点和空隙的数量、大小及它们的分布状态，并考虑树枝状晶的粗细程度而定。

（二）中心疏松

产生原因：钢液凝固时体积收缩引起的组织疏松及钢锭中心部位因最后凝固使气体析集和夹杂物聚集较为严重所致。

特征：在酸浸试片的中心部位呈集中分布的空隙和暗点。它和一般疏松的主要区别是空隙和暗点仅存在于试样的中心部位，而不是分散在整个截面上见图 3-3。

评定原则：以暗点和空隙的数量、大小及密集程度而定。

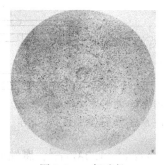

图 3-2　一般疏松

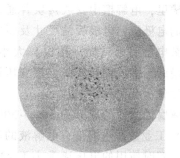

图 3-3　中心疏松

（三）锭型偏析

产生原因：钢锭在结晶过程中由于结晶规律的影响，柱状晶区与中心等轴晶区交界处易产生成分偏析和杂质元素聚集所致。因此在等轴晶与柱状晶的交界处形成与原锭型形状相似的框带，称为锭型偏析。

特征：在酸浸试片上呈腐蚀较深的、并由暗点和空隙组成的，与原锭型截面形状相似的框带，一般为方形，有时也会变形，见图3-4。

评定原则：根据方框形区域的大小及组织疏松程度和框带宽度来评定。

（四）斑点状偏析

产生原因：在酸洗的低倍试片上呈不同形状和大小的暗色斑点。由于结晶条件不良，钢液在结晶过程中冷却较慢产生成分偏析，尤其是气体和夹杂物大量存在时，点状偏析更严重，多发现于钢锭的上部。

特征：在酸浸试片上呈不同形状和大小的暗色斑点，有的类似钢笔水滴，呈规律排列，见图3-5。

评定原则：以斑点的数量、大小和分布状况而定。

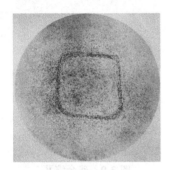

图3-4　锭型偏析

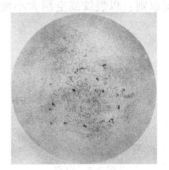

图3-5　斑点状偏析

（五）皮下气泡

产生原因：由于钢锭模内壁清理不良和保护渣不干燥等原因，造成钢液浇注时与该处蒸气接触发生氧化而形成的气体留存于钢锭表面的皮下。

特征：在酸浸试片上，位于钢坯表面皮下呈分散或成簇分布的细长裂纹或椭圆形气孔，细长裂纹多数垂直于钢坯表面，见图3-6。

评定原则：测量气泡离钢材（坯）表面的最远距离。

（六）内部气泡

产生原因：由于钢中含有较多气体所致。

特征：在酸浸试片上呈直线或弯曲状长度不等的裂纹，其内壁较为光滑，常与斑点状偏析共存，有的伴有微小可见夹杂物，见图3-7。

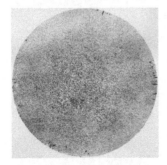

图3-6　皮下气泡

图3-7　内部气泡

（七）白点

产生原因：钢中含氢量偏高，经热加工变形或在冷却过程中，高温固溶的氢会随温度下降而析出，在氢和内应力共同作用下产生的裂缝。

特征：在横向酸浸试片上，有直的、弯曲的或锯齿形的放射状分布细小裂缝，在纵向断口上有圆形或椭圆形亮斑点或细小裂纹，见图 3-8。

评定原则：以裂缝长短、条数而定。

（八）残余缩孔

产生原因：由于钢液在凝固时发生体积集中收缩而产生的缩孔并在热加工时因切除不尽而部分残留，有时也出现二次缩孔。

特征：在酸浸试片的中心区域（多数情况）呈不规则的折皱裂纹或空洞，在其上或附近常伴有严重的疏松、夹杂物（夹渣）和成分偏析等，见图 3-9。

评定原则：以裂纹或空洞大小而定。

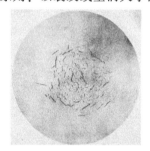

图 3-8 白点

图 3-9 残余缩孔

（九）翻皮

产生原因：在浇注过程中表面氧化膜翻入钢液中，凝固前未能浮出所造成。

特征：在酸浸试片上有呈亮白色弯曲条带或则呈不规则暗黑色线条，并在其上或周围有气孔和夹杂物，有的为密集空隙和夹杂物组成的条带，见图 3-10。

评定原则：测量翻皮离钢材（坯）表面的最远距离及翻皮长度。

（十）轴心晶间裂纹

产生原因：某些钢对轴心晶间裂纹非常敏感（如高合金不锈耐热钢，18Cr2Ni4WA、20Cr2NiA 等高合金结构钢），在钢锭凝固后期，边缘与心部产生较大拉应力，在富集气体、夹杂物、最后凝固结晶的中心部位，沿着弱的晶界形成裂纹，一般多出现在钢锭中上部。

特征：在酸浸试片轴心部位，出现呈蜘蛛网状或沿晶放射状细小裂纹，这些裂纹由细小的孔洞排列组成，见图 3-11。

评定原则：级别随裂纹的数量和尺寸的增大而升高。

图 3-10 翻皮

图 3-11 轴心晶间裂纹

第二节　断　口　检　验

零件在破断后形成的断裂面称为断口，断口的形成方式有很多，但金属总是寻求最薄弱、最便捷的途径发生断裂，因此断口呈现出的各种形貌，记录着断裂方式、机制、热处理效果以及材料的内部质量。对于在使用过程中破损的零件和在生产制造过程中由于某些原因而导致破损的断口，以及拉伸、冲击试验后的断口，无须任何加工制备试样就可以直接进行观察和检验。

宏观断口检验一般是指在三点弯曲试样上，施加冲击动载荷，人为迫使试样发生断裂，钢在冶炼、压力加工、热处理等制造工艺中存在的缺陷则从断口上反映出来，因此断口检验是评价金属质量的重要手段之一，也是宏观检验常用的一种方法。

断口检验最易发现钢中白点、过热、过烧缺陷，还可以通过断口形态特征评价热处理效果、冶金质量等。通常可以与低倍酸蚀试验同时并用，互相补充，避免缺陷漏检。

钢材断口的分类及各种缺陷形态的识别按照国家标准 GB 1814—1979《钢材断口检验法》，该标准适用于结构钢、滚珠钢、工具钢及弹簧钢的热轧、锻造、冷拉条钢和钢坯，其他钢类要求做断口检验时也可参照该标准。

一、断口试样的选取

断口试样的选取部位应按照相应的技术条件和有关标准，遵循的选取原则依然是要有代表性，能反映待检样品的真实情况，应取自最易发生各种缺陷的部位。一般采用纵向断口，因为钢材中的偏析、非金属夹杂物以及白点等缺陷，在热加工时均会沿加工变形方向延伸，所以这些缺陷在钢材的纵向断口上最易被显示，故在选取钢材断口检验试样时，应尽可能选取纵向断口，对于直径或边长不大于40mm的钢材可做横向断口。

二、热处理状态对断口试样的影响

断口检验的试样应根据钢材种类及检验要求的不同，在折断前一般需经过不同工艺的热处理。对于低碳钢或低合金钢断口试样可在正火状态下切取；对于轴承钢、工具钢的断口试样通常在经球化退火的钢材上切取；结构用钢应进行调质或淬火处理。因为热处理状态会对宏观断口形貌造成很大的影响，只有在组织细化、出现韧性断口的基底上才能充分显露材料中的各种缺陷，如果热处理后材料处于脆性状态，金属在折断时则优先沿着解理面发生断裂，形成结晶状宏观断口，常常会掩盖材料中各种缺陷的显露，达不到断口检验的真正目的。

三、断口试样的制备

断口试样切取可采用剪、锯、切割等方法，若应用热切、热锯或气割时，刻槽必须将变形区和热影响区（30mm～50mm）除去。

（一）纵向断口试样制备方法

对于直径（或边长）大于40mm的钢材，先切取横向试片，试片的厚度为15mm～20mm，在试片横截面的中心线上刻一"V"形槽，见图3-12，刻槽深度为试片厚度的1/3，若折断有困难时可适当加深刻槽深度。

纵向断口试样一般是利用低倍检验后的横向试片直接开槽进行试验。

（二）横向断口试样制备方法

对于直径（或边长）不大于 40mm 的钢材，可取横向断口，试样长度为 100mm ~ 140mm，在试样中部的一边或两边刻槽，刻槽时应保留断口的截面不小于钢材原截面的 50%，见图 3-13。

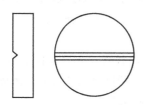
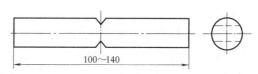

图 3-12　直径大于 40mm 钢材断口刻槽示意图　　　图 3-13　直径小于 40mm 钢材断口刻槽示意图

四、断口试验

断口试验是沿刻槽位置将试样在冲击载荷作用下折断以获得检验断口的试验方法，断口的某些疵病与断口试验操作条件有很大关系，比如：试验温度、加荷方法等。通常断口试验应在室温下进行，低温状态时会影响和改变断口形貌，试样在冬季（-20℃ ~ -30℃）室外放置 12h 后打断，断口上将出现结晶状，而同一试片在常温下打断时，断口上的结晶状比例则有可能降低，因此特别要注意冬季试片从室外拿到试验间时不能马上进行试验，应放置一段时间，待整个试片温度达到室温的条件下才可进行试验。

加荷方法对断口形态也有较大影响，冲击折断试样所用设备通常采用落锤、电锤、小汽锤、压力机、材料试验机或冲床，用自由落锤和材料试验机等不同加荷方法将同一试片打断，对断口形态产生不同效果，自由落锤打断的断口上结晶状较其他载荷速度慢的方法易于呈现出来。

在折断试样时，应采取妥善办法来避免断口表面受损伤或污染。操作时，应将刻槽向下放置，使刀口与刻槽中心线吻合，然后折断，试样最好一次折断，严禁反复冲、压，使断口产生疲劳痕迹，混淆断口缺陷。折断的断口一般应用肉眼或放大镜来检查。

五、钢材断口分类及常见缺陷形态

（一）纤维状断口

断口呈纤维状，无金属光泽，颜色发暗，看不到结晶颗粒，断口边缘常有明显的剪切唇和塑性变形，是结构钢正常调质态断口，属韧性断口，见图 3-14。微观断裂形貌是韧窝。

（二）结晶状断口

断口上有明显的、具有金属光泽的结晶颗粒，断面平齐，呈银灰色，见图 3-15，说明断裂时没有明显的塑性变形，结晶状断口属于脆性断口。对于热轧或退火钢材（坯）上出现的结晶状断口是一种正常断口，对于调质处理淬火效果不好的结构钢出现的结晶状断口则是非正常断口。微观断口形貌是解理或准解理。

图 3-14　纤维状断口

图 3-15　结晶状断口

(三) 瓷状断口

瓷状断口是一种具有绸缎光泽、致密、类似细瓷器的断口，呈亮灰色，该断口常出现在过共析钢和某些合金钢淬火+低温回火的钢材（坯）上，是一种正常断口，微观断口形貌是穿晶断裂，见图 3-16。

(四) 白点断口

断口上呈圆形或椭圆形的银白色斑点，斑点面上并不光滑，为细颗粒状或粗纤维状，白点有时也会呈鸭嘴形裂口，其尺寸变化较大（由几毫米到几十毫米），一般分布于偏析区内，见图 3-17。

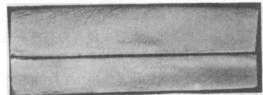

图 3-16　瓷状断口

白点缺陷是钢中氢含量过多和内应力共同作用所造成的，它属于破坏连续性缺陷，降低钢材伸长率，对断面收缩率和冲击韧性降低的影响更明显。有白点缺陷的钢材或零件在热处理时往往容易形成淬火裂纹或发生开裂，因此在钢中是不允许存在的缺陷。

a) 白点低倍

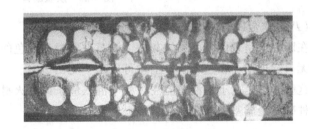

b) 白点断口

图 3-17　白点缺陷

(五) 萘状断口

断口上呈弱金属光泽的亮点或小平面，用掠射光线照射时由于各个晶面位向不同，这些亮点或小平面闪耀着萘晶体般的光泽，是一种粗晶的穿晶断口，见图 3-18。

这种缺陷在合金结构钢和高速钢的断口上均可见到，高速钢典型的萘状断口常常是因为工件多次重复淬火，期间又未经退火而造成的；合金结构钢中的萘状断口是由于过

图 3-18　萘状断口

热而导致晶粒长大粗化引起的。一般降低
韧性。

（六）石状断口

断口上表现为无金属光泽、颜色浅灰、
有棱角、类似碎石块状。轻微时只有少数几
个，严重时可布满整个断面，是一种粗晶晶
间断裂，见图 3-19。

图 3-19　石状断口

石状断口表征钢材已经严重过热或已发
生过烧，使钢的塑性及韧性降低，特别是韧性降低尤为显著，钢材一旦出现石状断口，通常
无法挽救。

（七）层状断口

层状断口也称木纹状断口，在纵向断口上，沿热加工方向呈现出无金属光泽、凸凹不
平、层次起伏的条带，条带中伴有白亮或灰色线条，类似劈裂的木纹，一般分布在偏析区
内。图 3-20 是调质状态下的层状断口。

层状断口主要是由于多条相互平行的非金属夹杂物的存在造成的，对钢的纵向性能影响
不大，对横向塑性、韧性有显著降低。

图 3-20　层状断口

（八）非金属夹杂物及夹渣断口

在断口上呈现肉眼可见的灰白、浅黄、黄绿等颜色的非结晶的细条带状或块状缺陷，其
分布无一定规律，在整个断口上均可出现，见图 3-21。

这种断口是由于钢液在浇注过程中混入渣子或耐火材料等杂质所造成的。非金属夹杂物
是一种破坏金属基体连续性的缺陷。

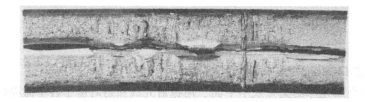

图 3-21　非金属夹杂物断口

（九）黑脆断口

这类缺陷在断口上呈现出局部或全部黑灰色，严重时可看到石墨炭颗粒，见图 3-22。

黑脆缺陷主要由钢中发生石墨化造成的，石墨破坏了钢的化学成分和组织的均匀性，使
淬火硬度降低，性能变坏。此种缺陷一般易出现在多次退火后的共析或过共析碳素工具钢

中，或出现在含硅的弹簧钢中，黑脆缺陷不能用热处理和热加工方法改善和消除。

图 3-22 黑脆断口

（十）缩孔残余断口

缩孔残余断口在纵向断口的轴心区，呈非结晶构造的条带或疏松带，有时其上伴有非金属夹杂物或夹渣存在，淬火后试样沿着条带往往有氧化色，见图 3-23。

缩孔残余一般都产生在钢锭头部的轴心区，主要是钢锭补缩不足或切头不够等原因造成的。它有时会在一定长度的钢材中贯穿存在，属于破坏金属连续性的缺陷。

（十一）气泡断口

在断口上呈内壁光滑、非结晶的细长条带，或呈现光滑的凹坑。按气泡出现位置分为皮下气泡断口和内部气泡断口两类。内部气泡断口形貌见图 3-24。

气泡主要是钢液中气体含量过多、浇注系统潮湿、锭模有锈迹等原因造成的，它属于破坏金属连续性的缺陷。

图 3-23 缩孔残余断口

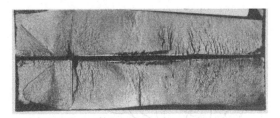

图 3-24 内部气泡断口

第三节 塔 形 试 验

塔形试验方法是将钢材车削制成不同直径的阶梯形试样，用酸蚀或磁粉探伤方法检验钢中发纹缺陷。钢中存在发纹容易造成应力集中，从而显著地降低疲劳强度，为此对于制造重要机件的钢材，均需要进行发纹检验，以显露出钢材存在的发纹数量、大小及其分布情况，便于对钢材选择使用。

发纹是钢中夹杂物、气孔、疏松和孔隙等在热加工过程中沿加工方向变形伸展排列而形成的线状缺陷。发纹不是白点的发裂，也不是裂纹，发纹两侧不像裂纹两侧那样互相凹凸耦合，一般分布在偏析区。消除发纹的根本途径是提高钢的纯净度，采用各种精炼、重熔冶炼方法。

塔形试验宏观上能够反映长轴类零件材料内部夹杂物的状况和从表面到心部的分布变化，也能在纵向上反映疏松偏析程度。塔形试验按照 GB/T 10121—2008《钢材塔形发纹磁粉检验方法》和 GB/T 15711—2018《钢中非金属夹杂物的检验 塔形发纹酸浸法》进行。

一、试样的选取和制备

塔形试验取样数量及部位应按相应产品标准或技术协议规定，如无明确规定时，建议在交货状态钢材上任取一个试样。试样在冷状态下用机械方法切取，若用气割或热切等方法切取，必须将热影响区完全去除。试样尺寸按所执行标准要求加工，一般根据钢材直径或厚度大小加工成三段不同直径阶梯轴塔形试样，试样加工时应采用合理的切削工艺，防止产生过热现象，并保证表面粗糙度 Ra 值不大于 $1.6\mu m$。

按 GB/T 15711—2018《钢中非金属夹杂物的检验 塔形发纹酸浸法》的规定，不同直径钢材中按表 3-3 列出塔形试样的尺寸。图 3-25 为方钢或圆钢塔形试样示意图，图 3-26 为扁钢或钢板塔形试样示意图。

表 3-3　塔形试样尺寸　　　　　　　　（单位：mm）

阶梯序号	各阶梯尺寸 $D_i(T_i)$	长度 L[①]
1	$0.90D(0.90T)$	50
2	$0.75D(0.75T)$	50
3	$0.60D(0.60T)$	50

注：D—圆钢直径、方钢边长；T—扁钢或钢板厚度。

① 经供需双方协商，可按阶梯长度 $L_1=60mm$；$L_2=72mm$；$L_3=90mm$。

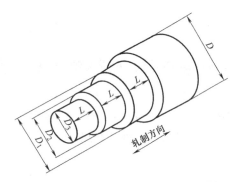

图 3-25　方钢或圆钢塔形试样

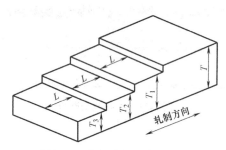

图 3-26　扁钢或钢板塔形试样

二、试验操作方法

（一）发纹酸浸试验

塔形试样表面酸蚀按 GB/T 226—2015《钢的低倍组织及缺陷酸蚀检验法》进行，试验方法与一般低倍酸浸试验的过程基本一样，但塔形试样的浸蚀时间要比同钢种的低倍试样短，浸蚀时，当金属光泽刚一消失，则浸蚀的程度正好适中。若浸蚀过浅，则不能完全显示出发纹的存在数量；若浸蚀过深又会扩大发纹的严重程度，可能将金属流线误认为发纹。试样过腐蚀后必须重新车制并进行适度腐蚀后再做检验。

酸蚀试验后发纹表现为，在各个阶梯上、出现沿加工变形方向分布的具有一定长度、两端尖锐、狭窄而深的细缝。检验时对浸蚀好的试样用肉眼观察并记录每个阶梯上发纹总条数和发纹的总长度，每个试样上发纹总条数、发纹总长度和最大发纹长度，必要时可用 10 倍放大镜观察。发纹的起算长度，应符合相应产品标准或专门协议规定，未注明时按 2mm 起算。在试样检验面的同一条直线上如有两条发纹，切间距小于 0.6mm 时，按一条发纹计算，此时发纹长度包括间距长度。

（二）发纹磁力探伤

预做磁力探伤的塔形试样，表面应除油并保持清洁，不能有划伤痕迹，然后将塔形试样进行磁化并用磁粉悬浮液喷射试样表面，试样表面出现纵向条状磁粉堆积，即吸附磁粉、有磁痕显示者，就为发纹缺陷。

一般来说，酸蚀法显示发纹的灵敏度相对磁力探伤法要高些，酸蚀法能把试样表面的发纹全部暴露出来，并有适当扩大；而磁力探伤在一定的强磁场下，只能显示出超过一定截面尺寸和皮下一定深度内的发纹，对于粗大的发纹，磁力探伤往往比酸蚀法显示的多，对于细小的发纹，磁力探伤则发现不了，而酸蚀法可以发现。应用磁力探伤法还要注意因钢中抗磁组织而引起的假发纹。在实际检测过程中，酸腐蚀法和磁力探伤法的结果有时会出现不一致的情况，对发纹缺陷的判定在技术条件中应明确指定检测方法。

第四节 硫印试验

一、硫在钢中的分布与影响

硫在钢中主要以硫化铁或硫化锰的形式存在，硫化铁脆性较大，硫化铁易与铁形成共晶组织，常呈网状沿晶界分布，显著增加钢的脆性；而且铁与硫化铁的共晶体熔点温度约为 980℃，低于钢的热加工温度，因此在热加工时，铁与硫化铁的共晶体优先熔化，从而导致脆裂，这种现象称为热脆性，所以硫在钢中作为有害元素要严格控制，除了控制其含量外，还要监测硫化物及其硫的共晶体的分布。

二、硫印试验的基本原理

硫印试验是研究普通冶炼方法钢铁材料中硫不均匀性分布的有效方法，由于精炼钢中硫含量较低，不能很好地显示出硫印痕迹，所以不适用。硫印试验可以定性地确定被检部位硫元素的分布特征，而不是确定钢中硫的含量。

硫印试验原理是用稀硫酸与硫化物发生化学反应生成硫化氢气体，再使硫化氢气体与印相纸上的溴化银作用，生成硫化银沉淀物。硫化银沉淀到相纸上形成黑色印痕，便显示出试件上硫的分布。印相纸上显有黑色的印痕斑点之处便是硫化物所在处。印相纸上的印痕颜色深浅和印痕面积大小，是由试样中硫化物的多少决定的，当印相纸上印痕面积较大，斑点密度高，则表示试样中硫的偏析较为严重且含量较多，反之则表示硫的偏析较轻且含量较少。

三、硫印试验方法

钢的硫印试验方法按照国家标准 GB/T 4236—2016《钢的硫印检验方法》进行。

将浸过酸液（硫酸、柠檬酸或醋酸）的相纸敷于试样表面上，酸液与试样表面的硫化物作用产生硫化氢气体，使作为相纸感光乳剂的溴化银转变为硫化银而变成黑色，从而显示出硫富集的区域。45 钢曲轴锻后正火端面硫印试验形貌见图 3-27，印相纸上的黑色印痕表明钢的硫偏析，本试样中心区域硫偏析严重，树枝状晶间的硫偏析比树枝晶硫偏析严重。

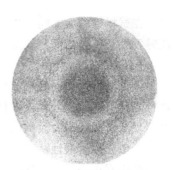

图 3-27   45 钢曲轴锻后正火端面硫印试验   0.8×

四、硫印试样的选取和制备

试验可以在产品或从产品切取的试样上进行。

硫印试样一般采用机械加工方法切取，如刨、车、铣、研磨等，试样受检面的表面粗糙度不宜过高或过低，表面粗糙度过高不能使硫化银清晰地沉淀到相纸上，表面粗糙度过低会使相纸在试面上打滑窜动，建议加工后试面的表面粗糙度 Ra 值不大于 $3.2\mu m$。

通常对于棒材、钢坯和圆钢等产品的试样，硫印试样应选择垂直于轧制方向的横截面进行检验。

五、硫印试验的材料和操作步骤

（一）试验用料
硫印试验所用材料：绸面相纸和光面相纸。

（二）试剂
通常采用硫酸、柠檬酸或醋酸试剂，推荐试剂见表 3-4。

表 3-4   推荐试剂的种类和浓度

钢中硫含量（质量分数，%）	试剂浓度（体积分数）
0.005～0.015	5%～10%硫酸水溶液
0.015～0.035	2%硫酸
0.10～0.40	0.2%～0.5%硫酸、10%～15%的柠檬酸或醋酸

定影液通常采用商品定影液或体积分数 15%～20%硫代硫酸钠水溶液。

（三）试验操作步骤

1）去除试样受检面的油污。

2）在室温下把相纸浸入配好的酸液中，浸泡时间以相纸泡透为宜。

3）去除相纸上多余的酸液，将湿润相纸感光面紧贴试样受检面，使相纸与试样间不发生相对滑动，用辊子、刮刀或海绵去除相纸与试样间的气泡和液滴，根据被检试样的现有资料（如化学成分）以及待检缺陷类型预先确定接触时间，一般为 3min～5min，实际接触时间以能够清晰显示硫印图像为宜。

4）揭下相纸在水中冲洗 10min 后，放入定影液中浸泡 10min 以上，再在流动的水中冲洗 30min 以上，干燥处理后相纸上出现的黑色小点就是硫元素的分布特征。

5）通常情况下，对同一被检验面需再次实验时，应重新加工去除 0.5mm 以上的试样表层材料，当钢中硫的质量分数大于 0.10%时，可以直接进行二次硫印试验。

由于试验中需使用硫酸，且在试验过程中会产生硫化氢气体，因此须做好安全防护。

第五节　钢的淬透性试验

淬透性是钢的一种重要热处理工艺性能，它表示钢能够被淬透的能力，是指在规定的条件下，用试样淬透层深度和硬度分布来表征的材料特性。淬透性实际上反映了钢在淬火时，奥氏体转变为马氏体的难易程度。一般采用表面至半马氏体组织（即该层是由 50% 马氏体和 50% 非马氏体组织组成）的距离作为淬硬层深度，并用这个淬硬层深度作为评定淬透性的标准。淬透层越深，表明钢的淬透性越高，它取决于过冷奥氏体的稳定性和钢的临界冷却速度的大小，临界冷却速度越小，越容易被淬透。测定钢的淬透性具有很重要的实际意义，它是钢材使用部门及机械设计人员经济合理地选择合适钢种的主要参考数据；也是热处理工作者制订合理热处理工艺的重要依据。

钢的淬透性和钢在具体条件下的有效淬硬深度是不同的，钢的淬透性是钢材本身所固有的属性，它只取决于其本身的内部因素，而与外部因素无关；而钢的有效淬硬深度除取决于钢材的淬透性外，还与所采用的冷却介质、工件尺寸等外部因素有关。例如在同样奥氏体化的条件下，同一种钢的淬透性是相同的，但是水淬比油淬的有效淬硬深度大，小件比大件的有效淬硬深度大。这绝不能说水淬比油淬的淬透性高，也不能说小件比大件的淬透性高。可见评价钢的淬透性，必须排除工件形状、尺寸大小、冷却介质等外部因素的影响。因此，国家标准中规定必须用相同的直径，在相同的冷却条件下测量淬透层深度，来表示不同钢种的淬透性。

钢的淬透性的测定方法很多，常用的有临界直径法和端淬法。

一、临界直径法

钢材在某种介质中淬冷后，心部得到全部马氏体或 50% 马氏体（体积分数）组织时的最大直径称为临界直径。临界直径越大，表示这种钢的淬透性越高。临界直径是通过试验确定的，过程相当繁杂，耗时耗材。

利用临界直径可以很容易判断一定尺寸的工件在所选择的冷却介质中能否被淬透。但是对于尺寸超过临界直径的工件。就不可能提供工件截面上硬度的分布情况，故该法在应用上有一定的局限性。

二、端淬法

目前测定钢的淬透性最常用的方法是端淬法。它简便而经济，又能较完整地提供钢的淬火硬化特性，因此广泛适用于优质碳素钢、合金结构钢、弹簧钢、轴承钢及合金工具钢等的淬透性测量。钢的端淬法按照国家标准 GB/T 225—2006《钢　淬透性的末端淬火试验方法（Jominy 试验）》实行。

（一）端淬法原理

端淬法是将标准试样按规定的奥氏体化条件加热后，迅速取出放入末端淬火试验机的试样架孔中，立即由末端喷水冷却。因试样是一端喷水冷却，故水冷端的冷却速度最快，越往上冷却速度越慢，头部的冷却速度相当于空冷。因此沿试样长度方向上由于冷却条件的不同，获得的组织和性能也将不同。冷却完毕后沿试样两侧长度方向每隔一定间距测量一个硬度值，即可得到沿长度方向上的硬度变化，所得曲线即为该钢的淬透性曲线。端淬法就是用淬透性曲线来表示钢的淬透性的。由于钢的淬透性受材料化学成分、晶粒度、冶炼情况等很多因素的影响，故实际测得的数值在一定的范围内波动。因此，各种钢的淬透性曲线实际上是一条淬透性带。各种钢的淬透性曲线可从相关热处理手册中查出。

（二）试样及其制备

1. 取样

如产品标准和协议无具体要求时，可按如下方法从产品中取样而不考虑产品的厚度（或直径）：

用热轧或锻造制成直径为 30mm～32mm 的样坯。也可用机械加工的方法制成直径为 $(25^{+0.5}_{0})$ mm 的样坯，其轴线与产品表面的距离应为 (20^{+5}_{0}) mm（见图 3-28）。

2. 尺寸

1）按照标准要求，在样坯上用机械加工方法，制成直径 25mm，长 100mm 的圆棒。

2）样坯非淬火端带有凸缘或凹槽，其直径为 30mm～32mm 或 25mm（见图 3-29）。

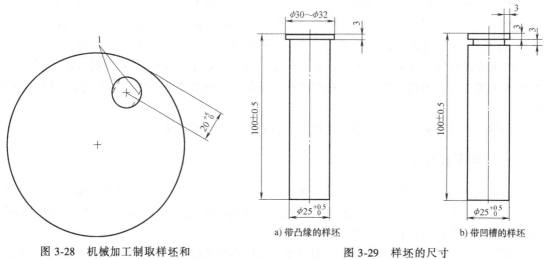

图 3-28　机械加工制取样坯和
测试平面示意图
1—试验平面

a) 带凸缘的样坯　　b) 带凹槽的样坯

图 3-29　样坯的尺寸

3. 样坯的正火

除非另有协议，样坯在机加工和淬火前应按产品标准规定温度范围的平均温度进行正火。如产品标准未规定正火温度，则正火温度应按特定协议或由检测部门进行选择。在正火温度下的保温时间应为 30min～35min。热处理应保证精加工后的试样不得有脱碳痕迹。

4. 机加工

试样的圆柱形表面应用精车加工；试样的淬火端面应进行适当的精细加工，最好用精细研磨的方法，并应去除毛刺。

（三）设备

淬火装置是一组能喷射水流至试样淬火端面的装置，见图 3-30。这个装置有一个快速开关的阀门，并且能调节水流速度。阀门后面的供水管水平长度至少应为 50mm。喷水管口至试样淬火端面的距离为（12.5±0.5）mm。试样支座应使试样在喷水管口上方准确对中，并在淬火时保持位置不变。

支座上未放置试样时，喷水管口上方的水射流高度应为（65±10）mm，见图 3-31。

管中的水温应为（20±5）℃。在进行比较试验的情况下，应以相同的水温进行试验。

在整个加热和淬火过程中应防止风吹到试样上。在将试样置于该位置时，试样支座应保持干燥；在试样安放到支座过程中直至实际端淬操作之前，应防止水溅到试样上。

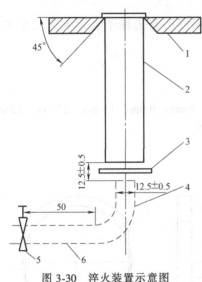
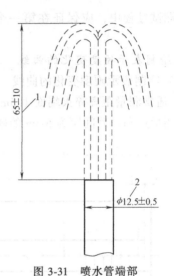

图 3-30 淬火装置示意图
1—试样定位对中装置 2—试样位置 3—圆盘
4—喷水管口 5—快速开关阀门 6—供水管

图 3-31 喷水管端部
1—水射流自由高度
2—喷水管口的直径

（四）试样的加热和淬火

1. 试样的加热

试样应均匀加热至相关产品标准或特殊协议中规定的温度，加热时间应不少于 20min，随后在规定的温度保温 30min~35min。加热过程中应采取预防措施将试样的脱碳或渗碳量减小到最小，避免形成明显的氧化皮。

2. 试样的淬火

将试样从炉中取出至开始喷水之间的时间应不超 5s。在将试样从炉中取出并固定在支架上时，只能用钳子夹住淬火端的凸缘处或凹槽处。喷水时间至少 10min，此后可将试样浸入冷水中完全冷却。

（五）淬火后硬度的测定和准备

1. 淬火后试样的加工

在平行于试样轴线方向上磨制出两个相互平行的平面，用于测量硬度，磨削深度应为 0.4mm~0.5mm。磨制平面时应采用能提供充足冷却液的细砂轮进行加工，以防止加热而引起的组织变化。

判断磨削过程中产生组织变化而引起软点，可以将试样浸入 5%硝酸水溶液中直至全部变黑，如果颜色均匀，说明没有软点；如果有任何色斑，说明存在软点。此时应在与原磨制面呈 90°角的表面磨制新的硬度测试平面，并对它们进行如前述的浸蚀，以确保合格的测试平面。在这种情况下，应在第 2 组平面上进行硬度测量，并在检测报告中记录下来。

2. 硬度的测定

硬度测量应在测试平面的中心线上，压痕位置精度在 ±0.1mm 以内。按照 GB/T 230.1—2018、GB/T 230.2—2012、GB/T 230.3—2012 测量的硬度压痕点应沿平面的中心线分布。

经特殊协议，可以用 GB/T 4340.1—2009 的维氏硬度 HV30 测量结果来代替 HRC 硬度测试。

在测试过程中，应保证在第一个平面上的硬度压痕凸起边缘不会影响第二个平面的测试。

3. 绘制表示硬度变化的曲线

（1）绘制表示硬度变化的曲线

1）通常测量距离淬火端面 1.5mm、3mm、5mm、7mm、9mm、11mm、13mm、15mm 的前 8 个测量点和以后间距为 5mm 的硬度值，见图 3-32。

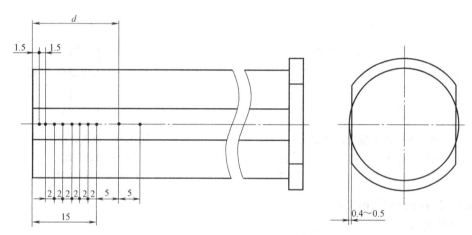

图 3-32　硬度测量用试样的制备及硬度测量点的位置

2）测量低淬透性钢硬度时，第一个测量点应在距淬火端面 1.0mm 处；从淬火端面至 11mm 的距离内的其他各测量点以 1mm 为间距。最后 5 个测量点距淬火端面的距离应分别 13mm、15mm、20mm、25mm 和 30mm。

（2）测量一个或多个规定点的硬度值　可测量位于距淬火端规定距离的一个或多个点上硬度值。

（六）试验结果表示

1. 任一点的硬度值

距淬火端面任一规定距离 d 的硬度值应为两个测试平面相同距离上的测量结果的平均值，该值应按 0.5HRC 或 10HV 修约。

2. 绘制硬度曲线

横坐标为距离 d，纵坐标为相应的硬度值。

3. 测量结果的表示

测量结果可以表示为 J××-d，其中：××表示硬度值，或为 HRC，或为 HV30；d 表示从测量点至淬火端面的距离，单位为 mm。

思　考　题

1. 钢的低倍组织检验方法有哪些？常见缺陷及成因是什么？
2. 钢材断口分类有哪些？哪些是正常断口？哪些是缺陷断口？成因是什么？
3. 塔形试验目的是什么？如何操作？
4. 硫印试验目的是什么？如何进行试验？
5. 淬透性试验的目的是什么？如何进行试验？

第四章

钢的微观检验

本章所述钢的微观检验主要是指通用检验项目，包括非金属夹杂物、晶粒度、脱碳层、表面热处理后组织鉴别与评定等。

第一节　钢中非金属夹杂物检验

钢中非金属夹杂物主要来自于钢的冶炼及浇注过程，由于受冶炼条件的限制，钢中存在非金属夹杂物是不可避免的，随着工程应用对零件使用性能要求的不断提高，新的冶炼技术如炉外精炼、电渣重熔的出现和迅速发展，使钢的纯净度进一步得到提高，但无论如何不能完全消除非金属夹杂物，通常所说的洁净钢是指钢中的非金属夹杂物含量很少，级别很低，并不能说钢中不含有非金属夹杂物。

非金属夹杂物在钢中以独立相的形式存在，虽然其含量很少，但对钢的危害作用却不容忽视，其影响程度与非金属夹杂物的类型、大小、数量、形态及分布有关，钢中非金属夹杂物含量（级别）多少标志着钢的纯净程度，是评价和衡量钢质优劣的重要指标。

一、非金属夹杂物对钢性能的影响

非金属夹杂物对钢性能的影响，主要表现在对钢的使用性能和工艺性能的影响。根据已有的研究表明，非金属夹杂物对钢的强度影响相对较小，但对疲劳性能、冲击韧性和材料断面收缩率的影响比较明显。

（一）对疲劳性能的影响

非金属夹杂物以独立相形式存在于钢中，本身的性能与钢存在着很大的差异，因此它破坏了钢基体的均匀性和连续性，容易在夹杂物处产生应力集中，形成疲劳裂纹源，在外力作用下诱使裂纹沿着夹杂物与周围金属界面开裂或加速裂纹的扩展，从而进一步降低零件的疲劳寿命。夹杂物的类型、大小、数量、形态、分布不同，对疲劳寿命的危害也不同。一般情况下，硬而脆的夹杂物如氮化钛、二氧化硅等，其外形呈棱角状，对疲劳寿命的危害较大，较软且塑性好的夹杂物如硫化物等影响则比较小；粗大的夹杂物对低周高应力疲劳有加速裂纹扩展的作用；当夹杂物聚集分布且数量较多时，对疲劳寿命的危害更大；当夹杂物处于零件表面、次表面或高应力区时，危害更严重。

（二）对钢的韧性和塑性的影响

夹杂物的存在对钢的韧性和塑性是有害的，对耐蚀性和高温持久强度也有危害作用。夹杂物类型不同，其物理、力学、化学性能亦不同，对钢材影响也不同，其危害程度主要取决于夹杂物的大小、数量、类型、形态和分布。夹杂物愈大，钢的韧性愈低；夹杂物愈多，分布愈密集，钢的韧性和塑性愈低。棱角状夹杂物使韧性下降较多，而球状夹杂物的影响最小。在轧制钢材时被拉长的夹杂物，对钢材横向的韧性和塑性的危害程度较为明显。夹杂物呈网状沿晶界连续分布或聚集分布时危害最大。

（三）对钢的工艺性能的影响

由于夹杂物的存在，特别是当夹杂物聚集分布时对锻造、热轧、冷变形开裂、淬火裂纹、焊接层状撕裂及零件磨削后的表面粗糙度都有较明显的不利影响。

二、钢中非金属夹杂物的分类

（一）按类型分类

按照夹杂物的化学组分，钢中非金属夹杂物大致分为硫化物、氧化物、硅酸盐及氮化物等。

（1）硫化物　钢液在凝固过程中或之后，那些不溶解的非金属相自然析出而产生的夹杂物。主要有硫化铁、硫化锰以及它们的共晶体。通常硫化物具有高的延展性，在钢中随压延方向变形拉长呈条形或纺锤形，两端比较圆钝。光学显微镜明场下观察，硫化铁呈淡黄色，硫化锰呈灰蓝色或浅灰色，而两者的共晶体为灰黄色，它们在暗场下一般不透明，夹杂物边缘有明显的周界线，硫化锰稍透明呈灰绿色。偏光下，硫化铁透明呈黄色，转动载物台一周，硫化铁有四次明亮、四次消光，呈各向异性；硫化锰及其共晶体不透明，各向同性。

（2）氧化物　钢液在凝固之前或凝固过程中与残余氧元素相结合而产生的夹杂物。氧化物主要有简单氧化物（氧化亚铁、氧化亚锰、氧化铝、氧化铬、二氧化硅等）和复杂氧化物，其中氧化铝类比较多见。氧化物性脆易碎，塑性一般较差，大多数不随金属变形而变形，或稍有变形，在钢中的形态通常呈颗粒状或球状。光学显微镜下明场观察，氧化物颜色也是灰色，比硫化物稍深，有些颜色为黑色或淡蓝色，形态为带棱角的碎点，呈链串状分布，球形、椭圆形夹杂无规律分布。在暗场下，氧化亚铁不透明，沿周界有薄薄的亮带；氧化亚锰透明呈绿宝石色；氧化铬不透明，有很薄的一层绿色；氧化铝透明呈亮黄色。在偏光下，前两者为各向同性，而后者为各向异性。二氧化硅也是常见的氧化物，明场下呈深灰色球形，暗场下呈无色透明，偏光下透明、呈各向异性、有正交"十字"现象。

（3）硅酸盐　硅酸盐夹杂成分复杂，常常是复相的，夹杂物成分不同其属性也不同。在光学显微镜明场下观察，一般为黑色或深灰色长条状，两端呈锐角；暗场观察一般是透明的，色泽不均匀；偏光下，除多数铁锰硅酸盐表现出各向同性外，其他硅酸盐夹杂均为各向异性。

（4）氮化物　氮化物主要是氮的化合物，常见的有氮化钛、氮化钒等。氮化物本身不变形，呈规则的几何形状，多见有四边形、三角形，孤立或成群分布，在变形后的钢材中呈链串状分布。光学显微镜明场下观察，颜色为橘黄色；暗场下氮化物不透明；在偏光下氮化物呈各向异性、不透明。

（二）按来源分类

根据夹杂物的来源可分为内生和外来两大类。

（1）内生夹杂物　内生夹杂物是指钢在冶炼过程中参与物理化学反应的金属元素与非金属元素相互作用的产物或钢液凝固过程中由于溶解度的变化析出的产物，主要包括氧化物、硫化物、氮化物等。例如由溶解度变化析出的夹杂物有 MnS、MnO、FeO、SiO$_2$、Al$_2$O$_3$ 等，还有与氮亲和力较强的元素形成的氮化物，如 TiN、AlN 等。内生夹杂物较细小，如采用合适的工艺措施，则可降低其含量，控制其大小，并改善分布与形态，但不可能消除。

（2）外来夹杂物　在炼钢过程中，由于炉渣的卷入、耐火材料受侵蚀和脱落、脱氧产物和耐火材料互溶、机械落入而来不及上浮进入钢中的夹杂物称为外来夹杂物。外来夹杂物一般颗粒较粗大，结构复杂，多为复相，如氧化物的基体上有硫化物析出。只要注意工艺操作，并选用优质耐火材料，一般可以减少、甚至消除这种类型的夹杂物。

（三）按夹杂物的塑性变形能力分类

根据夹杂物的塑性变形情况可分为脆性夹杂物、塑性夹杂物以及球状或点状不变形夹杂物三种类型。

（1）脆性夹杂物　热加工时形状和尺寸都不变化，但可能沿加工方向成串排列或呈点链状，属于这类夹杂物的有氧化铝、氧化铬等。

（2）塑性夹杂物　热变形时具有良好塑性，沿变形方向延展为条带状，属于这类夹杂物的有硫化物及含二氧化硅量较低的铁锰硅酸盐等。

（3）球状或点状不变形夹杂物　铸态呈球状，热加工后保持球状不变，如二氧化硅及含二氧化硅较高的硅酸盐等。

对于一些复相的铝硅酸盐夹杂，基底铝硅酸盐有塑性，热加工时延伸变形，但其中包含着的析出相等是脆性的，加工时保持原状或只是拉开距离。

（四）按夹杂物的形态和分布分类

根据夹杂物的形态和分布，分为 A、B、C、D 和 DS 五大类。

（1）A 类（硫化物类）　具有高的延展性，有较宽范围形态比（长度/宽度）的单个灰色夹杂物，一般端部呈圆角。

（2）B 类（氧化铝类）　大多数没有变形，带角的，形态比小（一般<3），黑色或带蓝色的颗粒，沿轧制方向排列成一行（至少有三个颗粒）。

（3）C 类（硅酸盐类）　具有高的延展性，有较宽范围形态比（一般≥3）的单个呈黑色或深灰色夹杂物，一般端部呈锐角。

（4）D 类（球状氧化物类）　不变形，带角或圆形的，形态比小（一般<3），黑色或带蓝色的，无规则分布的颗粒。

（5）DS 类（单颗粒球状类）　圆形或近似圆形，直径≥13μm 的单颗粒夹杂物。

三、非金属夹杂物检验

非金属夹杂物的检验通常按 GB/T 10561—2005《钢中非金属夹杂物含量的测定—标准评级图显微检验法》规定进行。

（一）取样要求

1. 取样截面与方向

用于测量夹杂物含量试样的抛光面面积应约为 200mm^2（20mm×10mm），并平行于钢材纵轴，位于钢材外表面到中心的中间位置。对于板材，检验面应近似位于宽度的四分之一处。

2. 取样位置

取样位置应在产品标准或专门协议中规定，如果没有规定，按如下规定：

（1）圆钢和方钢

1）直径或边长大于 40mm 的钢棒或钢坯，检验面为钢材外表面到中心的中间位置的部分径向截面。

2）直径或边长大于 25mm、小于或等于 40mm 的钢棒或钢坯，检验面为通过直径截面的一半，即试样中心到边缘。

3）直径或边长小于 25mm 的钢棒，检验面为通过直径的整个截面，其长度应保证得到约 $200mm^2$ 的检验面积。

（2）钢板

1）厚度小于或等于 25mm 的钢板，检验面位于宽度 1/4 处的全厚度截面。

2）厚度大于 25mm、小于或等于 50mm 的钢板，检验面为位于宽度 1/4 处的从钢板表面到中心的位置。

3）厚度大于 50mm 的钢板，检验面为位于宽度 1/4 处的钢板中心的位置。

（3）管材 管材应在壁厚中心位置取样，并保证检验面为 $200mm^2$。当产品厚度、直径或壁厚较小时，则应从同一试样上截取足够数量的试样，以保证检验面积为 $200mm^2$，并将试样视为一支试样；当取样数达 10 个长 10mm 的试样作为一支试样时，检验面不足 $200mm^2$ 是允许的。

（二）试样制备要求

为保证试样磨制质量和效果，试样应尽可能具有较高的硬度，一般在磨制前可进行淬火处理。非金属夹杂物检验的试样对表面抛光质量要求比较高，为避免夹杂物的剥落、变形，特别在最后抛光时，不能用力过大，抛光液不能太浓，抛光织物不能太硬，抛光时间不宜过长，抛光盘的转速不能过快，否则抛光后的试样表面就会出现麻点、麻坑和夹杂物拖尾、脱落等现象。

（三）非金属夹杂物的显微评定

1. 观察方法

在显微镜下检验非金属夹杂物可用目镜直接观察或投影到毛玻璃上观察。在检验过程中应始终保持所选用的观察方法。

如果图像被投影到毛玻璃或类似装置上，必须保证放大倍数为（100±2）倍（在毛玻璃上）。在毛玻璃投影屏上面或背后放一个边长为 71mm 的清晰正方形（实际面积为 $0.50mm^2$）轮廓线，然后用正方形内的图像与标准图片进行比较。

如果用目镜观察的方法检验夹杂物，则应在显微镜的适当位置上放置边长为 71mm 的正方形试验网格，使图像上试验框内的面积是 $0.50mm^2$。

在特殊情况下，可采用大于 100 倍的放大倍率，但对标准图谱应采用同一放大倍率，并在试验报告中注明。

2. 检验方法

非金属夹杂物检验包括定性检验和定量检验两个方面。

（1）定性检验 定性检验是鉴定夹杂物的类型，观察其形态和分布，多用于解决生产中出现的质量问题，也常用来分析钢中夹杂物产生原因，以便改进冶炼方法，控制它的形成。

定性检验常用的方法主要是针对夹杂物的光学性能、化学性质和力学特性，用光学金相显微镜明场、暗场、偏光等配合 X 射线结构分析，辅以化学试剂浸蚀、显微硬度测试等方法进行鉴别和分析，操作步骤比较烦琐复杂，往往要根据丰富的经验和图片资料来判断。采用电子探针对夹杂物进行微区成分分析的案例日益增多，这种方法对夹杂物的定性分析更加精确。

（2）定量检验　定量检验是按照标准或技术规程要求对夹杂物的大小、数量、形态及分布进行评级，评级时将每一个观察的视场与标准评级图谱进行对比。如果一个视场处于两个相邻标准图片之间时，应记录较低的一级。夹杂物数量越多、颗粒越粗大、分布越集中评定级别越高。定量检验一般用于常规检验中，根据评定的级别直接判定金属材料的质量，作为验收的依据。非金属夹杂物定量检验可采用 A 法和 B 法，即比较法和计算法。

1）比较法（A 法）：在规定放大倍数下和视场范围内，通观试样整个抛光面，选取每一类夹杂物最恶劣视场，按细系和粗系与标准图片比较并评级，其级别数作为最终评定结果。比较法由于评定过程简便、快捷，结果易于判定，目前在冶金、机械、国防科技行业得到普遍应用。

评定结果示例：比如 A2 表示 A 类夹杂物评为细系 2 级，B1e 表示 B 类夹杂物评为粗系 1 级，C2.5 表示 C 类夹杂物评为细系 2.5 级。

2）计算法（B 法）：在规定放大倍数下和视场范围内，通观试样整个抛光面，试样每一个视场同标准图片比较并评级，每类夹杂物按细系或粗系记下与检验视场最符合的级别数。用专门的计算方法得出所观察视场总数中每类夹杂物的总级别和平均级别，或者对照标准图片测定出每个视场 A、B、C 类夹杂物的长度、测出每个视场中 D 类氧化物的颗粒数量、测出每个视场 DS 类单颗粒球状夹杂物的直径，运用夹杂物评级图片级别与夹杂物长度、直径或颗粒数量测定值的线性回归公式，计算出每个视场夹杂物的评级图片级别。

运用计算法时，对于逐个视场每类夹杂物的评定过程中，可以人工评级和测量，然后利用公式计算，但目前普遍应用图像分析仪来自动进行评级、测量和统计计算。

第二节　晶粒度检验

晶粒度是晶粒大小的一种度量，一般把铸态或锻造后的晶粒称为原奥氏体晶粒，把经过一定加热温度和保温时间热处理后奥氏体化所形成的晶粒或在室温下用一定方法侵蚀后显示出的单相奥氏体称为奥氏体晶粒。

控制晶粒大小的方法有很多。钢中加入 Ti、Zr、V、Nb、Ta 等能够形成难溶化合物的元素，有强烈细化晶粒作用；用 Al 脱氧的钢晶粒长大倾向小；在钢结晶过程中，增加过冷度、进行变质处理或附加振动都可以得到细小的晶粒；零件毛坯热处理时快速加热、降低加热温度、缩短加热时间、快速冷却均可以使奥氏体晶粒细化。

一、晶粒大小对钢性能的影响

晶粒的大小直接影响金属材料的性能，要想得到良好的综合性能必须严格控制钢的晶粒度。

（1）对常温工作零件性能的影响 钢中奥氏体晶粒的粗化对强度和塑性影响不明显，但却会使冲击韧性下降，特别在钢的硬度较高的情况下影响更为明显。对于在常温下工作的零件，晶粒越细小，其强度、硬度越高，塑性、韧性越好。

（2）对高温工作零件性能的影响 对于在高温下工作的零件，大小适中的晶粒具有较高的蠕变强度。

（3）对硅钢片零件性能的影响 对于用来制造电动机和变压器的硅钢片，晶粒越粗大，磁滞损失越小，工作效率越高。

二、晶粒分类

晶粒分为起始晶粒、实际晶粒、本质晶粒。

（1）起始晶粒 起始晶粒度是指在临界温度以上，奥氏体形成刚刚完成，其晶粒边界刚刚相互接触时的晶粒大小。起始晶粒与原始组织和加热速度有关，对后续热加工有遗传影响。

（2）实际晶粒 实际晶粒度是指在具体热处理和热加工条件下最终得到的奥氏体晶粒。

（3）本质晶粒 将钢在（930±10）℃加热，保温 3h~8h 后冷却得到的晶粒。本质晶粒反映钢奥氏体晶粒在规定温度下的长大倾向，通常认为晶粒度 1 级~4 级为本质粗晶粒钢，5 级~8 级为本质细晶粒钢。本质晶粒大小通常还与钢的脱氧方法和化学成分有关，一般用 Al 脱氧的钢为本质细晶粒钢，用 Mn、Si 脱氧的钢为本质粗晶粒钢；含有碳化物形成元素（如 Ti、Zr、V、Nb、Mo、W 等元素）的钢也属本质细晶粒钢。

三、晶粒度检验

晶粒度的检验通常按 GB/T 6394—2017《金属平均晶粒度测定方法》规定进行。

（一）取样要求

应根据要求在相应的状态截取，试样数量及取样部位应按照有关标准或技术条件的规定。如果产品标准或技术条件未规定，则在钢材半径或边长的 1/2 处截取。推荐试样尺寸为 10mm×10mm。

切取试样应避开因剪切、加热影响的区域，不能使用可导致晶粒结构改变的方法切取试样。

（二）试样制备要求

1. 检测面的选取

有加工变形晶粒的试样，其检验面应为平行于加工方向的纵截面，必要时还应检验垂直于加工方向的横截面。等轴晶粒可以随机选取检验面。

2. 晶粒度形成方法

检验铁素体钢的原奥氏体晶粒度，需要对试样进行热处理，但不能重复进行热处理。主要方法有相关法、渗碳法、模拟渗碳法、铁素体网法、氧化法、直接淬硬法、渗碳体网法、细珠光体（屈氏体）网法等。具体采用哪种方法按产品标准或技术条件规定，如无规定，则渗碳钢采用渗碳法，其他钢可用直接淬硬法或氧化法。

检验铁素体钢的铁素体晶粒度和奥氏体钢晶粒度等实际晶粒度时，检测试样取自原热处理状态，不需要再进行热处理。

3. 晶粒度的显示方法

将晶粒度试样的检测面进行粗磨、精磨、抛光和腐蚀剂浸蚀，应使大部分晶界完全显示出来，以达到清晰的观察效果。不同的晶粒度形成方法所对应的浸蚀剂各不相同，常用显示晶粒度的腐蚀剂见表 4-1。

表 4-1 显示晶粒度的腐蚀剂

序号	腐蚀剂配制	适用材料及状态
1	3%~5%硝酸乙醇溶液	结构钢正火、退火
2	100mL 饱和苦味酸水溶液+10mL 洗涤剂+(6~10)滴盐酸	结构钢淬火、调质
	100mL 饱和苦味酸水溶液+10mL 洗涤剂+6 滴硝酸	
	100mL 饱和苦味酸水溶液+10mL 洗涤剂+5mL 磷酸	
	100mL 饱和苦味酸水溶液+10mL 洗涤剂+6 滴硝酸+1g 柠檬酸	
	100mL 饱和苦味酸水溶液+适量苯磺酸钠煮沸 1min~3min	
	10g FeCl$_3$+15mL HCl+50mL 乙醇	
	50g FeCl$_3$+150mL 乙醇+100mL 水	
3	饱和苦味酸水溶液+浓硝酸+浓盐酸+乙醇(体积比为 15：10：25：50)	高速钢淬火、回火
	浓硝酸+浓盐酸+乙醇+海鸥洗涤剂(体积比为 10：30：59.5：0.5)	
	饱和苦味酸水溶液+浓硝酸+浓盐酸+甲醇(体积比为 20：10：30：40)	
4	试样为阳极,室温下在 40%~90%硝酸水溶液中采用 1V~1.5V 电压进行电解浸蚀	稳定的奥氏体钢
5	在 480℃~700℃的敏化温度加热,使碳化物沿晶界析出,采用适合于显示碳化物的浸蚀剂显示	不稳定的奥氏体钢
6	55mL 饱和苦味酸水溶液+18g 氯化高铁+30mL 甘油	奥氏体耐热钢

（三）晶粒度测定方法

国际上及国内常用的晶粒度级别与晶粒大小有如下关系：

$$N_{100} = 2^{G-1} \qquad (4-1)$$

式中　N_{100}——放大 100 倍时，每平方英寸（645.16mm^2）视野中观察到的晶粒个数；

　　　G——晶粒度级别数。

由公式可知，G 越小，单位面积中的晶粒数 N_{100} 也越小，则晶粒尺寸越大。

晶粒度测定并不是一种十分精确的测量方法。因为金属组织是由不同尺寸和形状的三维晶粒堆积而成。即使它们的尺寸和形状都相同，该组织的任一截面（检验面）上分布的晶粒大小将从最大值到零之间变化。因此，在检验面上不可能有绝对大小均匀的晶粒分布，也不可能有两个完全相同的检验面。

实际测定时，晶粒计数必须满足统计学条件，应选择恰当的放大倍数和测量面积，在每一给定面积内应含有约 50 颗晶粒，在每个试样检验面上选择 3 个或 3 个以上有代表性的视场进行测定。所谓"代表性"即指试样所有部分都对检验结果有所贡献，而不是带有推测性去有意挑选平均晶粒度的视场。显微组织中晶粒尺寸和位置都是随机分布，只有随机地移动视场，测量的平均晶粒度才有代表性。

评定或测量晶粒度的方法有比较法、面积法和截点法。这些基本测量方法以晶粒几何图形为基础，与金属或合金本身无关。比较法在批量生产检验中应用十分普遍。当对测量结果有争议时，截点法应作为仲裁方法。

1. 比较法

通过与标准评级图进行比较来评定晶粒度，适用于等轴晶粒。对于非等轴晶粒应使用面积法或截点法来测定晶粒度。在使用比较法评定晶粒度时，通常选择与标准评级图片相同的放大倍数，通过显微镜投影图像或代表性视场的显微照片与相应的标准评级图片进行直接比较，选取与试样图像最接近的标准评级图级别，记录评定结果。

出现晶粒不均匀现象时，如属于偶然或个别现象，可不予计算。如属于普遍现象，则计算出不同级别晶粒的面积百分比，如优势晶粒所占面积不少于90%，则只记录一种。否则，应用不同级别数来表示试样的晶粒度，其中第一个代表占优势的晶粒。如出现双重晶粒，按 GB/T 24177 评定。如出现个别粗大晶粒可按 YB/T 4290 评定。介于两个标准图片之间时，可评半级。当晶粒特别大或特别小时，应变换放大倍数使晶粒尺寸落在靠近图谱中间的位置。与标准系列评级图Ⅰ、Ⅱ、Ⅳ等同图像的晶粒度级别数见表4-2。

表 4-2　与标准系列评级图Ⅰ、Ⅱ、Ⅳ等同图像的晶粒度级别数

图像的放大倍数	标准系列评级图编号（100×）									
	No. 1	No. 2	No. 3	No. 4	No. 5	No. 6	No. 7	No. 8	No. 9	No. 10
25	−3	−2	−1	0	1	2	3	4	5	6
50	−1	0	1	2	3	4	5	6	7	8
100	1	2	3	4	5	6	7	8	9	10
200	3	4	5	6	7	8	9	10	11	12
400	5	6	7	8	9	10	11	12	13	14
500	5.5	6.5	7.5	8.5	9.5	10.5	11.5	12.5	13.5	14.5
800	7	8	9	10	11	12	13	14	15	16
1000	7.5	8.5	9.5	10.5	11.5	12.5	13.5	14.5	15.5	16.5

例如：放大倍数100×，观察视场内的晶粒尺寸最接近标准系列评级图Ⅰ中的 No.7，晶粒度评为 7 级；如果在 200×观察视场内的晶粒尺寸最接近标准系列评级图Ⅰ中的 No.7，则晶粒度评为 9 级。

用比较法评估晶粒度时精确度不高，一般存在±0.5级的偏差。但是对于批量生产检验，其精确度已足够了。

2. 面积法

通过计数给定面积内的晶粒个数，利用单位面积内晶粒数来确定晶粒度级别数的方法。测量用规定面积的图形可以是圆形、正方形或矩形，面积通常为 5000mm^2，即采用直径为 ϕ79.8mm 的圆形，或边长为 70.7mm 的正方形，或边长为 80.0mm×62.5mm 的矩形作为测量网格，常用的图形为圆形。测量时，将确定的测量网格置于晶粒显示图像上，选用视场内合适的晶粒个数（不超过 100 个晶粒，约 50 个晶粒为最佳）的放大倍数，对晶粒进行计数，统计出落在测量网格内的完整晶粒数和被测量网格所切割的晶粒数，利用公式计算出晶粒总数、试样检验面上每平方毫米的晶粒数、被检验试样的晶粒度级别指数。放大倍数一般采用 100 倍，除非晶粒十分粗大或细小。

面积法的测量精确度取决于晶粒界面明显划分晶粒的计数，通过合理计数可达到 ±0.25 级。

3. 截点法

截点法是通过统计已知长度的试验线段（或网格）与晶粒截线或者与晶界截点的个数，计算单位长度截线数或者截点数来确定晶粒度级别数的方法。它比面积法的使用更为广泛、简捷。截点和截线的测定一般借助于各种类型的仪器（如手动计数器）进行，操作更加方便，可减少计数误差。测量时，要统计出观测面上的截点（晶界与测量网格的交点）和截线（1倍下单位长度试验线上晶粒截线数）数，利用公式求出被检验试样的晶粒度级别指数。

截点法又分为直线截点法（比较常用）、单圆截点法、三圆截点法。圆截点法不必过多的附加视场数，便能自动补偿偏离等轴晶而引起的误差，圆截点法克服了试验线段端部截点不明显的毛病。圆截点法作为质量检测评估晶粒度的方法是比较合适的。

（1）直线截点法测量 在晶粒图像上，选择适当的测量网格长度和放大倍数，以保证最少能截获约50个截点，根据测量网格所截获的截点数，来确定晶粒度。为了获得合理的平均值，应任意选择3至5个视场进行测量；如果这一平均值的精度不满足要求，应增加足够的附加视场，选择的视场应尽量随机分布在试样的检测面上。

截点的计算方法：

1）测量线段终点不是截点不予计算。

2）测量线段终点正好接触到晶界时计为 0.5 个截点。

3）测量线段与晶界相切时计为 1 个截点。

4）测量线段明显与三个晶粒汇合点重合时计为 1.5 个截点。

5）在不规则晶粒形状下，测量线在同一晶粒边界不同部位产生两个截点后又伸入形成新的截点，计算截点时应包括新的截点。

6）对于非等轴晶粒，可通过对试样三个主轴方向的平行线束来分别测量，通常使用纵向和横向，必要时可用法向。

（2）单圆截点法 适用于试样上不同位置晶粒度有明显差别的材料。在此情况下，需要进行大量视场的测量。测量网格可任意周长，通常选择 100mm、200mm、250mm；测量时应选择合适的放大倍数，以产生 35 个左右的截点。当测量网格通过三个晶粒汇合点时应计为 2 个截点。增加视场数，可提高测量精度。

（3）三圆截点法 测量网格由三个同心等距圆组成，总周长 500mm。一般任选 5 个视场，分别记录截点数，如果测量网格通过三个晶粒汇合点，计为 2 个截点。然后计算出计数相对误差百分数、平均晶粒度和置信区间，相对误差百分数应小于 10%，否则应增加视场，直至相对误差百分数满足要求。测量时应选择合适的放大倍数，使三个圆的测量网格在每一视场上产生 40 个~100 个截点。

截点法的精确度是截点或截线计数的函数，通过有效的计数可达到或优于±0.25 级的精确度。截点法对于拉长的晶粒组成试样更为有效。

第三节　钢的脱碳层检验

钢材或零件在锻、轧及热处理等加热过程中，介质中的氧、氢等元素与钢中的碳发生反应，使钢材或零件表面层含碳量降低的现象称之为脱碳。钢的脱碳层检测内容包括脱碳层深度和表面脱碳层组织的检测。

一、脱碳对钢性能的影响

钢材或零件表面层发生脱碳，会引起表面硬度、强度和耐磨性的降低，对于弹簧零件还会使其表面弹性疲劳强度降低，对于高速钢刃具还会降低其红硬性等，因此在热加工过程中必须严格控制钢的表面脱碳现象。

二、脱碳层组织定义及识别

（一）完全脱碳

全部为铁素体组织，所以也称铁素体脱碳层。试样表层碳含量水平低于碳在铁素体中最大固溶度。一般出现在钢材或零件的最外层，从试样边缘至最初出现珠光体或其他组织处。

（二）部分脱碳

部分脱碳指试样表面含碳量减少到低于基体含碳量，并且大于室温时碳在铁素体中的固溶极限。该区的铁素体数量与基体相比更多，但还有部分珠光体或其他组织存在。随着钢的含碳量或退火组织形态的不同，部分脱碳层的金相组织特征也不相同，具体特征如下：

（1）亚共析钢部分脱碳层组织　是以铁素体与其他组织组成物的相对量的变化来区分的，与基体组织相比，铁素体数量明显增多，珠光体数量明显减少。

（2）共析钢部分脱碳层组织　在锻、轧状态下珠光体数量减少，出现部分铁素体；在球化退火状态下球状珠光体中碳化物颗粒明显减少或出现粗片状的珠光体。

（3）过共析钢部分脱碳层组织　是以碳化物含量相对基体的变化来区分的，在锻、轧状态下过剩碳化物数量减少或出现铁素体；在球化退火状态下组织特征与共析钢相同。

（4）莱氏体钢部分脱碳层组织　以其一次、二次碳化物数量的明显减少为特征。

（三）总脱碳层深度

脱碳层包括完全脱碳层和部分脱碳层两部分，钢的总脱碳层深度等于完全脱碳层与部分脱碳层的深度总和。它们具有不同的组织特征，比较容易识别和判断，见图4-1。

（四）有效脱碳层深度

从试样表面到规定的碳含量或硬度水平点位的距离，规定的碳含量或硬度水平应以不因脱碳而影响使用性能为准。

三、脱碳层检验

（一）取样要求

1）试样应在交货状态下检验，不需进一步热处理。

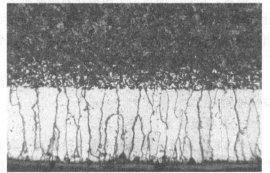

图4-1　T9钢的总脱碳层组织　100×

2）试样应具有代表性。试样检验面应垂直于产品纵轴，如无纵轴，检验面的选取应协商确定。

3）对于直径不大于25mm的圆钢或边长不大于20mm的方钢应检验整个周边。对于直径大于 25mm 的圆钢或边长大于 20mm 的方钢，为保证代表性，可截取样品同一截面的一个或几个部位，且保证总检测周长不小于 35mm，但不应选棱角处或脱碳极深的点。

（二）试样制备要求

脱碳层检验的试样对表面的平整度要求比较高，为避免试样周边磨圆，保证试样磨制质量和效果，可以采取夹持试样、镶嵌试样等方法。

（三）脱碳层深度测定方法

脱碳层深度的测定方法有金相法、显微硬度法、碳含量测定法（化学分析法、直读光谱法、电子探针法或辉光光谱法）。具体采用何种方法，由产品标准或双方协议规定，如无明确规定，采用金相法比较快捷。

脱碳层深度的测量通常按 GB/T 224—2019《钢的脱碳层深度测定法》规定进行。

1. 金相法

适用于具有退火或正火组织的钢种，也可有条件的用于那些硬化、回火、轧制或锻造状态的产品。制样时应采取措施防止试样边缘倒角、卷边。

检测时要借助于测微目镜或分析软件测量，按照脱碳层组织的定义来测量总脱碳层深度、完全脱碳层深度或有效脱碳层深度，有效脱碳层深度的判断由产品标准或有关协议确定。

测量总脱碳层时，在放大 100 倍下进行（必要时也可以采用其他放大倍数）。观察到的组织差别，在亚共析钢中是以铁素体与其他组织组成物的相对量的变化来区分的。在过共析钢中是以碳化物含量相对于基体的减少来区分的。对于硬化组织或者淬火回火组织，当碳含量变化引起组织显著变化时也可用上述方法进行测量。例如部分脱碳区非马氏体组织的存在可以用来确定总脱碳层深度。对于一定的高合金球化退火的工具钢可由腐蚀颜色变化来确定总脱碳层深度。

脱碳层的测量由两种方法，即最严重视场法和平均法。具体采用哪种方法应由供需双方协商确定。

最严重视场法是对每一试样，在最深的均匀脱碳区的一个显微镜视场内，随机进行至少五次测量，以这些测量的平均值作为总脱碳层深度。一般来讲，轴承钢、工具钢、弹簧钢测量最深处的总脱碳层深度。平均法是首先在最深均匀脱碳区测量第一点，然后从这点开始表面被等分成至少四部分，在每一部分的结束位置测量最深处的脱碳层深度，以这些测量值的平均值作为试样的总脱碳层深度。

如果没有特殊规定，由于钢材缺陷造成的脱碳极深点（如裂纹或折叠处、工件角部等）应被排除。

2. 显微硬度法

本方法是测量在试样横截面上沿垂直于表面方向上的显微硬度值的分布梯度。只适用于脱碳层相当深，经过硬化处理、回火处理或热处理的亚共析钢，也可用于脱碳层完全在硬化区内的情况。本方法不适用于低碳钢。

制样过程中应避免过热对硬度值的影响，试样是否腐蚀，以准确测定压痕尺寸为准。

可以使用维氏硬度测量，也可使用努氏硬度进行测量。具体的操作分别按 GB/T 4340.1 和 GB/T 18449.1 的规定进行。测量时可采用直线法（沿垂直于表面方向上），也可采用斜线法（倾斜于表面方向上），直线法适合测量大或中等厚度的脱碳层，斜线法适合测量中等或者小厚度的脱碳层。在使用直线法时，为得到更小的间隔，建议采用"之"字法。

为了减少测量数据的分散性，要尽可能用大的载荷，原则上载荷在 0.49N～4.9N 之间，压痕之间距离应不超过 0.1mm，同时至少为压痕对角线长度的 2.5 倍，脱碳层深度规定为从表面到已达到所要求硬度值的那一点的距离。至少要在相互距离尽可能远的位置进行四组测定，其测定值的平均值作为总脱碳层深度。

脱碳层深度的测量界限一般由产品标准或双方协议规定。一般可以是：

1）由试样表面测至产品标准或技术协议规定的硬度值处。

2）由试样表面测至硬度值平稳处。

3）由试样表面测至硬度值平稳处的某一百分数。

3. 碳含量测定法

此方法可用于钢的任何组织状态，通过测定碳含量在垂直于试样表面方向上的分布梯度来确定脱碳层深度。

（1）化学分析法

1）用机械加工的方法，平行于试样表面逐层剥取每层为 0.1mm 厚的样屑，收集每一层上剥取的金属试屑，测定每一层的碳含量。适用于具有恰当几何形状的试样，如圆柱体或具有平面体的多面体。

2）脱碳层深度是指从表面到碳含量达到规定数值的那一点的距离。如果碳含量数值没有规定，则测定终止点的碳含量应考虑了分析中允许的波动余量之后，和产品的碳含量公称范围的最小值的差别不大于如下数值：C<0.6%时，0.03%C；C≥0.6%时，5%C。

3）采用等距离逐层车削进行化学定碳分析，并根据化学分析做出的含碳量与表面距离的关系曲线，从表面起至含碳量达到心部含碳量为止。

（2）直读光谱分析法　适用于具有合适尺寸的平面试样。将平面试样逐层磨剥，每层间隔为 0.1mm，在每一层上进行碳的光谱测定。

（3）电子探针分析法　适用于含有单一组织的淬回火钢和球化退火钢。试样不浸蚀。测量时测量线应垂直于试样表面。总脱碳层深度测定从表面到碳含量稳定处。全脱碳层深度可以根据供需双方协议，至少要在相互距离尽可能远的位置进行四组测定，取平均值作为脱碳层深度。

（4）辉光光谱分析法　适用于脱碳层深度不超过 100μm，直径在 20mm～100mm 的圆形试样或边长在 20mm～100mm 的方形试样。

第四节　钢铁材料渗层深度测定及组织检验

一、渗碳层检测

（一）渗碳层组织检验

钢的渗碳层组织检验主要是根据渗碳件的热处理工艺，检测各层组织。

1. 平衡状态的渗碳层组织

低碳钢或低碳合金钢在渗碳缓冷后，可得到平衡状态的组织。平衡状态的渗碳层组织由过共析层、共析层、亚共析层组成。过共析层组织为片状珠光体加沿晶析出的白色网状二次渗碳体。共析层组织为片状珠光体，珠光体片间距的大小，决定于零件的冷却速度。亚共析层组织为珠光体加铁素体，珠光体量随着渗碳深度的增加而逐渐减少。

2. 渗碳层淬火及回火组织

正常的渗碳零件经过淬火及回火后，渗层组织为针状回火马氏体加残余奥氏体加碳化物，20Cr2NiA 钢经渗碳+高温回火+淬火+低温回火后的渗碳层显微组织形貌见图 4-2。

影响渗层组织的因素主要有渗碳工艺、热处理工艺及渗碳件材料等，工艺不同，基体材料不同，得到的回火马氏体、残余奥氏体和碳化物的组织形态和数量不同。渗碳件渗层组织是按照回火马氏体的粗细、残余奥氏体的数量多少、碳化物的形态和分布来评级的。

图 4-2　20Cr2NiA 钢的渗碳层组织　100×

渗碳层中常见的缺陷组织有网状碳化物、马氏体针粗大、大量残余奥氏体、表面脱碳、表面黑色非马氏体组织、表面腐蚀及氧化、渗层不足、渗层过深、渗层不均匀等。

低碳钢或低碳合金钢，采用渗碳后直接淬火或一次淬火比较多，低温回火后渗层组织检验通常按 QC/T 262—1999《汽车渗碳齿轮金相检验》规定进行。

高合金钢尤其高铬镍钢，渗碳后淬火前需要增加高温回火工序，以减少残余奥氏体数量。低温回火后渗层组织检验通常按 WJ/T 730《履带车辆渗碳齿轮渗层金相检验》规定进行。

（二）渗碳层深度测定

渗碳层深度检测方法有金相法、硬度法、断口法、试样剥层定碳分析法，其中硬度法是仲裁方法。

1. 金相法

一般来说，以过共析层、共析层、1/2 亚共析过渡层深度之和作为总渗碳层深度，常用于碳钢；以过共析层、共析层、亚共析过渡层深度之和作为总渗碳层深度，常用于合金渗碳钢。以上两种试样应为渗碳后缓慢冷却状态，这样可以得到平衡状态的组织。

2. 硬度法

硬度法是从试样边缘起测量显微硬度分布的方法。执行标准为 GB/T 9450—2005《钢件渗碳淬火硬化层深度的测定和校核》和 GB/T 9451—2005《钢件薄表面总硬化层深度或有效硬化层深度的测定》。

被检测试样应在渗碳、淬火后采用维氏硬度试验方法进行，淬硬层深度是指从零件表面到维氏硬度值为 550HV1 处的垂直距离。渗碳层的深度就是渗碳淬火硬化层深度，用 CHD 表示，单位为 mm，如 CHD=0.8mm；测定维氏硬度时试验力为 9.807N（1kgf）。

硬度测试应在最终热处理后的试样横截面上进行。测试时，一般宽度在 1.5mm 的范围内，垂直于渗碳层表面沿着两条平行线呈"之"字形打压痕，在一条直线上两相邻压痕的距离 S 不小于压痕对角线的 2.5 倍，两条直线上相错位的压痕间距不应超过 0.1mm。测量压痕中心至试样表面的距离精度应在±0.25μm 的范围内，每个压痕对角线的测量精度应在 ±0.5μm 以内。

在适当条件下，可使用 HV0.1~HV1 的试验力进行试验，并在足够的放大倍数下测量压痕。测试时至少应在两条硬化线上进行，并绘制出每条线的硬度分布曲线（硬度值为纵坐标，至表面的距离为横坐标），用图解法分别确定硬度值为 550HV 处至表面的距离，如果两数值的差≤0.1mm，则取二者的平均值作为淬硬层深度，否则应重复试验。

上述方法适用于渗碳和碳氮共渗淬火硬化层，距表面 3 倍于硬化层深度处硬度值小于 450HV 且硬化层深度大于 0.3mm 的零件。经协议，对于距离表面 3 倍硬化层深度处硬度大于 450HV 的钢件，可以选择硬度值大于 550HV（以 25HV 为一级）的某一特定值作为界限硬度；可以使用其他维氏硬度载荷；也可以使用努氏硬度。

对于硬化层深度小于 0.3mm 的钢铁零件，可用显微硬度法和显微组织测量法测量总硬化层深度或有效硬化层深度。具体执行标准为 GB/T 9451—2005《钢件薄表面总硬化层深度或有效硬化层深度的测定》。

3. 断口法

断口法是在圆形试棒上开一环形缺口或在方形试样一侧开一缺口，随炉渗碳后出炉直接淬火，打断后观察断口，灰色纤维状部分为未渗碳部分，而渗碳部分则呈白色瓷状，用读数显微镜测其深度。

4. 试样剥层定碳分析法

取随炉渗碳的试棒，每 0.05mm 剥一层进行定碳分析。这种方法较烦琐，但可以准确测定渗碳层的碳浓度分布，常用于调试工艺。

二、碳氮共渗层检测

碳氮共渗又称氰化，是将工件置于能产生碳、氮活性原子的介质内，通过加热与保温，使工件表面同时吸收碳、氮原子并向内部扩散，形成具有一定碳氮浓度和一定厚度碳氮共渗层的化学热处理过程。

碳氮共渗分类：按使用介质不同分为固体、液体和气体碳氮共渗三种，按共渗温度不同分为高温、中温和低温碳氮共渗三种，按渗层厚度不同分为薄层至深层碳氮共渗三种，按渗层浓度不同分为普通浓度和高浓度碳氮共渗。

碳氮共渗特点：碳氮共渗是以渗碳为主的，碳氮共渗层比单独渗碳具有更高的硬度和耐磨性、疲劳强度及抗咬合能力，比单独渗氮具有更高的抗压强度及较低的表面脆性，而且碳氮共渗的渗速快，生产周期短，工件变形和开裂倾向小，可用材料广泛。碳氮共渗是齿轮类零件常用的化学热处理工艺，其目的在于获得高的表面硬度和耐磨性，心部保持较高的强度及韧性。

（一）碳氮共渗层组织检验

正常的碳氮共渗零件经过淬火及低温回火后，渗层组织为针状回火马氏体加残余奥氏体加碳氮化合物，图 4-3 为 20Cr2NiA 钢

图 4-3 20Cr2NiA 钢的碳氮共渗层组织 200×

经碳氮共渗+淬火+低温回火后的碳氮共渗层显微组织形貌。

碳氮共渗层碳化物按照碳氮化合物的数量、形状及分布评级，回火马氏体和残余奥氏体组织按照回火马氏体针的大小和残余奥氏体数量评级。通常按 WJ/T 2169《装甲车辆显微组织评定方法》中碳氮共渗层显微组织评定方法的规定进行。

（二）碳氮共渗层深度测定

碳氮共渗层深度检测方法有金相法、硬度法、断口法、剥层化学分析法，其中硬度法是仲裁方法。采用金相法时，在光学金相显微镜下测量碳氮共渗层深度，放大倍数为100倍。碳氮共渗层深度为试样表面至全部出现心部组织处的垂直距离。

三、渗氮层检测

将氮渗入钢铁表面的过程称为氮化。渗氮处理有气体渗氮、离子渗氮和氮碳共渗等。气体渗氮又称为硬氮化。氮碳共渗是以渗氮为主，又称为软氮化。

图4-4为38CrMoAlA钢经气体渗氮后的渗氮层显微组织形貌。渗氮层检测通常按GB/T 11354—2005《钢铁零件　渗氮层深度测定和金相组织检验》规定进行。

（一）渗氮层深度的测定

渗氮层深度的测定方法有硬度法和金相法，其中硬度法是仲裁方法。

1. **硬度法**

被检测试样应在渗氮后采用维氏硬度试

图4-4　38CrMoAlA钢渗氮层组织　100×

验方法进行硬度测量，测定维氏硬度时试验力规定为 2.94N（0.3kgf），从试样表面测至比基体维氏硬度值高50HV处的垂直距离为渗氮层深度。基体硬度是指在距表面3倍渗氮层深度的位置（至少取3点平均）所测得的硬度。

以下两种情况特殊规定：

1）对于渗氮层硬度变化很平缓的钢件，渗氮层深度可以从试样表面沿垂直方向测至比基体维氏硬度值高30HV处。

2）当渗氮层的深度与压痕尺寸不适合时，可以协商采用 1.96N（0.2kgf）～19.6N（2kgf）范围的试验力，但须在HV后注明，如HV0.2，表示用 1.96N（0.2kgf）试验力。

渗氮层深度用 D_N 表示，以毫米计，取小数点后两位。如 $0.25D_N$（300HV0.5），表示界限硬度为300HV，试验为 4.903N（0.5kgf）时，渗氮层深度为0.25mm。

2. **金相法**

垂直渗氮层制备试样，放大100倍下（必要时也可以采用其他放大倍数）进行测量，在显微镜下从试样表面测至与基体组织有明显分界处的垂直距离，即为渗氮层深度。

（二）渗氮层脆性检验

渗氮层脆性是指渗氮件表面在一定的试验力作用下，维氏硬度压痕边角碎裂的程度，共分为5级，具体分级标准见表4-3。

表 4-3　渗氮层脆性级别说明

级别	渗氮层脆性级别说明	级别	渗氮层脆性级别说明
1	压痕边角完整无缺	4	压痕三边或三角碎裂
2	压痕一边或一角碎裂	5	压痕四边或四角碎裂
3	压痕两边或两角碎裂		

渗氮层脆性检验应在零件工作部位或随炉试样的表面进行，对于渗氮后留有磨量的零件，也可在磨去加工余量后的表面上测定。检验时维氏硬度计试验力规定用 98.07N（10kgf），加载必须缓慢（在 5s~9s 内完成），加载后停留 5s~10s，然后去载荷。如有特殊情况，经有关各方协商，亦可采用 49.03N（5kgf）或 294.21N（30kgf）的试验力，但须按表 4-4 的值换算。维氏硬度压痕在放大倍数为 100 倍的显微镜下进行检验，每件至少测 3 点，其中 2 点以上处于相同级别时，才能定级，否则，须重复测定 1 次。

经气体渗氮的零件，必须进行脆性检验。

表 4-4　压痕级别换算

试验力/N(kgf)	压痕级别换算				
49.03(5)	1	2	3	4	4
98.07(10)	1	2	3	4	5
294.21(30)	2	3	4	5	5

（三）渗氮层疏松检验

渗氮层疏松由渗氮件表面化合物内微孔的密集程度表征，按表面化合物层内微孔的形状、数量、密集程度共分为 5 级，级别说明见表 4-5。

表 4-5　渗氮层疏松级别说明

级别	渗氮层疏松级别说明
1	化合物层致密，表面无微孔
2	化合物层较致密，表面有少量细点状微孔
3	化合物层微孔密集成点状孔隙，由表及里逐渐减少
4	微孔占化合物层 2/3 以上厚度，部分微孔聚集分布
5	微孔占化合物层 3/4 以上厚度，部分呈孔洞密集分布

渗氮层疏松在显微镜下放大 500 倍检验。取其疏松最严重的部位，参照级别图及表 4-5 说明进行评定。

经碳氮共渗处理的零件，必须进行疏松检验。

（四）渗氮层中脉状氮化物检验

脉状氮化物是指渗氮件扩散层中与表面平行走向的脉状氮化物，按扩散层中氮化物的形态、数量和分布情况分为 5 级，级别说明见表 4-6。

扩散层中氮化物在显微镜下放大 500 倍进行检验，取其组织最差的部位，参照渗氮层氮化物级别图及表 4-6 说明进行评定。

经气体渗氮或离子渗氮的零件必须进行脉状氮化物检验。

表 4-6　氮化物级别说明

级别	氮化物级别说明
1	扩散层中有极少量呈脉状分布的氮化物
2	扩散层中有少量呈脉状分布的氮化物
3	扩散层中有较多呈脉状分布的氮化物
4	扩散层中有较严重呈脉状和少量断续网状分布的氮化物
5	扩散层中有连续网状分布的氮化物

思　考　题

1. 简述钢中非金属夹杂物的产生和存在形式。

2. GB/T 10561—2005《钢中非金属夹杂物含量的测定—标准评级图显微检验法》标准中，将夹杂物分为哪几类？简述其主要特征。

3. 非金属夹杂物对钢性能的影响主要表现在哪些方面？

4. 钢中非金属夹杂物的定性检验有哪些方法？

5. 影响钢的晶粒度的因素有哪些？

6. 评定或测量晶粒度的方法有哪几种？

7. 共析钢表层铁素体深度为 0.20mm，铁素体加珠光体区域的深度是铁素体深度的 1.5 倍，求此钢的脱碳层总深度是多少？

8. 渗碳层深度的检测方法有哪几种？仲裁方法是哪种？

9. 低碳钢渗碳缓冷后的渗层组织是由哪几部分组成的？

10. 渗氮层深度的测定方法有哪几种？仲裁方法是哪种？

第五章

常用钢种及其检验

第一节　钢的分类与编号

一、钢的分类

钢的种类比较多，从不同角度分类，可以将钢分成若干具有共同特点的类别。

（一）按用途分类

（1）工程结构钢　这类钢应用量较大，建筑、车辆、造船、桥梁、石油、国防军工等行业都广泛使用这类钢制备工程构件。这类钢有普通碳素结构钢、低合金高强度结构钢等。

（2）机器零件用钢　主要制造各种机器零件，包括轴类零件、弹簧、齿轮、轴承等。

（3）工模具用钢　又可分为刃具钢、模具钢、量具钢等。

（4）特殊性能钢　又可分为抗氧化用钢和热强钢、不锈钢、无磁钢等。

（二）按金相组织分类

1）根据平衡态或退火态组织，有亚共析钢、共析钢、过共析钢和莱氏体钢。

2）按正火态组织，可有珠光体钢、贝氏体钢、马氏体钢和奥氏体钢。

3）根据室温时的组织分，有铁素体钢、马氏体钢、奥氏体钢和双相钢。

（三）按含碳量分类

分为低碳钢（$w_C \leqslant 0.25\%$）、中碳钢（$0.25\% < w_C \leqslant 0.6\%$）和高碳钢（$w_C > 0.6\%$）。

（四）按合金元素含量分类

分为低合金钢（合金含量<5%）、中合金钢（5%≤合金含量<10%）和高合金钢（合金含量≥10%）。

（五）按冶金质量分类

分为普通质量钢、优质钢、高级优质钢和特级优质钢。它们的主要区别在于钢中所含有害杂质硫、磷元素的多少。

（六）按脱氧程度分类

分为沸腾钢（不完全脱氧）、镇静钢（完全脱氧）、半镇静钢（脱氧较完全）、特殊镇静钢等，分别用 F、Z、b、TZ 表示冶炼时的脱氧方法。合金钢一般都是镇静钢。

二、合金钢的编号方法

我国钢铁产品的表示方法是根据国家标准 GB/T 221—2008《钢铁产品牌号表示方法》

制定的。此方法规定凡列入国家标准和行业标准的钢铁产品，均应按标准规定的牌号表示方法编写牌号。主要规定如下：

（一）基本原则

钢牌号的命名采用汉语拼音字母、化学元素符号和阿拉伯数字相结合的方法表示。稀土元素用 RE 表示，以避免和 Re（金属铼）混淆。采用汉语拼音字母表示产品名称、用途、特性和工艺方法时，一般从代表产品名称的汉字的汉语拼音中选取第一个字母，当和另一产品所取字母重复时，改取第二个字母或第三个字母，或同时选取两个（或多个）汉字或英文单词的首位字母。

采用汉语拼音字母或英文字母，原则上只取一个，一般不超过三个。

产品牌号中的元素含量用质量分数表示。

（二）碳素结构钢和低合金结构钢

这类钢分为通用钢和专用钢两类。通用钢牌号通常由四部分组成：

第一部分：前缀符号+强度值。其中通用结构钢前缀符号为代表屈服强度的拼音的字母"Q"。

第二部分（必要时）：钢的质量等级，用英文字母 A、B、C、D、E、F…表示。

第三部分（必要时）：脱氧方式表示符号，镇静钢、特殊镇静钢表示符号通常可以省略。

第四部分（必要时）：产品用途、特性和工艺方法。

根据需要，低合金高强度结构钢的牌号也可以采用二位阿拉伯数字（表示平均含碳量，以万分之几计）加元素符号及必要时加代表产品用途、特性和工艺方法的表示符号，按顺序表示。

专用结构钢一般采用代表钢屈服点的符号"Q"、屈服点数值和代表产品用途的符号等表示。

例如：Q235AF，即屈服点（Q）为 235MPa 的 A 类沸腾（F）钢。锅炉、压力容器用钢牌号表示为 Q345R；焊接气瓶用钢牌号表示为 HP295；桥梁用钢表示为 Q420q。

注：产品名称、用途、特性和工艺方法表示符号可参考 GB/T 221—2008《钢铁产品牌号表示方法》中的表 3、表 4。

（三）优质碳素结构钢和优质碳素弹簧钢

优质碳素结构钢和优质碳素弹簧钢牌号通常由五部分组成：

第一部分：以二位阿拉伯数字表示平均碳含量（以万分之几计）。

第二部分（必要时）：较高含锰量的优质碳素结构钢，加锰元素符号 Mn。

第三部分（必要时）：钢材冶金质量，即高级优质钢、特级优质钢分别以 A、E 表示，优质钢不用字母。

第四部分（必要时）：脱氧方式表示符号，即沸腾钢、半镇静钢、镇静钢分别以"F"、"b"、"Z"表示，但镇静钢表示符号通常可以省略。

第五部分（必要时）：产品用途、特性或工艺方法表示符号。

例如：碳的质量分数为 0.48%~0.56%，锰的质量分数为 0.70%~1.00% 的特级优质镇静钢为 50MnE。碳的质量分数为 0.42%~0.50%，锰的质量分数为 0.50%~0.85% 的高级优质保证淬透性镇静钢为 45MnAH。

（四）工具钢

工具钢通常分为碳素工具钢、合金工具钢、高速工具钢三类。

1. 碳素工具钢

碳素工具钢牌号通常由四部分组成：

第一部分：碳素工具钢表示符号"T"。

第二部分：阿拉伯数字表示平均碳含量（以千分之几计）。

第三部分（必要时）：较高含锰量碳素工具钢，加锰元素符号 Mn。

第四部分（必要时）：钢材冶金质量，即高级优质碳素工具钢以 A 表示，优质钢不用字母表示。

例如：平均含碳量为 1.0%（质量分数）的高级优质碳素工具钢其牌号表示为 T10A。

2. 合金工具钢

合金工具钢牌号通常由两部分组成：

第一部分：平均碳含量小于 1.00%（质量分数）时，采用一位数字表示碳含量（以千分之几计）。平均碳含量不小于 1.00%（质量分数）时，不标明含碳量数字。

第二部分：合金元素含量，以化学元素符号及阿拉伯数字表示，表示方法同合金结构钢第二部分。低铬（平均铬含量小于 1%）合金工具钢，在铬含量（以千分之几计）前加数字"0"。

3. 高速工具钢

高速工具钢牌号表示方法与合金结构钢相同，但在牌号头部一般不标明表示碳含量的阿拉伯数字。为了区别牌号，在牌号头部可以加"C"表示高碳高速工具钢。

（五）易切削钢

1）以符号 Y 表示易切削钢，后而的数字为以万分之几计的平均含碳量。

2）加硫和加硫磷易切削钢牌号中不注明元素符号 S、P，含 Ca、Pb、Sn 元素的易切削钢，后面加这些元素符号。

3）含锰较高的易切削钢，在 Y 和含碳量数字后加 Mn，如 Y40Mn。

（六）合金结构钢和合金弹簧钢

通常由四部分组成：

1）以二位阿拉伯数字表示平均碳含量（质量分数，以万分之几计）。

2）合金元素含量，以化学元素符号及阿拉伯数字表示。具体表示方法为：合金元素的平均含量小于 1.50% 时，牌号中仅标明元素，一般不标明含量；平均含量为 1.50% ~ 2.49%、2.50% ~ 3.49%、3.50% ~ 4.49%、4.50% ~ 5.49% 时，在合金元素后相应写成 2、3、4、5。化学元素符号的排列顺序推荐按含量值递减排列。如果两个或多个元素的含量相等时，相应符号位置按英文字母的顺序排列。

3）钢材冶金质量，即高级优质钢、特级优质钢分别以 A、E 表示，优质钢不用字母表示。

4）（必要时）产品用途、特性或工艺方法表示符号。

合金弹簧钢的表示方法与合金结构钢相同，例如：碳含量为 0.56% ~ 0.64%、硅含量为 1.60% ~ 2.00%、锰含量为 0.70% ~ 1.00% 的优质弹簧钢钢，其牌号表示为 60Si2Mn。

（七）轴承钢

轴承钢分为高碳铬轴承钢、渗碳轴承钢、高碳铬不锈轴承钢和高温轴承钢等四大类。

1）高碳铬轴承钢，在牌号头部加符号"G"，但不标明碳含量。铬含量以千分之几计，其他合金元素按合金结构钢的合金含量表示。例如：平均铬含量为1.50%的轴承钢。其牌号表示为"GCr15"。

2）渗碳轴承钢，采用合金结构钢的牌号表示方法，仅在牌号头部加符号"G"。例如：平均碳含量为0.20%，铬含量为0.35%～0.65%，镍含量为0.40%～0.70%，钼含量为0.10%～0.35%的渗碳轴承钢，其牌号表示为"G20CrNiMo"。高级优质渗碳轴承钢，在牌号尾部加"A"。

3）高碳铬不锈轴承钢和高温轴承钢，采用不锈钢和耐热钢的牌号表示方法，牌号头部加符号"G"。例如，平均碳含量为0.95%，铬含量为18%的高碳铬不锈轴承钢，其牌号表示为G95Cr18。

（八）不锈钢和耐热钢

采用化学元素符号和表示各元素含量的阿拉伯数字表示。

1. 碳含量（质量分数）

1）用两位或三位阿拉伯数字表示碳含量最佳控制值（以万分之几或十万分之几计）。

2）只规定碳含量上限者，当碳含量上限不大于0.10%时，以其上限的3/4表示碳含量；当碳含量上限大于0.10%时，以其上限的4/5表示碳含量。

例如：碳含量上限为0.08%，碳含量以06表示；碳含量上限为0.20%，碳含量以16表示；碳含量上限为0.15%，碳含量以12表示。

3）对超低碳不锈钢（即碳含量不大于0.030%），用三位阿拉伯数字表示碳含量最佳控制值（以十万分之几计）。

例如：碳含量上限为0.030%时，其牌号中的碳含量以022表示；碳含量上限为0.020%时，其牌号中的碳含量以015表示。

4）规定上、下限者，以平均碳含量×100表示。

例如：碳含量为0.16%～0.25%时，其牌号中的碳含量以20表示。

2. 合金元素含量（质量分数）

1）合金元素含量以化学元素符号及阿拉伯数字表示，表示方法同合金结构钢第二部分。钢中有意加入的铌、钛、锆、氮等合金元素，虽然含量很低，也应在牌号中标出。

例如：碳含量不大于0.08%，铬含量为18.00%～20.00%，镍含量为8.00%～11.00%的不锈钢，牌号为06Cr19Ni10。

2）碳含量不大于0.030%，铬含量为16.00%～19.00%，钛含量为0.10%～1.00%的不锈钢，牌号为022Cr18Ti。

3）碳含量为0.15%～0.25%，铬含量为14.00%～16.00%，锰含量为14.00%～16.00%，镍含量为1.50%～3.00%，氮含量为0.15%～0.30%的不锈钢，牌号为20Cr15Mn15Ni2N。

4）碳含量为不大于0.25%，铬含量为24.00%～26.00%，镍含量为19.00%～22.00%的耐热钢，牌号为20Cr25Ni20。

（九）焊接用钢

焊接用钢包括焊接用碳素钢、焊接用合金钢和焊接用不锈钢等，其牌号表示方法是在各类焊接用钢牌号头部加符号"H"。例如："H08"、"H08Mn2Si"、"H1Cr19Ni9"。高级优质焊接用钢，在牌号尾部加符号"A"。

（十）铸钢

铸钢代号用"铸"和"钢"两字的汉语拼音的第一个大写正体字母"ZG"表示。当要表示铸钢的特殊性能时，可以用代表铸钢特殊性能的汉语拼音的第一个大写正体字母排列在铸钢代号的后面。

第二节　结　构　钢

在工业上用于各种工程结构和机械零件的钢，统称为结构钢。结构钢具有良好的塑性，通过热处理可得到具有一定强度和韧性的综合力学性能，因此在机械制造和工程建筑行业中应用最为普遍。结构钢中碳的质量分数一般在 0.10% ~ 0.70% 范围内，大多属于亚共析钢，通常在热轧或正火、调质状态下使用。

一、结构钢的分类

（一）按化学成分分类

按化学成分分为碳素结构钢和合金结构钢两大类别，常见的有低、中碳优质碳素结构钢和合金结构钢。

（二）按生产工艺和用途分类

按生产工艺和用途分类，结构钢分为冷变形钢、易切削钢、低合金钢、调质钢、贝氏体钢、渗碳钢、氮化钢、弹簧钢、轴承钢（俗称专用的结构钢）。

二、结构钢的金相检验

随着冷、热加工工序的不同，会出现各种显微组织，结构钢的金相检验内容主要为：鉴别各种状态的显微组织，评定晶粒度、非金属夹杂物、带状偏析、魏氏组织。

三、冷变形钢

在常温下可以进行冲压或拉拔工艺以制成零件或毛坯的钢材称为冷变形钢。冷变形方法主要有两种：冲压和拉拔，因此冷变形钢又可分成冷冲压用钢和冷拉结构钢两类。

（一）冷冲压用钢

冷冲压用钢包括两个系列，即深冲冷轧薄板系列和热轧钢板系列。

1. 深冲冷轧薄板

深冲冷轧薄板用于冲制形状复杂、受力不大、表面质量要求高的零件，如汽车外壳、器皿、器具等，主要牌号有08、08F、10等钢种。

典型的冷轧薄板显微组织形态为等轴或"饼形"的铁素体晶粒和均匀分布的颗粒状碳化物，图5-1和图5-2分别为08钢冷轧退火组织和10钢冷轧退火组织。其晶粒度评级标准是 GB/T 4335—2013《低碳钢冷轧薄板铁素体晶粒度测定法》，对于低碳低合金钢薄板亦可参照该标准。

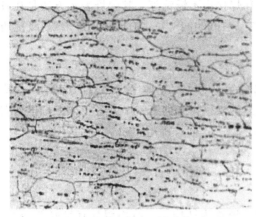

图 5-1　08 钢冷轧退火组织　500×　　　　　　　图 5-2　10 钢冷轧退火组织　500×

　　铁素体晶粒的形态、大小对冲压性能是有影响的，铁素体晶粒呈"薄饼"时，钢材经受的塑性变形应变值较大，冲压时能阻碍钢板厚度方向的变薄和破裂，故可以提高钢板的冲压性能。铁素体晶粒过细，冷冲压变形时易加工硬化，则冲压性能差，使冲模的寿命下降；晶粒粗大的钢板塑性较差，冲压时在变形较大的部位易产生裂纹，冲压性能恶化；当铁素体晶粒大小不均匀时，因大小不同的晶粒具有不同的延伸量，冲压时会由于较大的内应力而产生裂纹，同时使冲压表面显得粗糙不平呈橘皮状。所以在生产中对钢的晶粒度常做出限制。

　　由于游离渗碳体硬度很高，冲压时几乎不变形，所以低碳钢的冲压性能与游离渗碳体的形状、分布有密切关系，若游离渗碳体呈分散的点状、短链状时，对钢的冲压性能影响不大；若呈长链状或网状分布，则钢的冲压性能极坏，网络越完整影响越严重，甚至造成大量钢材报废。对不良分布的游离渗碳体可用正火来改善或消除。游离渗碳体评定按 GB/T 13299—2022《钢的游离渗碳体、珠光体和魏氏组织的评定方法》标准进行，评级图由 3 个系列各 6 个级别组成，根据游离渗碳体的形态分为 A 系列、B 系列、C 系列。A 系列是根据形成晶界渗碳体网的原则确定的，它以个别铁素体晶粒外围被渗碳体网包围部分的比率作为评定原则；B 系列是根据游离渗碳体颗粒构成单层、双层及多层不同长度链状和颗粒尺寸的增大原则来确定的；C 系列是根据均匀分布的点状渗碳体向不均匀的带状结构过渡原则确定的。

　　2. 热轧钢板

　　热轧钢板用于日用工业、锅炉、船舶、桥梁、高压容器等构件，常用牌号有 20、Q355、Q390 等钢种。

　　低碳钢板经热轧缓慢冷却后常出现铁素体和珠光体相间的带状组织，它使钢板呈现方向性，冲压时呈带状组织偏析分布的片状珠光体较铁素体难以发生塑性变形而致开裂。带状组织可用正火或先高温扩散退火后正火的方法消除，如果材料中变形硫化物数量较多，改善带状组织后对横向性能改善作用不明显。

　　低碳钢板由于热轧温度偏高或冷速不当会出现魏氏组织，其特征是铁素体呈针片状平行或交叉分布在珠光体基体上，因针片状铁素体有分割基体的作用，降低钢的冲压性能。一般碳的质量分数<0.15%的碳钢不易形成魏氏组织，魏氏组织可经适当的正火处理加以消除。

　　魏氏组织可按 GB/T 13299—2022《钢的游离渗碳体、珠光体和魏氏组织的评定方法》

标准进行评级，带状组织可按 GB/T 34474.1—2017《钢中带状组织的评定　第 1 部分：标准评级图法》进行评级，均选择最严重视场与标准中相应级别图比较后评定。带状组织试样磨面应为纵向，放大倍数为 100 倍。

（二）冷拉结构钢

冷拉结构钢是用优质碳素结构钢（如 08、10 钢）和合金结构钢的热轧钢在常温下拉拔而成的。冷拉结构钢的主要牌号有 15、25、45、15Mn 等。

1. 冷拉结构钢的显微组织特征

钢材经冷拉变形时，显微组织中等轴状的铁素体晶粒沿着变形方向延伸拉长变为非等轴晶粒，晶界面积也因晶粒的伸长变扁而增大，晶内出现滑移线条，当变形量很大时，铁素体晶粒被拉成纤维状，晶界处如有珠光体也被拉成长条状，其中渗碳体不易变形而破碎，形成冷加工纤维组织。典型图片见图 5-3。

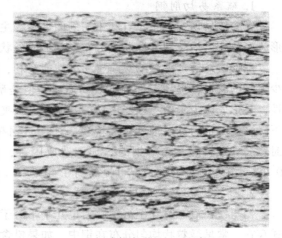

图 5-3　10 钢冷拉变形 70% 后组织　500×

2. 冷拉结构钢的金相检验

1）冷拉结构钢金相检验按 GB/T 3078—2019《优质结构钢冷拉钢材》标准中的规定执行，主要包括：断口、低倍组织和缺陷、脱碳层、非金属夹杂物、晶粒度、带状组织等检验项目。

2）断口检验按 GB/T 1814—1979《钢材断口检验法》进行检验。

3）低倍组织和缺陷按 GB/T 226—2015《钢的低倍组织及缺陷酸蚀检验法》、GB/T 1979—2001《结构钢低倍组织缺陷评级图》进行检验。

4）脱碳层按 GB/T 224—2019《钢的脱碳层深度测定法》进行检验。

5）非金属夹杂物按 GB/T 10561—2005《钢中非金属夹杂物含量的测定　标准评级图显微检验法》进行检验。

6）铁素体晶粒度按 GB/T 4335—2013《低碳钢冷轧薄板铁素体晶粒度测定法》进行检验，也可按 GB/T 6394—2017《金属平均晶粒度测定方法》进行检验。

7）带状组织按 GB/T 34474.1—2017《钢中带状组织的评定　第 1 部分：标准评级图法》进行检验。

3. 冷变形钢材热处理后的组织和性能

（1）回复阶段　将经过冷变形的钢材加热到低于再结晶温度（约 650℃），保温一定时间并缓慢冷却，这时钢中的内应力基本消除，但显微组织及力学性能无太大变化，仍保留加工硬化现象。

（2）再结晶阶段　当温度升到再结晶温度以上，保温一定时间，这时钢发生再结晶现象，原先被拉长或压扁的铁素体晶粒变为等轴晶粒，而渗碳体发生球化，此时金属的各种性能恢复到变形前的状况。

（3）聚合再结晶　再结晶退火一般得到细而均匀的等轴晶粒，但如果加热温度过高或保温时间过长，则再结晶的晶粒又会发生长大且粗化，晶界将会平直，材料的冲击韧性下降。

四、易切削钢

在普通的结构钢中加入硫、磷、钙、铅等合金元素，使其形成某种易切削的夹杂物，从而改善钢的切削性能，这种钢称为易切削钢。易切削钢用代号"Y"表示，主要牌号有 Y12、Y15、Y40Mn、Y45Ca、YT12Pb 等。

（一）易切削钢的分类

根据钢中所形成夹杂物的形态特征，易切削钢又分为硫系易切削钢、铅系易切削钢和钙系易切削钢。

1. 硫系易切削钢

在含硫易切削钢中，有利于切削的夹杂物主要为硫化锰，硫化锰在钢锭中呈球形或纺锤形，经热轧后沿轧制方向断续分布，并形成条状或拉长的纺锤形。

球形或纺锤形夹杂物对改善切削性能有利，硫化锰夹杂物硬度低，具有润滑作用，能减少刀具的磨损，提高工件加工表面质量；但是硫化锰夹杂物的存在，破坏了钢的整体连续性，易形成应力集中，削弱了钢的基体强度，夹杂物沿压延方向分布，致使横向塑性和韧性下降，疲劳抗力和耐蚀性也有降低，还使得钢在切削加工时切屑不连续。钢中硫含量过高时，会导致热脆性，对钢的热加工造成困难，恶化钢的力学性能。通常硫的质量分数为 0.08%~0.30%，有的情况可提高到 0.40%。

2. 铅系易切削钢

铅与铁在液态时互不溶解，铅也几乎不溶于固态铁中，铅在钢中以单相或铅夹杂物的形式存在，常呈微粒状均匀分布在钢中，如果铅含量过高，易形成大颗粒以及出现铅的成分偏析，钢在热加工时可使铅和铅夹杂物变成或分裂成更细的颗粒。

铅微粒在钢中均匀分布，割裂基体，但对改善切削性能极为有利，与不含铅的同种钢相比，含铅钢的切削性能提高 20%~50%，特别是对其表面粗糙度的改善，比其他元素的易切削钢更佳，而且力学性能和热处理特性基本不受影响；此外加铅对冷、热加工性能和焊接性也无影响，并易因相对密度大而使钢锭产生比重偏析；铅有毒，生产过程中产生铅蒸气所造成的公害难以解决。

铅系易切削钢可用表 5-1 中列出的化学试剂浸蚀来识别铅颗粒和基体组织。浸蚀后在明场下观察，铅呈黄褐色；在暗场下铅呈黄色或橙黄色。如果浸蚀时间过长或冲洗力过大，则在显微镜下观察到铅粒呈黄色环状（中心成黑色圆形小坑），这是铅被腐蚀掉的结果。

表 5-1　显示钢中铅的试剂

编号	无水乙醇	碘化钾（分析纯）	甘油	硝酸（分析纯）	浸蚀效果
1	100mL	2.5g	5mL	0.8mL	观察铅
2	100mL	3.0g	6mL	1mL	显示铅颗粒及基体组织

3. 钙系易切削钢

一般钙系易切削钢中只加入质量分数为 0.001%~0.006%的钙，钙系易切削钢中的夹杂物主要是钙铝硅酸盐、氧化物；钙硫系复合易切削钢中的夹杂物为钙铝硅酸盐与（Ca，Mn）S 的共晶混合物，呈链条状分布，在明场下呈蓝灰色，在偏光下各向同性。

钙铝硅酸盐夹杂物熔点 1300℃~1600℃，可大大改善高速切削性能，高速切削时能防止刀具磨损，并生成有保护作用的保护膜，使刀具寿命延长；在钙系易切削钢中钙铝硅酸盐夹杂物数量相对比硫系少，所以热处理后性能良好。

（二）易切削结构钢的金相检验

易切削结构钢的金相检验主要包括：表面质量、低倍组织、显微组织等。

1. 表面质量要求

对于热轧条钢和盘钢表面不得有裂纹、折叠、撕裂和结疤；对于冷拉条钢和钢丝表面必须干净、平滑光亮或无光泽，不得有裂纹、结疤、夹杂、发纹、折叠、气孔、氧化皮。

2. 低倍组织

在横向酸蚀试片上不得有肉眼可见的缩孔、气泡、夹杂、裂纹；评定低倍组织级别时，一般疏松和偏析均不应超过 3 级。

3. 显微组织

低碳易切削钢基体组织应为铁素体和粗片状珠光体或冷拔变形的铁素体和珠光体；中碳易切削钢基体组织应为部分球化珠光体组织；高碳易切削钢基体组织应为完全球化珠光体组织，以利于提高切削性能。

五、低合金钢

（一）低碳低合金钢

低碳低合金钢是在低碳的碳素钢基础上加入少量合金元素（一般 $w \leqslant 3\%$）而获得高强度（特别是屈服强度）、高韧性和良好的可焊性及其他特殊性能（如耐磨、耐腐蚀、耐低温等性能）的钢种。由于低碳低合金钢冶炼、轧制与低碳碳素钢相同，生产工艺简单，成本低、性能好，现已大量用于建筑结构、混凝土钢筋、桥梁、车辆、船舶、压力容器、水利工程、电力设备等方面。

1. 低碳低合金钢的分类

根据低碳低合金钢热处理后的组织分为铁素体和珠光体型钢、贝氏体型钢、马氏体型钢三种类型。

（1）铁素体和珠光体型钢　这类钢的屈服强度为 300MPa～600MPa，大多数在热轧状态使用，或正火及正火加回火状态使用。显微组织中铁素体晶粒的大小、形态对钢的冲击韧性、脆性转折温度有重大影响，均匀细小、等轴的铁素体晶粒配合适当的细片状珠光体是最有利的。15MnV、16MnR、09MoNb 属于这种类型。

铁素体和珠光体型钢的基本组织为铁素体+珠光体，金相检验的重点是晶粒大小、两相组织比例、珠光体片间距、铁素体形态分布，包括晶内铁素体分布和数量等。

（2）贝氏体型钢　这类钢一般能在热轧态下直接冷却得到贝氏体，故常在热轧态使用，或在正火及正火加回火状态得到以贝氏体为主的显微组织结构。使用状态的组织为贝氏体或贝氏体+少量铁素体。通常奥氏体化以后可采用炉冷、空冷或模冷等方式。常用的材料牌号有 18Mn2CrMoBA 等。

根据组织特征，低碳低合金贝氏体钢中的贝氏体又分为粒状贝氏体、条状贝氏体、羽毛状贝氏体。粒状贝氏体是在白色块状铁素体基体上分布很多颗粒状第二相，颗粒分布无规则，形状一般不为圆形，常呈任意状或条状；条状贝氏体是在针状相内存在短杆状碳化物；羽毛状贝氏体即上贝氏体，是由相互平行排列的羽毛状铁素体条和在铁素体条之间分布的碳化物构成，贝氏体形貌见 5-4。

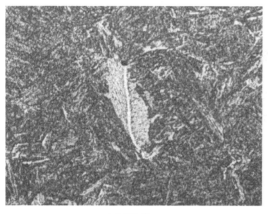

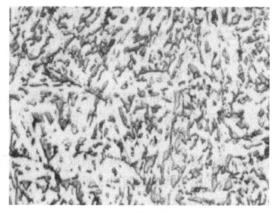

a) 上贝氏体   b) 粒状贝氏体

图 5-4 贝氏体形貌

（3）马氏体型钢 低碳马氏体钢是在低碳钢的基础上（碳的质量分数为 0.15% ~ 0.25%），加入 Cr、Mn、Mo、Ti、B、V、Ni 等合金元素，使钢的淬透性得到提高，淬火后能得到低碳板条马氏体为主的组织而使钢强化，通常是在 Ac_3 以上 30℃~50℃ 淬火后，在 200℃ 低温回火状态下使用，使工件具有良好的韧性和可加工性、耐磨性，因此近年来在矿山、汽车、石油、机车车轮及起重机械制造业得到广泛应用。代表牌号有 20Cr、20Mn、20CrMo、20MnV、20CrMnSi、20SiMnVB、20MnTiB、18Cr2Ni4W、25Cr2Ni4W、15MnVB 等。

2. 低碳低合金钢的金相检验

低碳低合金钢的金相检验包括原材料组织、带状组织、魏氏组织、低倍组织、宏观断口、热处理后组织检验等。

（1）原材料金相检验 正常情况下原材料供货为退火态，组织应为等轴铁素体+细片状珠光体组织，球化退火组织应为粒状珠光体。魏氏组织按 GB/T 13299—2022《钢的游离渗碳体、珠光体和魏氏组织的评定方法》进行检验，带状组织按 GB/T 34474.1—2017《钢中带状组织的评定 第 1 部分：标准评级图法》进行检验，钢中非金属夹杂物按 GB/T 10561—2005《钢中非金属夹杂物含量的测定 标准评级图显微检验法》进行检验，晶粒度按 GB/T 6394—2017《金属平均晶粒度测定方法》进行检验，脱碳层按 GB/T 224—2019《钢的脱碳层深度测定法》进行，低倍组织和缺陷的酸蚀试验按 GB/T 226—2015《钢的低倍组织及缺陷酸蚀检验法》、GB/T 1979—2001《结构钢低倍组织缺陷评级图》进行检验，宏观断口按 GB/T 1814—1979《钢材断口检验法》进行检验。

（2）淬火组织检验 淬火组织应在淬火后检验欠热、过热、欠淬透情况。

（二）低合金高强度钢

低合金高强度钢是在普通低碳钢的基础上加入少量 V、Nb、Ti、Cr、Ni、Al 等合金元素，一般情况下是在热轧、控轧状态下或进行正火、正火+回火及淬火+回火处理后使用，相比普通碳素结构钢具有更高的强度（特别是屈服强度）和足够的塑性、韧性，有良好的焊接性能、耐蚀性和低的冷脆转变温度。工程用钢和一般结构用钢板、钢带、钢棒及型钢等都采用低合金高强度钢，例如：桥梁、船舶、锅炉、管道、起重设备、矿山机械等，代表牌号有 GB/T 1591—2018《低合金高强度结构钢》标准中设立的 Q355、Q390、Q420、Q460 等牌号及 GB/T 16270—2009《高强度结构用调质钢板》标准中设立的 Q460、Q500、Q550、

Q620、Q690、Q800、Q890、Q960 共 8 个牌号。

低合金高强度钢主要进行疏松、偏析、气孔、白点等低倍组织检验。

六、调质钢

调质钢是指采用调质处理（淬火+高温回火）的中碳优质碳素结构钢和合金结构钢，调质后得到回火索氏体组织，这类钢要求具有较高的综合力学性能，用于制造在动载荷或各种复合应力下工作的零件。如：车床主轴、传动轴、连杆、齿轮等，代表钢号有 45、40Cr、30CrMnSi、40CrNiMo、40CrMnMo 等。

调质钢的金相检验有原材料组织检验、表面脱碳层检验、淬火回火组织检验、过热和过烧检验。

（一）原材料组织检验

原材料应进行晶粒度、显微组织检验，在工件淬火前进行，理想的组织应为细小均匀的铁素体加珠光体，这样才能保证淬火后获得细小的马氏体。

（二）表面脱碳层检验

表面脱碳层检验是为了检查热处理加热时表面脱碳情况，防止淬火时出现"软点"，回火后硬度不足造成零件耐磨性和疲劳强度下降，可按 GB/T 224—2019《钢的脱碳层深度测定法》进行。

（三）淬火回火组织检验

淬火组织检验是保证回火后得到预想的力学性能，正常淬火组织应为板条马氏体和针片状马氏体，见图 5-5、图 5-6。如果淬火加热温度过低，保温时间不足，奥氏体未均匀化，工件淬火后的组织中会出现未溶的铁素体；如果淬火加热温度过高，保温时间过长，淬火后马氏体针粗大。淬火后辅助不同温度回火可以得到所需的组织和性能，低温回火应得到以回火马氏体为主的组织，中温回火应得到以回火屈氏体为主的组织，高温回火（即调质处理）应得到以回火索氏体为主的组织。

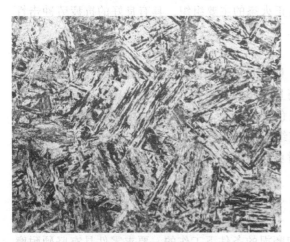
图 5-5　板条马氏体组织　500×

图 5-6　针片状马氏体组织　500×

（四）过热和过烧检验

过热一般是指金属加热温度过高引起的缺陷，有可能出现在零件锻造和热处理加热过程中，锻造过热不仅奥氏体晶粒粗大，还会使晶界低熔点的共晶体发生溶解，待锻件冷却后沿奥氏体晶界析出，造成"热脆性"；热处理加热引起的过热，在金相检验时往往表现为显微组织粗大，在淬火组织中表现为马氏体针粗大，位向明显；在正火组织中奥氏体晶粒过分粗大，对于亚共析钢和过共析钢还会出现魏氏组织，图 5-7 为 45 钢魏氏组织形貌。

当钢加热到更高温度，接近液相线时会出现过烧现象，造成显微组织十分粗大，魏

图 5-7　45 钢魏氏组织　60×

氏组织呈规则的几何图案花样（三角形、平行四边形等），有时会出现奥氏体晶界局部熔化或晶界发生氧化的现象，锻造时将产生沿晶裂纹，在锻件上出现龟裂状裂纹。

七、贝氏体钢

贝氏体钢是在中低碳结构钢的基础上加入 B、Mo 及 Mn、W、Cr 等合金元素，显著推迟珠光体转变，促进和突出贝氏体转变，降低 Ms 点，使钢在奥氏体化后较大的连续冷却范围内可以得到贝氏体为主的组织。贝氏体钢按碳的含量高低可分为低碳贝氏体钢（同贝氏体型钢）、中碳贝氏体钢和高碳贝氏体钢。

（一）贝氏体钢的热处理

贝氏体钢的供货为退火状态，组织为粒状珠光体；最终热处理是奥氏体化以后，采用炉冷、空冷或模冷，得到以贝氏体为主的组织，但随冷却速度不同，也可能出现下贝氏体、板条状马氏体和无碳贝氏体。其中无碳贝氏体是铁素体和富碳奥氏体（约占体积分数的 30%，其含碳的质量分数可达 1.5%）组成的条片相间的贝氏体组织，在相内和相外均无碳化物析出。无碳贝氏体是中碳贝氏体钢 ZK55SiMnMo 正火态的主要组织，具有良好的抗疲劳冲击性能，回火分解温度为 400℃。

（二）贝氏体钢的金相检验

贝氏体钢热处理后有可能得到下贝氏体、板条状马氏体、无碳贝氏体组织。

下贝氏体和板条状马氏体均为板条状，而且是相间排列的，光学显微镜下不易区分；无碳贝氏体中的奥氏体可以用染色法显示，染色剂成分为：亚硫酸钠 2g、冰醋酸 2mL、水 50mL。操作时先用 3% 硝酸酒精溶液浸蚀，使组织清晰，再浸入染色剂中 1min～2min，清水冲洗、烘干，冲洗和烘干时要避免碰擦。这时奥氏体保持明亮、呈天蓝色的块状，铁素体呈棕色。

八、渗碳钢

有些零件是在承受强烈的冲击载荷作用和磨损的条件下工作的，要求零件具有坚硬耐磨的表面和柔韧适当的心部，通过渗碳、碳氮共渗后进行淬火及低温回火来达到应用要求。最常见的是变速齿轮、内燃机凸轮、活塞销等零件渗碳，目的是提高其表面的耐磨性和疲劳强度。渗碳钢碳的质量分数一般为 0.1%～0.25%，以保证心部具有足够的塑性和韧性。主要

添加元素为 Cr、Mn、Ni，它们的主要作用是提高钢的淬透性，从而提高心部的强度和韧性；辅加元素为 W、Mo、V、Ti 等强碳化物形成元素，这些元素通过形成稳定的碳化物来细化奥氏体晶粒，同时还能提高渗碳层的耐磨性。代表钢号有 15、20Cr、20CrMnTi 等。

渗碳后的热处理通常采用直接淬火加低温回火，但对渗碳时易过热的钢种如 20、20Mn2 等，渗碳后须先正火，以消除晶粒粗大的过热组织，然后再淬火和低温回火。淬火温度一般为 Ac_1 以上 30℃~50℃。使用状态下的组织为：表面是高碳回火马氏体+颗粒状碳化物+少量残余奥氏体，硬度达 58HRC~62HRC，心部是低碳回火马氏体+铁素体（淬透）或铁素体+屈氏体（未淬透）。

渗碳钢主要进行渗碳层深度、表层硬度及渗碳组织检验，检验方法详见第四章第四节。

渗碳层常见缺陷有：渗碳层表面贫碳、脱碳；粗大的网状碳化物和针状碳化物；得到非马氏体组织；心部出现过多的游离铁素体。

九、渗氮钢

当一些大、中型齿轮零件要求零件表面具有极高的硬度，很高的耐磨性和耐蚀性、抗啮合性和疲劳强度，极小的热处理变形时，可采用渗氮处理工艺，有气体渗氮、离子渗氮、低温碳氮共渗（软氮化）。适合渗氮处理的钢材称为渗氮钢，代表钢号有 40Cr、35CrMo、38CrMoAl 等。

渗氮工艺温度比较低，渗氮后不需要淬火，工件变形极小；最大的缺点是工艺时间太长，某些钢种氮化后表面脆性较大，因而在一定程度上限制了它的使用。

渗氮处理后的零件主要检测渗氮层深度、组织和表层硬度，检验方法详见第四章第四节。

十、弹簧钢

弹簧钢是专门用于制造各种弹簧或要求弹性变形能力、减缓振动和冲击作用、较高疲劳强度零件的专用结构钢，如：汽阀弹簧、仪表弹簧、高压油泵柱塞簧等，代表钢号有 65、65Mn、60Si2Mn、60Si2CrV、60CrMn 等。

根据弹簧类零件的工作特点，弹簧钢应具备以下性能。

1) 必须具有很高的弹性极限，确保弹簧工作时有很大的弹性变形能力。

2) 承受周期性的交变载荷作用，应有较高的疲劳强度。

3) 要有足够的塑性和韧性及良好的表面质量。

（一）弹簧钢分类

按照化学成分来分，弹簧钢主要有碳素弹簧钢和合金弹簧钢两大类，碳素弹簧钢碳的质量分数为 0.6%~1.05%；合金弹簧钢的碳质量分数为 0.4%~0.74%；弹簧钢加入的合金元素主要有 Si、Mn、Cr、V、W 等。

按照供货状态来分，弹簧钢又分为热轧弹簧钢和冷拉弹簧钢。

（二）弹簧钢的制造工艺及热处理特点

弹簧的制造工艺多种多样，但其成形工艺主要分为冷成形和热成形两种。

冷成形工艺中，弹簧的制作主要采用油淬火+中温、铅浴韧化热处理或冷拔强化等。采用这类材料制造弹簧的工艺过程中一般不再进行专门的强化热处理，只需要进行去应力退火。

热成形工艺中，弹簧的制作主要采用热轧材料、退火材料或退火冷拔材料等。采用这类材料制造的弹簧需要再进行淬火和回火强化热处理，得到回火屈氏体组织，图5-8为60Si2Mn钢淬火回火后的屈氏体组织形貌。此时弹簧具有很高的弹性极限与屈服强度，同时又有足够的韧性和塑性。

图 5-8　60Si2Mn 钢淬火回火后的屈氏体组织　500×

（三）弹簧钢的金相检验

弹簧钢的金相检验内容主要有表面脱碳、显微组织、非金属夹杂物和游离石墨碳检验等。

1. 表面脱碳层检验

弹簧类零件对表面质量要求很高，对表面脱碳的控制也十分严格，弹簧表面脱碳会降低零件疲劳强度和使用寿命，一般脱碳层深度是根据材料的直径或厚度的百分数来确定的，而且冷拉材料的检验要比热轧材料严格，表面脱碳检验按照 GB/T 224—2019《钢的脱碳层深度测定法》进行。

2. 显微组织检验

显微组织检验包括原材料检验、预备热处理检验（球化退火等）和最终热处理检验。弹簧钢的检验可参照 JB/T 10591—2007《内燃机　气门弹簧　技术条件》、JB/T 9129—2000《60Si2Mn 钢螺旋弹簧　金相检验》进行。

3. 非金属夹杂物检验

弹簧钢的材质要求高于一般工业用钢，要严格控制材料的内部缺陷，非金属夹杂物的存在容易引起应力集中并形成裂纹源，对材料的强度、韧性和疲劳极限影响很大，因此弹簧钢要求纯净度高，非金属夹杂物少，表面质量高。非金属夹杂物检验按照 GB/T 10561—2005《钢中非金属夹杂物含量的测定　标准评级图显微检验法》进行。

4. 游离石墨碳检验

弹簧钢的含碳量比调质钢高，主要添加的合金元素是硅，它可以显著提高材料的屈服强度，如果热处理操作不当，使碳易于石墨化，即分解出游离石墨，会严重降低钢的塑性，出现黑脆断口，这种缺陷不能用热处理和热加工方法改善和消除，因此弹簧钢对于石墨碳是严格控制或不允许的，石墨碳检验按照 GB/T 13302—1991《钢中石墨碳显微评定方法》进行。

第三节　轴　承　钢

轴承钢用于制造各类滚动轴承、套圈和滚动体，是制造转动部件不可缺少的重要钢种。对轴承钢材料的一些基本要求是：要有高的接触疲劳强度、高的硬度和耐磨性、良好的冲击韧性和断裂韧性、良好的尺寸稳定性、良好的冷热加工性等。轴承钢是一种专用的结构钢，碳的质量分数约 1%（0.95%～1.10%），添加的合金元素主要有铬（质量分数 0.60%～1.50%），铬是影响碳化物形成元素，增加钢的淬透性，并使碳化物呈均匀而细密的分布，使轴承钢的硬度和耐磨性得到提高。此外，还加入 Mn、Mo、V、Si、Ni、W 等，改善其他性能。轴承钢的特点是承受高速、交变的运动载荷，还要适应各种不同环境条件和特定的性能要求，如耐低温、耐高温、耐冲击、耐腐蚀、耐磨损、防磁性等。

基于轴承钢的性能要求较高，因此对冶金质量的控制比一般工业用钢更严格，检测项目也较多，其中纯净度和均匀性是各类轴承钢冶金质量要求的两大基本特征，对于纯净度方面的要求是减少杂质和有害元素含量，即控制夹杂物数量和 S、P 含量及钢中气体含量；对于均匀性方面的要求就是化学成分均匀一致，减少组织偏析，保证碳化物的均匀度，严格控制碳化物液析的级别，带状、网状、大颗粒碳化物的级别。

一、轴承钢的分类

（一）按含铬元素分类

铬轴承钢，代表钢号有 GCr15、GCr15SiMn 等。

无铬轴承钢，代表钢号有 GSiMnV、GMnMoV、GSiMnMoV 等，虽然主要性能不亚于铬轴承钢，但耐蚀性、切削加工性相对较差，淬火温度范围较窄。

（二）按用途分类

（1）高碳铬轴承钢　高碳铬轴承钢以 GCr15、GCr15SiMn 为代表，是轴承钢中应用最为普及的系列，其中 GCr15 是世界各国广泛采用、用量最大的轴承用钢，该钢合金含量不高，综合性能好，热处理后的组织比较均匀稳定，接触疲劳强度和硬度高，耐磨性好，具有良好的尺寸稳定性和耐蚀性，但是对形成白点敏感性大，可焊性差，淬透性也不能满足大型轴承零件的需要；加入适量的 Si、Mn、Mo 等元素可进一步提高淬透性。

（2）渗碳轴承钢　渗碳轴承钢主要有 25、15Mn、G20CrMo、G20Cr2Ni4；具有很好的耐磨性和抗冲击性能，用于制造轴承套圈、滚动体和汽车、拖拉机、轧机、铁路轴承。

（3）不锈轴承钢　不锈轴承钢以 9Cr18、102Cr17Mo 为代表，有时也选用奥氏体不锈钢和沉淀硬化不锈钢，适用于制造在腐蚀性环境和低温条件下工作的套圈、滚动体。

（4）高温轴承钢　高温轴承钢有 Cr4Mo4V、W18Cr4V、W6Mo5Cr4V2；一般用在长期服役于 315℃～425℃高温条件的轴承零件。

（5）防磁轴承钢　防磁轴承钢有 70Mn15Al3Cr2V2WMo 等。

二、铬轴承钢的热处理

铬轴承钢热处理工艺主要有退火、正火、淬火、冷处理、回火、附加回火。

（一）退火

轴承钢退火目的是为最终热处理做组织准备，常采用普通球化退火和等温球化退火两种工艺，有时为了消除应力，也可采用去应力退火、低温退火工艺。

（1）普通球化退火　普通球化退火加热温度 780℃～810℃、保温 3h～6h，以每小时小于 20℃ 的冷速冷却到 720℃ 后保温 2h～4h，再用相同的冷速冷却到 650℃ 出炉，可得到粒状珠光体组织。

（2）等温球化退火　等温球化退火加热温度 780℃～810℃、保温 3h～6h，在 690℃～720℃ 的温度范围等温 2h～4h，显微组织为球化组织，即粒状珠光体组织，硬度为 197HBW～207HBW。

（3）去应力退火　去应力退火加热温度 400℃～670℃、保温 4h～8h 后空冷。

（4）低温退火　低温退火加热温度 670℃～720℃、保温 4h～8h 后空冷。

（二）正火

正火目的是细化组织、消除和减少网状碳化物及过热零件的返修，用于细化组织时加热温度为 870℃～890℃；用于消除和减少网状碳化物时加热温度为 900℃～950℃；用于过热零件的返修时加热温度为 880℃～900℃。

（三）淬火

淬火加热温度为 830℃～860℃，多在油中冷却，一般采用分级淬火和等温淬火。

分级淬火适用于厚度较小、变形要求严格的零件，分级温度通常选用 120℃～160℃，停留时间为 2min～5min，分级后在 30℃～60℃ 的油中冷却，或直接空冷；等温淬火在 130℃～135℃ 油中等温 25h～100h。淬火组织为隐针马氏体或细针状马氏体+均匀分布的细小碳化物+残留奥氏体，硬度为 62HRC～66HRC。

（四）冷处理

对于尺寸精度要求高的轴承及配合件，淬火冷却后要在 −78℃～−50℃ 的温度下进行 1h～2h 的冷处理，进一步减小残留奥氏体量，然后置于空气中，之后再回火，磨削后还要在 120℃～140℃ 下进行长时间的时效处理。

（五）回火

淬火零件冷却到室温后应进行低温回火，回火温度一般为 150℃～180℃，回火后硬度可达 61HRC～65HRC，显微组织是极细的回火马氏体基体上均匀分布着细小碳化物颗粒，并有少量残留奥氏体。

（六）附加回火

为了消除零件在磨削加工时产生的应力，进一步稳定尺寸，对大型、重要轴承及精密轴承均应在磨削后进行附加回火，选择在 120℃～150℃ 的温度下保温 3h～6h 后空冷。

三、铬轴承零件的代表工艺及显微组织

铬轴承零件的代表工艺采用退火+淬火+低温回火。

（一）退火

可采用普通球化退火或等温球化退火，退火组织应为粒状珠光体，对退火组织评定时，要正确反映显微组织属于正常、过热或欠热。图 5-9～图 5-11 分别为球化退火后的正常组织、欠热组织和过热组织。

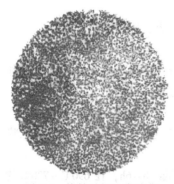  

图 5-9　铬轴承钢正常球化
退火组织　500×

图 5-10　铬轴承钢球化
欠热组织　500×

图 5-11　铬轴承钢球化
过热组织　500×

（二）淬火

淬火可采用分级淬火或等温淬火，分级淬火冷却方式多采用油或盐碱等淬火介质冷却；等温淬火后可采用空冷。

（三）低温回火

低温回火温度采用150℃左右。最终热处理后组织检验要在淬火+回火以后进行。理想的淬火+回火后的组织应为：极细的回火马氏体基体上均匀分布着细小碳化物颗粒+少量残余奥氏体。可以在淬火+回火后按 JB/T 1255—2014《滚动轴承 高碳铬轴承钢零件　热处理技术条件》对组织进行检查，检查内容为：马氏体针粗细；碳化物颗粒；残余奥氏体数量。

四、轴承钢的基本检测项目

轴承钢的检测项目有低倍组织、非金属夹杂物、碳化物不均匀度、脱碳层深度、各种热处理状态显微组织。

（一）低倍组织检测

轴承钢表面不得有裂纹、折叠、拉裂、结疤、夹杂及其他有害的缺陷；低倍酸蚀后不得有缩孔、疏松、白点、气泡、裂纹、粗大的非金属夹杂物，对中心疏松、一般疏松和偏析等检验项目也做出了限定级别的规定。

（二）非金属夹杂物检测

非金属夹杂物的存在破坏了金属基体的连续性，引起应力集中，在反复应力作用下会导致疲劳破坏，因此轴承钢要严格控制夹杂物的数量、大小、分布等。非金属夹杂物评定时一般经淬火回火后放大100倍观察，评定方法和评级图按 GB/T 10561—2005《钢中非金属夹杂物含量的测定　标准评级图显微检验法》标准进行。

（三）碳化物不均匀度检测

碳化物不均匀度检测包括碳化物液析、碳化物带状、碳化物网状，这三项检测前试样均应进行预处理，工艺为840℃淬火+150℃回火。

碳化物液析：钢锭凝固时由于液相中碳及合金元素富集达到了产生亚稳定莱氏体共晶的程度而析出的碳化物，在热加工时被压碎并沿轧制方向呈条带状分布。由于这种碳化物是液态偏析引起的，所以称为液析碳化物，其成分是含铬的渗碳体和少量碳化物组成。检测时应磨制纵向面。图5-12为典型碳化物液析形貌。

碳化物带状：钢锭在凝固过程中选择结晶（高熔点元素先结晶）而造成碳和铬的成分偏析，在锻轧时沿变形方向排列而成，其成分是含铬的渗碳体。检测时应磨制纵向面。图5-13为典型碳化物带状形貌。

碳化物网状：在锻轧热加工后的冷却过程中，由于碳在奥氏体中溶解度降低，过饱和的碳以碳化物的形式沿奥氏体晶界呈网状析出，检测时应磨制横向面。图5-14为典型碳化物网状形貌。

（四）脱碳层深度检测

轴承钢零件表面脱碳将引起表面硬度降低，严重影响轴承的耐磨性和接触疲劳寿命，应严格控制。经球化退火的轴承钢脱碳表现为表面碳化物粒度减小，数量减少，严重者无碳化物颗粒，并伴有片状珠光体出现。

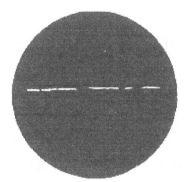  

图 5-12　典型碳化物　　　　图 5-13　典型碳化物　　　　图 5-14　典型碳化物
液析形貌　100×　　　　　带状形貌　100×　　　　　网状形貌　500×

（五）不同热处理状态显微组织检测

（1）退火球化组织　由于退火前组织的不均匀性和热处理工艺条件的影响，退火后将得到不同形态及分布的珠光体组织，理想的退火组织应为均匀分布的细粒状珠光体。

（2）淬火马氏体组织　淬火得到隐针马氏体或细针状马氏体及均匀分布的细小碳化物，对耐磨性和使用寿命是有益的；若淬火温度过高，马氏体组织粗大，残余奥氏体增多，未溶碳化物过少，形成过热组织，对零件的硬度和耐磨性有严重的影响；若淬火温度过低，则出现非马氏体组织——屈氏体，同时马氏体含碳量偏低，未溶解碳化物数量过多，也使零件强度和疲劳寿命降低；因此检验淬火马氏体形态是非常必要的。

（3）回火马氏体组织　与淬火马氏体组织评定相同，回火马氏体组织级别也是按马氏体的粗细程度、淬火屈氏体数量、残余奥氏体多少、碳化物分布状况等作为评级依据的。

淬火马氏体、回火马氏体中出现的屈氏体可根据不同形状、大小、数量进行评级；碳化物可根据网的厚薄、封闭程度、大小进行分级。

第四节　工　具　钢

工具钢常用来制造各种加工工具，如铣刀、滚刀、丝锥、钻头、车刀等，也可用于制造承受冲击负荷的各类模具，如冲模、压模、拉丝模等，还可用于卡尺、量规等量具的制造。因用途不同，其化学成分和性能要求不同，工具钢都具有较高的含碳量，加入的合金元素主要是使钢具有高硬度和高耐磨性的碳化物形成元素，如铬、钨、钼、钒等，有些情况为了提高淬透性，减小热处理的变形量，增加钢的回火稳定性，也加入一些锰、硅；工具钢均为优质钢或高级优质钢。

一、工具钢的分类

（1）按化学元素分类　工具钢按化学成分可分为碳素工具钢、合金工具钢和高速工具钢三类。

（2）按用途分类　按用途可分为刃具钢、模具钢和量具钢。

二、碳素工具钢

(一) 成分及性能特点

碳素工具钢是含碳量较高的钢，其碳的质量分数在 0.65%～1.35% 之间。依杂质含量不同，可分为优质碳素工具钢（如 T8、T10）和高级优质碳素工具钢（如 T8A、T10A）两大类。碳素工具钢的优点是容易锻造和切削加工，而且价格便宜；缺点是只有碳作为合金元素，钢的热硬性较差，而且因为碳素工具钢淬透性差，淬火变形和开裂倾向大，这类钢的使用受到限制，一般只用于制作低速切削的刃具、手工刀具和形状简单的冷冲模等，如锉刀、铰刀、丝锥、板牙等。

(二) 热处理工艺及显微组织特点

碳素工具钢热加工过程一般都要经过锻造退火、球化退火、淬火+回火处理。

（1）锻造退火组织　碳素工具钢锻造加工后的退火状态大多为过共析钢组织，由片状珠光体和网状渗碳体所组成，组织形貌见图 5-15。

（2）球化退火组织　为了淬火、回火后获得细马氏体和颗粒状渗碳体，碳素工具钢锻造后必须进行球化退火，消除网状渗碳体并使片状渗碳体球化得到粒状珠光体组织，组织形貌见图 5-16，既降低硬度利于切削加工，也可为淬火做好组织准备。

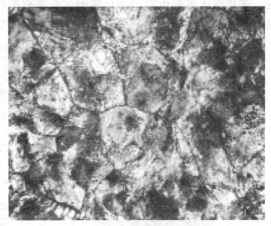

图 5-15　T12 钢锻造退火组织　500×

（3）淬火+回火组织　为了保证工具的硬度和耐磨性，碳素工具钢需要进行淬火+低温回火处理，正常回火组织为回火马氏体、少量碳化物和残余奥氏体，组织形貌见图 5-17。

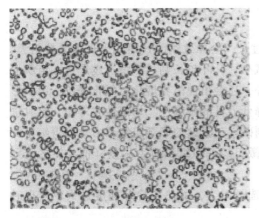

图 5-16　T12 钢球化退火组织　500×

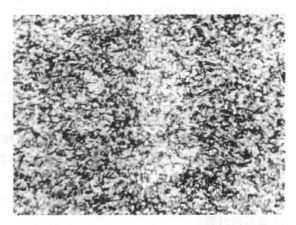

图 5-17　T12 钢淬火+低温回火后组织　500×

(三) 碳素工具钢热处理缺陷

1. 退火缺陷

（1）片状珠光体　球化退火加热温度过高，则由于溶解了大部分碳化物，减少了作为结晶核心的质点数量，所以在冷却过程中形成片状组织，此时硬度较高，切削性较差，淬火过热敏感性大，工具热处理后的变形和开裂倾向大。

（2）网状碳化物　碳素工具钢在热加工后的冷却过程中，一部分在高温加热时溶入奥氏体中的二次碳化物沿晶界析出而形成网络状。网状碳化物降低钢的力学性能，特别是增加钢的脆性。网状碳化物在球化退火和淬火过程中一般不能消除，但可用高温正火消除。组织形貌见图 5-18。

（3）石墨碳　石墨碳指在钢的显微组织中所出现的黑色点状或片状的游离石墨，见图 5-19。在钢的断口上表现为黑色或深灰色。钢材退火温度过高、保温时间过长、冷却太慢、多次退火等都可能产生石墨碳。石墨碳的存在对钢的基体起着分割的作用，降低了钢的强度，增加了钢的脆性，是钢中不允许存在的缺陷。

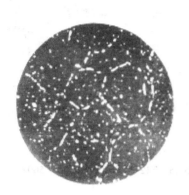

图 5-18　T12 钢的网状碳化物　500×

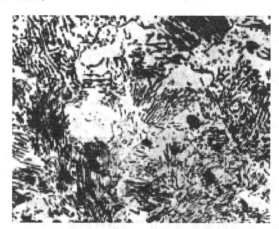

图 5-19　T12 钢中石墨碳　500×

（4）脱碳　钢在退火过程中，由于加热温度过高或保温时间过长，都会引起表面的脱碳。工具表面脱碳，热处理后会导致硬度降低，容易损坏；表面脱碳还会使工具在淬火冷却中更容易产生淬火裂纹。

2. 淬火、回火缺陷

（1）过热和过烧　淬火温度过高或保温时间过长，会导致钢的过热，表现为晶粒粗大、马氏体针叶粗大、残留奥氏体增多、渗碳体颗粒减少。针叶越长则过热情况越严重，组织形貌见图 5-20。过热严重时则为过烧，除上述特征外，还会出现晶界熔化、氧化现象，组织形貌见图 5-21。过热和过烧组织一旦出现，将显著降低刀具的耐磨性、切削性和寿命，有时也会产生崩刃、断裂等破坏性事故。所以要严格控制碳素工具钢的显微组织，力求获得细小针状马氏体和弥散分布的渗碳体以及回火充分的显微组织，使组织应力尽量降低，使之既耐磨，又有足够的韧性。

（2）裂纹　出现裂纹的原因主要是淬火温度选择不当，加热或冷却速度过大、淬火时冷却不均匀等。

（3）淬火欠热　淬火温度偏低或保温时间不足，均会出现淬火欠热缺陷，表现为组织中出现未转变的细珠光体或屈氏体，这种组织的出现，会降低工具硬度，导致耐磨性下降，从而影响使用寿命。补救方法是选择合适温度重新淬火。

（4）回火不足　如果回火时间不够或回火温度偏低，会出现回火不足现象，此时淬火

图 5-20　T10A 钢严重过热组织　500×

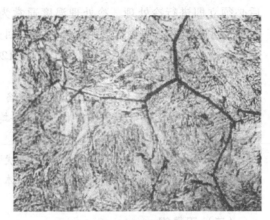

图 5-21　T10A 钢过烧组织　500×

马氏体未完全转变为回火马氏体，工具韧性低。

三、合金工具钢

合金工具钢是在碳素工具钢的基础上加入一定数量的合金元素，如 Cr、W、Mn、Mo、Si 等。合金工具钢按使用加工方法分为压力加工用钢和切削加工用钢。按用途分为量具刃具用钢、耐冲击工具钢、热作模具钢、冷作模具钢、无磁模具钢、塑料模具钢。

（一）量具钢

量具钢用于制造计量尺寸的量具，如卡尺、千分尺、量规、样柱及各种精密量具，合金量具用钢主要用于精度较高的量具，其含碳量较高，一般为 0.9% ~ 1.5%，加入 Cr、W、Mn 等合金元素以提高淬透性和耐磨性，代表牌号有 15Cr、CrMn、9Mn2V、CrWMn 等。

1. 量具钢的工作条件及性能要求

由于量具在使用过程中经常受到工件的摩擦与碰撞，而量具本身又必须具备非常高的尺寸稳定性，因此，量具钢要具有以下性能：

1）高的硬度和耐磨性，以保证在长期使用中不致很快磨损，而失去其精度。

2）高的尺寸稳定性，以保证量具在使用和存放过程中其形状和尺寸保持恒定。

3）足够的韧性，以保证量具在使用时不致因磕碰而损坏。

2. 量具钢的热处理

量具在使用中随时间延长而发生尺寸变化的现象称为量具的时效效应。产生这种现象的原因有以下几点：

1）量具钢多属过共析钢，淬火后会有较多的残余奥氏体，残余奥氏体转变为马氏体，引起体积膨胀。

2）马氏体在量具使用中会发生分解，引起体积变化。

3）残余应力在量具使用中也会重新分布。

量具钢的热处理除了要保证量具有高的硬度和耐磨性外，还应保证量具在使用中保持尺寸的稳定。量具钢的热处理工序通常依次为调质、淬火、冷处理、低温回火、时效处理。调质处理的目的是获得回火索氏体组织，以减少淬火变形。量具钢多为过共析钢，通常采用不完全淬火，在保证硬度前提下应尽可能降低淬火温度，以减少淬火应力。高精度量具在淬火后必须立即进行冷处理，冷处理温度通常为-80℃~-70℃，目的是减少残余奥氏体，从而增加尺寸稳定性。回火常采用低温回火，回火温度一般为150℃~160℃。为了进一步提高尺寸稳定性，淬火回火后，量具钢还应进行120℃~150℃的时效处理，这样可消除内应力，大大增加尺寸稳定性而不降低其硬度。

3. 量具钢的显微组织特点及常见缺陷

量具钢的淬火组织应为细针状马氏体+均匀分布的细小碳化物，回火组织应为回火马氏体+细小颗粒碳化物。

量具钢退火缺陷主要有球化不良、网状碳化物、表面脱碳、共晶碳化物不均匀；淬火、回火缺陷主要有过热和过烧（表现为马氏体长大）、淬火欠热（表现为硬度不足）、回火不足等。

（二）刃具钢

合金刃具钢是在碳素钢的基础上发展起来的。目的是克服碳素刃具钢淬透性差、红硬性差和耐磨性不足等缺点。合金刃具钢常加入的元素有 Cr、Mn、W、V、Si 等，碳的质量分数在 0.75%~1.5%之间。加入 Cr、Mn、Si 主要是提高淬透性，强化马氏体基体，提高回火稳定性。W、V 可细化晶粒。Cr、Mn 等还可形成合金渗碳体，有利于提高耐磨性。

常用的合金刃具钢有 Cr2、9SiCr、CrWMn、W2、CrW5 等，其中 CrWMn 是最常用的合金刃具钢，这种钢淬火时的变形很小，可用于制造较为精密的刀具、量具、冷变形模具。热处理后硬度可达 64HRC~66HRC，硬度和耐磨性较高。W2、CrW5 钢具有较高的耐磨性，多用于制造形状简单又要求高硬度、高耐磨性的工具。

1. 刃具钢的工作条件和性能要求

刃具在切削工件时，刃具本身承受弯曲、剪切、扭转、冲击和振动等负荷作用，同时还要承受与工件之间的强烈摩擦作用，因此，刃具钢要有以下性能：

1）高的硬度，一般在 60HRC 以上。

2）高的耐磨性，以减少刃具在工作中的磨损。

3）足够的韧性，以保证刀具在使用中不至于崩刃或折断。

4）高的红硬性，以保证在高速切削的过程中不会因温度的上升而使硬度下降。

2. 刃具钢的热处理

合金刃具钢的热处理与碳素工具钢基本相同，即球化退火+淬火+低温回火。回火温度一般为 160℃~200℃。合金刃具钢为过共析钢，一般都采用不完全淬火，因合金刃具钢导热性差，因此在淬火加热时常在 600℃~650℃左右进行预热。

合金刃具钢具有比碳素刃具钢更好的淬透性，同时也有较高的硬度和耐磨性，但其红硬性仍较差，当温度达到 250℃时，其硬度已降到 60HRC 以下。

3. 刃具钢的显微组织特点及缺陷

1）球化退火组织：应为均匀的球状珠光体。

2）淬火组织：应为细针状马氏体和均匀分布的细小碳化物。

3）回火组织：一般采用低温回火处理，组织应为回火马氏体和细小颗粒碳化物。

刃具钢退火缺陷主要有球化不良、网状碳化物、表面脱碳、共晶碳化物不均匀。淬火、回火缺陷主要有过热和过烧（表现为马氏体针长大）、淬火欠热（表现为硬度不足）、回火不足等。

四、模具钢

模具钢主要用来制造各种模具，它的品种繁多，根据模具钢的工作状态可分为冷作模具钢、热作模具钢和塑料模具钢。

（一）冷作模具钢

冷作模具钢是指金属在冷态下变形所用的模具钢。冷作模具的工作温度不高（一般小于250℃），模具主要受高的压力和冲击力，变形金属与模具之间有强烈的摩擦。因此，用做冷作模具的材料要求高硬度、高强度和良好的耐磨性，也要求有一定的韧性，同时还应具有良好的淬透性，淬火变形小。

1. 冷作模具钢的类型

1）尺寸小、形状简单、轻负荷的模具，常选用碳素工具钢制造。目前常用的碳素工具钢有 T8A、T10A、T12A 等，其中 T10A 用量最多。

2）尺寸大、形状复杂、轻负荷的冷作模具，常选用低合金工具钢制造。常用的有 9Mn2V、CrWMn、GCr15、9SiCr 等，这些钢的淬透性好，热处理变形小，硬度也比碳素工具钢好。

3）尺寸大、形状复杂、负荷大、对耐磨性和尺寸精度要求高的冷作模具，通常用中铬、高铬模具钢或基体钢制造。中铬、高铬模具钢常用的钢种有 Cr12、Cr12MoV、Cr5Mo1V 等。这类钢多属莱氏体钢，特点是淬透性好，淬火变形小。钢的硬度和耐磨性更好，同时又具有一定的韧性，但热处理工艺较复杂。

基体钢是指化学成分与高速钢的淬火组织基本成分相似的钢种。这类钢既有高速钢的高硬度和高强度，又因不含大量碳化物而使韧性和疲劳强度优于高速钢。常用的钢种是 6Cr4W3Mo2VNb（简称 65Nb）、6W6Mo5Cr4V 等。65Nb 是中国研制的高韧性、高耐磨性的模具钢，可兼做冷、热模具。该钢碳的质量分数为 0.65% 左右，可通过增加碳化物数量，提高耐磨性，又因含 V、Nb 元素可有效细化晶粒，提高韧性，改善加工性能。该钢淬透性较好，同时具有较高的回火稳定性，也可以进行表面化学热处理（软氮化等），进一步提高耐磨性。

2. 冷作模具钢的热处理

1）碳素模具钢和低合金模具钢的热处理工艺与刃具钢相同。

2）高碳高铬钢的热处理一般依次采用等温球化退火、调质（可以选用）、淬火+回火。高碳高铬钢的化学成分中，碳的质量分数为 1.3%～2.3%，铬的质量分数为 11.5%～13.5%，属于莱氏体钢，铸态组织中有网状共晶碳化物，必须进行合理的锻造使之破碎，经锻造的毛坯有较大内应力，硬度较高，难以切削加工，为了消除内应力，降低硬度，改善切削加工性能，需进行退火处理。等温退火工艺为：在850℃～870℃保温 2h～4h，然后在730℃～750℃等温 6h～8h，炉冷至 500℃～600℃后出炉空冷。退火后的硬度应为 207HB～255HB，显微组织为索氏体基体上均匀分布着合金碳化物，碳化物的数量比一般过共析钢多好几倍，Cr12MoV 钢含有质量分数 13%～15% 的碳化物，Cr12 钢为 20% 左右。

调质处理安排在粗加工之后、精加工之前，目的是减小后续热处理变形，提高精加工的光洁度。调质处理淬火加热温度 980℃，油中冷却，760℃～780℃回火，得到回火索氏体组织，回火索氏体比容比退火索氏体大，从而减小淬火前后的比容差，减小淬火时的组织应力，使变形量减小，但是其效果目前还尚有争议，生产中可根据实际情况选择使用。

淬火温度选用 980℃~1030℃，一般采用油淬，冷至 180℃~200℃后空冷；为了减小变形，也可采用空气预冷油淬、分级淬火，淬火后的组织为马氏体+碳化物+残余奥氏体。在 Ac_1 温度以上，随着温度的升高，溶入奥氏体中的碳化物增多，淬火硬度增加，温度升高到 1050℃时硬度达到最大值，如果超过 1050℃后硬度反而下降，残余奥氏体量增加。因此合理选择淬火温度，可以让残余奥氏体的增加部分抵消淬火马氏体转变所产生的尺寸增大，使变形最小或几乎不发生变形。

回火温度则根据模具的性能要求来确定，当模具要求高硬度和高耐磨性，并保持淬火状态的尺寸时，采用 150℃~170℃回火；当模具要求较好的韧性或回火后的尺寸比淬火状态小时，采用 200℃~275℃回火，此时马氏体分解析出碳化物，导致体积收缩，硬度稍有降低；当模具承受冲击载荷或要求回火后的尺寸比淬火状态大时，采用 450℃左右回火，此时碳化物开始聚集长大，硬度降低，韧性有所提高。回火时注意避开 300℃~375℃的回火脆性区。CrWMn 钢在 830℃加热保温后淬入 170℃硝盐中分级空冷、180℃回火，组织为回火马氏体+均匀分布的细颗粒状二次碳化物。

（二）热作模具钢

热作模具钢用于制造使加热金属或液态金属成形的模具。由于热作模具是在反复受热和冷却的条件下进行工作的，同时还要承受比较大的冲击力，因此要求热作模具钢要有良好的热强度和热疲劳性，要有良好的韧性以及良好的抗烧蚀性。根据工作条件热作模具钢常分为锤锻模、热挤压模和压铸模三类。

1. 锤锻模

锤锻模是在高温下通过冲击强迫金属成形的工具。模具型腔表面经常被升温到 400℃~500℃，锤模模具钢应具有较高的高温强度与耐磨性，良好的耐热疲劳性，高的淬透性，良好的冲击韧性及低的回火脆性倾向，常用钢有 5CrNiMo 和 5CrMnMo，二者是亚共析钢。钢坯经锻造后空冷，由于冷却速度大，使先共析铁素体从奥氏体中析出受到了控制，所以在连续冷却过程中产生伪共析，从而获得全部珠光体组织，增加了锻件的硬度，因此锻件必须经过软化退火处理，一方面消除锻造应力，降低材料硬度，以利于切削加工；另一方面可以细化晶粒和改善组织，以适应最终热处理的要求。

5CrNiMo 常用退火温度为 810℃~830℃，5CrMnMo 退火后温度为 780℃~830℃，以小于 40℃/h 的速度缓冷后组织为片状珠光体+白色块状铁素体，见图 5-22。

5CrNiMo 和 5CrMnMo 钢淬火加热温度一般为 820℃~860℃，可采用油淬、分级淬火或等温淬火，生产中一般在空气中预冷到 750℃~780℃油淬，待冷却至 200℃左右提出立即回火，决不允许冷至室温，否则易因应力过大导致开裂，淬火后得到细马氏体组织+少量残余奥氏体。回火温度范围为 450℃~600℃，回火后得到均匀的回火索氏体或回火屈氏体，见图 5-23。

2. 热挤压模

由于热挤压模具在工作时长时间与被加工变形金属接触，模腔温度会更高，通常可达 500℃~800℃，因此要求模具具有更高的高温强度，耐热疲劳性和高的耐磨性。常用的钢有 4Cr5MoSiV1（H13）、4Cr5W2VSi、3Cr2W8V 等。

4Cr5MoSiV1（H13）是国际上广泛应用的空冷硬化热作模具钢，既可用于热锻模具，也

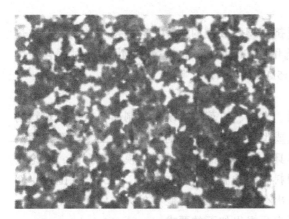

图 5-22 5CrNiMo 钢退火缓冷组织 100×

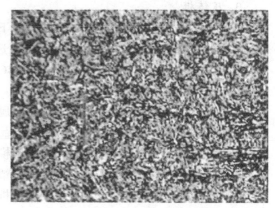

图 5-23 5CrNiMo 钢淬火+回火后组织 500×

可用作热压铸模具的材料。淬火温度可根据不同要求决定，对要求热硬性为主的模具采用1050℃~1080℃淬火，硬度为54HRC~57HRC；对要求韧性较好的模具可采用1020℃~1050℃淬火，硬度为53HRC~56HRC，回火温度为530℃~650℃。H13 钢在530℃回火后的组织为：回火马氏体+回火屈氏体+未溶碳化物，仍保持马氏体针状形态。经630℃回火后的组织为：回火屈氏体+回火索氏体+未溶碳化物，马氏体的针状形态基本消失，见图 5-24。

图 5-24 H13 钢淬火+回火后组织 500×

3Cr2W8V 是应用最多的热挤压模具钢，该钢属于过共析钢，淬透性较高，淬火温度应视模具工作条件而定，多在油中冷却，也可采用分级淬火或等温淬火。图 5-25、图 5-26 显示了其在不同工艺淬火的组织。回火温度多在500℃~660℃之间，一般采用多次回火。回火时，在550℃左右会出现二次硬化现象。该钢脆性大，在第一次使用时应把模具预热，而且热疲劳性还不够高，受急冷急热时易出现龟裂，故不应对模具进行强烈冷却。

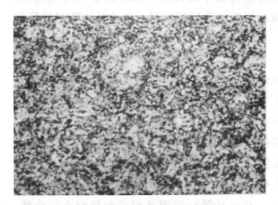

图 5-25 3Cr2W8V 钢高温淬火后组织 500×

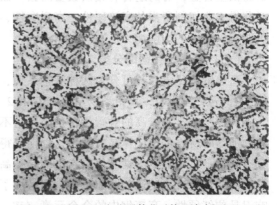

图 5-26 3Cr2W8V 钢奥氏体化后等温淬火组织 500×

3. 压铸模

压铸模具是用来使液态金属在高的压力下挤满型腔成型的模具。它的使用性能要求与热挤压模具用钢相近。如压铸低熔点锌合金可选用 40Cr、30CrMnSi、42CrMo 等。对铜合金压铸可用 3Cr2W8V 等，对铝合金压铸可选用 4Cr5MoSiV（H11）等。

（三）塑料模具钢

目前，国内外广泛采用塑料制品代替金属、木材、皮革等传统材料制品，所以，塑料制品成型用模具的需求量正迅速增加。塑料制品成型用的模具，目前研究开发的专门系列钢号还比较少，基本上都是其他材料应用于塑料模具。塑料制品很多是采用模压成型的，无论是热固性塑料成型或是热塑性塑料成型，压制塑料所受的温度通常在 200℃～250℃ 范围内。部分塑料品种，如含氯、氟的塑料，在压制时析出有害气体，对型腔有较大的侵蚀作用。

根据塑料模具的工作条件和特点，对塑料模具提出如下的要求：

1）模具材料夹杂物少，组织均匀，表面硬度高，以保证模具加工表面有低的粗糙度。

2）表面具有一定的耐磨性和耐蚀性，使表面粗糙度长期保持。

3）有足够的强度和韧性，能承受一定的负荷而不变形。

4）热处理时变形要小，以保证互换性和配合精度。

塑料模具用钢范围非常广泛，但是作为塑料模具专用钢并已纳入国家标准的仅有十余个，主要为合金塑料模具钢。

纳入标准的非合金塑料模具专用钢主要有 SM45、SM50、SM55 等，其用量比较大，主要用于一般零件或次要零件上。对于中、小型且不是很复杂的模具，现在还较多地采用 T7A、T10A、9Mn2V、CrWMn、Cr2 等工具钢制造。使用硬度一般在 45HRC～55HRC。对于大型塑料模具，可采用 SM4Cr5MoSiV、SM4Cr5MoSiV1 等。如要求较高耐磨性时可选用 SMCr12Mo1V1 和 Cr12MoV 钢。

对压制时会析出有害气体的塑料模具，可采用 SM2Cr13、30Cr13、4Cr13Mo、95Cr18 等不锈钢制造。

五、高速工具钢

在高速连续切割时，刀具刃口的温度会显著升高，有时可达 500℃～600℃，此时碳素工具钢和合金工具钢已不能胜任，必须采用高速工具钢。高速工具钢是含有碳、钨、钼、铬、钒的铁基合金，有的还含有相当数量的钴。碳和合金含量平衡配置，加之以适当的热处理，可获得工业切削所需的高淬硬性、高耐磨性、高红硬性和良好的韧性，它在 600℃ 时的硬度仍能提供较好的切削能力。

（一）高速工具钢的分类

高速钢按化学成分可分为两种基本系列，即钨系高速工具钢和钨钼系高速工具钢。钨系以 W18Cr4V 为代表，钨钼系以 W6Mo5Cr4V2 为代表。

高速钢中具有较高的含碳量，是因为它不但要保证淬火马氏体有足够的硬度，又要保证淬火加热时所得的奥氏体晶粒细小，以期获得高的强度和塑性，同时多余的碳量还会形成合金碳化物，以增加耐磨性。值得指出的是，高速钢中含碳量必须与合金元素相匹配，过高或过低都对性能有不利影响，如过高，则增加了碳化物不均匀性，同时也会降低淬火温度，影响刀具的红硬性。高速钢中的合金元素（W、Mo、Cr、V 等）主要是形成大量细小、弥散、坚硬的合金碳化物，以造成二次硬化效应，从而保证高速钢的红硬性。钴是非碳化物形成元素，它以固溶方式存在于高速钢中，钴使钢在回火过程中析出弥散度较大的碳化物，提高了回火后的硬度和红硬性，常用来加工硬度更高的材料。

高速工具钢按性能分类，可分为三种基本系列，即低合金高速工具钢（HSS-L）、普通高速工具钢（HSS）和高性能高速工具钢（HSS-E）。表 5-2 列出了不同系列高速工具钢的基本要求。

表 5-2　不同系列高速工具钢的基本要求

项　目		要　求		
		低合金高速工具钢（HSS-L）	普通高速工具钢（HSS）	高性能高速工具钢（HSS-E）
主要合金元素含量（质量分数）(%)	C	≥0.70	≥0.65	≥0.85
	W+1.8Mo	≥6.50	≥11.75	≥11.75
	Cr	≥3.25	≥3.50	≥3.50
	V	≥0.80	0.80~2.50	V>2.50 或 Co≥4.50 或 Al：0.80~1.20
	Co	<4.50	<4.50	
热处理后硬度/HRC		≥61	≥63	≥64
常见高速钢牌号		W3Mo3Cr4V2 W4Mo3Cr4VSi	W18Cr4V W2Mo8Cr4V W2Mo9Cr4V2 W6Mo5Cr4V2 CW6Mo5Cr4V2 W6Mo6Cr4V2 W9Mo3Cr4V	W6Mo5Cr4V3 CW6Mo5Cr4V3 W6Mo5Cr4V4 W6Mo5Cr4V2Al W12Cr4V5Co5 W6Mo5Cr4V2Co5 W6Mo5Cr4V3Co8 W7Mo4Cr4V2Co5 W2Mo9Cr4VCo8 W10Mo4Cr4V3Co10

（二）高速钢铸造状态的组织

高速钢因含有大量合金元素，已属莱氏体钢，由于高速钢铸锭冷却较快，其铸态组织见图 5-27，一般由鱼骨状莱氏体、黑色组织（δ共析体）及马氏体加残余奥氏体所组成。

（三）高速钢的热加工及碳化物不均匀性

高速钢铸态组织的鱼骨状共晶莱氏体严重降低力学性能，且共晶莱氏体越粗大，铸态组织偏析越严重，铸态共晶碳化物越粗，碳化物颗粒度也越粗，钢的性能下降越显著。因此高速钢铸锭必须经过热加工（锻、轧），以期打碎共晶碳化物网，使碳化物呈颗粒状均匀分布。

热加工温度对碳化物均匀性影响不大，而形变程度对碳化物均匀性起重要作用，形变程度越大，共晶碳化物被打的越碎，因而

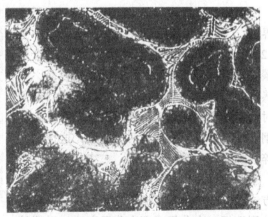

图 5-27　高速钢铸态组织　500×

其碳化物颗粒大小及分布也越均匀,生产中多采用锻造比为 7~10,并反复多次镦粗-拔长的工艺方法。

高速钢经过热加工后,还会存在不同程度的碳化物不均匀性,主要是碳化物呈带状、网状、严重堆积、大颗粒等,由于它们起着分割金属基体的作用,因此对钢的性能有很大影响,会降低钢材的强度和韧性,使刀具在热处理后的硬度及红硬性下降,从而降低使用寿命,另外由于成分不均,在热处理时也容易造成过热、变形或开裂。因此碳化物的均匀分布程度是考核高速钢质量的主要技术指标。图 5-28 为高速钢中的带状碳化物。

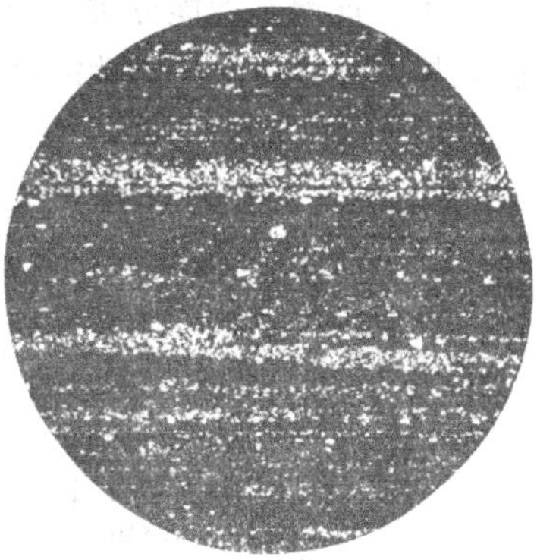

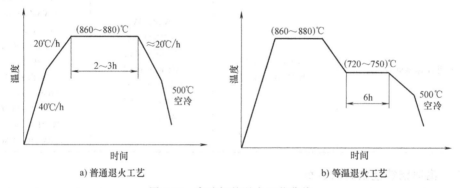

图 5-28 高速钢中的
带状碳化物 100×

(四) 高速钢的热处理及组织

高速钢的热处理一般包括机械加工前的球化退火和成形后的淬火回火处理。

1. 高速钢的球化退火

高速钢经热加工后,硬度仍在 35HRC~40HRC,为了降低硬度,以利于切削加工,同时也是为淬火做准备,高速钢都应做退火处理,其工艺曲线见图 5-29。退火状态的组织见图 5-30,为索氏体基体上分布着均匀、细小的碳化物颗粒。

图 5-29 高速钢的退火工艺曲线

a) 普通退火工艺

b) 等温退火工艺

2. 高速钢的淬火与回火

高速钢淬火时加热温度很高,远高于临界点。例如:W18Cr4V 的淬火温度为 1280℃,这是因为钢中含有大量难溶的合金碳化物。由于高速钢中的合金元素较多,导热性差,同时也是为了缩短在高温区的停留时间,减少氧化脱碳及过热倾向,所以高速钢在加热时一般要经过两次预热,这也是其淬火加热的一个特点。

高速钢的冷却方式很多,最常用的冷却方式是分级淬火。根据工具的形状和要求可分别选用一次分级或多次分级方法。对于淬

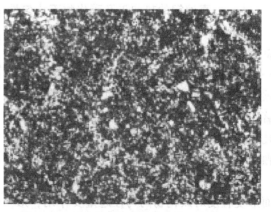

图 5-30 W18Cr4V 钢退火状态的组织 500×

火后变形和开裂倾向不严重的一般工具可采用在 580℃～600℃ 一次分级淬火。对于尺寸较大（有效厚度在 40mm 以上）或形状比较复杂的工具，可采用二次分级淬火。一般情况下，二次分级淬火是先在 580℃～600℃ 盐浴中保持一段时间后，再转入 350℃～400℃ 硝盐中冷却。多次分级淬火适用于形状特殊、极易变形的工具。多次分级工艺是将高温加热后的工具，先在 800℃～820℃ 盐浴中停留十几分钟，然后依次在 580℃～620℃、350℃～400℃、240℃～280℃ 这三个温度段停留一段时间，然后空冷，因其工艺复杂，所以较少采用。图 5-31 给出了 W18Cr4V 常用的热处理工艺。高速钢的淬火组织为淬火马氏体+碳化物+残留奥氏体（约 30%）。马氏体浸蚀后呈白色，一般不能观察到针叶的轮廓。残留奥氏体经浸蚀后也为白色，所以金相上也无法与马氏体进行区分。淬火后的组织只能看到奥氏体晶界及碳化物颗粒，如图 5-32 所示。

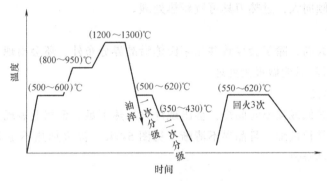

图 5-31　W18Cr4V 常用热处理工艺

为了提高工具强度、韧度，高速钢也可以采用等温淬火。高速钢的等温淬火有贝氏体等温淬火和马氏体等温淬火，采用较多的是贝氏体等温淬火。在 235℃～315℃ 的温度范围内长期停留可得到大量的贝氏体，贝氏体等温淬火后的组织为贝氏体+残余奥氏体量+碳化物。采用贝氏体等温淬火可以提高工具的强度、韧度和切削性能，有效减少工具在使用中的断头、崩刃、折断等现象。

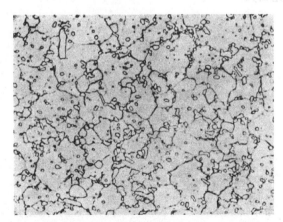

图 5-32　W18Cr4V 的正常淬火组织　500×

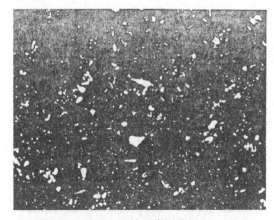

图 5-33　W18Cr4V 的正常回火组织　500×

为了消除淬火应力，稳定组织，减少残余奥氏体量，达到所需的性能，高速钢一般要进行三次 560℃ 的高温回火处理。在回火过程中，会从马氏体中析出弥散的 W、Mo、V 的碳化物，使钢的硬度大大提高，这种现象称为二次硬化。另外残余奥氏体会在回火冷却时转变成马氏体，使硬度进一步提高，产生二次淬火效应。因此经过三次高温回火后，钢的硬度、强度和塑性都会得到提高。高速钢 W18Cr4V 回火后的组织见图 5-33，为回火马氏体+碳化物+少量残余奥氏体。

为改善和提高高速钢刃具的切削效率和使用寿命，还广泛采用表面强化方法，主要是表面化学热处理或在刀具表面覆层。

（五）高速钢的热处理缺陷

1. 淬火过热

淬火温度过高或保温时间过长，会出现过热现象，表现为晶粒粗大，晶粒边界的碳化物部分熔化，冷却时析出半网状或网状的碳化物，见图 5-34a。过热使钢的强度下降，脆性增加，刀具变形开裂倾向大，过热刀具可重新热处理。

2. 淬火过烧

如淬火的温度太高，除了会导致共晶莱氏体沿晶界分布外，还会出现大量黑色组织，见图 5-34b。过烧的刀具只能做报废处理。

3. 淬火加热不足

如果淬火温度偏低或保温时间短，会出现淬火加热不足。金相上表现为淬火组织中存在大量未溶碳化物，晶粒极细，且晶界不清晰，见图 5-34c。淬火加热不足会使淬火马氏体硬度低，从而影响刀具寿命。

4. 萘状断口

金相上表现为晶粒极为粗大，断口晶粒粗糙，有的呈现"鱼鳞状"的斑纹。产生原因是工件在重复淬火时未进行中间退火，萘状断口也是不允许出现的缺陷。

5. 回火不足

如果回火温度偏低及回火时间较短，均会出现回火不足现象。在金相上表现为基体部分区域出现白色，或有少量晶界未完全消失，见图 5-34d。回火不足会使硬度下降，脆性增加，从而影响刀具的寿命。消除方法是进行补充回火。

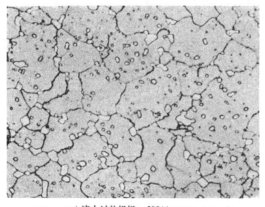
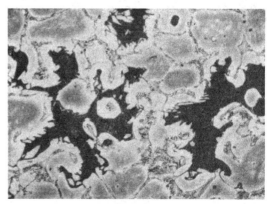

a) 淬火过热组织　500×　　　　　　　　b) 淬火过烧组织　500×

图 5-34　W18Cr4V 的淬火过热、过烧、欠热和回火不足组织

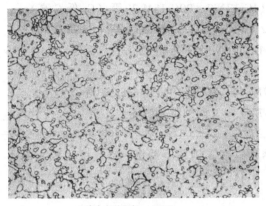
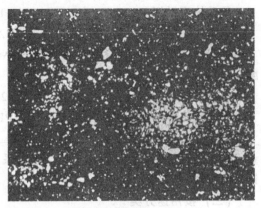

c) 淬火欠热组织 500×   d) 回火不足组织 500×

图 5-34 W18Cr4V 的淬火过热、过烧、欠热和回火不足组织（续）

第五节 不 锈 钢

从广义上来说，不锈钢是指一类能够耐受一定腐蚀介质的高合金钢，它包括在自然环境下耐大气、蒸汽和水等弱介质腐蚀的不锈钢，以及在一定工业介质中耐酸、碱、盐等浸蚀性强介质腐蚀的不锈耐酸钢。

一、不锈钢工作条件下的性能要求

不锈钢零件长期在含有一定腐蚀性的介质中服役，因此必须具有一些特殊的性能要求，主要表现为以下几个方面：

（一）应具有高的耐蚀性

首先不锈钢应具有良好的化学稳定性和耐蚀性，根据工作环境和介质的腐蚀性质，对钢的耐腐蚀程度要求不同，有些情况还需具有抗高温氧化性能。

（二）应具有良好的力学性能

不锈钢不仅要耐蚀，还要承受或传递载荷，需要有较好的力学性能，特别是钢的屈服强度高也有利于抗应力腐蚀，材料本身力学性能好可以减轻结构重量，节约成本。

（三）应具有较好的工艺性能

不锈钢材料有板、管、型材等各种规格类型，需要有很好的热加工成形性及冲压、弯曲、拔丝、拔管等冷成形性，许多构件还要经过切削加工，故要求有尽量好的切削加工性能；还有的构件要经过焊接成形，因此要求这类不锈钢要有良好的焊接性，要求焊缝区耐蚀性和力学性能不降低，晶粒不长大，耐蚀合金元素不从固溶体中析出。

（四）应具有好的经济性

在满足使用要求的情况下尽可能采用价格低廉、资源较丰富的元素且冶炼成本应尽可能低，以适应不锈钢用量不断增加的需求。

二、不锈钢的分类

（一）按金相组织分类

按金相组织分类是不锈钢最常用的分类方法，主要分类如下：

马氏体不锈钢：12Cr13、40Cr13、95Cr18、14Cr17Ni2、90Cr18MoV 等（Cr 低 C 高）；

铁素体不锈钢：06Cr13Al、10Cr17、022Cr12、10Cr17Mo、Y10Cr17 等（Cr 高 C 低）；

奥氏体不锈钢：06Cr19Ni10、12Cr18Ni9、12Cr18Ni9Si3 等（Cr 适中 C 低，Cr 与 Ni 配合）；

双相不锈钢：022Cr22Ni5Mo3N、022Cr25Ni7Mo4N、022Cr19Ni5Mo3Si2N 等；

沉淀硬化不锈钢：17-7PH、17-4PH、PH15-7Mo 等（国外牌号）。

（二）按化学成分分类

按化学成分分为：铬系不锈钢、铬镍系不锈钢、铬镍钼系不锈钢、铬锰镍（氮）系不锈钢。

（三）按用途分类

按使用介质环境可分为耐海水不锈钢、耐硝酸不锈钢、耐硫酸不锈钢及耐尿素不锈钢等；按耐蚀性能分类可分为抗应力腐蚀不锈钢、抗点蚀不锈钢、抗磨蚀不锈钢等；按功能特点分类可分为无磁不锈钢、易切削不锈钢、高强度不锈钢、低温和超低温不锈钢及超塑性不锈钢等。

三、不锈钢的化学成分特点

不锈钢中常见的元素有 C、Cr、Ni、Mn、Si、N、Nb、Ti、Mo 等，最主要的是 Cr、Ni 元素。

（一）碳的作用

除马氏体不锈钢外，一般不锈钢碳的质量分数 <0.15%，个别不锈钢碳的质量分数在 0.15%~0.3%，碳强烈地促进奥氏体的形成，在钢中极易形成铬的碳化物，并在晶界析出造成晶界贫铬，导致不锈钢的晶界腐蚀敏感性高，因此对于奥氏体不锈钢要严格控制碳含量，但对于马氏体不锈钢碳是主要强化元素，含量可相对高些。

（二）铬的作用

铬具有扩大铁素体区、缩小封闭奥氏体区的作用，大大提高铁素体的电极电位，是不锈钢中最重要的合金元素，也是使不锈钢获得耐蚀性的基本元素，一般铬的质量分数在 12%~30%，个别允许到 11%，通常把 11.7% 看作是保证耐蚀性所需的最低含量。

（三）镍的作用

镍增大奥氏体稳定性及扩大奥氏体区，变成单一奥氏体组织，提高铁素体的电极电位。在不锈钢中常与铬配合使用，除铬的含量外，镍的含量最高。

（四）钛和铌的作用

具有缩小和封闭奥氏体区的作用，在钢中能优先与碳结合形成 TiC、NbC，避免钢中的碳与铬生成含铬碳化物 $Cr_{23}C_6$，起到抑制晶界腐蚀的作用。钛和铌均能强化铁素体，但易导致少量 δ 铁素体的出现。

四、不锈钢中的组织和相

不锈钢中常见的组织和相有铁素体、奥氏体、马氏体、碳化物；此外，由于大量合金元素的加入改变了其相变特性，因此出现了特定的组织和相，这些特定的组织和相有 δ 铁素体、σ 相及氮化物、金属间化合物。铁素体形态常呈带状或枝晶状。奥氏体呈规则多边形，有时有孪晶及滑移线。马氏体呈针状。

不锈钢中析出的碳化物有 $M_{23}C_6$、M_7C_3、M_4C、M_3C 等，对于不同的钢种存在着不同的类型，而且碳化物在热处理和使用过程中还会发生转变，它们的形态各异。

δ铁素体是不锈钢中较易出现的一种相，也叫高温铁素体。δ铁素体也是体心立方晶格，但晶格常数与α铁素体不同，由于合金元素的作用，δ铁素体从高温冷却时可保持到室温。δ铁素体表现出较高的脆性，易引发点蚀和加工裂纹，其数量、分布形态与冲击韧性有密切关系，当含量在15%以下时对冲击韧性影响不明显，若含量超过15%并呈网状分布，则冲击韧性显著降低，因此δ铁素体在钢中的含量应控制在5%~15%的范围。δ铁素体经硝酸盐溶液浸蚀后呈白色，并有明显的岛块状轮廓。

σ相是一种 Fe、Cr 原子比例相等的 Fe-Cr 金属间化合物，其分子式近似可以用 FeCr 表示，晶体结构为正方晶系，有磁性，硬而脆。σ相一般在 500℃~800℃ 温度范围内长时间时效处理时析出，较高的铬含量（25%~27%）及δ铁素体的存在均会促进σ相的析出。σ相显著降低钢的塑性、韧性、抗氧化性、耐晶界腐蚀性能，危害性较大，应尽量避免该相的出现。σ相可用染色试剂浸蚀来鉴别，常用的浸蚀剂和浸蚀条件见表5-3。

表 5-3　显示 σ 相试剂

序号	名　称	组　成	浸蚀条件	效　果
1	碱性赤血盐溶液	水 100mL 苛性钾 10g 赤血盐 10g	煮沸浸蚀 1min~2min	σ相呈褐色 碳化物溶解 奥氏体呈光亮色 铁素体呈玫瑰色或浅褐色
2	高锰酸钾溶液	水 100mL 高锰酸钾 4g 苛性钾 4g	煮沸浸蚀 1min~3min	σ相呈彩虹色 铁素体呈褐色

五、各类不锈钢的热处理及金相组织

(一) 马氏体不锈钢

马氏体不锈钢铬的质量分数为 12%~14%，有些达到 18%；含有相对较高的碳（0.1%~0.4%），有些达到 1.0%。随着含碳量的增加，钢的强度、硬度、耐磨性提高，切削性较好，但耐蚀性则降低，为了提高耐蚀性加入 Ni、Mo、V 等元素。马氏体钢淬火后基体组织主要为马氏体，当低碳时为马氏体+铁素体，当高碳时为马氏体+碳化物。马氏体不锈钢焊接性能不好，适合制造医疗器械、汽轮机叶片、各种泵、不锈轴承等零件。

1. 马氏体不锈钢钢种和成分

马氏体不锈钢从化学成分中含铬、含碳量来看，有以下三种类型：

（1）13%Cr 型　如 12Cr13、20Cr13、30Cr13、40Cr13 等，用于制造汽轮机叶片等不锈结构件和医疗器械。

（2）18%Cr 型　如 95Cr18、90Cr18MoV 等，用于制造耐腐蚀的医疗器械、不锈轴承、弹簧等工具类零件。

（3）17%Cr-2%Ni 型　如 14Cr17Ni2 等。该类钢是将铬含量提高到 17% 后再加入 2% 镍，保持奥氏体相变（避免通过增加碳含量得到奥氏体而影响耐蚀性），使钢淬火得到马氏体强化，从而获得了马氏体不锈钢中耐蚀性最好、强度最高的钢，特别在海水、硝酸中具有很高的耐电化学腐蚀性能，用于制造耐蚀性强的调质类零件。

2. 马氏体不锈钢的热处理

这类钢淬透性很好，空冷即可淬硬，但一般还是采用油冷淬火，通常采用的热处理有软化处理、淬火+低温回火、淬火+高温回火。

（1）软化处理 钢件锻轧及冲压后，由于空冷会发生马氏体转变，使工件变硬，甚至产生表面裂纹，也不易切削加工，因此锻后应缓冷，并及时进行软化处理，软化处理有两种方法：

1）高温回火，将锻件加热至 700℃~800℃，保温后空冷，使马氏体转变为回火索氏体，硬度降低。典型马氏体不锈钢高温回火后显微组织见图 5-35。

2）完全退火，也称为软化退火，将锻件加热至 840℃~900℃，保温后炉冷至 600℃后再空冷。典型马氏体不锈钢完全退火后显微组织见图 5-36。

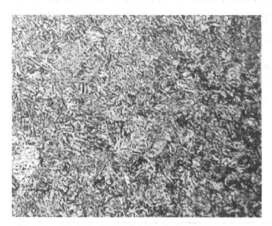

图 5-35 马氏体不锈钢高温回火后显微组织 200×

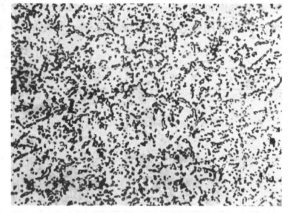

图 5-36 马氏体不锈钢完全退火后显微组织 500×

（2）淬火 为了提高钢的力学性能和耐蚀性，马氏体不锈钢最终须进行淬火和回火处理，12Cr13、20Cr13 钢的淬火温度为 1000℃~1050℃，30Cr13、40Cr13 钢的淬火温度为 1000℃~1100℃，温度过高会出现 δ 铁素体，且晶粒变粗，冲击韧性降低；温度过低，合金处于两相区，只有部分奥氏体化，冷却后只能有部分组织转变为马氏体，强度、硬度、耐蚀性均降低。图 5-37 为马氏体不锈钢淬火后基体组织中出现的 δ 铁素体形貌。

（3）回火 经常采用的回火规范有两种，当要求具有较高硬度时（30Cr13、40Cr13），采用 200℃~300℃ 的低温回火；当要求较好的强度与韧性配合以及较高的耐蚀性时（12Cr13、20Cr13），采用 600℃~750℃ 的高温回火。因马氏体不锈钢有回火脆性倾向，回火后应快速冷却。

3. 马氏体不锈钢显微组织

马氏体不锈钢退火后的组织为铁素体+碳化物，碳化物常沿铁素体晶界呈网状分布；淬火后的组织为马氏体+碳化物+少量残余奥氏体；低温回火得到回火马氏体及细颗粒碳化物，高温回火得到回火索氏体，高温回火组织见图 5-38。

（二）铁素体不锈钢

铬的质量分数为 12%~30%（个别允许 11%），碳的质量分数低于 0.15%，有时加入

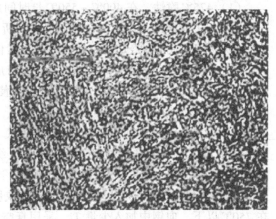

图 5-37　马氏体不锈钢淬火后　　　　　图 5-38　30Cr13 钢淬火+高温回火后组织　500×

晶界上的 δ 铁素体　500×

Ti、Mo、Al、Nb 等元素，这类钢强度不高，塑性较好，低温韧性及工艺性能较差；耐蚀性和抗氧化性能优良，特别是耐硝酸、氨水的腐蚀和抗氯化物应力腐蚀，但对晶界腐蚀敏感，多用于硝酸、氮肥、磷酸等工业品的生产、运输等环节。

碳、氮元素，杂质元素氧、硫、磷以及锰、硅能强烈影响铁素体钢的韧-脆转变温度，随着这些元素含量的降低，韧-脆转变温度可以从高于 100℃ 下降到-50℃。随着新的净化冶炼方法的应用，能获得高纯度的铁素体不锈钢，降低了铁素体钢的脆性，减弱焊接后的晶间腐蚀倾向，使铁素体不锈钢的应用日益扩大。

1. 铁素体不锈钢钢种和成分

铁素体不锈钢从化学成分中含铬量来看，有以下三种类型：

（1）Cr13 型　如 06Cr13Al、06Cr11Ti 等，常用作耐热零件（如汽车排气阀等）。

（2）Cr16-19 型　如 10Cr17、10Cr17Mo、019Cr19Mo2NbTi 等，可耐大气、淡水、稀硝酸等介质腐蚀。

（3）Cr23-28 型　如 16Cr25N、008Cr27Mo 等，是耐强腐蚀介质的耐酸钢。

2. 铁素体不锈钢的热处理及显微组织

铁素体不锈钢在加热、冷却过程中没有相变，为单相铁素体，因此其铸态组织粗大。这种钢的粗大组织只能通过锻、轧等压力加工手段细化，同时还必须正确的控制其锻造温度，较高的终锻温度也会造成组织晶粒粗大。铁素体不锈钢通常在一定的温度下加热，然后采用空冷或水冷，一般常用两种工艺。

1）加热至 900℃ 保温后空冷，用于含碳量较低、含铬量偏高时，热处理后的室温组织为铁素体+铬的碳化物。这类铁素体不锈钢在加热或冷却过程中不发生相变，为单相铁素体，若加热温度过高，晶粒长大粗化，不能用热处理方法细化消除。

2）加热至 1200℃ 保温后水冷，用于含碳量较高、含铬量处于下限时，由于含碳量较高，钢中会出现珠光体组织，采用水冷淬火得到适量的马氏体组织可以强化不锈钢，热处理后的显微组织为 δ 铁素体+低碳马氏体。

3. 铁素体不锈钢的脆性

高铬铁素体不锈钢的缺点是脆性大，主要表现在三个方面。

（1）475℃脆性　在400℃~550℃长时间加热或缓慢冷却，会显著降低钢的耐蚀性，并出现脆性，这个现象尤以475℃加热最甚，所以被称为475℃脆性，这种脆性可采用加热至475℃以上温度后快速冷却的办法消除，铁素体不锈钢热处理冷却时应快速通过该区间。

（2）析出σ相　在600℃~800℃长时间加热时，会沿晶析出σ相，σ相是硬而脆的金属间化合物FeCr，该相降低钢的耐蚀性，也使钢变脆。当钢中铬的质量分数≥17%时，随着含铬量增加及添加铁素体的形成元素Si、Nb、Ti、Mo等，使析出σ相的倾向增加。为消除σ相脆性，可将钢加热到820℃以上温度，使σ相溶解，然后快速冷却。

（3）粗大晶粒　铁素体不锈钢铸态下组织粗大，加热及冷却中不发生相变，无法用热处理加以细化，只能通过压力加工来碎化，当加工温度超过再结晶温度（加热至900℃以上），晶粒长大倾向大，晶粒显著粗化，造成脆性。生产中通过将终轧温度或终锻温度控制在750℃以下、向钢中加入少量Ti、采用真空冶炼等方法，来控制和降低粗化倾向。

（三）奥氏体不锈钢

奥氏体不锈钢是工业上应用最广泛的不锈钢，约占总量的2/3，这类钢是单相奥氏体组织，具有很好的耐蚀性，还具有良好的室温及低温韧性、塑性、焊接性能，但是切削加工性能差，应力腐蚀、晶间腐蚀倾向大。

1. 奥氏体不锈钢钢种和成分

奥氏体不锈钢是Cr、Ni配合组成的铬镍钢，一般铬的质量分数为16%~25%，镍的质量分数为7%~20%，含碳比较低，其中18-8型（18%Cr-8%Ni配合）是奥氏体不锈钢的典型成分，在18-8型的基础上再增加Cr、Ni含量和添加Ti、Mo、Nb等元素，都能提高钢的钝化性能，增加奥氏体的稳定性，提高固溶强化效应，使钢的耐蚀性更为优良，如06Cr19Ni10、12Cr18Ni9Ti等。

2. 奥氏体不锈钢热处理及显微组织

奥氏体不锈钢常用的热处理工艺有：固溶处理、稳定化退火、消除应力处理、消除σ相处理和敏化处理。

（1）固溶处理　奥氏体不锈钢平衡态时组织为奥氏体+铁素体+碳化物，实际的单相奥氏体是通过一定的热处理后得到的，一般采用固溶处理，也称淬火处理，将钢加热到900℃~1100℃，使碳化物溶入奥氏体内，然后冷却（多采用空冷，大截面零件采用水冷），获得单相奥氏体组织。若冷却过于缓慢，沿晶界析出碳化物，主要为$Cr_{23}C_6$，降低耐蚀性；如果加热温度过低，碳化物不能充分溶解于固溶体中；加热温度过高，晶粒粗大，增加晶间腐蚀倾向，还会形成δ铁素体，冷却后在650℃~850℃会变成σ相，使材料脆化，耐蚀性降低。

奥氏体不锈钢经固溶处理（淬火）后硬度最低，塑性、韧性最好，这种热处理与一般结构钢通过淬火、回火强化有本质上的不同。

（2）稳定化退火　为了消除由于焊接、热加工和其他工艺操作中造成的应力和晶间腐蚀倾向，通常采用淬火+稳定化退火处理，稳定化退火一般在850℃~950℃进行，保温4h~6h后空冷，得到奥氏体+碳化物+少量铁素体组织。退火处理可以提高晶界铬的浓度或将碳化铬转变成特殊碳化物，使钢具有高的抗晶间腐蚀性。

（3）消除应力处理　消除应力处理分为高温和低温两种。低温消除应力处理是为了消除冷加工和焊接引起的残余应力，处理温度为300℃~350℃，以免析出$Cr_{23}C_6$碳化物造成基体贫铬，引起晶界腐蚀。高温消除应力处理一般加热温度在800℃以上，对于不含钛或铌等稳定碳化物元素的不锈钢，加热后应快速冷却通过碳化物析出的温度区间，防止晶界腐蚀，一般采用水冷至540℃以后再空冷；对于含有稳定碳化物元素的不锈钢，可直接在空气中冷却或与稳定化处理一起进行。

（4）消除σ相处理 奥氏体不锈钢工件由于长期的时效会在奥氏体基体上出现σ相，一般可以通过820℃以上的温度加热或者通过固溶处理来消除。由于钢的成分不同，σ相的溶解温度也不一致，因此，必须通过试验来选择适当的温度。图 5-39 为06Cr18Ni9Ti 钢中析出的灰色条带状σ相。

（5）敏化处理 奥氏体不锈钢经固溶处理后，在 500℃～850℃ 加热或缓慢冷却时，将从过饱和的固溶体中沿晶界析出铬的碳化物，使晶界周围形成贫铬区，甚至铬含量低于为保证耐蚀性所需的最低含量（11.7%），从而造成奥氏体不锈钢的晶界腐蚀敏感性，也称晶间腐蚀，这样的处理称为

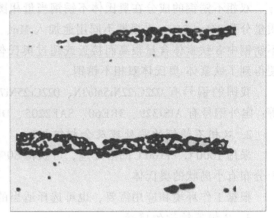

图 5-39 06Cr18Ni9Ti 钢中 σ 相 650×

敏化处理，也称敏化状态，敏化处理的目的是为了评价奥氏体不锈钢的晶间腐蚀倾向。

3. 奥氏体不锈钢的晶间腐蚀

（1）试验过程 奥氏体不锈钢在 500℃～850℃ 范围内进行焊接或长期加热，会使铬的碳化物从奥氏体中析出，引起晶界耐蚀性降低，这种现象称为晶间腐蚀，其试验过程如下：

1）首先按照 GB/T 4334—2020 中方法 E 的要求加工样品，长×宽×高＝80mm×12.5mm×3.5mm，表面粗糙度不大于 $Ra0.8$，如有必要需利用酒精对样品表面的油污进行清洗。

2）配置试验溶液，在 700mL 蒸馏水中溶解硫酸铜（$CuSO_4 \cdot 5H_2O$），加 100mL 硫酸（分析纯），再用蒸馏水稀释到 1000mL。

3）在烧瓶底部铺一层纯度不小于 99.5% 铜丸或铜屑，放置试样要保证试样与铜丸或铜屑接触，试样间不能相互接触，溶液液面高出上层试样 20mm 以上。

4）将带冷凝器的烧瓶放置在电炉上，打开冷却水，加热试验溶液，保持微沸状态，测试时间应为 20h±5h。

5）试验后取出试样，洗净，干燥，弯曲，观察表面是否存在裂纹。

（2）防止措施 晶间腐蚀是奥氏体不锈钢致命的弱点，它使钢失去了耐腐蚀的作用，造成构件提前失效，在生产制造或使用中应极力防止晶间腐蚀的发生，采取的措施有：

1）尽量降低钢中碳含量，钢中的含碳量越高，晶间腐蚀倾向越大。

2）向钢中加入形成稳定碳化物合金元素钛、铌等，使钢中的碳优先与钛、铌形成稳定的不溶于奥氏体的特殊碳化物，冷却时从奥氏体中析出，有效保持奥氏体中的铬含量，使晶界贫铬的危险性减小，甚至消除晶间贫铬区。

3）钢经 1050℃～1100℃ 淬火，保证固溶体中碳和铬的含量。

4）对非稳定性钢进行退火，使奥氏体成分均匀化，消除贫铬区。

（四）双相不锈钢

双相不锈钢是指铁素体-奥氏体双相（各占约 50%）类型的不锈钢，在奥氏体不锈钢的

基础上引进铁素体，兼有奥氏体不锈钢和铁素体不锈钢的特征，奥氏体的存在降低了高铬铁素体的脆性，提高了可焊性、韧性，降低了晶粒长大的倾向；而铁素体的加入又提高了钢的屈服强度（比奥氏体不锈钢高约 2 倍），增强了抗晶间腐蚀和抗应力腐蚀能力。

1. 钢种化学成分特点

双相不锈钢的成分在奥氏体不锈钢当量相图的 A+F 区，铬的质量分数 18%～26%、镍的质量分数 4%～7%，再根据不同用途加入 Mn、Mo、Cu、Ti、W、N 等铁素体形成元素，使不锈钢中 δ 铁素体含量很高而接近或超过奥氏体的含量（δ 铁素体数量约占 50%～70%），便得到了铁素体-奥氏体双相不锈钢。

我国的钢号有 022Cr22Ni5Mo3N、022Cr25Ni7Mo4N、022Cr19Ni5Mo3Si2N、14Cr18Ni11Si4AlTi 等；国外钢号有 AISI329、3RE60、SAF2205、DF3 等。

2. 双相不锈钢的热处理及金相组织

采用 1000℃～1100℃ 固溶处理，可获得 60% 左右的铁素体，金相组织：在 δ 铁素体基体上分布有小岛状的奥氏体。

根据工作环境和应用需要，也可选择适当的稳定化处理。

3. 双相不锈钢的脆性

由于双相不锈钢中同时存在奥氏体和铁素体两相，因此它与单相的奥氏体不锈钢或铁素体不锈钢不同，在组织和性能上也有很大的差异，双相不锈钢也存在 475℃ 脆性和 σ 相脆性问题，在焊接时尤其要注意，避免因沉淀析出造成焊接区脆性倾向。

4. 双相不锈钢的正确应用

双相不锈钢的优越性能需要正确的加工和合适的环境才能得到体现，它的金相组织结构容易被不当的环境、加热、冷却、机械的处理或错误的焊接所破坏，一旦改变奥氏体和铁素体两相的比例或使碳化物沉淀析出都会影响其性能。

（五）沉淀硬化不锈钢

沉淀硬化不锈钢也称超高强度不锈钢，这类钢是在低碳马氏体、奥氏体基体上通过时效硬化提高不锈钢材料的强度，或者在固溶处理（淬火）后得到亚稳奥氏体组织，再通过冷处理或塑性变形使亚稳奥氏体产生马氏体转变强化，叠加上碳化物、金属化合物在时效处理产生的沉淀硬化效应，从而获得很高的强度，还兼有较好的延展性、热强性、加工性能和优异的耐蚀性，沉淀硬化不锈钢在航空工业应用广泛。

1. 钢种和成分

沉淀硬化不锈钢的基本成分碳的质量分数较低，为 0.04%～0.13%，铬的质量分数在 14%～17%，镍的质量分数达到 7% 左右，少数情况可达 8%，还添加适量 Mo、Al、Ti 等合金元素。这类钢可通过控制成分调整 Ms 点，使 Ms 点在室温以下或所需的温度处，有利于奥氏体向马氏体转变，所添加的合金元素产生金属间化合物实现沉淀硬化。

沉淀硬化不锈钢按基体组织分为三种类型：马氏体型、奥氏体型、半奥氏体型。我国的钢号有 05Cr17Ni4Cu4Nb、07Cr17Ni7Al、07Cr15Ni7Mo2Al 等；国外钢号有 17-7PH、PH15-7Mo、PH14-8Mo、AM-350、AM-355 等。

2. 热处理及显微组织

沉淀硬化不锈钢热处理工艺主要分为固溶处理、调整处理、时效处理三个过程。

沉淀硬化不锈钢都要经过固溶处理，加热温度 950℃～1050℃，保温一定时间空冷，固溶处理后组织为奥氏体及少量δ铁素体，铁素体为条状，为保证钢具有良好的冷变形能力，δ铁素体含量不宜过多，控制在5%~10%，过多会降低钢的强度。

调整处理是在固溶处理后进行，目的是为了获得一定数量的马氏体使钢强化，经常采用的方法有成形塑性变形、低温调整、高温调整、冷处理等，可根据产品的实际用途进行选择。

时效处理是继固溶处理、调整处理后必须进行的工序，时效温度一般在400℃~500℃，经时效处理后，一方面使残留奥氏体转变为马氏体；另一方面会从马氏体中沉淀析出高度弥散分布的碳化物、金属间化合物，使得钢获得高的强度、良好的塑性和韧性。

（1）马氏体型沉淀硬化不锈钢　这类钢经固溶处理后，获得低碳、含有过饱和合金元素的马氏体，再经480℃~650℃时效，在回火马氏体基体上析出金属间化合物，从而达到强化的目的。

（2）奥氏体型沉淀硬化不锈钢　这类钢具有稳定的奥氏体组织，不论固溶处理后或时效后都是以奥氏体为基体，时效时从奥氏体基体内析出碳化物或磷化物，产生沉淀硬化。由于沉淀硬化温度较高（约700℃），使得钢在室温及中温强度不如马氏体沉淀硬化不锈钢，但其高温强度较高，适于高温用途。

（3）半奥氏体型沉淀硬化不锈钢　这类钢的热处理一般要经历固溶处理、调整处理、时效处理三个过程。固溶处理后可以经成形塑性变形，接着进行低温或高温调节处理，使奥氏体转变为马氏体，再经时效处理，在马氏体基础上进一步产生沉淀硬化，获得最高强度；也可以在固溶处理后经调整处理，加热到低于固溶温度进行保温，使奥氏体因析出合金碳化物而发生成分变化，再经冷处理，奥氏体转变为马氏体。调整处理的应用比较灵活，可以根据材料的成分及使用要求变化，主要有下列三种类型：

1）高温固溶处理+成形塑性变形+低温调整处理（750℃、90min、空冷）+时效处理（550℃~575℃、90min）；这种处理工艺比较简单，但在低温调节处理时，由于 Ms 点升高，从750℃冷却到室温获得必要的马氏体量，并沿奥氏体晶界析出了碳化物，塑性较低，为弥补这一不足，一般采用较高的时效温度。

2）高温固溶处理+成形塑性变形+高温调整处理（950℃、90min、空冷）+冷处理（-70℃、8h）+时效处理（500℃~525℃、60min）；高温调整处理的温度选择应使钢的 Ms 点在室温附近，而以略低于室温为宜，为冷处理过程中获得质量均匀的工件提供保证，用冷处理来获得必要的马氏体数量。用这种方法处理后，钢在奥氏体晶界没有碳化物析出，因而时效后仍能保证良好的塑性和较高的强度，此外调整处理的加热温度较高，奥氏体（也就是以后的马氏体）的含碳量及合金元素含量增加，也增加了钢的强度。

3）高温固溶处理+成形塑性变形+高温调整处理（950℃、90min、空冷）+室温下的塑性变形+时效处理（475℃~500℃）；此法通过室温下的塑性变形来获得必要数量的马氏体，高温调整处理也是为了使钢的 Ms 点位于室温附近；由于冷塑性变形不仅能导致马氏体的形成，而且本身还能起细化镶嵌块的作用，因此可以获得更高的性能。

六、不锈钢的金相检验

（一）不锈钢金相检验项目

不锈钢的金相检验包括：低倍组织、非金属夹杂物、晶粒度、晶间腐蚀、δ铁素体含量、焊缝铁素体含量、奥氏体与铁素体两相比。

δ 铁素体含量按照 GB/T 13305—2008《不锈钢中 α-相面积含量金相测定法》和 GB/T 8732—2014《汽轮机叶片用钢》进行；

焊缝铁素体含量按照 GB/T 1954—2008《铬镍奥氏体不锈钢焊缝铁素体含量测定方法》进行。

（二）不锈钢金相试样制备

不锈钢金相试样制备应以不引起组织变化为前提，磨制试样应仔细，在进行砂轮磨平时，不要使试样产生高热；砂纸磨光时，用力不宜过大，尽量采用新砂纸，以减少磨制时间；在进行机械抛光时，应采用长毛绒织物和磨削能力大的金刚石研磨膏，抛光时间不宜过长，施加压力不宜过大。

理想的抛光方法是电解抛光，这样可以得到高质量的试样而避免产生假象组织，常用的电解抛光条件为：

1）60%的高氯酸 200mL，酒精 800mL，电压 35V～80V，时间 15s～60s。

2）铬酸 600mL，水 830mL，电压 1.5V～9V，时间 1min～5min。

（三）显示不锈钢组织的浸蚀剂

不锈钢具有较高的耐蚀性，普通的硝酸酒精腐蚀剂不能清晰完整的显示其组织，常用的腐蚀剂有：

1）硫酸铜盐酸水溶液：显示不锈钢组织。

2）氯化高铁盐酸水溶液：适用高铬、高镍不锈钢，能良好的显示奥氏体和铁素体晶界。

3）苦味酸盐酸酒精溶液：显示淬火、淬火+回火钢的奥氏体晶界。

4）王水溶液：1 份硝酸和 3 份盐酸的混合液，腐蚀不锈钢的 σ 相。

第六节 耐 热 钢

耐热钢是指能够在高温下仍然保持高的抗氧化性、热稳定性和热强性的钢，被广泛应用于动力机械、石油、化工、航空领域，例如电厂锅炉、蒸汽管道、过热器管、汽轮机、燃气轮机、航空发动机等。

一、耐热钢的化学成分

耐热钢是通过向钢中加入铬、镍、钼、硅、铌、钨、钒、钛等合金元素，使显微组织在高温下保持稳定，以达到高的热强性和高温抗氧化性。

我国的主要钢号有 15Mo、15CrMo、12Cr1MoV、10CrSiMoV7、12Cr2MoWVB、14Cr11MoV 等；国外的主要钢号有：P11、P22、WB36、P91、P92 等。

二、耐热钢的性能要求

耐热钢制作的零件如电厂锅炉、蒸汽管道、过热器管等，在运行时内部流通着高压蒸汽，金属材料长期要在高温、承受应力的条件下服役，因此对这种条件使用的金属材料有着特殊的性能要求：

1）金属要有足够高的蠕变强度、持久强度和持久塑性。

2）金属在高温长期运行中组织稳定性好。

3）钢的抗氧化性能高。

三、耐热钢的类型及特性

按性能分为：抗氧化钢和热强钢。

按金相组织分：铁素体耐热钢、珠光体耐热钢、马氏体耐热钢、奥氏体耐热钢。

（一）铁素体耐热钢

在铁素体不锈钢的基础上加入少量 Al、Ti、Si 等元素，主要合金元素仍然是铬，典型牌号有 06Cr13Al、10Cr17、16Cr25N 等，这类钢具有高的抗氧化性能，用做燃烧室、喷嘴和炉用部件，不宜做承受冲击载荷的零件，冷却后得到单相铁素体组织。

（二）珠光体耐热钢

珠光体耐热钢合金元素含量的质量分数不超过 5%~7%，属于共析低合金钢，典型牌号有 15CrMo、12Cr1MoV、12Cr2MoWVB、17CrMo1V 等，用于工作温度为 350℃~670℃的锅炉管、蒸汽管、汽包和汽轮机紧固件、主轴、叶轮、转子等零件。

热处理工艺主要有两种：

1）采用 980℃正火+740℃高温回火，热处理后的组织为铁素体+细珠光体及少量回火贝氏体，正火温度决定其固溶强化程度，组织中贝氏体数量与正火的冷速有关，当加快冷速，贝氏体量增加，持久强度也相应提高。

2）采用调质处理，经 960℃加热油淬后得到粒状贝氏体组织，再在 720℃回火后得到铁素体基体上分布着许多细小的碳化物，如果淬火冷却速度较慢，则会出现先共析铁素体和在晶界上分布的碳化物，降低钢的强度和韧性。

（三）马氏体耐热钢

在马氏体不锈钢的基础上加入 W、Mo、V、Si、Ti、V、Nb 等元素，淬透性好，从高温奥氏体状态空冷可得到马氏体组织；代表钢号有 12Cr13、14Cr11MoV、15Cr12WMoV、22Cr12NiWMoV、42Cr9Si2、40Cr10Si2Mo 等，常用于工作温度为 475℃~540℃的汽轮机的动静叶片、螺栓、内燃机的进气阀和排气阀。

1. 原材料状态和显微组织

冷拉退火状态，显微组织为铁素体+均匀分布的颗粒状碳化物；

热轧缓冷状态，显微组织为富铬的铁素体+碳化物，铁素体沿轧制方向分布。

2. 热处理工艺

热处理采用淬火+高温回火。淬火温度一般选择 1020℃~1050℃，油冷得到以马氏体为主的组织，视材料成分、淬火温度不同，还有可能出现少量未溶铁素体、少量残留奥氏体、少量粒状碳化物；根据使用性能及要求选择回火温度，一般在 680℃~710℃范围，高温回火后得到回火索氏体或回火索氏体+δ铁素体组织。

（四）奥氏体耐热钢

在奥氏体不锈钢的基础上加入 Mn、N 及 W、Mo、V 等元素，在室温下可得到稳定的奥氏体组织，这类钢具有良好的抗氧化性、耐蚀性及热强性和热稳定性，工作温度可在

600℃~750℃。代表牌号有 06Cr19Ni10、12Cr18Ni9、45Cr14Ni14W2Mo、53Cr21Mn9Ni4N、20Cr25Ni20 等，主要用于强度要求不高、抗氧化和腐蚀的耐热受力件，如高温炉中的部件、气阀。

热处理工艺：热处理采用固溶处理+时效处理。固溶处理加热温度为 1150℃~1175℃，空冷，最高时效温度不大于 750℃，显微组织为奥氏体+碳化物（或金属化合物）。当固溶处理温度较低时，大量较粗大的一次碳化物未全部溶入固溶体内而保留在基体中，使钢的热强性和耐蚀性降低；若碳化物沿晶界分布，也会降低钢的性能。

四、耐热钢高温运行时组织及性能的变化

（一）珠光体的球化和碳化物聚集

在高温下长期运行，珠光体发生分解，片层状的渗碳体将逐步改变自己的形态而转变成球状，然后长大并聚集，有些向晶界迁移，随着高温持续进行，铁素体内和晶界上碳化物萌生、长大、数量增多，成为蠕变空洞形成的核心。珠光体球化降低钢的热强性和冲击韧性，导致金属老化。

（二）石墨化（仅限于不含铬的珠光体耐热钢）

钢中渗碳体分解成铁和游离碳，并以石墨形式析出，在钢中形成了石墨夹杂的现象。石墨在钢中割裂基体，起到裂纹源作用，当石墨沿晶界析出时，会导致冲击韧性大幅度降低。

（三）时效和新相的形成

长时间运行过程中，从组织中过饱和固溶体内析出一些强化相质点，使金属的性能发生变化，例如耐热不锈钢沿铁素体晶界或奥氏体晶界析出 σ 相，可使钢的蠕变极限和持久强度降低。

（四）热脆性

钢在 400℃~550℃温度区间长期加热后会导致冲击韧性显著降低。

（五）合金元素在固溶体和碳化物相之间重新分配

钢长期在受热的条件服役，合金元素会使固溶体和碳化物中的含量发生改变，进行重新分配，这也是一种不平衡状态向平衡状态转变的自发过程。例如 15Mo 钢在 510℃长期工作后，发生钼在碳化物中富集而使固溶体中钼贫化，从而导致热强性下降，加入一些强碳化物形成元素 V、Ti、Nb 和固溶强化的元素 Mo、W 等，均可使组织稳定，扩散不易进行，从而阻止合金元素的再分配，提高其热强性。

五、金相检验项目

马氏体、奥氏体、铁素体型耐热钢的金相检验项目与不锈钢类似，对于制作内燃机进、排气阀的中碳耐热钢热强性要求较高，金相检验在行业标准中有特殊规定。

用于高温主蒸汽管道的珠光体耐热钢，长期在蒸汽工况下运行，会发生组织的变化和力学性能的降低，直接影响安全使用，要按行业标准定期对服役的管道进行"珠光体球化率"检测。

思 考 题

1. 钢有几种分类方法？结构钢如何分类？

2. 碳素结构钢的牌号如何表示？举例说明。

3. 结构钢的化学成分有什么特点？按平衡态组织分类属于什么钢？

4. 冷变形方法分为哪几类？冷冲压钢为什么要进行铁素体晶粒度的检验？

5. 冷变形钢材热处理后的组织和性能有哪些特点？

6. 易切削钢主要分为哪几类？硫在易切削钢中的作用？

7. 低碳低合金钢的化学成分特点？按热处理后的组织分为哪几类？

8. 弹簧钢常用材料有哪些？弹簧钢的力学性能有什么特点？

9. 40Cr 钢退火，淬火，淬火+高温回火后的金相组织分别是什么？

10. 易切削钢主要分为哪几类？硫在易切削钢中的作用？

11. 钢的过热组织和过烧组织的特征有什么不同？

12. 热作模具钢有什么特点？常用的热作模具钢分为哪些类型？

13. 高速钢为什么要进行三次 560℃ 的回火处理？在回火过程中有哪些现象？

14. T10 钢正常淬火后的组织是什么？淬火欠热和过热的组织特征分别是什么？

15. 高速工具钢中出现萘状断口的原因是什么？

16. 试述轴承钢球化退火的作用。

17. 冷变形钢的加工工艺有哪几种？

18. 调质钢经过退火，淬火，高温回火后的显微组织分别是什么？

19. 量具钢为什么要进行冷处理？

20. 金属腐蚀有哪几种类型？试述它们之间的区别。

21. 试述金属电化学腐蚀的基本过程。

22. 碳素工具钢经退火后的热处理缺陷有哪些？

23. 简述不锈钢工作条件对性能的要求？

24. 刃具钢的工作条件和性能要求有哪些？

25. 高速钢的热处理缺陷有哪些？

26. 简述奥氏体不锈钢固溶处理方法及得到的组织。

27. 简述 GB/T 4334—2020 方法 E 的检测过程。

28. 双相不锈钢有哪些特征？

29. 马氏体不锈钢的成分特点和基本特性有哪些？列举出典型牌号。

30. 奥氏体不锈钢的组织特点及代表钢号是什么？

第六章

铸钢和铸铁的金相检验与分析

第一节　铸　　钢

一、概述

对于形状复杂或体积较大，难以用压力加工（轧、锻等）方法成形或切削加工较困难的工件，以及少、无切削加工的高合金钢工件，较多采用铸钢制造。铸钢件中碳的质量分数一般不超过 0.6%，常以铸态或经热处理以后使用，因此铸钢件通常具有铸造状态的组织和性能特点。

由于模壁的存在及铸件中表层与心部温度的不一致，铸件在凝固时一般会形成三个晶区：表层细晶区、中心等轴晶区及两者之间的柱状晶区。由于柱状晶交界面处常聚集低熔点杂质且表现出各向异性，因此在实际生产中希望得到等轴细晶区，但在某些场合也有利用柱状晶的情况。

铸钢可按其化学成分或使用特性进行分类。

按化学成分分类
- （1）铸造碳钢
  - 低碳钢（$w_c \leqslant 0.25\%$）
  - 中碳钢（$0.25\% < w_c \leqslant 0.60\%$）
  - 高碳钢（$0.60\% < w_c \leqslant 2.00\%$）
- （2）铸造合金钢
  - 低合金钢（$w < 5\%$）
  - 中合金钢（$5\% \leqslant w < 10\%$）
  - 高合金钢（合金元素总量 $w \geqslant 10\%$）

按使用性能分类
- （1）工程与结构用铸钢
  - 碳素结构钢
  - 合金结构钢
- （2）铸造特殊钢（合金）
  - 不锈钢
  - 耐热钢
  - 抗磨钢
  - 镍基合金
  - 其他
- （3）铸造工具钢
  - 刃具钢
  - 模具钢
- （4）专业铸造用钢

铸钢牌号表示方法：符号"ZG"后面加数字或数字加元素符号。常用的铸造碳钢有 ZG200-400、ZG230-450、ZG270-500、ZG310-570、ZG340-640 等，它们碳的质量分数依次为 ≤0.20%、≤0.30%、≤0.40%、≤0.50%、≤0.60%。

常用的铸造合金钢有 ZG25Mn、ZG40Mn2、ZG50Mn2、ZG40Cr1、ZG35Cr1Mo、ZG20Mn、ZG35Mn、ZG40Mn 等。铸造高锰钢因其有特殊性，在本节第四小节另有介绍。

二、铸钢的组织特点

（一）晶粒粗大

宏观组织可见粗大树枝晶，显微组织中常有不同程度的魏氏组织。铸钢件晶粒粗大是因为其浇铸温度较高，冷却较慢。冷却速度越慢，铸钢件晶粒越大。粗大树枝晶是由于铸钢件在凝固时主要以树枝晶方式生长，先结晶的枝干杂质和合金元素少，后凝固的部分和枝晶间则含杂质和合金元素多，同时凝固收缩也会造成枝晶间的不致密。铸钢件中存在魏氏组织是因为铸钢件由于高温形成粗晶奥氏体，在冷却时，游离铁素体除沿晶界析出外，还有一部分铁素体从晶界向晶内生长，或在晶粒内部独自析出，这种片状（针状）铁素体分布在珠光体上的组织即为魏氏组织。魏氏组织的严重程度会影响到铸钢的强度、塑性和韧性。

（二）成分偏析和组织不均匀

偏析是指化学成分的不均匀性。铸钢件在不同程度上都存在着偏析，其偏析的程度取决于合金的本性和冷却条件等。成分偏析按范围大小可分为两类：宏观偏析和显微偏析。宏观偏析又称区域偏析，用肉眼或低倍放大即可看到；而显微偏析则需在显微镜下才能看到。宏观偏析按其成因和现象，又可分为正常偏析、反（负）偏析和比重偏析三类。

（1）正常偏析 在铸钢件中，通常在铸件中心含碳量较高，合金元素含量也较铸件外层高，这种偏析是合金结晶过程中选择结晶的正常现象，因此称为正常偏析。正常偏析的程度与铸件大小、冷速快慢以及结晶过程中的搅拌程度有关。

（2）反（负）偏析 与正常偏析现象相反，合金元素含量在铸件外层高而中心低，称为反（负）偏析。

（3）比重偏析 比重偏析常常产生在结晶的早期，由于组成相之间比重相差悬殊，轻者上浮，重者下降，从而导致上下成分不均，成为比重偏析。

（4）显微偏析 显微偏析一般又分为枝晶偏析和晶界偏析。

由于铸件各部位冷却先后次序不同，厚薄处冷却快慢不同，结果导致了区域性的成分不均匀和组织不一致。同时由于存在显微偏析，表现为枝晶偏析，晶内和晶界成分也不一致。

（三）存在各种铸造缺陷

铸钢件中常存在缩孔、气泡、裂纹、夹杂物等缺陷，这些缺陷会破坏金属的连续性，降低性能，生产中应予以严格控制。

三、铸钢件的热处理

为了细化晶粒，消除魏氏组织，减少偏析，消除铸造应力，提高铸钢件的性能，铸钢件一般要进行热处理。但是铸钢件一般形状较复杂，体积也较大，因此其热处理方法也较简单，常用的有退火、正火、淬火和回火等，铸钢也可以进行表面化学热处理，其工艺方法和组织与结构钢基本相同。

四、铸造高锰钢

（一）化学成分特点

铸造高锰钢化学成分特点是高碳、高锰，由于该类钢具有加工硬化特点，带来机械加工困难，水韧处理后不再进行切削加工。铸造高锰钢成分变化范围比较大，锰的质量分数为 $10\% \sim 14\%$，碳的质量分数为 $0.9\% \sim 1.4\%$，锰含量与碳含量之比接近 $10 : 1$。碳含量越高，耐磨性越好，但过高时易引起铸件变形和开裂。为了提高性能，还可加入 Cr、Mo、Ni、Ti 等元素。含铬的铸造高锰钢，强度和耐磨性稍有提高，但塑性有所降低。钼的加入改善了塑性，提高了高温强度。铬或适量的钼和钒能细化碳化物。

常用铸造高锰钢有 ZG100Mn13、ZG120Mn13、ZG120Mn13Cr2、ZG110Mn13Mo1 等。

（二）热处理特点

铸造高锰钢铸态组织中存在着碳化物，使铸件呈现既硬又脆的性能，难以满足实际应用的要求。欲使高锰钢具有高的韧性和耐磨性，必须获得单一奥氏体组织。为使铸态的高锰钢组织全部转变成单相奥氏体，高锰铸钢必须经过水韧处理。

水韧处理的加热温度应在 A_{cm} 线以上，一般为 $1050℃ \sim 1150℃$，在一定的保温时间下，使碳化物全部溶入奥氏体中。高锰钢的导热性比较差，热膨胀系数比普通钢大，而且铸件尺寸往往又比较大，所以要缓慢加热，以避免产生裂纹。铸件出炉至入水时间应尽量缩短，以避免碳化物析出。冷速要快，常采用水冷。水韧处理后的铸造高锰钢一般不做回火处理，也不适合在 $250℃$ 以上的工作温度下服役。这是因为水韧处理后得到的是含过饱和碳的单相奥氏体，若温度超过 $250℃$，过饱和的奥氏体会析出碳化物，使钢件出现明显脆性，降低性能。

（三）组织与性能特点

高锰钢具有在承受冲击载荷和严重摩擦作用下发生显著硬化的特性，而且载荷越大，其表面层的硬化程度越高，耐磨性也越好，是一种典型的耐磨钢。研究表明，高锰钢冷作硬化的本质是通过大形变在奥氏体基体中产生大量层错，形变孪晶 ε 马氏体和 α 马氏体，成为位错运动的障碍。耐磨件经过强烈冲击后，表面硬度可达到 $50HRC \sim 55HRC$，硬化层深度可达到 $10mm \sim 20mm$，而心部仍保持高韧性的奥氏体组织，所以能承受强有力的冲击载荷而不破裂。在表面层逐渐被磨损掉的同时，硬化层会在冲击载荷强烈磨损的作用下不断地向内发展。因此，高锰钢被广泛应用于承受大冲击载荷、强烈磨损的工况下，如挖掘机斗齿、坦克的履带板等。

铸造高锰钢的金相检验项目主要有显微组织、晶粒度、碳化物和非金属夹杂物等，执行标准为 GB/T 13925—2010《铸造高锰钢金相》。

图 6-1 为 ZG100Mn13 的铸态组织，奥氏体为基体，碳化物沿晶界呈网状、层状分布，在晶内以针状析出，碳化物边缘黑色组织为珠光体；图 6-2 为水韧处理后的单相奥氏体。

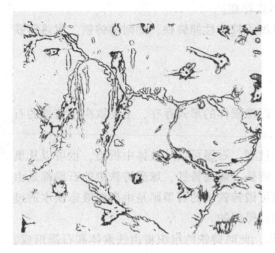

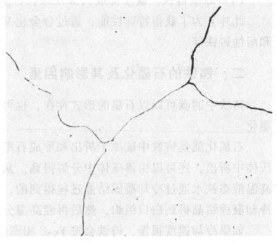

图 6-1　ZG100Mn13 铸态组织　100×　　　　图 6-2　ZG100Mn13 水韧处理组织　100×

第二节　铸　铁

一、概述

铸铁是指碳的质量分数大于 2.11% 的铁碳合金。它不是简单的铁-碳二元合金，而是以铁-碳-硅为主的多元合金。它的化学成分一般为：$w_C = 2.4\% \sim 4.0\%$，$w_{Si} = 0.6\% \sim 3.0\%$，$w_P = 0.4\% \sim 1.2\%$，$w_S = 0.04\% \sim 0.2\%$，$w_{Mn} = 0.2\% \sim 1.2\%$。为了提高力学性能，有时也添加少量 Cr、Ni、Cu、Mo 等合金元素。

铸铁中的碳主要以间隙固溶体（铁素体、奥氏体等）、石墨和渗碳体形式存在，所以铸铁的组织是由金属基体和石墨或渗碳体所组成。铸铁的金属基体有珠光体、铁素体、珠光体+铁素体三类。

铸铁的力学性能主要取决于基体组织及石墨（渗碳体）的数量、形状、大小和分布。铸铁的硬度和抗压强度与钢相当，抗拉强度、疲劳强度和塑性都不及钢。由于石墨的存在，其缺口敏感性较低，耐磨性和切削加工性均较好，同时还具有较好的消振性能，因此广泛应用于机械制造、冶金和矿山等部门。

铸铁主要是以碳存在的形式或根据石墨的形状进行分类。

（一）根据碳存在的形式分

（1）白口铸铁　碳以渗碳体形式存在，断口呈白亮色。

（2）灰口铸铁　碳以片状石墨形式存在，断口呈灰色。

（3）麻口铸铁　碳以渗碳体和片状石墨两种形式存在，断口上呈黑白相间的麻点，故得名麻口铸铁，它有较大的脆性，所以工业上很少应用。

（二）根据石墨形状分

（1）灰口铸铁　碳全部或大部以片状石墨存在。

（2）蠕墨铸铁　碳全部或大部以蠕虫状石墨形式存在。

（3）可锻铸铁　碳全部或大部以游离团絮状石墨形式存在。

（4）**球墨铸铁** 碳全部或大部以球状石墨形式存在。

此外，为了获得特殊性能，通过合金化又发展了特殊性能铸铁，如耐磨铸铁、耐热铸铁和耐蚀铸铁等。

二、铸铁的石墨化及其影响因素

铸铁中的碳可以以石墨的形式存在，也可以以渗碳体的形式存在，主要取决于铸铁的石墨化。

石墨化就是铸铁中碳原子析出和形成石墨的过程。石墨可以从液体中析出，也可以从奥氏体中析出，还可以由渗碳体中分解得到。灰口铸铁、蠕墨铸铁、球墨铸铁中的石墨都是由高温液态铁水通过冷却凝固结晶过程得到的，而可锻铸铁中的石墨则是由高温液态铁水通过冷却凝固结晶得到白口组织，然后再经高温分解而得到的。

如果冷却速度很慢，铸铁会按 Fe-C 相图结晶，此时铸铁的组织将由铁素体和石墨组成，即合金中的碳全部以石墨形式存在。如果冷速增大，则石墨化过程分为两个阶段：第一阶段石墨化——共晶转变中的石墨化；第二阶段石墨化——共析转变中的石墨化。因第一阶段石墨化温度较高，故进行得较完全，而第二阶段温度较低，故石墨化只能部分进行，结果形成以铁素体+珠光体为基体与石墨共存的组织。如果冷速进一步增大，则第二阶段石墨化完全不能进行，结果会形成以珠光体为基体与石墨共存的组织。可见第二阶段石墨化程度决定了三种不同的基体组织：珠光体、珠光体+铁素体和铁素体。当冷速再进一步增大时，石墨化第一阶段也只能部分进行，则碳会以石墨和渗碳体的形式存在。可见铸铁的组织取决于石墨化进行的程度。

上面讨论了冷却速度对石墨化的影响，实际上铸铁的化学成分对石墨化也有重要影响。碳和硅对铸铁石墨化具有决定性的作用，碳和硅含量越高，越促进石墨化。常见的杂质元素对石墨化也有不同的影响，磷在铸铁中主要形成磷共晶，对石墨化影响不大，硫则会强烈阻碍石墨化。锰也阻碍石墨化，但锰与硫会生成硫化锰，降低硫的有害作用。锰可溶于基体及碳化物中，有强化基体并促使形成珠光体，进而形成细珠光体的作用。

三、灰口铸铁

灰口铸铁的断口呈灰色，碳主要以片状石墨形式存在。由于灰口铸铁的铸造性能、切削性、耐磨性和消振性都较好，是目前应用最广的一种铸铁。

（一）灰铸铁的牌号、显微组织和性能

灰口铸铁的牌号表示方法为 HT×××。"HT" 表示 "灰铁" 二字汉语拼音的第一个大写字母，其后的数字 "×××" 表示抗拉强度，如 HT250 表示最小抗拉强度为 250MPa 的灰口铸铁。灰口铸铁的牌号有 HT100、HT150、HT200、HT225、HT250、HT275、HT300、HT350 八个。

灰口铸铁的组织可看成为钢的基体+片状石墨组成。片状石墨有 A、B、C、D、E、F 六种类型，见图 6-3，其中 A 型石墨对铸铁的性能影响最小。钢的基体可以是铁素体、铁素体+珠光体和珠光体等类型，其中珠光体基体的灰铸铁强度最高。此外，灰口铸铁中还可看到磷共晶组织。

灰口铸铁抗拉强度较低、塑性和韧性较差，但却有优良的铸造性能、耐磨性和消振性，

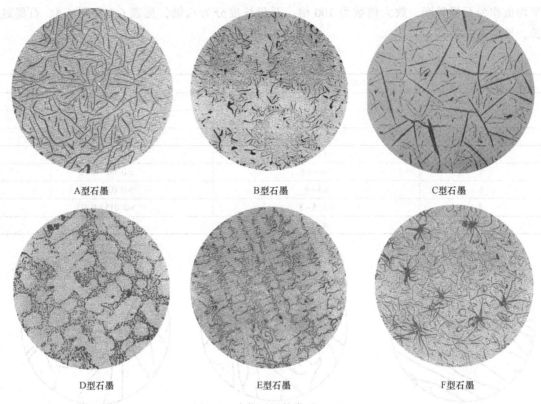

A型石墨　　　　　　　　B型石墨　　　　　　　　C型石墨

D型石墨　　　　　　　　E型石墨　　　　　　　　F型石墨

图 6-3　片状石墨的类型　100×

较低的缺口敏感性和良好的切削加工性能，较好的抗压强度等。

（二）灰口铸铁的金相检验

根据 GB/T 7216—2009《灰铸铁金相检验》进行金相检验，主要检验石墨分布形状、石墨长度、珠光体数量、碳化物数量、磷共晶数量、共晶团数量。

1. 石墨分布形状

在抛光态下观察，首先观察整个受检面，按大多数视场石墨分布形状对照相应的评级图评定，放大倍数为 100 倍。如果在同一试样中有不同形状的石墨，则应观察估计每种形状石墨的百分数，并在报告中依次注明。石墨分布形状共分为六级，见表 6-1 和图 6-3。

表 6-1　石墨分布形状

石墨类型	说　　明
A	片状石墨呈无方向性均匀分布
B	片状及细小卷曲的片状石墨聚集成菊花状分布
C	初生的粗大直片状石墨
D	细小卷曲的片状石墨在枝晶间呈无方向性分布
E	片状石墨在枝晶二次分枝间呈方向性分布
F	初生的星状（或蜘蛛状）石墨

2. 石墨长度

在抛光态下观察，应检查整个受检面，选择有代表性的视场，取其中最长的三条石墨的平均值作为石墨长度，放大倍数为 100 倍。石墨长度分为八级，见表 6-2 和图 6-4。石墨越长，性能越差。

表 6-2　石墨长度的分级

级别	在 100× 下观察石墨长度/mm	实际石墨长度/mm
1	≥100	≥1
2	>50~100	>0.50~1
3	>25~50	>0.25~0.50
4	>12~25	>0.12~0.25
5	>6~12	>0.06~0.12
6	>3~6	>0.03~0.06
7	>1.5~3	>0.015~0.03
8	≤1.5	≤0.015

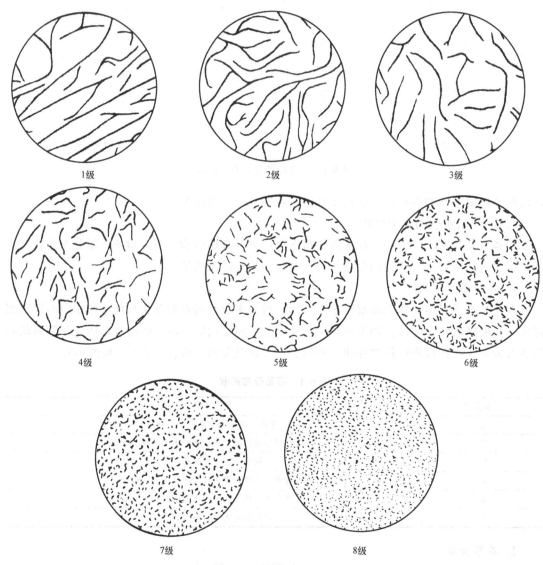

图 6-4　石墨长度　100×

3. 珠光体数量

珠光体数量是指珠光体与铁素体的相对百分比（珠光体+铁素体=100%）。经 2%~5% 硝酸酒精溶液浸蚀后，以大多数的视场对照相应的 A（薄壁铸件）、B（厚壁铸件）评级图评定，放大倍数为 100 倍，以级别或百分数表示。珠光体数量共分为八级，见表 6-3 和图 6-5。

表 6-3 珠光体数量

级别	名称	珠光体数量(%)
1	珠 98	≥98
2	珠 95	<98~95
3	珠 90	<95~85
4	珠 80	<85~75
5	珠 70	<75~65
6	珠 60	<65~55
7	珠 50	<55~45
8	珠 40	<45

A 珠98   B 珠98   A 珠95

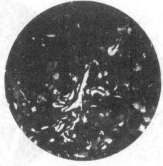

B 珠95   A 珠90   B 珠90

图 6-5 珠光体数量 100×

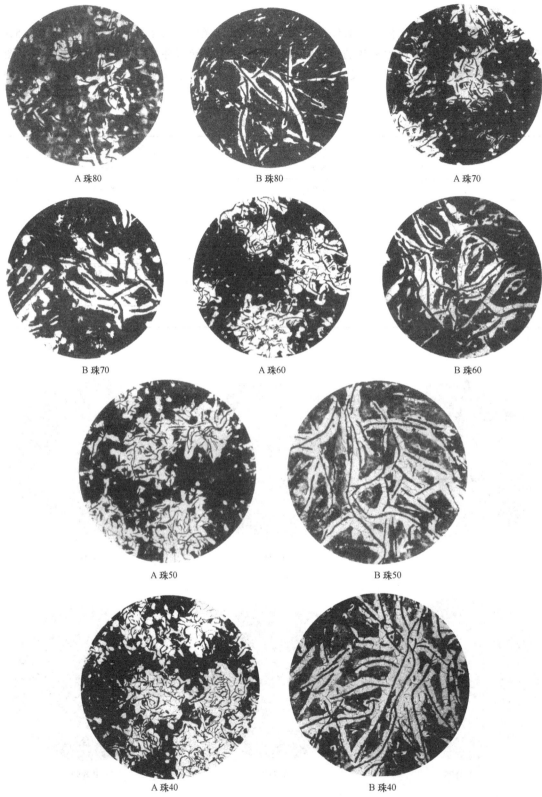

A 珠80　　　　　　B 珠80　　　　　　A 珠70

B 珠70　　　　　　A 珠60　　　　　　B 珠60

A 珠50　　　　　　B 珠50

A 珠40　　　　　　B 珠40

图 6-5　珠光体数量　100×（续）

4. 碳化物数量

经 2%～5%硝酸酒精溶液浸蚀后检验碳化物数量，以大多数的视场对照标准评级图评定，放大倍数为 100 倍，以级别或百分数表示。碳化物数量越多，铸件韧性越差，加工性能越差。按碳化物数量体积的百分比分六级，见表 6-4 和图 6-6。

表 6-4　碳化物数量

级别	名称	碳化物数量(%)
1	碳 1	≈ 1
2	碳 3	≈ 3
3	碳 5	≈ 5
4	碳 10	≈ 10
5	碳 15	≈ 15
6	碳 20	≈ 20

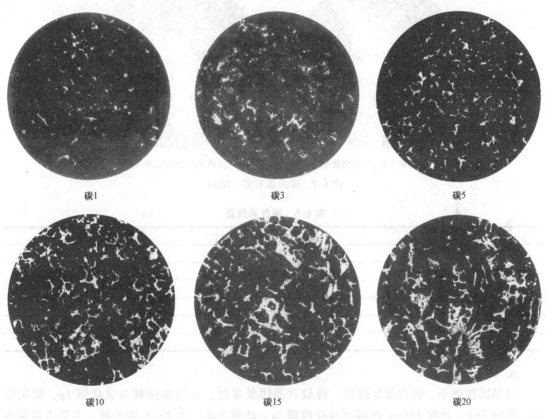

碳1　　　　　　碳3　　　　　　碳5

碳10　　　　　　碳15　　　　　　碳20

图 6-6　碳化物数量　100×

5. 磷共晶数量

1) 按形态分为四种：二元磷共晶、三元磷共晶、二元磷共晶-碳化物复合物、三元磷共晶-碳化物复合物，磷共晶形态见图 6-7。

2) 经 2%～5%硝酸酒精溶液浸蚀后检验磷共晶数量，以大多数的视场对照标准评级图评定，放大倍数为 100 倍，用级别或百分数表示。磷共晶数量分为六级，见表 6-5 和图 6-8。如果碳化物和磷共晶总含量不超过 5%，二者可以合并评定。

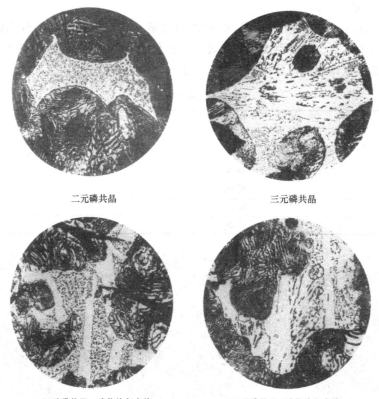

二元磷共晶   三元磷共晶

二元磷共晶 - 碳化物复合物   三元磷共晶 - 碳化物复合物

图 6-7　磷共晶形态　500×

表 6-5　磷共晶数量

级别	名称	磷共晶数量（%）
1	磷 1	≈1
2	磷 2	≈2
3	磷 4	≈4
4	磷 6	≈6
5	磷 8	≈8
6	磷 10	≈10

6. 共晶团数量

共晶团越细小，铸铁强度越高。检验共晶团数量时，常用浸蚀剂为氯化铜 1g、氯化镁 4g、盐酸 2mL、酒精 100mL 的溶液或硫酸铜 4g、盐酸 2mL、水 20mL 的溶液。共晶团数量共分为 8 个级别，根据选择的放大倍数（10 倍或 50 倍）对照标准评级图（见图 6-9）评定，以级别表示，也可参照表 6-6 评级。

四、可锻铸铁

可锻铸铁又称马铁、马钢，它是由白口铸铁经石墨化退火处理形成团絮状石墨而来。与灰铸铁相比，它的强度与塑性都有明显提高，但可锻铸铁并不是真正可以锻造，其在汽车、拖拉机等生产中有广泛应用。

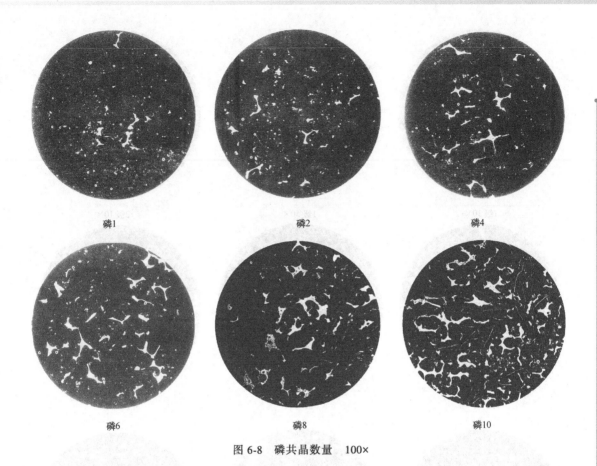

磷1　　　　　　　　磷2　　　　　　　　磷4

磷6　　　　　　　　磷8　　　　　　　　磷10

图 6-8　磷共晶数量　100×

表 6-6　共晶团数量

| 级别 | 共晶团数量/个 | | 单位面积中 |
	直径 φ70mm 图片 放大 10 倍	直径 φ87.5mm 图片 放大 50 倍	实际共晶团数量（个/cm²）
1	>400	>25	>1040
2	≈400	≈25	≈1040
3	≈300	≈19	≈780
4	≈200	≈13	≈520
5	≈150	≈9	≈390
6	≈100	≈6	≈260
7	≈50	≈3	≈130
8	<50	<3	<130

（一）可锻铸铁的化学成分

由于生产时可锻铸铁必须保证先得到白口铸铁，然后才能通过石墨化退火，使渗碳体分解得到团絮状石墨，并且退火后得到的团絮状石墨量要少且尺寸要小，因此可锻铸铁成分中碳、硅含量不能太高，如碳硅含量过高，则铸造时得不到白口铸铁，如硅含量太低，退火时的石墨化过程太慢，不利于生产的进行。此外，硫、磷含量也应严格控制。可锻铸铁的化学成分大致为：$w_C = 2.4\% \sim 2.7\%$，$w_{Si} = 1.4\% \sim 1.8\%$；$w_{Mn} = 0.5\% \sim 0.8\%$，$w_P < 0.080\%$，$w_S < 0.25\%$。

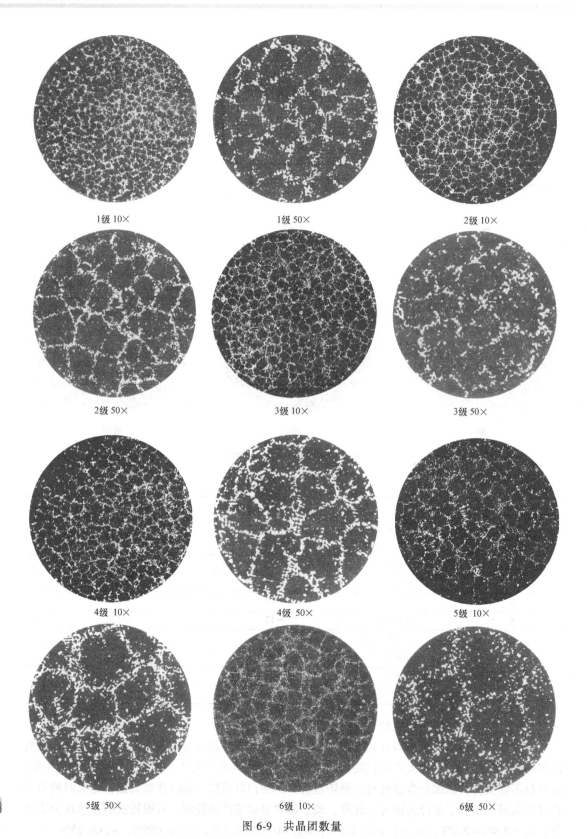

1级 10×　　　　　　　　　1级 50×　　　　　　　　　2级 10×

2级 50×　　　　　　　　　3级 10×　　　　　　　　　3级 50×

4级 10×　　　　　　　　　4级 50×　　　　　　　　　5级 10×

5级 50×　　　　　　　　　6级 10×　　　　　　　　　6级 50×

图 6-9　共晶团数量

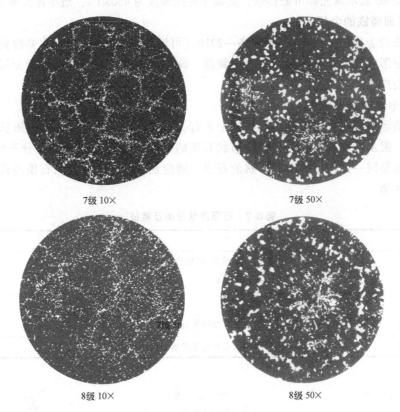

7级 10×　　　　　　　　　　7级 50×

7级 50×　　　　　　　　　　8级 50×

8级 10×　　　　　　　　　　8级 50×

图 6-9　共晶团数量（续）

（二）可锻铸铁的退火

根据化学成分、热处理工艺以及由此得到的性能和金相组织的不同，可锻铸铁分为黑心可锻铸铁和白心可锻铸铁。

可锻铸铁按石墨化退火工艺的不同，可得到铁素体和珠光体两种基体，其退火过程中会发生两个石墨化阶段，第一阶段（高温阶段）为共晶莱氏体的分解；第二阶段为奥氏体共晶转变为铁素体+石墨。如果这两个阶段进行得较充分，则得到铁素体+团絮状石墨组织，称为铁素体可锻铸铁，因断口呈灰黑色，故又称黑心可锻铸铁；如果高温退火后以较快速度冷却，则仅完成了石墨化的第一阶段，而第二阶段石墨化不能进行，则得到珠光体可锻铸铁。

白心可锻铸铁是将白口铸铁在氧化性气氛条件下退火时，铸铁断面从外层到心部发生强烈的氧化和脱碳，在完全脱碳层中无石墨存在，基体组织为铁素体。其断面由于心部区域发亮，所以称为白心可锻铸铁。

由于黑心可锻铸铁有一定的强度和良好的塑性、韧性，故应用较多，常用于制造承受冲击、振动及扭转负荷的零件。珠光体可锻铸铁应用较少，主要用于一些耐磨零件，如曲轴、齿轮等。白心可锻铸铁基本不应用。

（三）可锻铸铁的牌号表示

可锻铸铁的牌号用"可铁"两字汉语拼音大写首字母"KT"表示。"KTH"表示黑心可锻铸铁，"KTZ"表示珠光体可锻铸铁，符号后面的两组数字表示最低抗拉强度和最低伸长率。

例如：KTZ450-06 表示珠光体可锻铸铁，其最小抗拉强度为 450MPa，最小伸长率为 6%。

(四) 可锻铸铁的金相检验

可锻铸铁的金相检验按 GB/T 25746—2010《可锻铸铁金相检验》，主要检验项目有：石墨形状、石墨形状分级、石墨分布、石墨颗数、珠光体形状、珠光体残余量分级、渗碳体残余量分级、表皮层厚度。

1. 石墨形状分类及特征

观察石墨形状应在未浸蚀的金相试样上进行，放大倍数为 100 倍。石墨形状有球状、团絮状、絮状、聚虫状和枝晶状。根据各形状石墨的数量，将石墨分布形状分五级，见表 6-7 和图 6-10。如果同一试样中有不同形状的石墨，则应观察估计每种形状石墨的百分数，并在报告中依次注明。

表 6-7 石墨形状分类及特征

名称	特征
球状	石墨较致密,外形近似圆形,周界凹凸
团絮状	类似棉絮团,外形较不规则
絮状	较团絮状石墨松散
聚虫状	石墨松散,类似蠕虫状石墨聚集而成
枝晶状	由颇多细小的短片状、点状石墨聚集呈树枝状分布

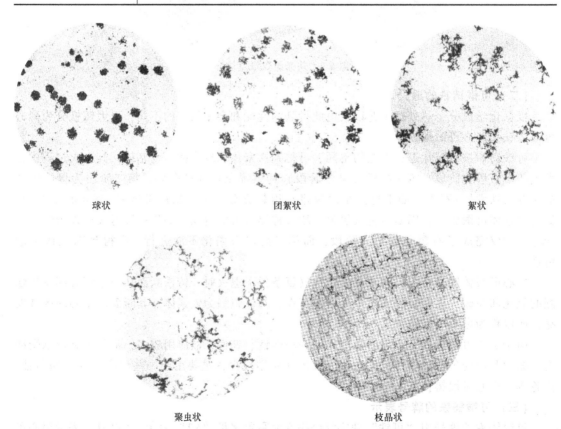

球状　　　　　　　　团絮状　　　　　　　　絮状

聚虫状　　　　　　　　枝晶状

图 6-10 石墨形状分类 100×

2. 石墨形状分级

可锻铸铁中，石墨通常不以单一形状出现。鉴于石墨形状对力学性能的影响，分为五级，见表 6-8 和图 6-11。对石墨形状级别的评定，应在未浸蚀的金相试样上进行，放大倍数为 100 倍。

表 6-8　石墨形状分级

级别	说　明
1 级	石墨大部分呈团球状，允许有不大于 15% 的团絮状、絮状、聚虫状石墨存在，不允许有枝晶状石墨
2 级	石墨大部分呈球状、团絮状，允许有不大于 15% 的絮状、聚虫状石墨存在，不允许有枝晶状石墨
3 级	石墨大部分呈团絮状、絮状，允许有不大于 15% 的聚虫状及小于试样截面积 1% 的枝晶状石墨存在
4 级	聚虫状石墨大于 15%，枝晶状石墨小于试样截面积的 1%
5 级	枝晶状石墨大于或等于试样截面积的 1%

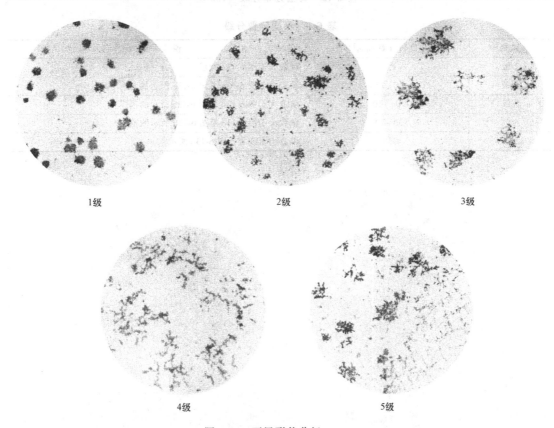

1级　　　　　　　　　2级　　　　　　　　　3级

4级　　　　　　　　　5级

图 6-11　石墨形状分级　100×

3. 石墨分布分级

可锻铸铁的石墨分布状态分为三级。1 级石墨分布均匀或较均匀；2 级石墨分布不均匀，但无方向性；3 级石墨呈方向性分布（见图 6-12）。对石墨分布的评定，应在未浸蚀的金相试样上进行，放大倍数为 100 倍。

4. 石墨颗数

石墨颗数是指单位面积内的石墨数，以颗/mm^2 计，共分五级，见表 6-9 和图 6-11。对石墨颗粒的评定，应在未浸蚀的金相试样上进行，放大倍数为 100 倍。

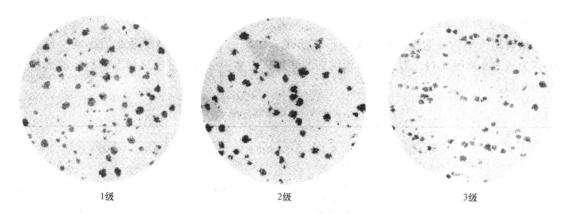

1级　　　　　　　　2级　　　　　　　　3级

图 6-12　石墨分布分级　100×

表 6-9　石墨颗数分级

级别	石墨颗数/(颗/mm²)	说　　明
1级	>150	颗数大于图 6-13a 所示
2级	>110~150	颗数大于图 6-13a 至图 6-13b 所示的范围
3级	>70~110	颗数大于图 6-13b 至图 6-13c 所示的范围
4级	>30~70	颗数大于图 6-13c 至图 6-13d 所示的范围
5级	≤30	颗数小于或等于图 6-13d 所示

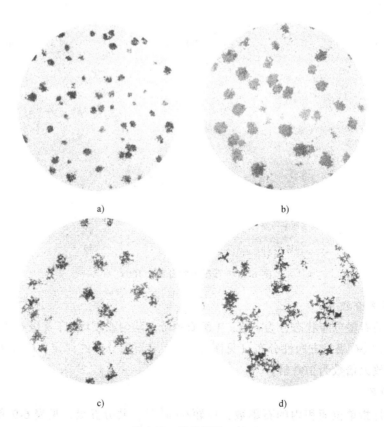

a)　　　　　　　　　b)

c)　　　　　　　　　d)

图 6-13　石墨颗数　100×

5. 珠光体形状

为了保证可锻铸铁的塑性和韧性，其基体组织应为铁素体。如果第二阶段石墨化退火不充分，则会有珠光体残余。珠光体形状主要有片状（珠光体中渗碳体呈片状）和粒状（珠光体中渗碳体呈粒状），以片状为常见。对珠光体形状的鉴别，应在浸蚀后的金相试样上进行。珠光体形状见图 6-14。

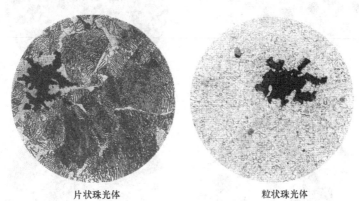

片状珠光体　　　　　　　　粒状珠光体

图 6-14　珠光体形状　500×

6. 珠光体残余量分级

基体中珠光体残余量分五级，见表 6-10 和图 6-15。对珠光体残余量级别的评定，应在浸蚀后的金相试样上进行，放大倍数为 100 倍。

表 6-10　珠光体残余量分级

级别	珠光体残余量（%）	说　　明
1 级	≤10	珠光体残余量小于或等于图 6-15a 所示
2 级	>10~20	珠光体残余量大于图 6-15a 至图 6-15b 所示的范围
3 级	>20~30	珠光体残余量大于图 6-15b 至图 6-15c 所示的范围
4 级	>30~40	珠光体残余量大于图 6-15c 至图 6-15d 所示的范围
5 级	>40	珠光体残余量大于图 6-15d 所示

7. 渗碳体残余量分级

如果第一阶段石墨化退火不充分会导致渗碳体残余，基体中渗碳体的残余量分为二级，见表 6-11 和图 6-16。对渗碳体残余量级别的评定，应在浸蚀后的金相试样上进行，放大倍数为 100 倍。

表 6-11　渗碳体残余量分级

级别	渗碳体残余量（%）	说　　明
1 级	≤2	渗碳体残余量小于或等于图 6-16a 所示
2 级	>2	渗碳体残余量大于图 6-16b 所示

8. 表皮层厚度

表皮层厚度是指从试样外缘至含有珠光体层结束处的厚度，当表皮层不含有珠光体时，则至无石墨的全铁素体层结束处为止，单位为 mm。分为四级，1 级≤1.0mm，2 级=

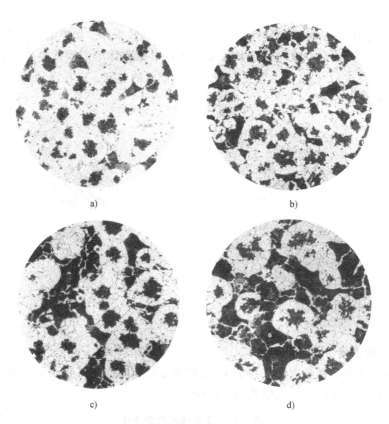

a)

b)

c)

d)

图 6-15　珠光体残余量　100×

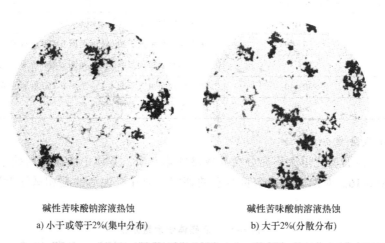

碱性苦味酸钠溶液热蚀　　　　　　　　碱性苦味酸钠溶液热蚀
a) 小于或等于2%(集中分布)　　　　　　b) 大于2%(分散分布)

图 6-16　渗碳体残余量　100×

（1.0~1.5）mm，3 级 =（1.5~2.0）mm，4 级 > 2.0mm。对表皮层厚度的测定，应在浸蚀后的金相试样上进行。

五、球墨铸铁

可锻铸铁具有较高的强度，塑性和韧性也得到显著改善，但其对原材料的成分要求严格，生产周期也长，为了克服这些不足，人们又发展了球墨铸铁，简称球铁。

（一）球墨铸铁的生产

球墨铸铁的石墨呈球状，是用灰口成分的铁水经球化处理和孕育处理而制得的。

球墨铸铁生产中，铁水在临浇注前加入适量的球化剂，以促进石墨结晶时生长为球状的工艺称为球化处理。球化剂通常为镁、稀土-硅铁合金和稀土-硅铁-镁合金，后者应用最广泛。

经过球化处理的铁水，白口倾向大，难以产生石墨核心，因此在球化处理的同时还必须同时进行孕育处理。孕育处理是指在浇注前往铁水中加入少量强烈促进石墨化的物质（即孕育剂），以增加石墨核心。经孕育处理后的球铁，石墨球的数量增多，球径减小，形状圆整，分布均匀，减少了铸件的疏松等缺陷，提高了球铁的力学性能。常用的孕育剂是硅铁、硅合金和稀土合金，其中最常用的是硅质量分数为75%的铁合金。

铁水经球化处理和孕育处理之后，到浇注前停留的时间是球化处理的关键，孕育处理后停留时间过短，石墨形核不充分；停留时间过长，容易产生球化衰退和孕育衰退现象，而且孕育衰退比球化衰退更快。球化衰退使球化过程中脱出的硫又返回铁水中，这就是所谓的"回硫"现象，球化作用被破坏；孕育衰退使球墨数量减少，球径增大，渗碳体数量增多。

（二）球墨铸铁的牌号和化学成分

球墨铸铁的牌号表示用"球铁"二字的汉语拼音大写首字母"QT"表示，其后的二组数字分别表示最低抗拉强度和最低伸长率。例如："QT500-7"，表示最低抗拉强度为500MPa，伸长率≥7%的球墨铸铁。

（三）球墨铸铁的组织和性能

球墨铸铁的理想组织是由球状石墨和金属基体组成，但由于化学成分或铁水处理不当，石墨也可能出现团状、团絮状、蠕虫状和片状等形态，其基体组织正常为铁素体基体、珠光体基体和铁素体-珠光体基体，经热处理后也可以是马氏体和贝氏体基体等。

由于球铁中的石墨呈球状，它对基体的破坏作用较小，因此其强度和塑性有很大提高。灰铸铁的抗拉强度最高只有400MPa，而球铁可达900MPa以上，伸长率可达25%，另外，球铁具有高的屈强比，一般可达0.70~0.75，缺口敏感性也较低，耐磨性也较好。

（四）球墨铸铁缺陷

1. 球化不良和球化衰退

产生原因：铁水含硫量过高，球化剂残余量不足或铁水氧化。球化衰退产生原因：铁水中球化剂的残余量逐渐减少，不能起到球化作用。球化不良和球化衰退的铸件只能报废。

特征：出现较多蠕虫状石墨。

2. 石墨漂浮

产生原因：碳当量过高以及铁水在高温液态的停留时间过长。石墨漂浮会降低铸件的力学性能。

特征：石墨大量聚集，出现开花状。

3. 夹渣

产生原因：1）扒渣不净而混入的一次渣。2）浇铸温度过低，铁水表面氧化而形成的二次渣。夹渣也会降低力学性能。

特征：聚集分布的硫化物和氧化物。

4. 缩松

产生原因：铁液凝固时，后续铁液得不到及时补充，从而形成显微空洞。它与合金成分、铸件形状、铸件厚度、浇注工艺等有关。

特征：显微镜下所见的微观缩孔。

5. 反白口

产生原因：铁水在凝固时存在较大的成分偏析，并受到周围固体影响而较快地冷却，促进了碳化物的形成。

特征：在共晶团的边界上出现许多呈一定方向排列的针状碳化物。

（五）球墨铸铁热处理

球墨铸铁的基体与钢相似，但球铁成分中碳与硅的含量远比钢高，所以球铁的热处理既有与钢相似的一面，钢在热处理时的相变概念在球铁热处理中都适用；但又有自己独特的一面，球铁实际上为 Fe-C-Si 三元合金，其共晶与共析转变是在一个温度范围内进行的，不是在恒温下完成的，将球铁加热到共析温度区间，将出现铁素体、奥氏体、石墨的稳定平衡，热处理后可造成组织与性能的多样化。球铁的热处理有退火、正火、调质、等温淬火等。

1. 球墨铸铁的退火

球铁退火分为消除内应力退火、低温退火、高温退火。

（1）消除内应力退火　球铁铸造内应力比灰铁大，对于不再进行热处理的铸件，往往要进行消除内应力退火，将铸件加热到 500℃~620℃，保温 2h~8h，缓冷。退火过程中内部组织不发生变化，铸件内应力基本得到消除。

（2）低温退火　为了获得较高的韧性，要求以铁素体为基体，就必须使珠光体中的 Fe_3C 发生石墨化分解。将铸件加热到 720℃~760℃，保温一段时间后随炉冷至 600℃，出炉空冷，低温退火后得到铁素体基体+球状石墨。

（3）高温退火　为了使球铁铸态组织中的自由渗碳体分解，消除白口，获得铁素体基体的高韧性球铁，需要进行高温退火。把铸件加热到 900℃~950℃ 保温，使第一阶段石墨化进行完毕，炉冷至 600℃ 出炉空冷，而第二阶段石墨化没有进行，故最终组织为珠光体基体+球状石墨。

如果铸件加热到 900℃~950℃ 保温，使第一阶段石墨化进行完毕，炉冷至 720℃~780℃，保温 2h~8h，再炉冷至 600℃ 出炉空冷，使珠光体中的 Fe_3C 也发生石墨化分解，最终组织为铁素体基体+球状石墨。

2. 球墨铸铁的正火

球铁正火主要是为了增加基体中珠光体的数量，从而提高球铁的强度和耐磨性。球铁正火分为高温正火和低温正火。

（1）高温正火　将球铁加热到 900℃~950℃，保温 1h~3h，使组织全部奥氏体化，然后出炉空冷，得到珠光体或珠光体型（索氏体或屈氏体）的基体组织。为了消除正火空冷产生的内应力，正火后还需在 550℃~600℃ 进行去应力回火。

（2）低温正火　将铸件加热到 840℃~860℃，保温 1h~4h，内部组织没有全部奥氏体化，仍保留部分铁素体，然后出炉空冷，得到珠光体+铁素体的基体组织。低温正火可提高铸件的韧、塑性，但强度比高温正火略低。低温正火要求原始组织中无自由渗碳体，否则影响其力学性能。有些时候，为了消除正火空冷产生的内应力，正火后也需在 550℃~600℃ 进行去应力回火。

3. 球墨铸铁的调质处理

对于受力复杂、截面大、综合性能要求高的重要铸件，若采用正火处理其力学性能仍满足不了要求，则可选用调质处理。由于球墨铸铁导热性差，组织不均匀，淬火时容易开裂，操作时要十分注意。

为了获得良好的综合力学性能，通常淬火加热温度选用860℃~880℃，在完全奥氏体化条件下淬火，淬火组织为细针状马氏体；如果需得到较高的韧性和塑性，则选用820℃~840℃，在不完全奥氏体化条件下淬火，淬火组织中有部分碎块状铁素体，有助于韧性和塑性的提高。

球铁淬火后硬度很高，可达到58HRC~60HRC，脆性也很大，所以淬火后必须及时回火，回火温度也分为低温回火、中温回火、高温回火，随着回火温度的升高，铸件的强度、硬度下降，韧性、塑性得到提高，经调质后的组织为回火索氏体+球状石墨。

4. 球墨铸铁的等温淬火

球铁等温淬火是获得高强度的重要方法，等温处理后的组织是下贝氏体+少量残余奥氏体（或马氏体），这种组织不仅有较高的强度和韧性，而且具有很好的耐磨性，另外，等温淬火与普通淬火相比有较小的内应力，可以有效避免铸件变形和开裂。

等温淬火加热温度为860℃~920℃，保温一段时间后立即放入温度为250℃~350℃的硝盐炉中等温处理，时间30min~90min，然后取出空冷，得到下贝氏体；有时会在等温淬火后进行一次低温回火，使残余奥氏体转变为下贝氏体，并使淬火马氏体转变为回火马氏体，可使韧、塑性进一步得到提高。

（六）球铁的金相检验

球铁的金相检验一般按 GB/T 9441—2009《球墨铸铁金相检验》进行，检验项目为球化分级、石墨大小、珠光体数量、分散分布的铁素体数量、磷共晶数量、碳化物数量和石墨球数。

1. 石墨的分类

石墨形态分为六类，具体见表 6-12 和图 6-17。

表 6-12　石墨的分类

石墨类型	名称	存在的铸铁类型
I	片状石墨	灰铸铁，及其他类型铸铁材料的边缘区域
II	聚集的片状石墨,蟹状石墨	快速冷却的过共晶灰铸铁
III	蠕虫石墨	蠕墨铸铁、球墨铸铁
IV	团絮状石墨	可锻铸铁、球墨铸铁
V	团状石墨	球墨铸铁、蠕墨铸铁、可锻铸铁
VI	球状石墨	球墨铸铁、蠕墨铸铁

2. 球化分级

球状石墨和团状石墨个数占石墨总数的百分比称为球化率。根据球化率可将球化分为六级，见表 6-13 和图 6-18。对石墨球化分级的评定应在未浸蚀的金相试样上进行，放大倍数为 100 倍。观察整个受检面，选三个球化差的视场进行评定。球化率计算时，视场直径为

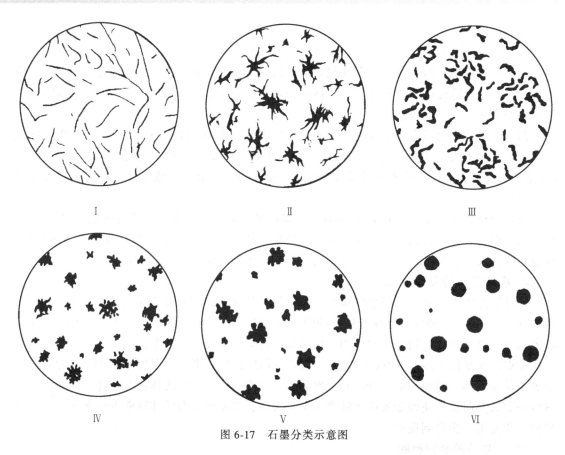

图 6-17 石墨分类示意图

70mm,被视场周界切割的石墨不计数,少量小于 2mm 的石墨不计数。当石墨大多数小于 2mm 或大于 12mm 时,可适当变换放大倍数,但应保证视场内的石墨数不少于 20 颗。

表 6-13 球化分级

球化级别	球化率(%)	球化级别	球化率(%)
1 级	≥95	4 级	70
2 级	90	5 级	60
3 级	80	6 级	50

3. 石墨大小

石墨大小对铸铁性能有影响,实际生产中希望得到均匀、圆整、细小的石墨。石墨大小分为六级,见表 6-14 和图 6-19。检验石墨大小应在未浸蚀的抛光态金相试样上进行,放大倍数为 100 倍。

表 6-14 石墨大小分级

级别	石墨长度/mm(放大 100 倍)	实际石墨长度/mm
3	>25~50	>0.25~0.50
4	>12~25	>0.12~0.25
5	>6~12	>0.06~0.12
6	>3~6	>0.03~0.06
7	>1.5~3	>0.015~0.03
8	≤1.5	≤0.015

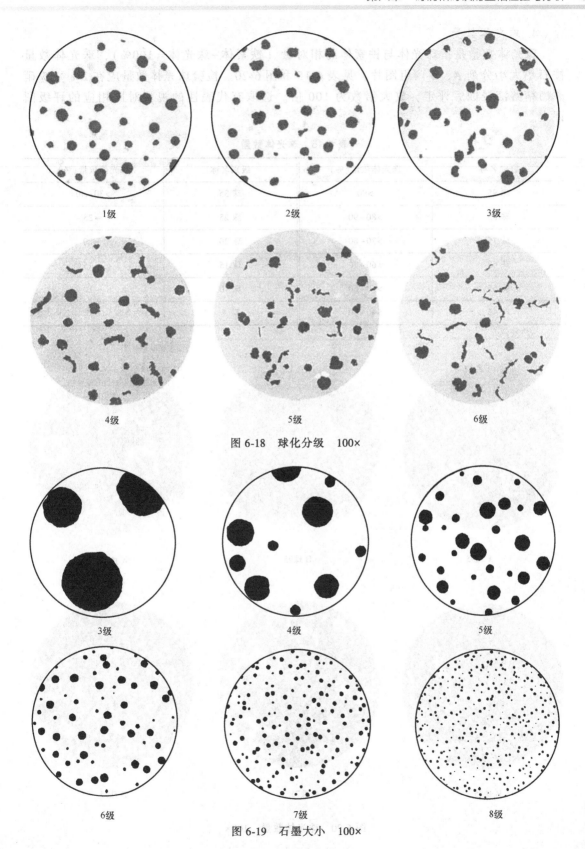

1级　　　　　　2级　　　　　　3级

4级　　　　　　5级　　　　　　6级

图 6-18　球化分级　100×

3级　　　　　　4级　　　　　　5级

6级　　　　　　7级　　　　　　8级

图 6-19　石墨大小　100×

4. 珠光体数量

珠光体数量是指珠光体与铁素体的相对量（铁素体+珠光体＝100%），珠光体数量按石墨大小分列 A、B 两组图片，见表 6-15 和图 6-20。检验珠光体数量应在 2%~5% 硝酸酒精溶液浸蚀后评定，放大倍数为 100 倍。选取有代表性的视场对照相应的评级图评定。

表 6-15 珠光体数量

级别名称	珠光体数量(%)	级别名称	珠光体数量(%)
珠 95	>90	珠 35	>30~40
珠 85	>80~90	珠 25	≈25
珠 75	>70~80	珠 20	≈20
珠 65	>60~70	珠 15	≈15
珠 55	>50~60	珠 10	≈10
珠 45	>40~50	珠 5	≈5

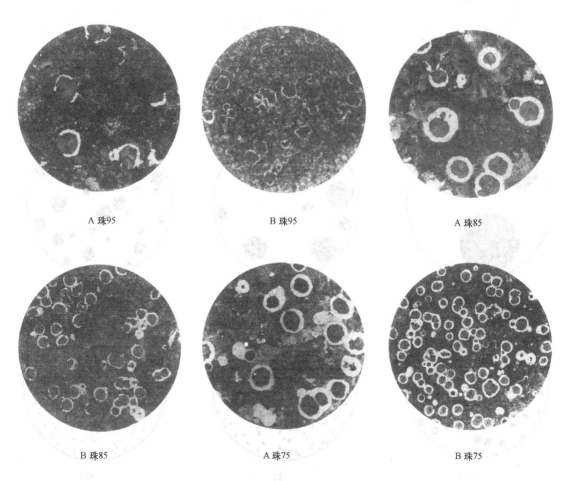

A 珠95   B 珠95   A 珠85

B 珠85   A 珠75   B 珠75

图 6-20 珠光体数量 100×

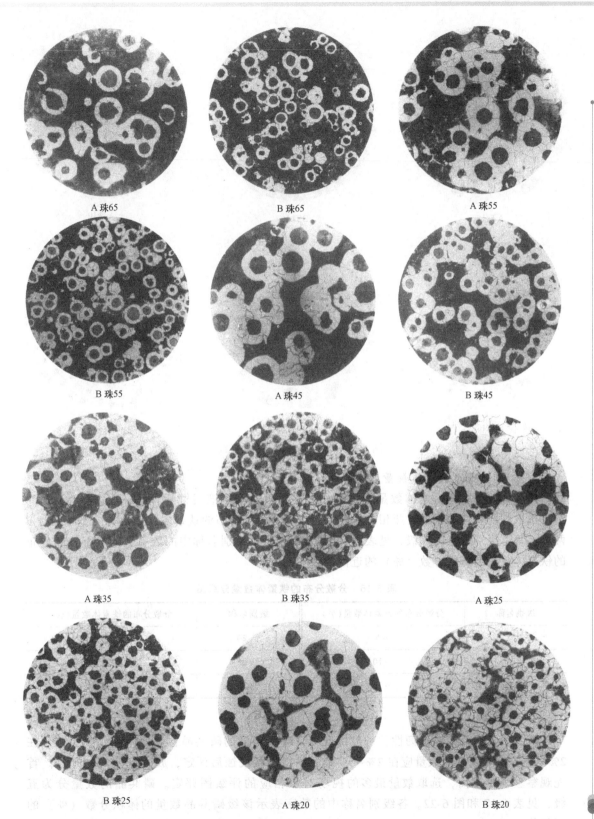

A珠65　　　　　　　B珠65　　　　　　　A珠55

B珠55　　　　　　　A珠45　　　　　　　B珠45

A珠35　　　　　　　B珠35　　　　　　　A珠25

B珠25　　　　　　　A珠20　　　　　　　B珠20

图 6-20　珠光体数量　100×（续）

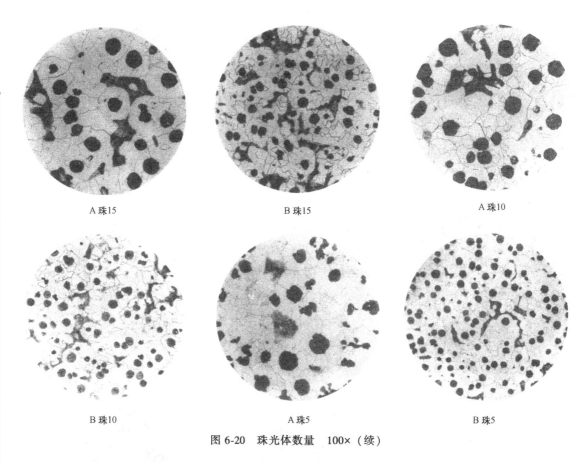

A 珠15　　　　　　　　　B 珠15　　　　　　　　　A 珠10

B 珠10　　　　　　　　　A 珠5　　　　　　　　　B 珠5

图 6-20　珠光体数量　100×（续）

5. 分散分布的铁素体数量

检验分散分布的铁素体数量应在 2%～5%硝酸酒精溶液浸蚀后评定，放大倍数为 100 倍。选取有代表性的视场对照相应的评级图评定。分散分布的铁素体数量分块状 A 和网状 B 两种。每组级别共分为六级，见表 6-16 和图 6-21。各级别名称中的数字表示该级分散分布的铁素体数量的体积分数（%）的近似值。

表 6-16　分散分布的铁素体数量分级图

级别名称	分散分布的铁素体数量(%)	级别名称	分散分布的铁素体数量(%)
铁 5	≈5	铁 20	≈20
铁 10	≈10	铁 25	≈25
铁 15	≈15	铁 30	≈30

6. 磷共晶数量

磷共晶显著降低冲击韧性，一般情况下，球墨铸铁的磷共晶含量的体积分数应控制在 2%以下。检验磷共晶数量应在 2%～5%硝酸酒精溶液浸蚀后评定，放大倍数为 100 倍。首先观察整个受检面，选取数量最多的视场对照相应的评级图评定。磷共晶的数量分为五级，见表 6-17 和图 6-22。各级别名称中的数字表示该级磷共晶数量的体积分数（%）的近似值。

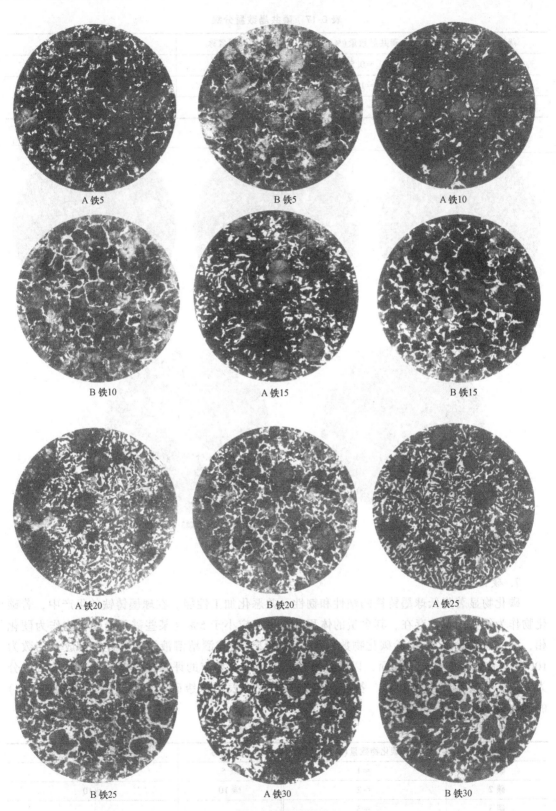

图 6-21 分散分布的铁素体数量 100×

表 6-17　磷共晶数量分级

级别名称	磷共晶数量(%)	级别名称	磷共晶数量(%)
磷0.5	≈0.5	磷2	≈2.0
磷1	≈1.0	磷3	≈2.5
磷1.5	≈1.5		

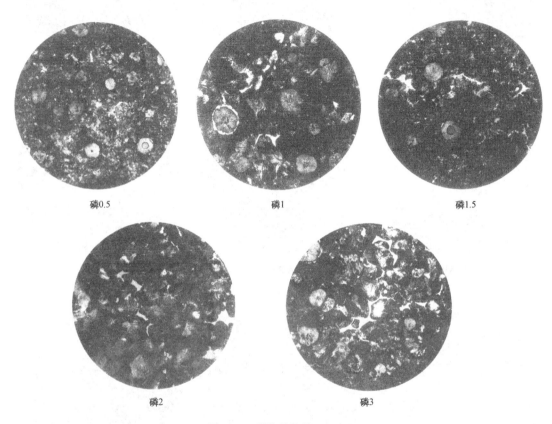

磷0.5　　　　　　　　　磷1　　　　　　　　　磷1.5

磷2　　　　　　　　　磷3

图 6-22　磷共晶数量　100×

7. 碳化物数量

碳化物显著降低球墨铸铁的塑性和韧性，并恶化加工性能。在球墨铸铁的生产中，若碳化物作为硬化相单独存在，其含量的体积分数一般应小于5%（某些需要以碳化物作为硬化相，耐磨铸铁除外）。检验碳化物数量应在2%~5%硝酸酒精溶液浸蚀后评定，放大倍数为100倍。首先观察整个受检面，以数量最多的视场对照相应的评级图评定。碳化物的数量分为五级，见表6-18和图6-23。各级别名称中的数字表示该级碳化物数量的体积分数（%）的近似值。

表 6-18　碳化物数量分级

级别名称	碳化物数量(%)	级别名称	碳化物数量(%)
碳1	≈1	碳5	≈5
碳2	≈2	碳10	≈10
碳3	≈3		

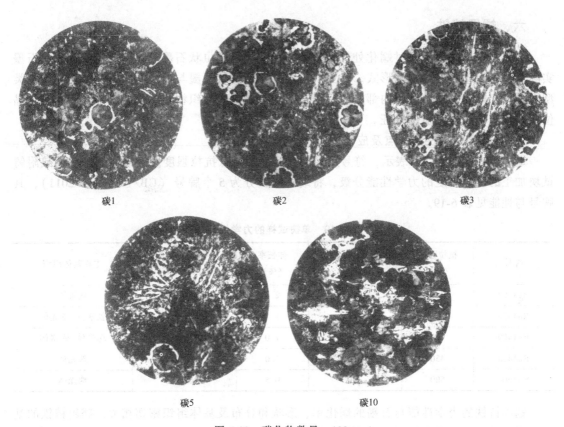

碳1　　　　　　　碳2　　　　　　　碳3

碳5　　　　　　　　碳10

图 6-23　碳化物数量　100×

8. 石墨球数

通过计算一定面积 A（通常使用直径 79.8mm，面积 5000mm² 的圆形）内的石墨球数 n 来测定单位平方毫米内的石墨球数，放大倍数 F 的选取应遵循测量面积内至少有 50 个石墨球数。石墨球数应在抛光态下检验，观察整个受检面，选取有代表性视场的石墨球数计算。

石墨球数的计算公式见式（6-1）、式（6-2）。

$$n = n_1 + \frac{n_2}{2} \qquad (6\text{-}1)$$

式中　n——石墨球数；

　　　n_1——完全落在测量网格内的石墨球数；

　　　n_2——被测量网格所切割的石墨球数。

$$n_F = \frac{n}{A} \times F^2 \qquad (6\text{-}2)$$

式中　n_F——实际试样面上单位平方毫米内的石墨球数；

　　　n——石墨球数；

　　　F——放大倍数；

　　　A——所使用的测量网格面积，单位为 mm²。

也可以采用图像分析仪，在抛光态下直接进行阈值分割提取石墨球，首先观察整个受检面，选取有代表性视场，测量单位平方毫米的石墨球数。

六、蠕墨铸铁

蠕墨铸铁是将铁水经过蠕化处理所获得的一种具有蠕虫状石墨组织的铸铁。蠕虫状石墨实际上是球化不充分的缺陷形式。蠕虫状石墨是介于片状石墨与球状石墨之间的中间状态类型石墨，它既具有在共晶团内部石墨互相连续的片状石墨组织特征，又有头部较圆钝，结晶位向和球状石墨较相似的特征。

（一）蠕墨铸铁性能特点及应用

蠕墨铸铁用"RuT"表示，符号后面的数字表示最低抗拉强度。蠕墨铸铁按单铸或附铸试块加工的试样测定的力学性能分级，将蠕墨铸铁分为5个牌号（GB/T 26656—2011），其牌号与性能见表6-19。

表 6-19　单铸试样的力学性能

牌号	抗拉强度/MPa	0.2%屈服强度/MPa	伸长率（%）	典型的布氏硬度范围（HBW）	主要基体组织
RuT300	300	210	2.0	140~210	铁素体
RuT350	350	245	1.5	160~220	铁素体+珠光体
RuT400	400	280	1.0	180~240	珠光体+铁素体
RuT450	450	315	1.0	200~250	珠光体
RuT500	500	350	0.5	220~260	珠光体

蠕墨铸铁的力学性能与石墨的蠕化率、形状和分布及基体组织密切相关，蠕墨铸铁的基体可分为铁素体、珠光体、铁素体+珠光体型。

对于同一基体的铸件，蠕墨铸铁的强度要高于灰铸铁，但比球墨铸铁要低。蠕化率越高，其性能特点越接近于灰铸铁，蠕化率越低，其性能特点越接近于球墨铸铁。另外，蠕墨铸铁的抗拉强度对碳当量变化的敏感性要低得多。并且对壁厚的敏感性也比灰铸铁小得多，此外，值得一提的是，蠕墨铸铁的屈强比为0.72~0.82，是铸造材料中最高的。

蠕墨铸铁的韧度、伸长率也均低于球墨铸铁而高于灰铸铁，其值随石墨的蠕化率和基体组织的不同而有差异。蠕化率低或基体中铁素体含量高，则韧度及伸长率相对提高。

由于强度高，对断面的敏感性小，铸造性能好，导热性较好，蠕墨铸铁可以用来制造复杂的大型零件和在热交换以及有较大温度梯度的环境下工作的零件，如汽车制动盘、排气管、发动机缸体等。

由于蠕墨铸铁有较高的致密性，同时具有较好的强度，也特别适用于受力较高的液压件的生产。

（二）蠕墨铸铁的金相组织

蠕墨铸铁的力学性能和物理性能取决于石墨的蠕化状态、形状和分布及基体组织等因素。其中石墨的蠕化状态影响最大。石墨的蠕化状态用蠕化率作为评定指标。蠕墨铸铁的蠕化率可以用蠕虫状石墨和部分团状、团絮状石墨占石墨总面积的百分比来表示和确定。

$$蠕化率 = \frac{\sum A_{蠕虫状石墨} + 0.5 \sum A_{团状、团絮状石墨}}{\sum A_{每个石墨}} \qquad (6\text{-}3)$$

式中　$A_{蠕虫状石墨}$——蠕虫状石墨颗粒的面积（圆形系数 RSF 为<0.525）；

$A_{团状、团絮状石墨}$——团状、团絮状石墨颗粒的面积（圆形系数 RSF 为 0.525~0.625）；

$A_{每个石墨}$——每个石墨颗粒（最大中心长度≥10μm）的面积。

但是，蠕化率本身并不能精确地反映石墨的形状特征。为了正确地评定石墨的形状特征及蠕化程度，通常用圆形系数（RSF）来表示。

$$圆形系数 = \frac{A}{A_m} = \frac{4 \times A}{\pi \times l_m^2} \tag{6-4}$$

式中　A——分析研究的石墨颗粒面积；

　　　A_m——直径为 l_m 的圆的面积；

　　　l_m——分析研究的石墨颗粒最大中心线长度等于石墨颗粒周界两点之间的最大距离。

圆形系数是对最大中心线长度大于 10μm 的石墨进行分类，最大中心线长度小于 10μm 和图像轮廓边界接触的石墨不包括在内。当 0.625<圆形系数≤1 时，属于球状石墨；当 0.525≤圆形系数≤0.625 时，属于团状、团絮状石墨；当圆形系数<0.525 时，属于蠕虫状石墨，按圆形系数对石墨分类的示意图见图 6-24。蠕墨铸铁组织中不允许存在片状石墨和其他不蠕化的石墨组织。蠕墨铸铁的基体组织在铸态下具有较高的铁素体含量（常有 40%~50%或更高）。典型石墨形状特征见图 6-25。

说明：RSF——圆形系数。

图 6-24　按圆形系数对石墨分类的示意图

蠕墨铸铁主要是检验蠕化率、珠光体数量、磷共晶类型和数量、碳化物数量等。主要检验标准参考 GB/T 26656—2011《蠕墨铸铁金相检验》。

1. 蠕化率分级

按随机取 5 个视场对照标准图片评定。检验蠕化率时应放大 100 倍，试样不浸蚀。蠕化率共分 8 级，可参照图 6-26 或表 6-20 进行评定。

2. 珠光体数量

应在 2%~5%硝酸酒精溶液浸蚀后检验珠光体数量（珠光体+铁素体=100%），放大倍数为 100 倍，选取有代表性的视场对照相应的评级图评定。珠光体数量分为 10 级，见表 6-21 和图 6-27。

图 6-25　蠕虫状石墨　100×

表 6-20　蠕化率分级

蠕化率级别	蠕虫状石墨量(%)	蠕化率级别	蠕虫状石墨量(%)
蠕95	≥90	蠕70	70
蠕90	90	蠕60	60
蠕85	85	蠕50	50
蠕80	80	蠕40	40

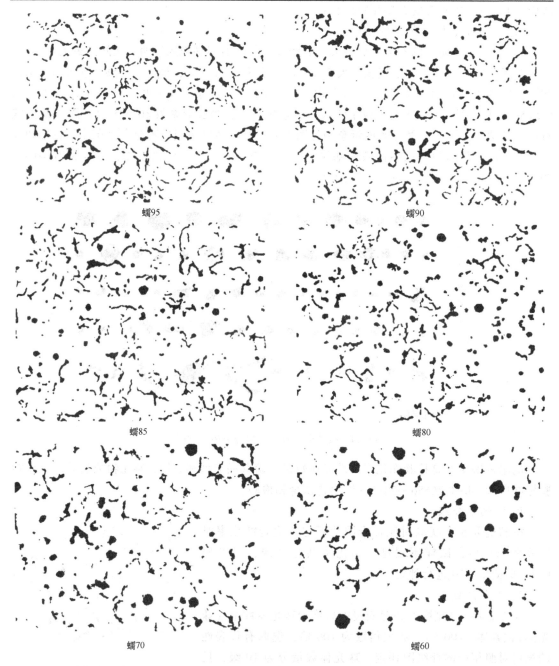

图 6-26　蠕化率分级图　100×

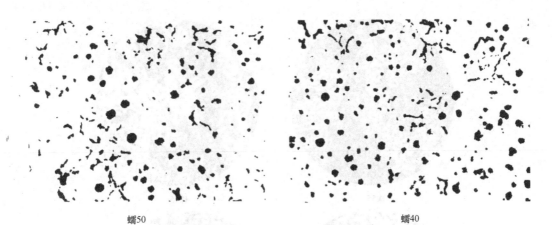

蠕50　　　　　　　　　　　　　　　　　　　蠕40

图 6-26　蠕化率分级图　100×（续）

表 6-21　珠光体数量

级别名称	珠光体数量（%）	级别名称	珠光体数量（%）
珠 95	>90	珠 45	>40~50
珠 85	>80~90	珠 35	>30~40
珠 75	>70~80	珠 25	>20~30
珠 65	>60~70	珠 15	>10~20
珠 55	>50~60	珠 5	≤10

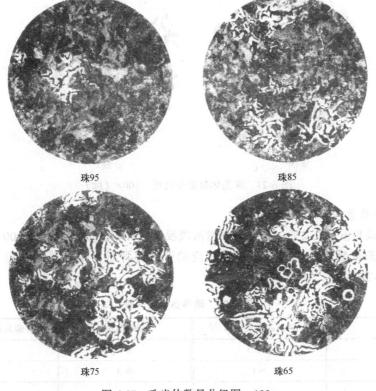

珠95　　　　　　　　　　　　　　　　　　珠85

珠75　　　　　　　　　　　　　　　　　　珠65

图 6-27　珠光体数量分级图　100×

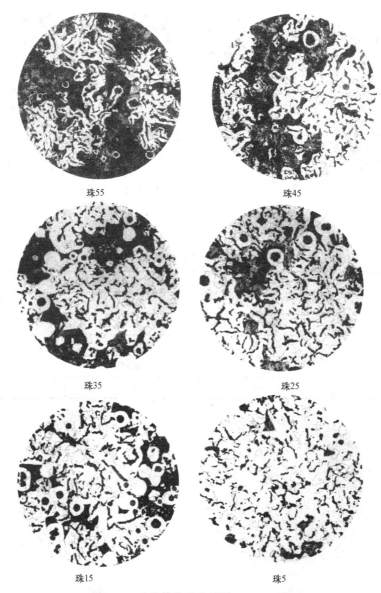

珠55　　　　　　　　　　　　珠45

珠35　　　　　　　　　　　　珠25

珠15　　　　　　　　　　　　珠5

图 6-27　珠光体数量分级图　100×（续）

3. 磷共晶数量

检验磷共晶数量应在 2%～5% 硝酸酒精溶液浸蚀后评定，放大倍数为 100 倍。首先观察整个受检面，选取数量最多的视场对照相应的评级图评定。磷共晶的数量分为五级，见表 6-22 和图 6-28。

表 6-22　磷共晶数量分级

级别名称	磷共晶数量(%)	级别名称	磷共晶数量(%)
磷 0.5	≈0.5	磷 3	≈3
磷 1	≈1	磷 5	≈5
磷 2	≈2		

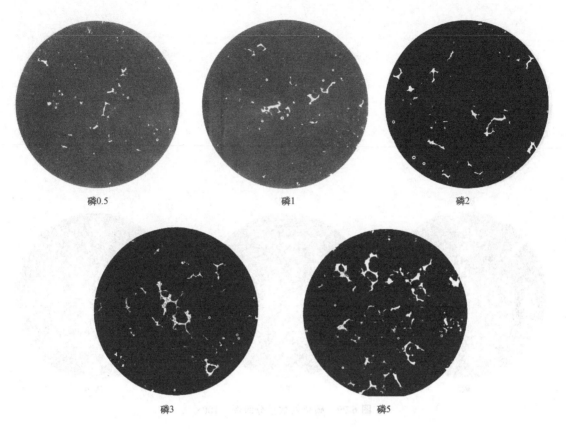

磷0.5　　　　　　　　　磷1　　　　　　　　　磷2

磷3　　　　　　　　　　　磷5

图 6-28　磷共晶数量分级图　100×

4. 碳化物数量

检验碳化物数量应在 2%～5%硝酸酒精溶液浸蚀后评定，放大倍数为 100 倍。首先观察整个受检面，选取数量最多的视场对照相应的评级图评定。碳化物数量分为六级，见表 6-23 和图 6-29。

表 6-23　碳化物数量分级

级别名称	碳化物数量(%)	级别名称	碳化物数量(%)
碳 1	≈1	碳 5	≈5
碳 2	≈2	碳 7	≈7
碳 3	≈3	碳 10	≈10

七、白口铸铁

白口铸铁中的碳除少量溶于铁素体外，其余全部以渗碳体的形式存在于铸铁中，断口呈白亮色。白口铸铁按化学成分可分为亚共晶白口铸铁、共晶白口铸铁和过共晶白口铸铁。这类铸铁中都存在着共晶莱氏体，性能又硬又脆，很难切削加工，故很少直接用来制造各种零件。目前，白口铸铁除主要用作炼钢原料和生产可锻铸铁的毛坯外，有时也利用它硬而耐磨的特性制造耐磨铸件。值得指出的是，白口铸铁和灰铸铁具有不同的耐磨性能，灰铸铁铸件

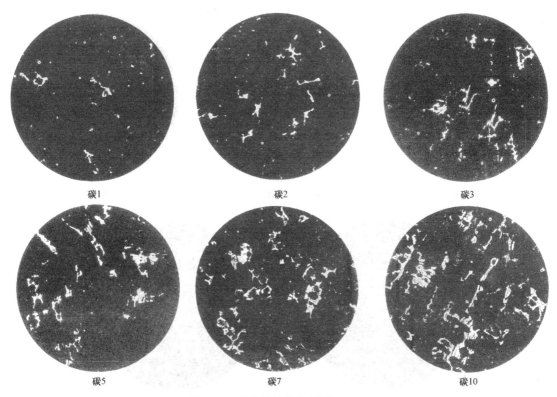

碳1　　　　　　　　　　碳2　　　　　　　　　　碳3

碳5　　　　　　　　　　碳7　　　　　　　　　　碳10

图 6-29　碳化物数量分级图　100×

一般在润滑状态下工作，要求摩擦系数小，磨损量低，摩擦对偶间彼此不损害，而白口铸铁多半是在干摩擦情况下工作，要通过破坏摩擦对偶而保全自身，如球磨机的磨球。

作为耐磨铸铁时，白口铸铁应用较多的是冷硬铸铁和高铬白口铸铁。冷硬铸铁是铁水在结晶时，通过对铁水的激冷作用而得到铸件表面有一定深度的白口层，而心部为灰口组织的铸铁，常用作一些高耐磨要求的铸件，如轧辊、犁铧等。冷硬铸铁一般选用高碳低硅铁水。高的含碳量有利于形成碳化物，但不能超过共晶成分，因为过共晶的初生渗碳体虽然硬度高，但片状粗大会使整个基体变脆，低的含硅量可以避免白口区出现石墨。

为了进一步提高白口铸铁的耐磨性，可以加入合金元素，提高淬透性，使得铸件在铸态下就得到马氏体组织。如加入质量分数 4.5% 的镍和质量分数 1.5% 的铬可得到镍硬铸铁。通过加入较多含量的铬，可以改变碳化物类型，从而提高铸铁件的耐磨性，这就是高铬白口铸铁，其铬的质量分数一般为 12%～34%，当铬的质量分数超过 10% 时，碳化物即由 M_3C 型改型为 M_7C_3 型，这使硬度由 900HV～1000HV 提高到 1300HV～1500HV，而且也会改变碳化物的分布形态，使其从连续网状改为断续分布，不但提高了耐磨性，而且使塑性和韧性也有提高，从而扩大了白口铸铁的应用范围。

为了消除内应力，提高耐磨性和冲击韧性，白口铸铁可进行消除内应力退火、淬火、回火以及等温淬火等。

八、铸铁热处理

铸铁生产中除适当选择化学成分和冷却速度以得到一定的组织外，热处理也是进一步调整和改进基体组织以提高铸铁性能的一种重要途径。热处理一般不能改变石墨的形态和分布状态。对于灰口铸铁，由于片状石墨所引起的应力集中效应是影响铸铁性能的主要因素，因此热处理对灰口铸铁的强化效果并不明显，故其热处理主要是正火、退火等。而对于球铁则不同，由于球铁中的石墨呈球状，它已把石墨对强度与塑性的不利影响降低到最低，因此用热处理的方法改变基体组织就可以大大改变球铁的性能。总体来讲，铸铁的热处理主要有去应力退火、高温石墨化退火、化学热处理和表面淬火。去应力退火时正常的加热温度应视铸铁不同而在 500℃~650℃ 范围内选取。铸件冷却时，在表层或截面较薄处常会出现白口组织，因此必须用高温石墨化退火加以消除，工艺一般为 850℃~950℃，保温 2h~5h，随后炉冷至 500℃~550℃，再出炉空冷。化学热处理工艺与钢基本相同。表面淬火主要用于提高某些灰口铸铁和球墨铸铁的表面硬度、耐磨性及疲劳强度。球墨铸铁在表面淬火前必须进行正火，以保证基体中有较多的珠光体量，以便获得好的淬火效果。

思 考 题

1. 简述铸钢铸态组织的特点。
2. 铸铁中碳的存在形式有哪些？
3. 根据铸铁的石墨形状可分为哪几类？
4. 简述球墨铸铁的组织和性能。
5. 简述球墨铸铁的缺陷及特征。

第七章

有色金属的金相检验与分析

第一节　铝及铝合金

纯铝具有面心立方结构，没有同素异构转变；熔点660℃，密度约为2.7g/cm³，抗拉强度为80MPa~100MPa，硬度为25HBW~30HBW，伸长率为30%~50%，铝合金抗拉强度可达500MPa~600MPa，导电、导热性仅次于银、铜、金，而居第四位。铝和氧有很大的化学亲和力，在空气中铝表面很快就会形成一层牢固致密的氧化膜，防止其继续氧化。由于纯铝的强度低，不适于用作结构材料，大多数情况用于导线、电缆等，为了提高其强度，最有效的方法是在纯铝中加入合金元素（如硅、铜、镁、锰等）形成铝合金，铝合金仍具有密度小、耐大气腐蚀、导热性好等特点。

一、铝及铝合金基本知识

（一）铝合金的分类

1）按有无合金成分，铝材分为纯铝及铝合金。铝合金按合金系列又分为Al-Mn合金、Al-Cu合金、Al-Si合金和Al-Mg合金等。

2）按铝合金的成分和工艺特点，可将铝合金分为变形铝合金和铸造铝合金两类。

3）按能否热处理强化，铝合金又分为非热处理强化铝合金和热处理强化铝合金。

铝没有同素异构体，纯铝、铝锰合金、铝镁合金等不可能通过热处理相变来提高强度。但是，铝铜和铝镁硅等合金可通过固溶时效析出强化相来提高强度，称为可热处理强化铝。不能通过固溶时效析出强化相提高强度的称为不可热处理强化铝。

根据图7-1所示，合金组元含量位于D点以左的合金可得到单相固溶体，塑性变形能力较好，适合于冷热加工，称为变形铝合金。变形铝合金按成分又可分为热处理可强化铝合金和热处理不可强化铝合金两种。合金组元含量大于D点后，由于出现共晶组织，其塑性差，液体流动性好，适用于铸造，故称为铸造铝合金。

（二）变形铝及铝合金的牌号表示方法

见表7-1。

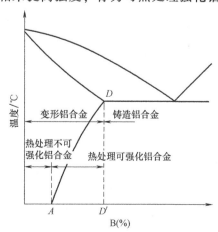

图7-1　铝合金分类示意图

表 7-1　变形铝及铝合金的牌号表示方法

组别	牌号系列
纯铝(铝含量不小于 99.00%)	1×××
以铜为主要合金元素的铝合金	2×××
以锰为主要合金元素的铝合金	3×××
以硅为主要合金元素的铝合金	4×××
以镁为主要合金元素的铝合金	5×××
以镁和硅为主要合金元素并以 Mg_2Si 相为强化相的铝合金	6×××
以锌为主要合金元素的铝合金	7×××
以其他合金元素为主要合金元素的铝合金	8×××
备用合金组	9×××

(三) 变形铝及铝合金状态代号

见表 7-2 至表 7-7。

表 7-2　变形铝及铝合金状态代号、名称及说明与应用 (GB/T 16475—2008)

代号	名称	说明与应用
F	自由加工状态	适用于在成形过程中,对于加工硬化和热处理条件无特殊要求的产品,该状态产品的力学性能不作规定
O	退火状态	适用于经完全退火获得最低强度的加工产品
H	加工硬化状态	适用于通过加工硬化提高强度的产品,产品在加工硬化后可经过(也可不经过)使强度有所降低的附加热处理,H 代号后面必须跟有两位或三位阿拉伯数字
W	固溶热处理状态	一种不稳定状态,仅适用于经固溶热处理后,室温下自然时效的合金,该状态代号仅表示产品处于自然时效阶段
T	热处理状态(不同于 F、O、H)	适用于热处理后,经过(或不经过)加工硬化达到稳定状态的产品,T 代号后面必须跟有一位或多位阿拉伯数字

表 7-3　合金系及其状态代号

合金系 ALLOY SYSTEM	状态 TEMPER
L——铝	R——热加工状态
LF——防锈铝合金(Al-Mg、Al-Mn)	M——退火状态
LY——硬铝合金(Al-Cu-Mg)	Y——加工硬化状态
LC——超硬铝合金(Al-Cu-Mg-Zn)	C——淬火状态
LD——锻铝合金(Al-Mg-Si&Cu-Mg-Si)	CZ——淬火、自然时效状态
LT——特殊铝合金	CZY——淬火、自然时效,冷作状态
—	CS——淬火、人工时效状态
—	CSY——淬火、人工时效,冷作状态
—	Y2——半硬状态
—	RCS(T5)——风冷、人工时效状态

表 7-4 中国新旧原始状态代号对照表

旧代号	新代号	旧代号	新代号
M	O	CYS	T_51、T_52 等
R	H112 或 F	CZY	T2
Y	HX8	CSY	T9
Y$_1$	HX6	MCS	T62
Y$_2$	HX4	MCZ	T42
Y$_4$	HX2	CGS1	T73
T	HX9	CGS2	T76
CZ	T4	CGS3	T74
CS	T6	RCS	T5

注：原以 R 状态交货的、提供 CZ、CS 试样性能的产品，其状态可分别对应新代号 T62、T42。

表 7-5 HXY 细分状态代号与加工硬化程度

细分状态代号	加工硬化程度
HX1	抗拉强度极限为 O 与 HX2 状态的中间值
HX2	抗拉强度极限为 O 与 HX4 状态的中间值
HX3	抗拉强度极限为 HX2 与 HX4 状态的中间值
HX4	抗拉强度极限为 O 与 HX8 状态的中间值
HX5	抗拉强度极限为 HX4 与 HX6 状态的中间值
HX6	抗拉强度极限为 HX4 与 HX8 状态的中间值
HX7	抗拉强度极限为 HX6 与 HX8 状态的中间值
HX8	硬状态
HX9	超硬状态、最小抗拉强度极限超过 HX8 状态至少 10MPa

注：当按上表确定的 HX1~HX9 状态的抗拉强度极限值，不是 O 或 5 结尾时，应修约至以 O 或 5 结尾的相邻较大值。

表 7-6 TX 细分状态代号说明与应用

状态代号	说明与应用
T0	固溶处理后、经自然时效再通过冷加工的状态,适用于经冷加工提高强度的产品
T1	由高温成形过程冷却，然后自然时效至基本稳定的状态,适用于由高温成形过程冷却后,不再进行冷加工(可进行矫直、矫平,但不影响力学性能极限)的产品
T2	由高温成形过程冷却,经冷加工后自然时效至基本稳定的状态,适用于由高温成形过程冷却后,进行冷加工,或矫直、矫平以提高强度的产品
T3	固溶热处理后进行冷加工,再经自然时效至基本稳定的状态,适用于在固溶热处理后,进行冷加工,或矫直、矫平以提高强度的产品
T4	固溶热处理后自然时效至基本稳定的状态适用于固溶热处理后,不再进行冷加工(可进行矫直、矫平,但不影响力学性能极限)的产品
T5	由高温成形过程冷却,然后进行人工时效的状态,适用于由高温成形过程冷却后,不经过冷加工(可进行矫直、矫平,但不影响力学性能极限),予以人工时效的产品

（续）

状态代号	说明与应用
T6	固溶热处理后进行人工时效的状态适用于固溶热处理后,不再进行冷加工(可进行矫直、矫平,但不影响力学性能极限)的产品
T7	固溶热处理后进行过时效的状态适用于固溶热处理后,为获取某些重要特性,在人工时效时,强度在时效曲线上越过了最高峰点的产品
T8	固溶热处理后经冷加工,然后进行人工时效的状态适用于经冷加工,或矫直、矫平以提高强度的产品
T9	固溶热处理后人工时效,然后进行冷加工的状态,适用于经冷加工提高强度的产品
T10	由高温成形过程冷却后,进行冷加工,然后人工时效的状态,适用于经冷加工,或矫直、矫平以提高强度的产品

注：某些 6××× 系的合金，无论是炉内固溶热处理，还是从高温成形后急冷以保留可溶性成分在固溶体中，均能达到相同的固溶热处理效果，这些合金的 T3、T4、T6、T7、T8 和 T9 状态可采用上述两种热处理方法的任一种。

表 7-7　T×× 及 T××× 细分状态代号说明与应用

状态代号	说明与应用
T42	适用于自 O 或 F 状态固溶热处理后,自然时效到充分稳定状态的产品,也适用于需方对任何状态的加工产品热处理后,力学性能达到了 T42 状态的产品
T62	适用于自 O 或 F 状态固溶热处理后,进行人工时效的产品,也适用于需方对任何状态的加工产品热处理后,力学性能达到了 T62 状态的产品
T73	适用于固溶热处理后,经过时效以达到规定的力学性能和抗应力腐蚀性能指标的产品
T74	与 T73 状态定义相同。该状态的抗拉强度大于 T73 状态,但小于 T76 状态
T76	与 T73 状态定义相同。该状态的抗拉强度分别高于 T73、T74 状态,抗应力腐蚀断裂性能分别低于 T73、T74 状态,但其抗剥落腐蚀性能仍较好
T72	适用于自 O 或 F 状态固溶热处理后,进行人工时效处理,力学性能及抗腐蚀性能达到了 T7X 状态的产品
T81	适用于固溶热处理后,经 1% 左右的冷加工变形提高强度,然后进行人工时效的产品
T87	适用于固溶热处理后,经 1% 左右的冷加工变形提高强度,然后进行人工时效的产品

（四）变形铝合金性能及应用简介

变形铝合金具有较高的强度和塑性，能用金属塑性变形加工成各种形状的材料。其中热处理可强化的合金，除采用加工硬化外，主要通过固溶-时效、形变热处理等工艺改善合金的强度。

1. 硬铝合金

热处理可强化。包括 Al-Cu-Mg 系和 Al-Cu-Mn 系合金。硬铝合金的强度和耐热性能都好，但耐蚀性能不如纯铝和防锈铝合金。合金成分和组织分布的均匀性和工艺因素（尤其是热处理工艺）对耐蚀性能的影响颇大。常采用包铝方法提高硬铝制品在海洋和潮湿大气中的耐蚀性。硬铝合金广泛用于制造飞机的各种构件和铆钉材料。在造船、建筑等部门也大量应用硬铝合金。用量最多和使用最广的合金牌号是 2A12（原 LY12）和 2A11（原 LY11）。

Al-Cu-Mg 系合金的强度与铜和镁的质量分数有关，含铜 4% 和镁 2% 的合金具有较高的强度，而含铜 3%~4% 和镁 0.5%~1.2% 的合金具有最好的自然时效效果。添加质量分数 1%

以下的锰可消除铁的有害影响，改善合金的耐蚀性和耐热性。由 Al-Cu-Mg 系发展出来的 Al-Cu-Mg-Fe-Ni 系锻造合金具有良好的高温强度和工艺性能。

Al-Cu-Mn 系合金的工艺性能良好，易于焊接，主要用于制造耐热可焊的结构材料和锻件，典型的合金为 2A16（原 LY16）。

2. 超硬铝合金

超硬铝合金是在 Al-Zn-Mg 系的基础上发展起来的，属于 Al-Zn-Mg-Cu 系合金，是强度最高的铝合金，合金的强度可达 800MPa，但耐热和耐蚀性能差。锌和镁共存于合金中，在固溶时效后形成 GP 区、亚稳相 τ′ 或 η′ 相使合金得到强化。这种合金对缺口敏感，抗应力腐蚀性差，工业上很少使用；适当地控制锌和镁的比例并添加铜、锰等元素以进一步提高合金的强度，改善塑性和耐应力腐蚀性能后，这种合金才在工业上广泛使用。典型的合金为 7A04（原 LC4），固溶-时效处理后的强度达 600MPa，主要用于制作飞机的蒙皮、螺钉、承力构件、大梁桁条、隔框和翼肋等。

3. 防锈铝合金

防锈铝合金是热处理不可强化合金，靠冷加工硬化提高强度。主要用于制造飞机油箱、油路导管、铆钉线等，在建筑、食品工业中也广泛应用。防锈铝合金包括 Al-Mn 和 Al-Mg 系合金。Al-Mn 系合金中，通常锰的质量分数为 1.0%～1.6%，塑性和深冲性能良好，但易形成粗大晶粒。Al-Mg 系合金强度和耐蚀性能优于 Al-Mn 系合金，焊接性好，合金的品种多。合金含镁可降低合金的比重。二元 Al-Mg 系合金晶粒粗大，加少量锰可细化晶粒，提高耐应力腐蚀的性能。高镁的铝镁合金易出现"钠脆性"，即不溶于铝的微量杂质钠呈游离态富集于晶界，严重损害合金的热塑性加工性能。典型的防锈铝金牌号有 3A21（原 LF21）等。

4. 锻铝合金

以 Al-Mg-Si 系合金为主，该系合金高温强度低，热塑性好，可锻成形状复杂的锻件和模锻件，也可轧成板材及其他型材。此类合金除含有镁和硅元素外，常含有铜。主要强化相为化合物 Mg_2Si 相。过剩的镁将会影响强化效果，而过剩的硅对强度无明显的影响，常要求含较高的硅。典型的合金为 2A14（原 LD10）和 2A50（原 LD5）。

（五）铸造铝合金牌号表示法

铸造铝合金可采用金属铸造成形工艺直接获得零件的铝合金，合金元素含量一般高于相应的变形铝合金系的含量。中国铸造铝合金以"ZL"表示，依主要添加元素分为四类。

GB/T 8063—2017《铸造有色金属及其合金牌号表示方法》

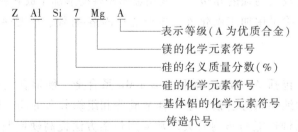

（六）铸造铝合金性能及应用简介

1. 铝硅系合金

与其他系的铸造合金相比，该系合金成分位于共晶成分附近，有良好的铸造性能和耐磨性能，热胀系数小，是铸造铝合金中品种最多、用量最大的合金。工业用铝硅合金中硅的质量分数可高达 25%。分为过共晶铝硅合金（硅的质量分数大于 14%）、共晶铝硅合金（硅的质量分数为 10%~14%）和亚共晶铝硅合金（硅的质量分数小于 10%）。变质处理可提高铝硅合金的力学性能。过共晶铝硅合金的变质剂为磷，亚共晶和共晶铝硅合金的变质剂为钠盐。

2. 铝铜系合金

应用最早的铸造铝合金。此类合金可以通过固溶-时效处理进行强化，含 4.5%~5.3%（质量分数）铜的合金强化效果最佳。加入适量的锰和钛能显著提高室温、高温强度和铸造性能（ZL201），具有良好的机械加工、阳极化、电镀和抛光等工艺性能，它的主要缺点是铸造工艺性、抗腐蚀性能及气密性能较差，因而使它的应用受到了限制，主要用于制作承受大的动、静载荷和形状不复杂的砂型铸件。

3. 铝镁系合金

密度最小的铸造铝合金。含镁 12%（质量分数）的合金强化效果最佳。实用的合金中镁的质量分数不超过 11.5%。典型的二元合金是 ZL301。该系合金在大气和海水中抗腐蚀性能好，在室温下具有良好的综合力学性能和可切削性能，常用作雷达底座，飞机的发动机匣、螺旋桨、起落架等零件。由于加工后表面光亮呈银白色，可作装饰材料。

4. 铝锌系合金

铸造和耐蚀性能差，热裂倾向大，有应力腐蚀倾向。在铸造条件下这种合金即可取得淬火的作用，有"自行淬火"之称。这种合金不经热处理即可使用。经变质处理后的铸件具有较高的强度。经稳定化处理后，尺寸稳定，常用于制作模型、型板及设备支架等。

（七）铝合金的热处理

固溶处理和时效处理是铝合金最重要的热处理工艺。铝合金与钢不同，在固态下仅有溶解和脱溶转变，淬火状态并不能达到合金强化的目的。淬火的目的是通过迅速冷却，在低温下获得不稳定的过饱和组织，给自然和人工时效创造条件。可以热处理强化的铝合金经过固溶和时效处理后，强度和硬度能明显增高。

二、组织检验及分析

铝合金金相检验内容主要包括以下两个方面：

1）确认各种合金元素加入而形成的金属间化合物相。

2）加工过程形成的不良组织。

（一）铝合金的低倍检验

铝合金的低倍检验操作手段简单，可在较大范围内对铝合金制品的组织和缺陷做检验。包括粗晶环的测量、晶粒度检查以及疏松、非金属夹杂、外来金属夹杂及白斑、氧化膜、初晶、羽毛状晶、光亮晶粒、气孔、裂纹、成层、冷隔、缩尾等缺陷。

低倍试样的选取要有代表性，应符合相关标准或技术协议的规定。取样方式可采用锯切或铣割等加工方法，粗糙度要求不低于 $Ra3.2$，若试样表面有油污，可用汽油、酒精、丙酮等清洗干净。

对于 1×××、3×××、5××× 及 8××× 系列的检查晶粒度用试样，应将被检查面浸入特强混合酸（密度为 1.15g/mL 的氢氟酸、密度为 1.40g/mL 的硝酸和密度为 1.19g/mL 的盐酸按 1+5+15 的体积混合）溶液或强混合酸（密度为 1.15g/mL 的氢氟酸、密度为 1.40g/mL 的硝酸、密度为 1.19g/mL 的盐酸和水按 1+5+15+42 的体积混合）中。对于 2×××、4×××、6×××及 7×××系列的检查晶粒度用试样，应将被检查面浸入氢氧化钠溶液（150g/L~250g/L）或高浓度混合酸（密度为 1.15g/mL 的氢氟酸、密度为 1.40g/mL 的硝酸、密度为 1.19g/mL 的盐酸和水按 2+1+1+76 的体积混合）或前述的强混合酸中，在室温下浸蚀适当时间，或用浸蚀剂反复擦拭试样检查面，然后立即用水冲洗，可反复多次，直至晶粒清晰显现为止。

其他试样的被检查面，对于铸锭或铸坯，应浸入氢氧化钠溶液（密度为 80g/L~120g/L）中，对于加工制品，应浸入氢氧化钠溶液（密度为 150g/L~250g/L）中，试样的浸蚀时间应适中，如时间短，则试样表面仍保持较强的金属光泽；如时间过长，则试样表面会出现麻坑。对于检查焊缝或氧化膜用的试样，浸蚀时间应增加 1 倍至 2 倍。试样碱蚀后，应迅速用流水进行冲洗，再转入硝酸溶液中继续进行清洗，除去腐蚀产物后，再用流水冲洗干净。

（二）铝合金的微观检验

试样的切取部位应有代表性，符合有关标准、技术协议等规定，并考虑产品种类、热处理方法、使用要求等，如检验过烧的试样应取自加热炉的高温区、变形量较小的部位。

试样的制备分为粗磨、细磨和抛光。粗磨一般在 180#~400#的砂纸上进行，细磨一般在 400#~1000#的砂纸上进行。

抛光时可采用机械抛光、电解抛光或化学抛光，不管采用哪种抛光方法，最终要求是试样抛光面应光亮、无划痕、无污渍。

机械抛光在抛光机上进行，抛光机的转速通常在 300r/min~600r/min，精抛光时转速应在 150r/min~200r/min。抛光布选择海军呢。抛光时样品压在抛光布上的压力一定要把控好，开始时压力大点，到后面基本不用力，就让样品跟抛光布轻轻接触。最后保证样品达到检验要求。

难以用机械抛光达到良好抛光效果时，可用电解抛光。电解过程中试样为阳极，可摆动试样，抛光面不得脱离电解液，电解后试样用水冲洗，在用硝酸溶液清洗表面上的电解产物，最后用水冲净，酒精棉擦干。电解液通常可用高氯酸乙醇溶液（1+9）。

抛光好的高硅铝合金一般不用腐蚀，直接看硅的形态及分布，其他合金一般应进行腐蚀。腐蚀时间和浸蚀方式应根据浸蚀剂的特点、用途及合金成分、材料状态及检验目的的不同来选择，常用浸蚀剂见表 7-8。

表 7-8　铝合金常用浸蚀剂

浸蚀剂	条件	说明
100mL 蒸馏水+0.5mL(可增加)氢氟酸	10s~60s	大多数铝及铝合金,晶界
氢氟酸 2mL+盐酸 3mL+硝酸 5mL+水至 100mL	室温(新鲜最好)	适用于大多数铝及铝合金
硝酸 6mL+氢氟酸 2mL+蒸馏水至 100mL	室温 15s 左右	特别适用于 Al-Cu 合金。$CuAl_2$、Al_3Ni、Mg_2Si 相变黑
硫酸 20mL+蒸馏水至 100mL	80℃,5s~8s	晶界,铁相变黑

（三）铝合金中的相及其特征

1. 铸造铝合金

（1）Al-Si 系合金　该合金的状态图为共晶相图，共晶温度为 577℃，共晶点处硅的质量分数为 12.6%，随着硅含量的增加，合金中的共晶相不断增加，因而强度不断提高，当质量分数超过 12.6% 时，显微组织中就出现了初生的硅相。此时强度和塑性均下降，但硬度有所提高。在显微镜下观察，初晶硅为多边形块状，颜色为深灰色，共晶硅则呈针状分布。

（2）Al-Cu 系合金　其二元相图也是共晶相图。其共晶温度为 548℃，共晶成分的铜的质量分数为 33.2%。

铜在铝中的最大溶解度为 5.65%，随着温度的降低，铜以 θ 相（Al_2Cu）的形式自 α 固溶体中析出。由于 θ 相析出，使 Al-Cu 合金性能有所变化，这就使此合金具有时效强化的作用，时效析出弥散分布的 θ 相称为强化相。铸态或退火时析出的 θ 相在 Al-Cu 合金中呈网状分布，在抛光态时，显微镜下观察为浅灰白色并略有红色反光，当含铜多时，θ 相将与 α 固溶体形成共晶。

θ 相经 25% 硝酸水溶液、硝酸铁水溶液浸蚀，其颜色为暗棕色。在合金中含有一定量的镁时还会出现 S 相（Al_2CuMg），其颜色和形态都与 θ 相相似，用磷酸水溶液浸蚀，可区分 θ 相和 S 相，前者不变色，后者变为暗棕色。

Al-Cu 合金中，随着含铜量的增加，合金的塑性及抗腐蚀性能将会随之降低。

（3）Al-Mg 合金　铝中加入镁可细化晶粒和提高铝合金的强度，由相图可知，β 相（Al_8Mg_5 或 Al_3Mg_2）为该合金的中间相。该相不经浸蚀，在显微镜下呈白色，又无明显的相界，很难显示，但经轻微浸蚀可隐约观察到。当 Al-Mg 合金中加入一定量的硅，合金中的镁将会与硅形成 Mg_2Si 强化相，在显微镜下观察为海蓝色，形态为鱼骨状或汉字形。

（4）Al-Zn 合金　以常用的 ZL401、ZL402 为例。ZL401 是亚共晶组织，平衡组织为 α 固溶体（Zn）+Si+Mg_2Si，含铁的夹杂相 T_2（$Al_9Fe_2Si_2$）。ZL402 组织为 α 固溶体（Zn）+Al_3Ti。

由于铁相在铝合金中是有害组织，因此在 Al-Si 合金或 Al-Si-Cu 三元合金中往往加入一定量的锰元素，以改变铁相的组成而生成 Al_6（MnFe）或 Al_6（Fe_9MnSi）相，如果锰量增加，还会形成 Al_6Mn 或 Al_4Mn 化合物。在显微镜下这种化合物呈灰色多边形块状或不规则块状、枝晶状等。在 ZL104 合金中，还会出现 $Al_{10}Mn_2Si$，它呈不规则的块状和汉字状分布。

在特殊铝合金中还含有镍、钛、锌等元素。有镍存在时，可形成 Al_3Ni 或 δ（Al_3Ni_2—Al_3CuNi）；有钛存在时，会形成呈棒状的 Al_3Ti 脆硬相；有锌存在时，则形成 $Al_{17}Cu_{17}Zn_6$ 相。这些相的鉴别除在显微镜下仔细观察其色彩和形态外，还可用化学腐蚀剂浸蚀、着色等方法区分。

常用铸造铝合金的牌号、代号、主要组成相及夹杂相见表 7-9。

表 7-9　常用铸造铝合金的牌号、代号、主要组成相及夹杂相

合金牌号	合金代号	主要组成相	夹杂相
ZAlSi7Mg	ZL101	α+（α+Si）+Mg_2Si（少量）	T_2（$Al_9Fe_2Si_2$）或 Al_3Fe
ZAlSi7MgA	ZL101A	α+（α+Si）+Mg_2Si（少量）	T_2（$Al_9Fe_2Si_2$）或 Al_3Fe
ZAlSi12	ZL102	α+（α+Si）+初晶 Si	T_1（$Al_{12}Fe_3Si$）、T_2 或 Al_3Fe
ZAlSi9Mg	ZL104	α+（α+Si）+Mg_2Si（少量）+少量 T（$Al_{10}Mn_2Si_2$）	T_1、T_2 或 $Al_6MnFeSi$
ZAlSi5Cu1Mg	ZL105	α+（α+Si）+Al_2Cu（或 S）	T_1、T_2、N 或 Al_3Fe

（续）

合金牌号	合金代号	主要组成相	夹杂相
ZAlSi5Cu1MgA	ZL105A	$\alpha+(\alpha+Si)+Al_2Cu($ 或 $S)$	T_1、T_2、N 或 Al_3Fe
ZAlSi8Cu1Mg	ZL106	$\alpha+(\alpha+Si)+Al_2Cu($ 或 $S)+$ 少量 $T(Al_{12}CuMn_2)$	T_1、T_2、N 或 $Al_6MnFeSi$
ZAlSi7Cu4	ZL107	$\alpha+(\alpha+Si)+Al_2Cu$	T_1、T_2、N
ZAlSi12Cu2Mg1	ZL108	$\alpha+(\alpha+Si)+Al_2Cu($ 或 $S)+$ 少量 $T(Al_{12}CuMn_2)$	T_1、T_2、N 或 $Al_6MnFeSi$
ZAlSi12Cu1Mg1Ni1	ZL109	$\alpha+(\alpha+Si)+Al_2Cu($ 或 $S)+$ $Al_3Ni+Al_3Ni_2+A_{16}Cu_3Ni$	T_2 或 N
ZAlSi5Cu6Mg	ZL110	$\alpha+(\alpha+Si)+Al_2Cu($ 或 $S)$	T_2、T_1、Al_3Fe、N
ZAlSi9Cu2Mg	ZL111	$\alpha+(\alpha+Si)+Al_2Cu($ 或 $S)+$ 少量 $T(Al_{12}CuMn_2)+$ 少量 Al_3Ti	N、T_2 或 $Al_6MnFeSi$
ZAlCu5Mn	ZL201	$\alpha+Al_2Cu+T(Al_{12}CuMn_2)+Al_3Ti$	N 或 T_2
ZAlCu5MnA	ZL201A	$\alpha+Al_2Cu+T(Al_{12}CuMn_2)+Al_3Ti$	N 或 T_2
ZAlCu4	ZL203	$\alpha+Al_2Cu+(\alpha+Si)($ 少量 $)$	N 或 T_2
ZAlCu5MnCdA	ZL204A	$\alpha+Al_2Cu+(\alpha+Si)($ 少量 $)$	N 或 T_2
ZAlCu5MnCdVA	ZL205A	$\alpha+Al_2Cu+(\alpha+Si)($ 少量 $)$	N 或 T_2
ZAlRE5Cu3Si2	ZL207	$\alpha+Al_2Cu+(\alpha+Si)($ 少量 $)$	T_2
ZAlMg10	ZL301	$\alpha+\beta(Al_8Mg_5$ 或 $Al_3Mg_2)+Mg_2Si$	T_2
ZAlZn11Si7	ZL401	$\alpha+(\alpha+Si)+$ 少量 Mg_2Si	T_2
ZAlZn6Mg	ZL402	$\alpha+Al_3Ti$	T_2

铸造铝合金的典型组织形貌见图 7-2~图 7-7。

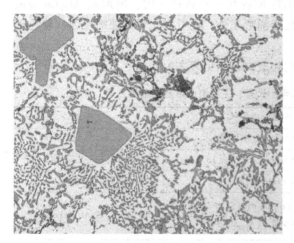

图 7-2　α 铝+大块状初晶硅+共晶硅　100×

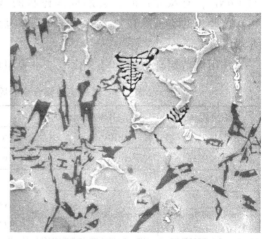

图 7-3　鱼骨状 Mg_2Si　800×

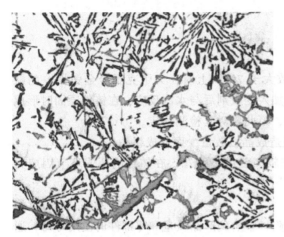

图 7-4　ZL109 磷变质 α 铝+共晶硅　100×

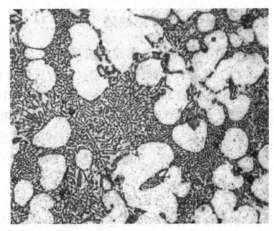

图 7-5　ZL109 钠变质 α 铝+共晶硅　100×

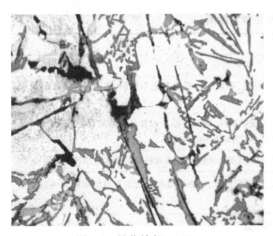

图 7-6　针状铁相　200×

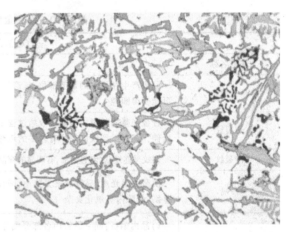

图 7-7　鱼骨状铁相　200×

2. 变形铝合金

对于变形铝合金，其显微组织的鉴别宜在铸态下进行，因为铸态的第二相粗大且聚集分布，其形态较好辨认。经过变形后，第二相将产生不同程度的破碎。所以，对于变形铝合金，主要是看相的分布是否均匀，粗细如何，有无过热、过烧现象。常见组织形貌见图 7-8、图 7-9。

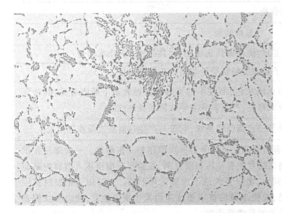

图 7-8　半连续铸锭组织　200×

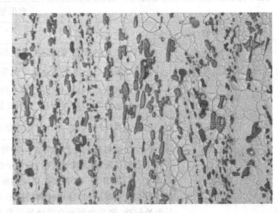

图 7-9　挤压棒材组织　500×

三、铝合金常见缺陷

（一）铝及铝合金常见的宏观缺陷

（1）气孔　铝硅铸造合金，硅的质量分数大于7%以上时，为了克服合金塑性差的缺点，在铸造时通常要进行变质处理，在合金中加入变质剂后与水汽反应，在铸件凝固时形成小气孔，又称为针孔，针孔的存在影响致密度，因此要对其检测评定。

（2）粗晶　由于浇注温度高，冷却速度慢造成晶核数量少而形成粗晶。

（3）铸造裂纹　由于铸件形状复杂，又在较高温度下开箱，在铸件的薄弱环节因应力过大而发生开裂。

（二）铝及铝合金常见的微观缺陷

铝合金在冶炼和加工过程中会产生各种缺陷，影响到产品质量和零部件的使用寿命，通过高倍金相检验可以对大多数的缺陷进行分析，铝合金常见微观缺陷见表7-10。

表7-10　铝合金常见微观缺陷

铸造铝合金	
缺陷名称	显微特征
显微疏松	一般产生在厚大的热节部位，呈形状不规则、不均匀分布的黑色小孔洞，经热处理后孔洞边缘可能变得圆钝
热裂纹	合金在凝固范围内结晶和收缩过程中形成的裂纹，裂纹沿晶界和枝晶网络发展，呈连续或断续延伸，无尖尾，裂纹内往往有较多的氧化物，周围有较多的共晶体
冷裂纹	裂纹呈连续状，刚直尖细，有明显的穿晶，裂纹周围无氧化夹杂，有疏松存在时，裂纹沿疏松发展
冷隔	横截面抛光后，显微观察呈狭小、细长，不规则缝隙，浸蚀后缝隙两边的显微组织的大小有明显差别，缝隙内有氧化夹杂
偏析	1）晶内偏析：同一晶粒内各部分成分不一致 2）区域偏析：在不同区域，由于成分不同，引起的组织区别较大 3）比重偏析：由于加入合金元素的密度不同引起的偏析 4）对于亚共晶或过共晶合金，在局部形成集中的共晶组织，引起性能的不均匀
粗大脆性相沿晶分布	粗大的杂质脆性相、强化相和共晶体成网络状沿晶分布，引起零件脆性增大
变质不良	（钠变质）共晶体中少量硅晶体呈针状或条状，变质不良；有粗大颗粒的共晶硅是过变质特征
过热、过烧	共晶硅圆滑并聚集长大，显示出过热特征。共晶硅进一步聚集长大，出现共晶体熔化形成过烧
变形铝合金	
缺陷名称	显微特征
成分偏析	内部或表层的成分偏析导致组织的差异，使局部强化相、三元共晶体及夹杂相增多
包铝层铜扩散	经抛光浸蚀后可观察到合金中铜原子向表层包铝层近似垂直扩散的特征
氧化夹杂	粗大的夹杂在断口上就可发现，呈暗色或灰色，而较小的夹杂物在抛光态下清晰可见，其特征是不规则的灰色或黑色点状、条状及块状存在，严重影响力学性能和抗蚀性能
成层	出现在试样的边缘，常有明显的壳状分层或圆弧状裂纹，它最易产生在制品边缘或尖角处
缩尾	铝合金型材挤压生产过程中一种特有的缺陷。具体分为一次缩尾和二次缩尾。一次缩尾在试样中心常呈漏斗或皱褶状，是由于挤压垫片上有油污和润滑剂，在挤压后期挤压入型材内部而形成。二次缩尾一般在制品尾端的断面上，多呈连续或不连续的环形状。主要由于铝型材挤压过程快结束时，变形区内金属供应不足，迫使金属沿挤压垫片周边发生横向紊流，使边部及侧表面处较冷、沾有油污的金属回流而卷入到制品中造成的

（续）

变形铝合金	
缺陷名称	显微特征
锻造折叠	抛光浸蚀前观察,折叠缝向零件内部发展,方向与表面成一定角度,末端较圆钝,缝内有氧化夹杂。浸蚀后锻造流线往往绕过折叠缝分布
晶间腐蚀	腐蚀沿晶界呈黑色网络或层片状,从表面向内部延伸
过烧	化合物大量溶解,晶粒粗化呈等轴状,晶界平直,出现共晶复熔球,过烧严重时出现三角晶界

图 7-10 为铸造铝合金中经常出现的气孔，图 7-11 为过烧熔化的典型形貌特征。

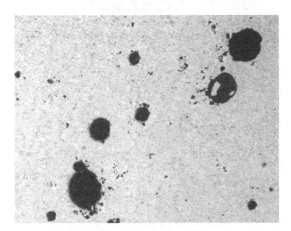

图 7-10　ADC12　30 ×

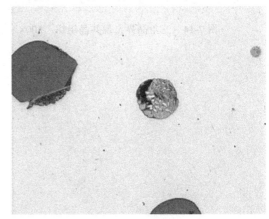

图 7-11　ZL109 过烧复熔球　500×

这里特别说明一下变形铝合金，对于变形铝合金主要是看相的分布是否均匀，晶粒大小，有无过烧现象。

因为铝合金中的第二相以共晶的形态分布较多，热处理时对温度极为敏感，要严格控制。过烧时，表面发黑、起泡，断口灰色无光泽；显微组织可见化合物大量溶解，晶界加粗，出现共晶复熔球，过烧严重时出现三角晶界，裂纹及孔洞。铝合金过烧会降低伸长率、抗晶间腐蚀和疲劳性能，是不允许出现的缺陷，过烧典型形貌见图 7-12、图 7-13、图 7-14。图 7-15~图 7-19 列出了铝合金常见缺陷形貌。

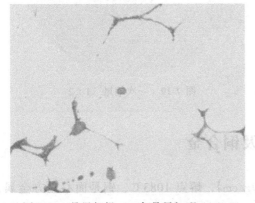

图 7-12　晶界加粗、三角晶界初现　500×

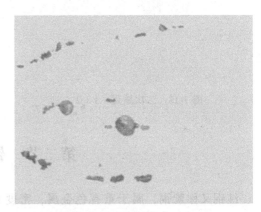

图 7-13　过烧复熔球　500×

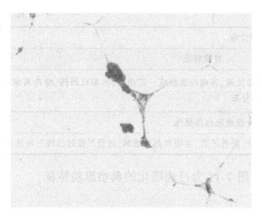

图 7-14　三角晶界出现共晶组织　500×

图 7-15　棒材边缘的成层　1:2

图 7-16　化合物偏析　1:2

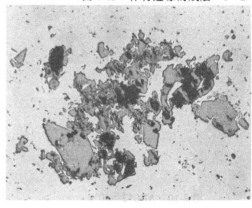

图 7-17　化合物偏析　200×

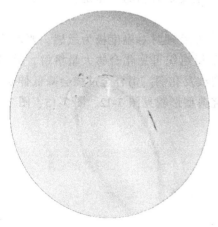

图 7-18　二次缩尾　1:2

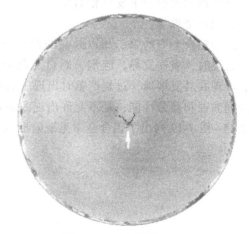

图 7-19　一次缩尾　1:2

第二节　铜及铜合金

　　纯铜又称紫铜，属于重有色金属，密度 8.9g/cm^3，熔点 1083℃，铜是面心立方金属，固态无同素异构转变。由于纯铜具有高的导电性、导热性、耐蚀性和良好的塑性，所以在电气和动力机械中被广泛用作导体、散热器、冷却器等。但纯铜强度很低，不能用作结构件，所以在机器设备中一般都使用铜合金，它们既保持了纯铜的高塑性、抗腐蚀等优点，又弥补了它强度不足的缺点。

一、分类

铜合金主要分为黄铜、特殊黄铜、锡青铜、特殊青铜和白铜等。依据成形工艺的不同，铜合金又可分为铸造铜合金和形变铜合金。

(一) 纯铜

纯铜按含氧量和成形工艺的不同，可以分为工业纯铜和无氧铜两种。杂质对铜的加工性能影响很大，铜中溶解度较大的元素 (如 Au、Ag、Ni、Zn 等) 少量存在时，对加工性能无明显的影响；而在铜中溶解度极小，并形成低熔点共晶的杂质，如 Bi 和 Pb，会造成热脆，恶化热加工性能，是最有害的杂质元素，必须对它们的含量严格控制；而氧和硫与铜形成化合物 Cu_2O 和 Cu_2S，使材料冷变形困难，造成冷脆。此外，铜还是抗磁性物质，是磁性仪器中重要的结构材料，对这类铜材料来说，Fe、Ni、Mn 是有害杂质，应尽量排除。

纯铜的显微组织为 α 铜晶粒，经冷加工变形后，再经再结晶退火后，得到等轴晶粒，并伴有孪晶，见图 7-20。纯铜和单相黄铜的晶粒度评定可以参照标准 YS/T 347—2020《铜及铜合金 平均晶粒度测定方法》。氧在铜中一般以 Cu_2O 的形式存在，铸态时与铜组成 (Cu+Cu_2O) 共晶体，分布在铜的晶界上，见图 7-21。纯铜中氧含量的评定可以参照标准 YS/T 335—2009《无氧铜含氧量金相检验方法》。

图 7-20 纯铜金相组织 100×

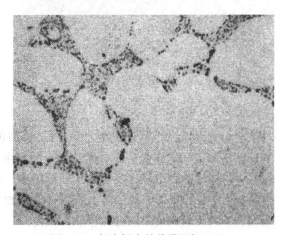

图 7-21 氧在铜中的共晶组织 200×

(二) 黄铜

铜锌合金称为黄铜。在铜锌合金基础上再加入一些其他合金元素即为"特殊黄铜"。黄铜的表示方法：如 ZCuZn38，指铜的质量分数为 60%~63%，余量为锌的铸造黄铜 ("Z" 是"铸"字汉语拼音的首字母)；又如特殊黄铜：HSn62-1，表示铜的质量分数为 62%，锡的质量分数为 1%，余量为锌的锡黄铜。

图 7-22 是 Cu-Zn 相图。实际上使用的黄铜，锌的质量分数都在 45% 以下，按其组织可以分为 α 黄铜、(α+β) 黄铜两类。α 相是锌在铜中的固溶体、β 相是 CuZn 为基的固溶体，

塑性尚好，温度降低时发生 β→β′有序转变。β′相很脆，所以单相β′黄铜实用价值不大。

锌的质量分数在 36% 以下的黄铜属单相α黄铜，其塑性和耐蚀性都很好，适合做各种深冲零件。其金相组织特征：铸态α黄铜呈树枝状组织（见图 7-23），变形退火后为多边形α晶粒（见图 7-24）。

单相α黄铜晶粒粗细对冷加工性能有很大影响。细晶粒黄铜强度、硬度较高，加工后表面质量好，但变形抗力较大。粗晶黄铜易于加工，但表面质量及疲劳性能较差，故需依不同加工方法及使用要求，选用合适的晶粒度。

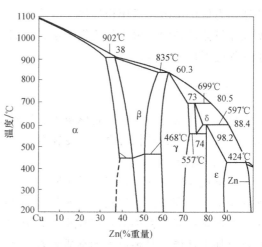

图 7-22　Cu-Zn 相图

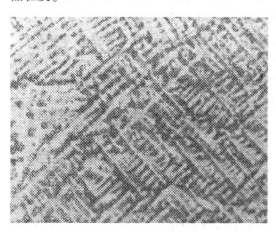

图 7-23　α黄铜的铸态组织　100×

图 7-24　α黄铜的退火组织　100×

两相黄铜：锌的质量分数为 36%~45% 的黄铜称两相黄铜。含锌量对黄铜力学性能的影响见图 7-25。随着锌含量的增加，合金的强度和塑性都有所提高。出现 β′相后，合金强度增高，但塑性急剧下降，使冷加工变形困难。但在高温时，β相有较好的塑性，所以常常热加工成型材。两相黄铜的耐蚀性比单项黄铜差。

（三）特殊黄铜

在铜锌合金的基础上，分别加入 Al、Ni、Fe、Pb、Mn 等元素，即形成"特殊黄铜"。一般铸造特殊黄铜含其他合金元素量较多，以此增加铸件强度。变形特殊黄铜则为了能得到高的塑性，一般加入合金元素量较少。

合金元素的加入，改变了原 Cu-Zn 合金的状态图及组织。对此，可用"锌替换当量数"（简称"锌当量"）来估算，即加入 1% 合金元素相

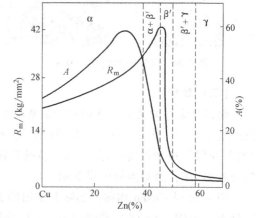

图 7-25　含锌量对黄铜力学性能的影响

当于加入多少锌对组织的影响。实验得到各种常用加入元素的"锌当量"系数，以 η 表示，见表 7-11。

表 7-11 "锌当量"系数

元素	Si	Al	Sn	Pb	Fe	Mn	Ni
η	10~12	4~6	2	1	0.9	0.5	−1.7~−1.3

这时，特殊黄铜的"含锌量"可按下式计算：

$$X = \frac{A + \sum C\eta}{A + B + \sum C\eta} \times 100\%$$

式中　A——黄铜中的实际含锌量；

　　　B——黄铜中含铜量；

　　　C——黄铜中其他各合金元素加入量；

　　　η——其他各合金元素的锌当量。

此式只能在其他合金元素含量较低时作估计黄铜组织及性能之用。合金加入量大于 2%（一般不超过 7%）时，此式不一定可靠。

下面介绍几种常见的特殊黄铜。

1. 铝黄铜

铝能提高黄铜的强度、屈服极限及抗蚀性，但降低合金的塑性。

铝黄铜如 HAl77-2，含 Cu77%，Al2%，其余为 Zn。按"锌当量"折算（取 Al 的 η 为 5）：

$$X = \frac{21 + 2 \times 5}{21 + 77 + 2 \times 5} \times 100\% = 29\%$$

相当于含 Zn 量为 29%，故为单相 α 组织。常用于制造小型客、货船及舰艇的冷凝器管道等。随含铝量增高，如 HAl67-2.5，按锌当量折算含锌量相当于在两相区，故其为（α+β）两相黄铜，因有 β 相存在，强度较高，可用于制造结构件。但其含铝量不能过高，因过高时会出现脆性的 γ 相。

2. 锰黄铜

锰能显著提高黄铜的力学性能及在海水、过热蒸汽中的抗蚀性，并能提高黄铜的工艺性能，锰的质量分数小于 4% 的两相锰黄铜在提高强度的情况下，对塑性的影响不大，因此在工业上使用较广。但锰黄铜有应力腐蚀倾向。常用锰黄铜如 HMn58-2、HMn55-3-1 等，用于制造过热蒸汽管道及海水中使用的耐腐蚀零件。

3. 铁黄铜

铁能以元素状态从合金溶液中分离出细小粒子，作为 α 固溶体核心，因而能细化晶粒。铁还能提高黄铜的强度，从而使其合金具有高的韧性、耐磨性及在大气和海水中有优良的耐蚀性。常用的铁黄铜如 HFe59-1-1，用于制造阀件、管路及在 250℃ 以下的油蒸汽中使用的成形部件。显微组织为 α+β+Fe 相。

4. 锡黄铜

黄铜中加入 0.5%~1.5% 锡，使合金强度略有提高，能显著增强在海洋大气和海水中的耐蚀性。特别适用于航海造船工业，故有"海军黄铜"之称。常用如 HSn70-1 和 HSn62-1，前者属 α 黄铜，后者除（α+β）相外，高倍时尚能看到细小白亮的 γ 相（Cu、Sn、Zn 化合物）。

5. 硅黄铜

硅大量溶解于固态黄铜中，对黄铜的力学性能、耐蚀性、铸造性等均有提高。由于合金流动性好，故铸件表面光滑，并有很好的切削性和可焊性。常用硅黄铜如 HSi80-3，金相组织为（α+β）相，用于制造船舶零件、蒸汽管阀件、泵等。

6. 铅黄铜

加入铅可提高合金的耐磨性及改善切削性能。如 HPb74-3、HPb64-2 等，属单相 α 黄铜，铅呈小颗粒断续分布于 α 晶界处；又如 HPb59-1 是（α+β）两相黄铜，这时铅呈小颗粒分布于晶内。

（四）青铜

青铜是人类最早使用的合金。古代青铜是指 Cu-Sn 合金，近代扩大了青铜的概念，除黄铜、白铜外，都称青铜。一般将铜锡合金称为锡青铜，其他则称为"特殊青铜"。其表示法：如 QSn4-3，表示含质量分数 4%Sn，3%Zn 的锡青铜；QAl5 为含质量分数 5%Al 的铝青铜，"Q"是"青"字汉语拼音的首字母。

1. 锡青铜

Cu-Sn 相图见图 7-26，铜锡合金的结晶温度间隔很宽，故易于偏析，且锡在铜中扩散很困难，因此锡青铜的实际组织与平衡状态相差很大。常用锡青铜中锡的质量分数为 3%～14%，根据锡的质量分数不同，锡青铜组织可分为 α 及（α+δ）两类。α 是锡在铜中的固溶体，塑性良好，适于冷加工；δ 是复杂立方晶格的 $Cu_{31}Sn_8$ 化合物，硬脆。按 Cu-Sn 相图可知：含锡量达 15%后才会出现（α+δ）两相组织。但实际上锡的质量分数为 6%～7%的合金铸造时就会出现（α+δ）共析组织。因铸造时锡元素扩散困难，呈严重树枝状偏析，在最后凝固的树枝间锡量偏多，故形成（α+δ）共析组织。经变形、退火后，仍可得到单相 α 固溶体。

杂质元素对合金的性能影响很大，若脱氧不足，组织中会出现 SnO_2 硬脆相，用作轴承时会擦伤轴颈。随锡含量的增加，锡青铜的强度提高，锡的质量分数大于 7%后，塑性下降。所以变形用锡青铜中锡的质量分数应小于 7%。锡青铜在大气、海水中耐蚀性很高，但在亚硫酸钠、氨水及酸性溶液中耐蚀性很低。由于锡的稀缺及贵重程度高，所以锡青铜的应用受到限制，近年来广泛采用特殊青铜代替锡青铜。

2. 铝青铜

铝青铜有比黄铜和锡青铜更高的力学性能和耐蚀性，所以被广泛使用。图 7-27 是 Cu-Al 相图。

常用铝青铜中铝的质量分数不大于 10%～11%。其金相组织：在一般铸造冷速下，含铝量低时为单相 α；含铝的质量分数为 8%～9%时合金中出现（α+γ₂）共析体。低倍放大时可见黑色相分布于 α 晶粒间，犹如（α+β）两相黄铜，高倍观察时可看到黑色部分为（α+γ₂）共析组织。

铝青铜的力学性能随铝的质量分数变化而变化，铝的质量分数在 4%～11%的合金可冷、热加工，铝的质量分数大于 11%时，只能热加工及作为铸造合金。铝青铜具有较高的强度、硬度及耐磨性。在大气、海水、碳酸及许多有机酸溶液中比黄铜和锡青铜耐蚀性高，但在过热蒸汽中不稳定。铝青铜中加入铁、锰、镍等元素，能进一步改善性能。铁能细化晶粒，提高再结晶温度，因而提高铝青铜的强度、硬度及耐磨性，并能延缓 β 相的分解，这对大型铸件很有意义。锰能提高铝青铜的力学性能及耐蚀性。镍能提高铝青铜的强度、耐磨性及耐蚀性。

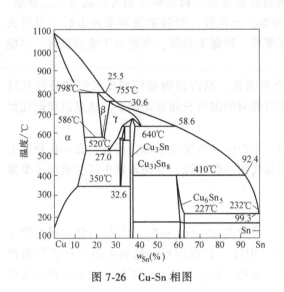

图 7-26　Cu-Sn 相图　　　　　　　　　　　图 7-27　Cu-Al 相图

3. 铍青铜

铍是一种密度小（$\gamma = 1.85 \text{g/cm}^3$），熔点高（1280℃）和硬脆的稀有金属，铜中加入少量的铍就能强烈改变合金的性能。图 7-28 是 Cu-Be 相图。

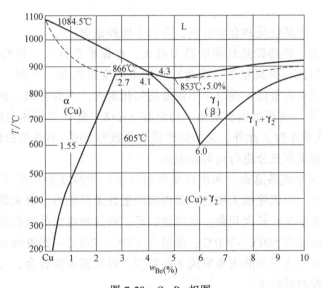

图 7-28　Cu-Be 相图

铍在铜中的溶解度随温度的下降有较大的变化。α 是铍在铜中的固溶体，为面心立方晶格，γ_1 为无序的体心立方晶格，γ_2 是以 CuBe 化合物为基的体心立方有序固溶体。铍青铜是典型的沉淀硬化型合金，经淬火、时效后，抗拉强度可达 1200MPa～1450MPa，接近于中强度钢的水平。

铍青铜的重要特点之一是在淬火状态下有极高的塑性，能冷加工成管、棒、带等型材。如经固溶处理、变形后再进行时效，这时除强度、硬度增高外，特别是弹性极限可以显著提高，且弹性滞后值小，这种特性对仪表弹簧是很有意义的。铍青铜不但有高的强度、硬度、疲劳极限及耐磨性，还具有优良的耐蚀性及导电、导热性，同时铍青铜受冲击时不出现火花，故在工业中广泛用作重要弹性元件、耐磨零件、防爆工具等。在造船工业的航海、导航仪表等方面应用很广。

常用铍青铜热处理组织特征：伴随着合金的强化，晶内出现如同魏氏组织的波纹状结构，并随时效温度的提高而逐渐趋于明显，随时效时间的延长而逐渐增多。这是沉淀硬化型QBe1.9合金组织的一个十分重要的特征。

由于铍是贵重金属，而铍本身又是剧毒剂，生产时要有安全措施，因此，在一定程度上限制了铍青铜的广泛使用。为了改善合金性能及代用一部分铍，在铍青铜中还经常加入少量的 Ni、Ti 等元素。

（五）白铜

除黄铜、青铜外，还有一种铜合金称白铜，即为 Cu-Ni 或 Cu-Ni 为基的合金。铜与镍无限互溶，故白铜通常为单相组织。由于铜镍合金中原子扩散困难，故铸态组织往往偏析严重，需充分扩散退火。白铜塑性良好，可以加工成丝、板、管等，主要用作耐磨、热工及电工材料。

二、铜合金的热处理

铜合金热处理通常为退火、淬火和回火。

（一）退火

根据产生过程、产品性质和合金特点，有以下四种退火。

（1）均匀化退火　即铸锭热轧前的高温退火，也称扩散退火。目的是为了消除化学成分和组织上的不均匀性，提高塑性，改善冷热加工的变形性能。黄铜、铝青铜等结晶间隔小，偏析少，合金元素含量低的铜合金不需要均匀化退火。而锡青铜，如锡的质量分数低于8%的压力加工锡青铜，有严重偏析现象，甚至有（α+δ）脆性共析体出现，使冷加工困难，故必须在760℃退火数小时。此外，又如镍的质量分数为 20%~30% 的白铜，也易产生偏析，且扩散困难，热轧前更须充分进行均匀化退火。

（2）中间退火和半成品退火　两次冷变形间及生产供给变形用的半成品都采用了这种退火，即再结晶退火，以消除加工硬化，获得高的塑性变形能力。退火温度应高于再结晶温度，但温度过高会发生晶粒长大现象；如温度过低，则达到再结晶软化所需时间太长。一般工业纯铜中间退火温度为 500℃~700℃；黄铜为 520℃~720℃；锡青铜 600℃~780℃。因退火半成品的力学性能和变形性能主要取决于晶粒度，因此铜和铜合金，尤其是黄铜半成品退火时，应特别注意控制晶粒度。

（3）低温退火　在再结晶温度以下加热，以消除内应力及某些铜合金的应力腐蚀倾向，获得某些强度高、塑性稍低的产品。

（4）光亮退火　为了防止铜合金的氧化，生产表面质量高的半成品，可在各种保护气体或真空中进行退火。铜合金管、线、板、片等光亮退火后主要要求具有均匀的力学性能，一定的晶粒度和良好的表面质量。

（二）淬火和回火

工业用铜合金中进行的淬火、回火处理，实际上是固溶、时效处理。工业上常用的Cu-Sn、Cu-Al、Cu-Zn以及以它们为基的多元合金，按其状态图和相变的特点，均可进行淬火、回火。如锡的质量分数大于16%的锡青铜合金和铝的质量分数大于9.8%的铝青铜合金，由（α+β）或β相区淬火后，能得到与钢淬火时得到的马氏体形态相似的针状组织。但它对性能提高不大，故无实用价值，能进行这种处理并有实用价值的只有少数特殊黄铜和铍青铜、铬青铜及复杂铝青铜等。

铜合金热处理规范见表7-12。

表 7-12 铜合金热处理规范

名称	牌号	固溶处理温度/℃	冷却剂	时效温度/℃	硬度 HBW
铬铜	QCr0.5	1000~1050	水	450	—
铍青铜	QBe2	760~820	水	315~320	340~370
铝铁青铜	QA19-4	850	水	350	
铝铁锰青铜	QAl10-3-1.5	830~860	水	300~350	207~280
铝铁镍青铜	QAl10-4-4	920	水	650	200~240
铝锰青铜	QAl9-2	800	水	400	150~187
硅锰青铜	QSi3-1	800	水	410~475	130~180

三、铜及铜合金常见疵病

（一）氢病

氧的质量分数为0.02%~0.06%的纯铜，熔炼和铸锭操作容易，成本低，微量氧对铜的力学性能和导电性能影响不大。但若在含氢、一氧化碳和氨的气氛中加热时，氢能还原晶界上的Cu_2O，而生成水蒸气或CO_2，造成很大的内压力，以至形成大量微裂纹，在随后的变形、使用过程中发生脆裂现象，称为铜的"氢病"。一般纯铜容易产生氢脆病，而磷脱氧铜和锰脱氧铜不易产生氢脆病。

（二）季裂（应力腐蚀）

锌的质量分数大于20%的黄铜有内应力存在时，在潮湿天气，特别在含氨、氨盐的大气或在汞、汞盐溶液中发生的腐蚀破裂现象称为"应力腐蚀"或"季裂"。历史上黄铜的应力腐蚀表现为库存的黄铜炮弹壳在潮湿的雨季爆裂。锌的质量分数愈高，应力腐蚀倾向愈大，防止的办法是对冷加工变形后的黄铜，及时在200℃~250℃下进行去应力退火1h，或表面镀锌保护。青铜和白铜亦有应力腐蚀现象，但较黄铜为轻。黄铜制品残余应力的检测可参照标准GB/T 10567.2—2007进行。

（三）脱锌腐蚀

黄铜中锌的质量分数大于30%时，在酸性或盐类溶液中，由于锌优先溶解，使工件表面残留一层多孔（海绵状）的纯铜，造成工件破坏，这种现象称为"脱锌"。α 相和 β 相都有脱锌现象，但在两相共存时 β 相将优先脱锌，在两相黄铜中，α 相最好是细针状分布，若沿晶界呈网状分布，将会加速 β 相的腐蚀。α 黄铜的"脱锌"问题可用加入少量 As 防止；对 α+β 黄铜，加入 Sn 可减轻脱锌腐蚀，但不能完全防止。

（四）脱铝腐蚀

在特殊黄铜和特殊青铜中添加一定量的铝，能显著提高合金的强度。但随着铝的质量分数增高，把这类合金置于一定的溶液中就会产生脱铝腐蚀，脱铝的过程与脱锌相似，而铝的活泼性胜过于锌，因此优先溶解。防止脱铝腐蚀除细化组织外，目前尚无更好的方法。

（五）锡汗

锡青铜铸件易于出现"反偏析"现象，情况严重时能在铸件表面上出现白点状分泌物，称之为"锡汗"。此分泌物中锡的质量分数约为 15%～18%。主要组织为 δ 相，性脆，影响铸件质量，故应严格控制铸造条件。反偏析产生的原因，是含锡高的易熔组成物在体积收缩和气体的作用下，被迫沿着柱状晶或微缩孔由中心向四周排出，甚至排到铸件表面。

四、铜合金的宏观检验

（一）宏观检验试样的制备及浸蚀

对铜合金铸件或铸锭可以从指定部位取样，对形变铜合金可根据检验目的取纵向或横向截面试样。试样的被检验面应通过机械加工的方法加工平整，浸蚀前将试样表面的油污去尽，以利于宏观组织或缺陷的清晰显示。宏观检验可以显示铜合金棒（坯）料的整体组织、挤压或锻件中晶粒大小的变化及各类缺陷等。铜合金的宏观检验常采用硝酸水溶液浸蚀，即将试样放入 10%～50% 的硝酸水溶液中浸泡数分钟后取出，再用稀盐酸溶液将试样检验面上的黑色氧化膜擦除，试样的检验面上就会清晰地显示出铜合金的结晶状态和宏观缺陷，见图 7-29。另外，也可以采用 HCl（30mL）+FeCl$_3$（10g）+H$_2$O（120mL）或 HNO$_3$（50mL）+AgNO$_3$（5g）+H$_2$O（50mL）浸蚀试样。

图 7-29　铜合金低倍组织

（二）铸造铜合金中常见的宏观缺陷

（1）疏松　一般呈散乱的小孔，分布在铸件的枝晶间，疏松是由于合金结晶温度范围较宽，浇注速度太快，浇注温度偏低等原因所引起的，疏松造成铸件的结晶不致密，影响了铸件的强度。

（2）气孔　铸件内部表面光滑的圆形孔洞。由于熔炼用原材料潮湿、熔炼温度太高，或在高温下停留时间过长，使未覆盖好保护剂的铜液吸收大量气体，而在浇注过程中气体又未及时逸出，从而在铸件中形成气孔。

（3）外来非金属夹杂和金属夹杂　在浇注过程中，由于有其他金属掉入铜液中产生金属夹杂；由于耐火材料强度不足，当熔融的铜液倒入铸模时受到冲刷而脱落等原因会产生非金属夹杂。这些外来夹杂由于尺寸较大且分布集中，起着分割金属基体的作用，显著降低铸件的强度。

（4）粗晶　铸件在凝固过程中由于浇注温度较高，冷却速度较慢，晶粒形核的核心较少，因而晶粒不断长大形成粗晶。粗晶的强度较低。

（5）冷隔　铸件在浇注过程中因局部冷却较快，或因铜液供应不足，导致靠近铸模部分的金属首先凝固，在后续的充型过程中先凝固的部分金属被卷入到铸件中，形成了铸件中的冷隔缺陷。

五、铜及铜合金的显微组织检验

（一）金相试样的制备

金相试样截取时，应注意尽量减小截取时材料的变形及发热，避免发生组织形态的转变。

1. 磨光

试样用锉刀或砂布磨平后即可依次用粒度由粗到细的水砂纸磨光。注意各道砂纸间的清洗工作，避免将粗砂粒带到下一道砂纸上。最后一道砂纸尽量轻磨，以利于在抛光时去除砂纸磨痕。

2. 机械抛光

砂纸磨光后的试样，在细抛光织物的磨盘上进行抛光。这是最基本的一种抛光方法。抛光时应注意：磨盘转速不宜过快，用力不可过大，要尽量轻抛，以避免试样表面产生较深的磨痕。机械抛光比较费时，且试样表面往往易残留形变层和磨痕。

3. 化学抛光

两种化学抛光较常用的抛光剂：（1）正磷酸 50mL+冰醋酸 28mL+硝酸 22mL。试样磨面向上，不断搅动溶液，浸蚀 5s~9s。若晶粒显现不完整，则可用：三氯化铁 10g+盐酸 8mL+酒精 50mL，补充浸蚀 2s~3s，即可清晰呈现组织。（2）硝酸 3 份+盐酸 1 份+磷酸 1 份+冰醋酸 5 份。

4. 电解抛光

电解抛光具有抛光速度快、质量好的优点。针对不同铜及其合金较有效的电解液及电解规范如下：

（1）纯铜　电解液成分：蒸馏水 175mL + 磷酸 825mL；电压：1V~1.6V；时间：10min~40min；阴极：铜。

（2）α、（α+β）铜合金、Cu-Fe 合金等　电解液成分：蒸馏水 600mL+磷酸 400mL；电压：1V~2V；时间：1min~15min；阴极：纯铜或不锈钢。

（3）黄铜及青铜　电解液成分：蒸馏水 300mL+磷酸 700mL；电压：1.5V~1.8V；时间：5min~18min；阴极：铜。

化学及电解抛光是提高抛光质量和制样效率的有效方法，缺点是对杂质或某些合金相易形成腐蚀坑。

（二）显微组织的显示

铜及铜合金常用的腐蚀剂有：

1）硝酸铁 10g+水 100mL，适用于显示纯铜晶界，单相、两相铜合金。

2）三氯化铁 5g+盐酸 50mL+水 100mL，适用于两相铜合金。

3）氯化铜 8g+氢氧化氨 100mL，适用于两相铜合金。

第三节 镁 合 金

镁的密度为 1.74g/cm³，只相当于铝的 2/3。镁具有很高的化学活性，易在空气中形成疏松多孔的氧化膜。镁的电极电位低，耐蚀性差。镁为密排六方晶格，强度和塑性均不高，一般不直接用作结构材料。

一、镁合金的分类及牌号

（一）镁合金的分类

按成形工艺分：变形镁合金和铸造镁合金；

大多数镁合金都含有多种合金元素，为了简化和突出合金中最主要的合金元素，一般习惯上总是依据镁合金中的主要合金元素，将镁合金划分为 Mg-Mn、Mg-Al、Mg-Zn、Mg-Ag、Mg-Th、Mg-RE 和 Mg-Li 合金。

镁的合金化与铝相似，主要利用固溶强化和沉淀硬化来提高合金的强度。在镁中加入的合金元素有铝、锌、锰等。铝和锌可起固溶强化作用，析出细小的第二相使强度提高。锰可改善耐热性和耐蚀性。

镁合金经热处理后（固溶处理+时效），强度可达 300MPa～350MPa，比强度高于铝合金。此外，减振性好，切削加工性优良。但镁合金耐蚀性差，常常需要采取保护措施。

（二）镁合金的牌号

GB/T 3499—2011《原生镁锭》将原重熔用镁锭更名为原生镁锭。牌号表示方法是用化学元素符号"Mg"加四位阿拉伯数字表示，如 Mg9998 表示镁的质量分数不小于 99.98% 的原生镁锭。

GB/T 5153—2016《变形镁及镁合金牌号和化学成分》标准中，对变形镁和镁合金牌号的表示方法有专用的命名规则。

纯镁牌号以"Mg"加数字的形式表示，"Mg"后的数字表示镁的含量。如 Mg99.50 表示镁的质量分数大于或等于 99.50% 的纯镁。

镁合金牌号以英文字母+数字+英文字母的形式表示。前面的英文字母是其最主要的合金组成元素代号，其后的数字表示其最主要的合金组成元素的大致含量。最后面的英文字母为标识代号，用以标识各组成元素相异或元素含量有微小差别的不同合金。

镁合金牌号的组成示例见示例 1 和示例 2。

示例 1：

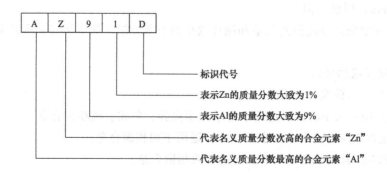

示例 2：

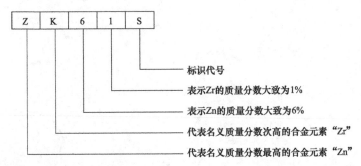

- 标识代号
- 表示Zr的质量分数大致为1%
- 表示Zn的质量分数大致为6%
- 代表名义质量分数次高的合金元素"Zr"
- 代表名义质量分数最高的合金元素"Zn"

铸造镁合金牌号表示方法按 GB/T 8063—2017《铸造有色金属及其合金牌号表示方法》标准中的有关规定进行命名，示例如下：

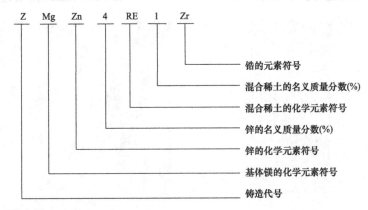

- 锆的元素符号
- 混合稀土的名义质量分数(%)
- 混合稀土的化学元素符号
- 锌的名义质量分数(%)
- 锌的化学元素符号
- 基体镁的化学元素符号
- 铸造代号

（三）镁及镁合金组织

1. 镁-铝系二元合金

当铝的质量分数超过 2.3% 时，镁基合金在凝固时应先析出游离的 δ 固溶体，然后至共晶温度时析出（δ+γ）共晶体，但显微组织中看不到共晶组织，仅在晶界上看到 γ 相（Mg_4Al_3），γ 相（Mg_4Al_3）的数量随合金中铝的质量分数的增加而增加，形貌见图 7-30，图 7-31 为热处理后晶粒度形貌。图 7-32～图 7-35 为 AZ80 镁合金在不同状态下的组织。

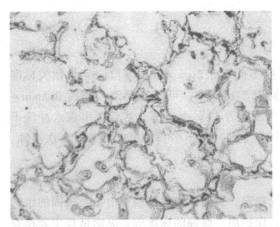

图 7-30　δ 固溶体+Mg_4Al_3（铸态）　200×

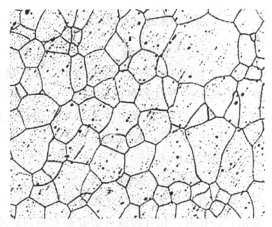

图 7-31　镁合金晶粒　200×

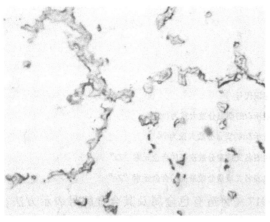

图 7-32　AZ80 镁合金铸态共晶组织　500×

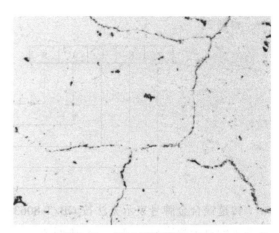

图 7-33　AZ80 固溶处理　200×

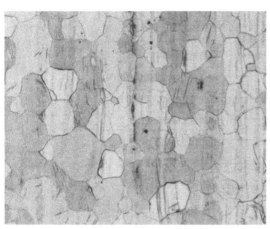

图 7-34　AZ80 挤压态　200×

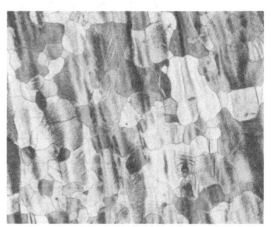

图 7-35　AZ80 挤压+T5 处理　200×

2. 镁-锌系二元合金

当锌的质量分数为 84% 时，镁和锌形成稳定的化合物 $MgZn_2$，或称为 β 相，当锌的质量分数为 54% 时，组织由 Mg+MgZn 组成。

二、变形镁合金的检验

(一) 低倍组织检验

所用低倍试样都应经过机加工，其粗糙度应不低于 3.2μm。取样部位应满足相关标准或协议规定。将制备好的试样放入浸蚀剂（见表 7-13）中，可轻轻摆动，浸蚀 0.5min ~ 3.0min，随后放入流水中冲洗，再放入光亮剂（见表 7-13）中光洗，然后再用流水冲洗干净。值得注意的是，镁合金易氧化污染，浸蚀后应立即冲洗干净，如出现污染应再次浸蚀，以达到光亮清洁为止。

(二) 显微组织检验

取样数量和部位应满足相关标准或技术协议规定。横向试样主要检查中心至表面的组织变化、晶粒度、化合物或夹杂分布及表面缺陷、保护层、腐蚀的深度等；纵向试样主要检查变形程度、化合物或夹渣物破碎延伸情况等。

表 7-13 镁合金常用浸蚀剂和光亮剂的成分和用途

名称		成分		用途
浸蚀剂	1	硝酸 盐酸 硫酸 柠檬酸 水	50mL 1mL 1mL 5g 1000mL	用于镁合金铸锭的浸蚀
	2	硝酸 盐酸 硫酸 柠檬酸 水	100mL 3mL 12mL 40g 1000mL	用于镁合金加工制品的浸蚀
	3	苦味酸乙醇溶液 乙酸 水	50mL 20mL 20mL	用于镁合金加工制品的浸蚀
光亮剂	1	酪酐 硝酸钠 水	20g 1g 200mL	用于 1 号和 2 号浸蚀剂 浸蚀后的试样的光洗
	2	氢氟酸 水	50mL 50mL	用于 1 号和 3 号浸蚀剂 浸蚀后的试样的光洗

抛光时应注意由于镁易生成变形层和模糊层,有些镁合金较小的变形就可以形成孪晶。有些含镁的相会被自来水浸蚀,在最后一步精抛时严格禁止用水润滑而要采用酒精,尽快结束抛光。浸蚀时可以将试样浸入浸蚀剂并轻轻晃动,或用酒精棉蘸浸蚀剂轻轻擦拭试样,然后用酒精迅速擦净干燥。为了提高偏光下观察组织的效果,需将试样放入薄膜浸蚀剂中进行浸蚀,当表面形成薄膜后,在酒精中浸泡干燥,不得擦拭。镁合金常用浸蚀剂见表 7-14。

表 7-14 镁合金常用浸蚀剂

序号	浸蚀剂	浸蚀时间	说明
1	100mL 乙醇或蒸馏水+1mL~8mL 硝酸	几秒~几分钟	纯镁或大多数镁合金
2	酒石酸 2g+水 100mL	擦拭 3s~10s	适用于大多数镁及镁合金的晶界
3	乙二醇 75mL+硝酸 1mL+蒸馏水至 100mL	室温 30s~60s	适用于大多数镁及镁合金的晶界
4	硝酸 1mL+乙酸 1mL+草酸 1g+水 150mL	15s~30s	适用于变形镁合金
5	苦味酸 3g + 酒精 50mL + 乙酸 20mL + 水 20mL	5s~30s	适用于变形镁合金
6	苦味酸 6g+乙酸 2mL+磷酸 0.5mL+酒精 100mL+水 1mL	1min~5min	薄膜浸蚀剂,用于偏光下观察组织试样的制备

第四节 钛 合 金

钛的化学活泼性极高,易与氧、氢、氮和碳等元素形成稳定的化合物,钛的熔点为

1720℃，在固态下具有同素异构转变，其转变温度因纯度不同而异，高纯度钛的转变温度为882℃。在882℃以下钛具有六方结构，称为 α 钛；用 α-Ti 表示，在882℃以上，钛具有体心立方结构，称为 β 钛。用 β-Ti 表示。利用钛的上述两种结构的不同特点，添加适当的合金元素，使其相变温度及相分含量逐渐改变而得到不同组织的钛合金。

一、钛合金的分类及牌号

钛合金按 β 稳定元素的含量和退火状态的组织不同，一般分为以下三类：α 合金、(α+β) 合金和 β 合金。分别以 TA、TC、TB 表示。

1. α 型钛合金

它是 α 相固溶体组成的单相合金，这类钛合金不含或只含极少量的 β 稳定元素，退火状态的组织为单相的 α 固溶体加微量的金属间化合物。不论是在一般温度下还是在较高的实际应用温度下，均是 α 相，组织稳定，耐磨性高于纯钛，抗氧化能力强。在500℃~600℃的温度下，仍保持其强度和抗蠕变性能，但不能进行热处理强化。

α 钛合金的牌号用"TA"加顺序号表示，如 TA1、TA8 等牌号，其中 TA0、TA1、TA2、TA3、TA1GELI、TA1G、TA1G-1、TA2GELI、TA2G、TA3GELI、TA3G、TA4GELI、TA4G 是工业纯钛。

2. α+β 型钛合金

它是双相合金，具有良好的综合性能，组织稳定性好，有良好的韧性、塑性和高温变形性能，能较好地进行热压力加工，能进行淬火、时效使合金强化。热处理后的强度约比退火状态提高 50%~100%；高温强度高，可在 400℃~500℃ 的温度下长期工作，其热稳定性次于 α 型钛合金。

这类钛合金含 β 稳定元素较高，总量为 2%~6%，一般不超过 8%。退火状态的组织为 α+β 固溶体。

α+β 型钛合金的牌号用"TC"加序号表示，如 TC1、TC10 等共有 29 个牌号。

3. β 型钛合金

这类钛合金中含有更多的 β 稳定元素，其总量大于 17%，退火或淬火状态得到单相的 β 固溶体组织。未经热处理即具有较高的强度，淬火、时效后合金得到进一步强化，室温强度可达 1372MPa~1666MPa；但热稳定性较差，不宜在高温下使用。

β 型钛合金的牌号用"TB"加顺序号表示，如 TB2、TB3。

钛合金若按照使用性能特点，则可分为结构钛合金、耐热（热强）钛合金和耐蚀钛合金、低温钛合金等。典型合金的成分和工作温度见表7-15。

表 7-15　钛合金的牌号及其名义成分

牌号	名义成分	合金类型	工作温度/℃
TA7	Ti-5A-2.5Sn	α	500
TC1	Ti-2Al-1.5Mn	α+β	350
TC3	Ti-5Al-4V	α+β	400
TC4	Ti-6Al-4V	α+β	400
TC6	Ti-6Al-1.5Cr-2.5Mo-0.5Fe-0.3Si	α+β	450

（续）

牌号	名义成分	合金类型	工作温度/℃
TC11	Ti-6.5Al-3.5Mo-1.5Zr-0.3Si	α+β	500
TB2	Ti-5Mo-5V-8Cr-3Al	β	300
TB3	Ti-10Mo-8V-1Fe-3.5Al	β	300
TB4	Ti-4Al-7Mo-10V-2Fe-1Zr	β	300
ZTC4	Ti-6Al-4V	α+β	350
ZTC21	Ti-6Al-1.5Mo-4.5Sn-2Nb	α+β	500

三种钛合金中最常用的是 α 型钛合金和 α+β 型钛合金；α 型钛合金的切削加工性最好，α+β 型钛合金次之，β 型钛合金最差。

二、钛的合金化

钛在合金化时，由于添加的合金元素的种类和数量不同，钛的同素异构转变温度将发生变化，α-Ti 和 β-Ti 的相区也发生相应的变化。因此在室温下得到的组织也将不同。根据合金元素对钛的同素异构转变温度的影响和所得组织的不同，合金元素可分为三种：α 稳定元素、β 稳定元素和"中性元素"。

1）提高钛的同素异构转变温度，扩大 α-Ti 相区的元素称为 α 稳定元素。属于这一类的元素有铝、氧、氮、碳等。

2）降低钛的同素异构转变温度，扩大 β-Ti 相区的元素称为 β 稳定元素。属于这一类的元素有钼、钒、铌、钽、铁、锰、铜、镍、硅、银、钨、氢、钴、铅和铀等。

3）对钛的同素异构转变温度影响不大，对 α 和 β 相区无明显影响的元素成为"中性元素"。属于这一类的元素有锆、铬和锡。

三、钛合金的热处理

钛合金通过调整热处理工艺可以获得不同的相组成和组织。一般认为细小等轴组织具有较好的塑性、热稳定性和疲劳强度；针状组织具有较高的持久强度、蠕变强度和断裂韧性；等轴和针状混合组织具有较好的综合性能。

钛合金常用的热处理方法有退火、固溶和时效处理。退火是为了消除内应力、提高塑性和组织稳定性，以获得较好的综合性能。通常 α 合金和（α+β）合金退火温度选在（α+β）→β 相转变点以下 120℃~200℃；固溶和时效处理是从高温区快冷，以得到马氏体 α′相和亚稳定的 β 相，然后在中温区保温使这些亚稳定相分解，得到 α 相或化合物等细小弥散的第二相质点，达到使合金强化的目的。通常（α+β）合金的淬火在（α+β）→β 相转变点以下 40℃~100℃进行，亚稳定 β 合金淬火在（α+β）→β 相转变点以上 40℃~80℃进行。时效处理温度一般为 450℃~550℃。

钛合金的热处理工艺可以归纳为：

（1）消除应力退火　目的是为消除或减少加工过程中产生的残余应力，防止在一些腐蚀环境中的化学浸蚀并减少变形。

（2）完全退火　目的是为了获得好的韧性，改善加工性能，有利于再加工以及提高尺寸和组织的稳定性。

（3）固溶处理和时效　目的是为了提高其强度，α 型钛合金和稳定的 β 型钛合金不能进行强化热处理，在生产中只进行退火。α+β 型钛合金和含有少量 α 相的亚稳态 β 型钛合金可以通过固溶处理和时效使合金进一步强化。

此外，为了满足工件的特殊要求，工业上还采用双重退火、等温退火、β 热处理、形变热处理等金属热处理工艺。

钛合金的热处理强化，既与铝合金相似，属于淬火时效强化类型；又与钢的热处理相似，也会发生马氏体相变，在某些情况下热处理所起的作用不亚于合金化，它是改善钛合金的组织和性能的重要手段。

钛合金的时效强化机理与铝合金的不同之处在于，钛合金的时效主要是依靠 β′ 相在时效过程中分解析出弥散的 α 固溶体使合金强化，其时效过程中的相变是 β′→α+β，此外 α′→α+β 也能产生一定的强化效果。而铝合金则主要是依靠时效过程中形成于母相共格的中间过渡相（如 θ 相等）使合金强化。

钛合金的时效强化温度可参照等温转变曲线选择，时效过程 β′ 相的分解产物，也可按等温转变曲线判定。时效工艺的选择应避免产生 ω 相和共析分解产物，否则将使合金的塑性急剧下降。

四、钛合金的特性

钛是一种新型金属，钛的性能与所含碳、氮、氢、氧等杂质含量有关，最纯的碘化钛杂质含量不超过 0.1%，但其强度低、塑性高。99.5% 工业纯钛的性能为：密度 $\rho = 4.5\text{g/cm}^3$，导热系数 $\lambda = 15.24\text{W/(m·K)}$，抗拉强度 $R_\text{m} = 539\text{MPa}$，伸长率 $A = 25\%$，断面收缩率 $Z = 25\%$，弹性模量 $E = 1.078 \times 10^5 \text{MPa}$，硬度 195HBW。

1. 比强度高

钛合金的密度一般在 4.5g/cm^3 左右，仅为钢的 60%，纯钛的强度接近普通钢的强度，一些高强度钛合金超过了许多合金结构钢的强度。因此钛合金的比强度（强度/密度）远大于其他金属结构材料，可制出单位强度高、刚性好、质轻的零部件。目前飞机的发动机构件、骨架、蒙皮、紧固件及起落架等都使用钛合金。

2. 热强度高

使用温度比铝合金高几百度，在中等温度下仍能保持所要求的强度，可在 450℃~500℃ 的温度下长期工作。α 型钛合金和 α+β 型钛合金在 150℃~500℃ 范围内仍有很高的比强度，而铝合金在 150℃ 时比强度明显下降。钛合金的工作温度可达 500℃，铝合金则在 200℃ 以下。

3. 耐蚀性好

钛合金在潮湿的大气和海水介质中工作，其耐蚀性远优于不锈钢；对点蚀、酸蚀、应力腐蚀的抵抗力特别强；对碱、氯化物、氯的有机物、硝酸、硫酸等有优良的抗腐蚀能力。但钛对具有还原性氢及铬盐介质的耐蚀性差。

4. 低温性能好

钛合金在低温和超低温下，仍能保持其力学性能。低温性能好、间隙元素极低的钛合金，如 TA7，在-253℃下还能保持一定的塑性。因此，钛合金也是一种重要的低温结构材料。

5. 化学活性大

钛的化学活性大，与大气中 O_2、N_2、H_2、CO、CO_2、NH_3、水蒸气等可以产生强烈的化学反应。碳的质量分数大于 0.2% 时，会在钛合金中形成硬质 TiC；温度较高时，与 N 作用也会形成 TiN 硬质表层；在 600℃ 以上时，钛吸收氧形成硬度很高的硬化层；氢含量上升，也会形成脆化层。吸收气体而产生的硬脆表层深度可达（0.1~0.15）mm，硬化程度为 20%~30%。钛的化学亲和性也大，易与摩擦表面产生黏附现象。

6. 导热系数小、弹性模量小

钛的导热系数 $\lambda = 15.24 W/(m \cdot K)$ 约为镍的 1/4，铁的 1/5，铝的 1/14，而各种钛合金的导热系数比钛的导热系数下降约 50%。钛合金的弹性模量约为钢的 1/2，故其刚性差、易变形，不宜制作细长杆和薄壁件，切削时加工表面的回弹量很大，约为不锈钢的 2 倍~3 倍，造成刀具后刀面的剧烈摩擦、黏附、黏结磨损。

五、常用合金元素对钛的性能的影响

钛合金中常加入的合金元素有：铝、锡、锆、钼、钒、锰、铬、硅、铜、稀土等。

（一）铝元素对钛的性能的影响

除工业纯钛外，各类钛合金中几乎都添加铝，铝主要起固溶强化作用，每添加质量分数 1% 的铝，室温抗拉强度增加 50MPa。铝在钛中的极限溶解度为 7.5%，超过极限溶解度后，组织中出现有序相 Ti_3Al（α2），对合金的塑性、韧性及应力腐蚀不利，故一般铝的质量分数不超过 7%。铝改善抗氧化性，铝比钛还轻，能减小合金密度，并显著提高再结晶温度，如添加质量分数 5% 的铝可使再结晶温度从 600℃（纯钛）提高到 800℃。铝提高钛固溶体中原子间结合力，从而改善热强性。在可热处理 β 合金中，加入质量分数约 3% 的铝，可防止由亚稳定 β 相分解产生的 ω 相而引起的脆性。铝还提高氢在 α-Ti 中的溶解度，减少由氢化物引起氢脆的敏感性。

（二）锆、锡元素对钛的性能的影响

与锆相似，锡也是中性元素，是 α 固溶体的有效强化元素，而且在提高强度的同时不明显降低合金的塑性，能显著提高合金的抗蠕变能力，是耐热钛合金的主要合金元素之一。

锆在 α-Ti 和 β-Ti 中均有较大溶解度，常与其他元素同时加入，起补充强化作用。为保证耐热合金获得单相 α 组织，除铝以外，还加入锆和锡进一步提高耐热性和抗蠕变能力；同时对塑性不利影响比铝小，使合金具有良好的压力加工性和焊接性能。锡能减少对氢脆的敏感性。钛锡系合金中，锡超过一定浓度后形成有序相 Ti_3Sn，会降低塑性和热稳定性。

（三）钒、钼元素对钛的性能的影响

钒是钛的 β 同晶元素，在 β 钛中能无限固溶，在 α 钛中也有一定的溶解度，强化效果高于锡，同时能保持合金良好的塑性。在耐热钛合金中加入钒，能提高合金的抗蠕变能力和热稳定性。

钼同样是钛的 β 同晶元素。钼的加入主要起固溶强化作用和改善热加工性能，还能提高钛合金的抗蠕变能力和热稳定性，减少氢脆倾向。

钒、钼在 β 稳定元素中应用最多，固溶强化 β 相，并显著降低相变点、增加淬透性，

从而增强热处理强化效果。含钒或钼的钛合金不发生共析反应，在高温下组织稳定性好；但单独加钒，合金耐热性不高，其蠕变抗力只能维持到 400℃；钼提高蠕变抗力的效果比钒高，但密度大；钼还改善合金的耐蚀性，尤其是提高合金在氯化物溶液中抗缝隙腐蚀能力。

（四）锰、铬元素对钛的性能的影响

锰、铬强化效果大，稳定 β 相能力强，密度比钼、钨等小，故应用较多，是高强亚稳定 β 型钛合金的主要加入元素。但它们与钛形成慢共析反应，在高温长期工作时，组织不稳定，蠕变抗力低；当同时添加 β 同晶型元素，特别是钼时，有抑制共析反应的作用。

（五）铜元素对钛的性能的影响

铜加入钛中，一部分溶解于 α 相，一部分以化合物 $TiCu_2$ 的形式存在，提高合金的热稳定性和热强性。当铜含量超过极限溶解度时，可以通过时效弥散强化，显著提高钛合金的室温强度和高温强度。

（六）硅元素对钛的性能的影响

硅元素能有效地提高钛合金的热强性。当钛合金中硅的质量分数大于 0.2% 时，在不含锆的合金中形成 Ti_5Si_3 相，在含锆的合金中形成（$TiZr$）$_5Si_3$ 相等硅化物，提高合金的抗蠕变能力，但降低热稳定性。硅的共析转变温度较高（860℃），加硅可改善合金的耐热性能，因此在耐热合金中常添加适量硅，加入硅量以不超过 α 相最大固溶度为宜，一般为 0.25%（质量分数）左右。由于硅与钛的原子尺寸差别较大，在固溶体中容易在位错处偏聚，阻止位错运动，从而提高耐热性。此外硅还能提高氢在 β 相中的溶解度，减少氢脆倾向。

（七）稀土元素对钛的性能的影响

提高合金耐热性和热稳定性。稀土的内氧化作用，形成了细小稳定的 $RExOv$ 颗粒，产生弥散强化。由于内氧化降低了基体中的氧浓度，并促使合金中的锡转移到稀土氧化物中，这有利于抑止脆性 α2 相析出。此外，稀土还有强烈抑制 β 晶粒长大和细化晶粒的作用，因而改善合金的综合性能。

目前钛的合金化发展趋势是向高成分多元合金的方向发展，合金元素的加入所起到的作用主要有固溶强化、稳定 α 相或 β 相、增强热处理强化效果、消除有害作用、改善合金的耐热性、提高合金的耐蚀性等。

六、钛合金中的介稳定相

钛合金淬火后能否得到介稳定相，是判断钛合金能否通过热处理进行强化的先决手段。一般只含单一的 α 稳定元素或中性元素的钛合金，即使加热到 β 相区淬火，也得不到介稳定相。因此这些合金不能通过热处理进行强化，只能进行淬火处理。

钛与 β 稳定元素组成的合金，加热到 β 相区淬火后，可以得到不同的介稳定相，如 α′、α″、ω 和过冷的 β′相。由于这些介稳定相的形成导致钛合金的力学性能发生变化，因此这类合金可以进行热处理强化。

α′相是合金元素溶于 α 钛中的过饱和固溶体，为一种针状组织，其硬度略高于 α 相，它的转变为无扩散型相变，与钢中马氏体转变相似，所以 β→α′的转变，称为钛合金的马氏体相变。

α″相的形态与 α′相似，为针状组织，也是一种马氏体相，硬度低于 α′相。

但是钛合金中的淬火马氏体与钢中的淬火马氏体有很大差别。钢中的马氏体是间隙型的过饱和固溶体，有显著的强化效果；而钛合金中的马氏体，目前发现的都是置换型过饱和固溶体，其硬度较低，塑性很好，对钛合金的强化作用不大。

ω相是β′相转变为α相过程中形成的一种中间过渡相。在含过渡族元素（W、Mo、V、Nb、Ta等）的许多钛合金中，在淬火、回火以及压缩应力作用下，都可以形成这种相。ω相有很高的硬度和脆性。ω相很小，用一般光学显微镜无法辨认。当合金中出现ω相时，硬度和脆性急剧增加，因此在生产中应从合金成分和热处理工艺上加以避免和消除。

β′相是钛合金在β或α+β相区淬火时，被保留下来的过饱和固溶体，是一个很不稳定的相，在一定条件下会发生分解，在分解过程中的不同阶段会析出α′、α″、ω相和稳定的α相，引起合金性能的变化。β′相具有很好的塑性，但强度、硬度低。

七、钛合金在军事方面的应用

钛合金具有强度高密度小，力学性能好，韧性和耐蚀性能好的特点。但是，钛合金的工艺性能差，切削加工困难，在热加工中，非常容易吸收 H、O、N、C 等杂质。抗磨性差，生产工艺复杂。多年来，钛合金主要用于制作飞机发动机压气机部件，其次用于制作火箭、导弹和高速飞机的结构件。长期以来，由于钛合金的成本较高阻碍了它的发展。近年来美国在研究低成本钛合金及其装甲的抗弹性能方面有较大进展，目前已将钛合金用于步兵战车车长舱盖，其质量比原来的锻造铝合金舱盖减轻了 35%，并大大提高了防弹能力。美国陆军还研究了用钛合金制造主战坦克炮塔、炮塔座圈、车长舱盖、炮塔排气板、核生化武器对抗系统护盖、射手主瞄准具罩、发动机顶盖、炮塔枢轴架及热成像观察仪罩等部件，特点是质量轻，强度高，抗弹性能好。目前西方发达国家正在对钛合金装甲的抗弹性能开展研究，因此钛合金在军事装备上的大量应用是未来发展的趋势。

八、金相组织检验

（一）低倍组织检验

制备好的试样应在常温的强酸溶液里腐蚀足够时间，以便产生一个清晰的低倍组织，推荐使用的腐蚀剂如下：13%～28%（体积分数）硝酸+10.5%～16%（体积分数）的氢氟酸+水。浸蚀好的试样应立即进行冲洗，以去除污渍，最后要吹干试样。低倍常见缺陷有偏析、折叠、裂纹、夹杂等。

（二）显微组织检验

钛合金的显微组织试样的制备包括取样、镶嵌、磨制、浸蚀等步骤，每个环节应严格按照规定的要求进行，否则会对最终的检测结果产生影响。试样切取时，应尽量避免过量的变形和过热。镶嵌时一般采用冷镶，因为热镶嵌除了会使亚稳定的 β 相分解外，热状态下还可能使镶嵌材料中的氢向外扩散，产生氢污染，尤其是 α 相含量高的试样。由于氢在 α 相中的溶解度极小，当温度升高时溶解度上升，冷却时溶解度下降会析出细小弥散的钛的氢化物。可以选用以下 2 种冷镶嵌材料：

1）将 618 环氧树脂与 650 聚酰胺按 1∶1 的比例混合搅拌均匀后倒入模内，自然固化 24h。混合时无升温，固化后有一定韧性。

2）将 28 环氧树脂与三乙撑四胺（又名三乙烯四胺）按 10∶1 混合搅拌均匀后倒入模内，自然固化 3h。固化过程略有升温，磨样时固化的混合剂会受热软化，故必须有足够的冷却时间。

钛合金通常不单独采用机械抛光，而是用机械与化学抛光相结合的抛光方法，或者采用电解抛光的方法，电解抛光速度快且质量高。

所使用的抛光液配比有以下几种：

1）氧化铝或 SiC 粉+皂液+50g/L 铬酸。

2）氧化铝或 SiC 粉+皂液+50g/L 草酸。

3）氧化铝或 SiC 粉+皂液+1%氢氟酸水溶液（1+99）。

4）氧化铝或 SiC 粉+皂液+氢氟酸-硝酸水溶液（0.5+0.5+99）。

根据抛光时试样表面的浸蚀情况，可改变酸的浓度，使抛光作用略快于浸蚀作用，保证试样表面不受腐蚀。钛合金通常采用的浸蚀剂见表 7-16。

表 7-16　常用的钛及钛合金化学浸蚀剂名称、组成及适用范围

序号	名称	组成		适用范围	备　　注
1	氢氟酸-硝酸水溶液	氢氟酸 硝酸 水	2mL 1mL 17mL	钛及钛合金	用揩拭法浸蚀 30s～60s
2	氢氟酸-硝酸甘油溶液	氢氟酸 硝酸 甘油	5mL 5mL 15mL	钛及钛合金	用揩拭法浸蚀 30s～60s
3	氢氟酸饱和草酸溶液	氢氟酸 饱和草酸溶液	4mL 196mL	钛及钛合金	浸入法浸蚀 30s～60s
4	氢氟酸磷酸二甘醇-乙醚水溶液	氢氟酸 磷酸 水 二甘醇-乙醚	4mL 50mL 25mL 20mL	钛及钛合金	浸入法

钛合金典型组织形貌见图 7-36～图 7-42。

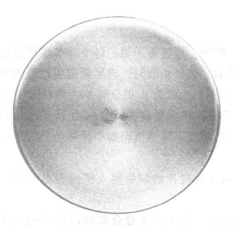

图 7-36　α偏析（TC4合金）低倍 1.0×

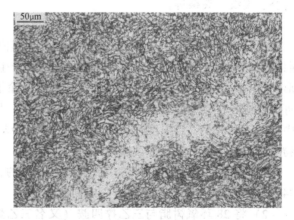

图 7-37　α偏析（TC4合金）　250×

图 7-38　β 斑（Ti-4322 合金）　低倍 1.0×

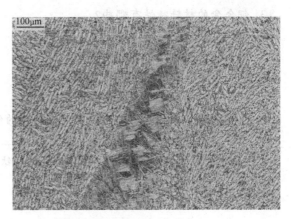

图 7-39　β 斑（Ti-4322 合金）　125×

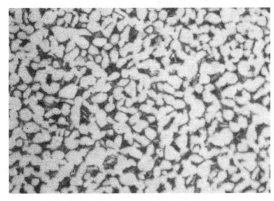

图 7-40　等轴组织（TC4 合金）　500×

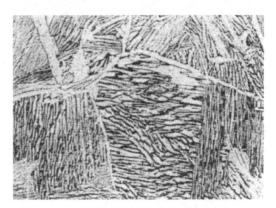

图 7-41　魏氏组织（TC4 合金）　100×

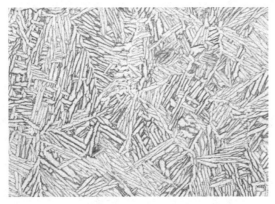

图 7-42　网篮组织（TC4 合金）　200×

思 考 题

1. 铝合金的材料特性有哪些？
2. 变形铝合金与铸造铝合金的分类。

3. 铜合金的材料特性有哪些？

4. 铜合金的分类。

5. 铜合金的热处理工艺有哪些？

6. 铜合金常见的疵病有哪些？

7. 镁合金的分类及镁合金的牌号表示规则。

8. 钛合金按 β 稳定元素的含量和退火状态的组织不同，一般分为几类？分别是什么？

9. 钛合金的热处理工艺有哪些？

10. 钛合金中常加入的合金元素有哪些？对钛合金的性能有哪些影响？

第八章

焊件的金相检验与分析

第一节 概 述

　　焊接是一种永久性连接金属材料的工艺方法。焊接过程的实质是利用加热或加压（或两者并用）等手段，借助金属原子的结合与扩散作用，使分离的金属材料牢固地结合起来。

　　焊接的种类很多，按焊接过程的特点分为熔焊、压焊和钎焊三大类。熔焊：将工件局部加热到熔化状态，形成熔池，冷却结晶后形成焊缝，被焊工件结合成不可分离的整体。常见有气焊、电弧焊、电渣焊、电子束焊、激光焊等。压焊：无论加热与否，均需要加压的焊接方法，常见的有电阻焊、摩擦焊、冷压焊、扩散焊和爆炸焊等。钎焊：将熔点低于被焊金属的钎料熔化以后，填充接头间隙，并与被焊金属相互扩散实现连接。钎焊过程中被焊工件不熔化，一般没有塑性变形。钎焊一般分为软钎焊和硬钎焊。具体焊接方法的分类见图8-1。

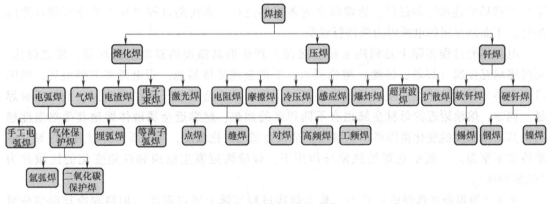

图 8-1　焊接方法的分类

　　尽管焊接工艺各有不同，但是其焊接过程都有以下基本特点：

　　1）被焊金属在局部区域被快速加热。

　　2）在被加热处发生金属熔化，形成金属熔池。

　　3）在熔融的金属中，至少部分来自被焊金属。

　　4）焊接完成后，焊件快速冷却。

　　焊接在现代工业生产中具有十分重要的作用，焊接方法在制造大型结构件或复杂机器部件时，更显得优越。他可以用化大为小、化复杂为简单的办法来准备坯料，然后用装配、焊接的方法拼小成大、拼简单为复杂，这是其他工艺方法难以做到的。在制造大型机械设备时，还可以采用铸-焊或锻-焊的复合工艺。这样只有小型铸、锻设备的工厂也可以生产出大型零部件。因此，焊接与其他加工方法相比就有以下优点：

1）减轻结构重量，节省金属材料。

2）生产周期短，生产效率高，劳动强度低。

3）结构强度高，接头密封性好，能够保证容器件具有较高的气密性。

4）便于以小拼大，化大为小。

5）可以制造双金属结构件，如复合层容器。

6）便于实现机械化、自动化。

但焊接是一个不均匀加热和冷却的过程，会使焊接结构存在较大的应力和变形，焊接接头的组织和性能有很大的不均匀性，易产生缺陷，应力集中现象也较为严重，易产生裂纹，因此焊接接头的质量检验尤为重要。

焊接接头的质量检验分为破坏性检验和非破坏性检验两大类。应用较多的非破坏性检验方法是外观测量、气密性检验及无损探伤；破坏性检验主要包括了力学性能检验和金相检验。而金相检验又分为宏观检验和微观检验两种，将在本章中做重点介绍。

第二节　焊接的热过程

一、焊接热循环

在焊接过程中，被焊金属由于热的输入和传播，而经历加热、熔化（或达到热塑性状态）和随后的连续冷却过程，通常称之为焊接热过程。焊接热过程贯穿于整个焊接过程的始终，下面以常用的电弧焊为例进行说明。

电弧焊的过程实际上是利用电弧（热源）产生的高温加热被焊金属局部，使之熔化，同时将填充金属（焊条、焊丝）熔化滴入，形成金属液体熔池。当电弧离开熔池后，周围冷态金属母材的散热作用使熔池的温度迅速下降，液态金属便开始结晶凝固，最终形成焊缝。同时，熔池附近的母材金属也有不同程度的加热，越靠近金属液体熔池其受热温度越高。其加热温度的变化范围可以从室温直至该金属的熔化温度，当电弧移开以后该区域又逐渐冷却至室温。一般把在焊接热循环作用下，焊缝附近发生组织和性能变化的区域称为"热影响区"。

图 8-2 为焊条电弧焊的示意图。整个焊接过程实际上可以看作由加热和冷却两部分组成。这两个过程可以用图 8-3 所示的曲线来表示，即在热源沿焊件移动时焊件上某点的温度随时间增长由低而高，到达最大值后又由高而低的变化，称之为焊接热循环。而加热速度、最高加热温度、在高温停留的时间及冷却速度等是整个热循环过程的主要影响因素。

因此，焊缝两侧不同距离的各点所经历的热循环也不同。离焊缝越近的点，被加热到的最高温度越高；越远的点，被加热到的最高温度越低。

焊接的热循环伴随着整个焊接过程，影响和决定了焊接质量和焊接效率，主要体现在以下几个方面：

1）施加到被焊金属件上热量的大小与分布状态决定了熔池的形状与尺寸。

2）焊接熔池进行冶金反应的程度与热的作用及熔池存在时间的长短有密切的关系。

3）加热和冷却参数的变化，影响熔池金属的凝固、相变过程，并影响热影响区的金属显微组织的转变，因而焊缝和焊接热影响区的组织与性能也都与热的作用有关。

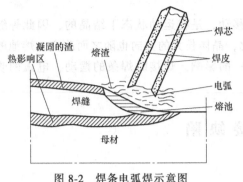

图 8-2　焊条电弧焊示意图

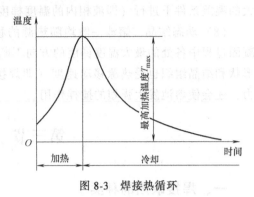

图 8-3　焊接热循环

4）由于焊件各部位经受不均匀的加热和冷却，从而造成不均匀的应力状态，产生不同程度的应力和变形。

5）在焊接热作用下，受冶金、应力因素和被焊金属组织的共同影响，可能产生各种形态的裂纹及其他冶金缺陷。

二、焊接加热和冷却过程的特点

热影响区的金属受焊接热循环的作用，经历了加热和冷却过程，相当于经历了"特殊的热处理"，因此，也会发生一系列的组织转变。和一般条件下的热处理过程相比，焊接过程有以下特点：

（1）加热温度高　一般热处理的加热温度不会超过 Ac_3 以上 $100℃ \sim 200℃$，而焊接加热温度很高，靠近焊缝区的熔合线附近一般都在 $1350℃$ 以上，直至接近金属的熔化温度。

（2）加热速度快　焊接时，由于热源强烈集中，加热速度要比热处理快得多。焊缝金属熔化与凝固以及热影响区相变均在几秒钟内完成。

（3）高温停留时间短　焊接中的保温时间很短（在焊条电弧焊条件下，在 Ac_3 以上停留的时间至多 $20s$ 左右）。热处理则可根据需要控制保温时间。

（4）局部加热，温差大　热处理时零件在炉中是整体均匀加热，而焊接时只局部集中加热，并随热源的移动，局部受热区域在不断移动，因此焊接条件下的组织转变是在复杂应力作用下（热应力和组织应力）进行的。由于各部位最高加热温度不同，就造成了组织转变的差异和整个接头组织的不均匀。

（5）冷却条件复杂　由于焊缝周围冷金属的导热作用，焊缝和热影响区的冷却速度很快，有时可达到淬火的程度。焊接后的冷却速度受材料本身的导热性、零件厚度、接头的形状以及焊件在焊前的初始温度（包括环境温度和预热温度）等因素的影响。焊件尺寸越大，冷却越快；焊件初始温度越高（例如预热），冷却越慢。此外，焊接电流、电弧电压和焊接速度对冷却速度也有影响。

（6）冷却速度大　熔池的体积小，冷却速度大，平均冷却速度为 $10℃/s \sim 100℃/s$，而一般热处理钢锭在空气中的平均冷却速度根据尺寸的不同为 $3×10^{-4}℃/s \sim 1.5×10^{-2}℃/s$。

（7）熔池温度高　熔池中的液体金属温度比一般浇注钢液的温度要高得多。熔滴的平均温度约为 2300℃，熔池的平均温度约为（1770±100）℃（一般碳钢焊接温度）。由于熔池中心液体过热温度高，熔池边缘凝固界面处的散热快，冷却速度大，因而熔池结晶一般在很大的温差条件下进行（即液相内的温度梯度大）。

（8）动态结晶　熔池一般均随热源的移动而移动，是在运动状态下结晶的，因此焊缝凝固过程中各处的最大温度梯度的方向不断地变化，晶体长大的方向也随之而改变，熔池的形状和结晶组织也受热源移动速度（即焊接速度）的影响。焊接时焊条的摆动，电弧的吹力，还会使熔池发生强烈的搅拌作用。

第三节　焊接缺陷

一、焊接缺陷的种类

在焊接生产中，由于焊接结构的设计、焊接参数、焊前准备和操作方法不当等因素，往往会产生各种焊接缺陷，它们会影响焊接结构使用的可靠性。例如，焊接接头存在裂纹、未焊透及其他带有尖角的缺陷时，在外力作用下会引起应力集中，使结构承载能力显著降低，在交变载荷作用下将促使缺陷扩展，直至发生断裂。GB/T 6417.1—2005《金属熔化焊接头缺欠分类及说明》标准将熔化焊焊接缺陷分为六类：形状和尺寸不良、裂纹、孔穴、固体夹杂、未熔合及未焊透、其他缺陷。常见的宏观焊接缺陷见表 8-1。

焊接是一个不均匀加热和冷却过程，因此焊接结构存在较大的应力和变形，焊接接头的组织和性能有很大的不均匀性，易产生缺陷，因此焊接接头的质量检验尤为重要。

表 8-1　常见的宏观焊接缺陷

缺陷名称	特征	产生原因
气孔	焊接时，熔池中的气泡在金属液凝固时未能逸出而残留下来所形成的孔穴	熔化金属凝固太快；电弧太长或太短；焊接材料化学成分不当；焊接材料不清洁等
裂纹	在焊接应力及其他致脆因素共同作用下，焊接接头中局部地区的金属原子结合力遭到破坏，形成新界面而产生的缝隙	熔化金属冷却太快；焊件设计不合理；焊接顺序和工艺措施不当；焊接材料化学成分不当等
焊瘤	焊接过程中，熔化金属流淌到焊缝之外的母材上所形成的金属瘤	焊接电流太大；电弧过长；焊接速度太慢；装配间隙太大；运条不当等

（续）

缺陷名称	特征		产生原因
夹渣		焊后残留在焊缝中的焊渣	各焊道间的焊渣未清除干净；焊接电流太小；焊条角度和运条方法不当等
未焊透		焊接时，接头根部未完全熔透的现象	焊接电流太小；焊接速度太快；焊条角度不当；坡口角度太小，钝边太厚，间隙太小等
未熔合		熔焊中焊道与母材间或焊道与焊道之间未能完全熔化结合的现象	焊接电流太小；焊接速度太快；焊条角度不当等
咬边		沿焊缝表面与母材交界处产生的凹槽或沟槽	焊接电流太大；电弧过长；焊条角度不当等
弧坑缩孔		焊道末端的凹陷，且在后续焊道焊接之前或后续焊道焊接过程中未被消除	熄弧过快；薄板焊接时使用的电流过大等

二、焊接裂纹的划分

裂纹是焊接接头中危害最大的一种缺陷，他会引起应力集中，往往使构件在低应力作用下就发生脆性破坏。

根据裂纹形成的温度范围和原因，焊接裂纹可分为热裂纹、冷裂纹、再热裂纹和层状撕裂四种类型。图 8-4 为通常见到的焊接裂纹分布示意图。

（一）热裂纹

热裂纹通常是指从凝固温度范围附近至 A_3 以上的高温区域产生的裂纹，焊缝金属在凝固末期，固液两相共存阶段最容易产生热裂纹。由于发生在结晶过程中，又可称为结晶裂纹或凝固裂纹。应该指出的是，热影响区内由于晶界的部分熔化也会造成裂纹，因此也属于热裂纹的一种，热影响区的裂纹通常沿原奥氏体晶界扩展。热裂纹按产生位置主要分为焊道裂纹（焊珠）、弧坑裂纹、根部裂纹、热影响区中的热裂纹，特征见表 8-2；按形态及产生条件不同可分为结晶裂纹、高温液化裂纹和多边化裂纹，特征见表 8-3。典型图片见图 8-5~图 8-7。

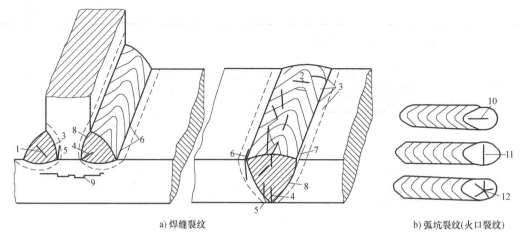

a) 焊缝裂纹   b) 弧坑裂纹(火口裂纹)

图 8-4　焊接接头裂纹分布示意图

1—焊缝中的纵向裂纹（多为结晶裂纹）　2—焊缝中的横向裂纹（多为延迟裂纹）

3—熔合区附近的横向裂纹（多为延迟裂纹）　4—焊缝根部裂纹（延迟裂纹、热应力裂纹）

5—近缝区根部裂纹（延迟裂纹）　6—焊趾处纵向裂纹（延迟裂纹）　7—焊趾处纵向裂纹

（液化裂纹、再热裂纹）　8—焊道下裂纹（延迟裂纹、液化裂纹、高温低塑性裂纹）

9—层状撕裂　10—纵向裂纹　11—横向裂纹　12—星状裂纹

表 8-2　常见热裂纹按产生部位分类特征表

裂纹类型	典型特征形貌示意图	产生部位及宏观特征
焊道裂纹（焊珠）	纵向裂纹　横向裂纹	纵向裂纹平行于焊道方向发展、分布，又称中心线裂纹，一般发生在焊缝中心区域；横向裂纹垂直于焊道方向，往往沿柱状晶界分布，并与母材晶界相连接
弧坑裂纹	纵向裂纹　横向裂纹　星状裂纹	弧坑裂纹又称火口裂纹，有横、纵、星状等几种类型。弧坑是由于断弧产生的，是在焊道的尾部形成的低于焊缝高度的凹坑，处于焊缝的终端。弧坑内一般存在低熔点共晶物、夹杂物、裂纹等。大多数弧坑裂纹发生在弧坑中心的等轴晶处
根部裂纹		一般发生在焊缝的根部
热影响区中的热裂纹		裂纹都沿晶界分布，其走向有纵向也有横向

表 8-3　常见热裂纹按产生条件分类特征表

裂纹类型	典型特征形貌示意图	宏观特征	产生原因
结晶裂纹	1—柱状晶界 2—焊缝表面焊波 3—弧坑裂纹 4—焊缝中心线两侧的弧形结晶裂纹 5—沿焊缝中心线的纵向结晶裂纹	结晶裂纹又称凝固裂纹,只产生在焊缝中,大多数呈纵向分布在焊缝中心;也有呈弧形分布在焊缝中心线两侧,并与焊缝表面波纹呈垂直分布。通常纵向裂纹较长、较深,弧形裂纹较短、较浅。弧坑裂纹也属结晶裂纹,产生在焊缝收尾处 结晶裂纹常分布在树枝晶间或柱状晶间	焊缝金属在凝固过程中,总要经历液-固态(液相占主要部分)和固-液态(固相占主要部分)两个阶段。在液-固态时,焊缝金属可以依赖液相的自由流动而发生形变,少的固相晶体只是移动一些位置,本身形状不变。在固-液态时,最后凝固的存在于固相晶体间的低熔点液态金属已成薄膜状,称为液态薄膜。铁和碳素钢、低合金高强度钢中的硫、磷、硅、镍和不锈钢、耐热钢中的硫、磷、硼、锆等都能形成低熔点共晶,在结晶过程中形成液态薄膜 由于液态薄膜强度低而使应变集中,但同时其变形能力很差,因而在固-液态区间塑性很低,容易产生裂纹
高温液化裂纹	1—母材上位于熔合线凹区的液化裂纹 2—多层焊时层间过热区的液化裂纹	常出现在焊接过热区及熔合区,或者在多层焊的层间,受后一焊道影响的前一焊道晶间熔化开裂。液化裂纹平行于熔合区或垂直于熔合区。母材金属中有低熔点夹杂物存在时,熔合区或过热区易于在晶界液化,形成球滴状孔洞。液化裂纹开裂部位一般为一次组织的树枝状结晶晶界或柱状晶的晶界	液化裂纹的形成机理,一般认为是由于焊接时热影响区或多层焊层间金属在高温下奥氏体晶界上的低熔共晶被重新熔化,金属的塑性和强度急剧下降,在拉伸应力作用下沿奥氏体晶界开裂而形成的
多边化裂纹	1—多边化裂纹 2—迁移晶界 3—晶胞的界面	多边化裂纹又称高温低塑性裂纹。裂纹走向与一次结晶不一致,常与任意方向贯穿于树枝状结晶中;裂纹位置远离熔合区,多发生在重复受热的多层焊层间金属及热影响区中;裂纹附近常伴随有再结晶晶粒出现	由于结晶前沿已凝固的固相晶粒中萌生出大量的晶格缺陷(空穴和位错等),在快速冷却条件下不易扩散,它们以过饱和的状态保留于焊缝金属中,在一定温度和应力条件下,晶格缺陷由高能部位向低能部位转化,即发生移动和聚集,从而形成了二次边界,即所谓"多边化边界"。另外,热影响区在焊接热循环的作用下,由于热应变,金属中的畸变能增加,同样也会形成多边化边界

(二) 冷裂纹

冷裂纹一般是指焊接时在 Ar_3 以下冷却过程中或冷却以后产生的裂纹。形成温度在马氏体转变点 (Ms) 附近或 200℃~300℃ 以下的温度范围内,见图 8-8。

1. 冷裂纹的特征

1) 冷裂纹主要发生在高碳钢、中碳钢、低合金钢和中合金高强度钢的热影响区。而低碳钢中产生的冷裂纹较少。

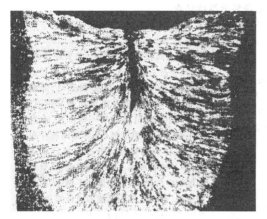

图 8-5　结晶裂纹

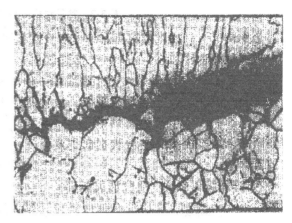

图 8-6　TIG 焊因科镍合金液化裂纹

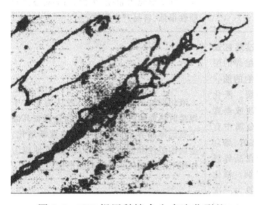

图 8-7　TIG 焊因科镍合金多边化裂纹

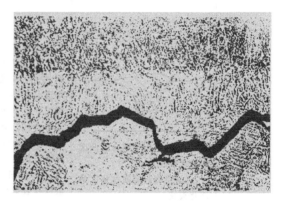

图 8-8　HY-80 钢焊接热影响区中的冷裂纹

2）在焊缝和热影响区的冷裂纹均有横向和纵向两种。在焊缝区的较少，大多数发生在热影响区。

3）冷裂纹可以在焊后立即出现，也有可能在焊后数小时、数天乃至更长时间后才发生，因此也称为延迟裂纹。

2. 冷裂纹产生的原因

（1）钢的淬硬倾向　焊接时，钢的淬硬倾向越大，越易产生裂纹，这主要是因为钢淬硬后形成的马氏体组织是碳在铁中的过饱和固溶体，晶格发生较大的畸变，使组织处于硬脆状态。特别是在焊接条件下，近缝区的加热温度很高，使奥氏体晶粒严重长大，快冷时，转变为粗大马氏体，性能更为脆硬，且对氢脆非常敏感。

（2）氢的作用　焊缝金属中的扩散氢是延迟裂纹形成的主要影响因素。由于延迟裂纹是扩散氢在三向应力区聚集引起的，因而钢材焊接接头的氢含量越高，裂纹的敏感性越大，当氢含量达到某一临界值时，便开始出现裂纹，此值称为产生裂纹的临界氢含量。

（3）应力状态　在焊接条件下主要存在不均匀加热及冷却过程引起的热应力、金属相变引起的组织应力变化等，均会加剧延迟裂纹的产生。

（三）再热裂纹

再热裂纹是指焊件在进行消除残余应力热处理或在一定温度下服役的过程中，在焊接热影响区的粗晶部位发生的裂纹。由于这种裂纹是在再次加热过程中产生的，故称为再热裂纹。典型图片见图 8-9。

再热裂纹一般发生在低合金高强度钢、珠光体耐热钢、奥氏体不锈钢和某些镍基合金的焊接热影响区，再热裂纹的敏感温度约为 550℃~650℃，具有沿奥氏体晶界开裂的特点，大多发生于厚板焊接结构件中，特别是含有某些沉淀强化合金元素的钢材中。

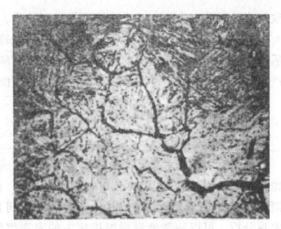

图 8-9　15MnMoNb 钢中的再热裂纹

（四）层状撕裂

层状撕裂是指当焊接大型厚壁结构件时，如果在钢板厚度方向受到较大的拉伸应力，就可能在钢板的内部出现沿轧制方向发展的具有阶梯状的裂纹，见图 8-10 和图 8-11。

层状撕裂常出现在 T 形接头、角接接头和十字接头中。只产生于热影响区或母材金属的内部，一般在表面上难以发现，从焊接接头的断面上可以看到，与其他裂纹明显不同之处是具有阶梯状形态。危险之处在于它的隐蔽性，并难以修复。

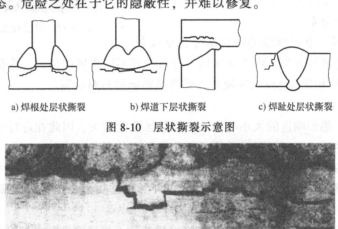

a) 焊根处层状撕裂　　b) 焊道下层状撕裂　　c) 焊趾处层状撕裂

图 8-10　层状撕裂示意图

图 8-11　T 形接头层状撕裂

第四节　焊件的宏观金相检验

焊件的金相检验包括低倍缺陷检验、宏观组织检验和断口检验，为了保证焊接质量，焊接产品都应该在焊后进行宏观检验。

焊接接头的质量检验可按照 GB/T 6417.1—2005《金属熔化焊接头缺欠分类及说明》进行，标准规定了金属熔化焊接头中的各类焊接缺陷，并按性质、状态分为六大类，即裂纹、孔穴、固体夹杂、未熔合及未焊透、形状和尺寸不良等。

一、外观检验

用肉眼或借助低倍放大镜（放大倍数不大于 10 倍）观察被检验焊件，鉴别未熔合、裂纹、表面气孔、夹渣、咬边、焊瘤等表面缺陷，并观察焊缝的外形和尺寸。

在多层多道焊接时，由于根部焊道的截面较弱，既承受着收缩时产生的应力，又承受随后多层焊道施焊时所产生的部分应力；加之根部焊道是直接焊在冷态金属上的，热影响区易产生淬硬层，所以根部是最容易产生裂纹的部位。因此，根部焊道是外观检验的重要部位。

二、宏观组织检验

（一）焊接接头

焊接后将试样垂直于焊缝切断，用砂轮机或预磨机将断面磨平，用砂布和砂纸细磨，在抛光机上抛光。然后用 5%~10%（体积分数）硝酸酒精溶液浸蚀（有色金属用其他相应的浸蚀剂）做宏观分析，可以清楚地看到焊接接头的宏观组织和腐蚀深浅不同的区域，并可以根据宏观组织的特征和腐蚀深浅的不同，将焊接接头粗略地划分成三个区域。以 Q355 钢的焊接接头为例，浸蚀后的三个区域见图 8-12。

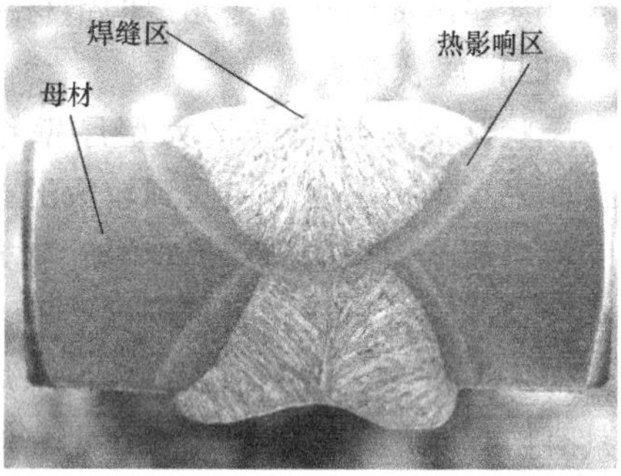

图 8-12　焊接接头的宏观组织

（1）焊缝区　位于中心区域，可以看到一定结晶形态及宏观组织分布。

（2）热影响区　靠近焊缝的母材部分，呈浅灰色带状，围绕着焊缝区分布。由于该区域中母材受到不同程度的加热，故称为热影响区。

（3）母材　两边颜色较深的区域是未受到热影响的母材金属。

（二）尺寸参数

由于焊缝区、热影响区的大小与构件的焊接区性能相关，因此在进行宏观检测时还需对焊缝及热影响区的尺寸进行测量，具体尺寸参数名词如下：

（1）熔深　在焊接接头横截面上，母材或前道焊缝熔化的深度，见图 8-13a。

（2）焊脚　角焊缝的横截面中，从一个板件的焊趾到另一个板件表面的垂直距离，见图 8-13b。

（3）焊缝成形系数　熔焊时，在单道焊缝横截面上焊缝宽度与焊缝厚度的比值。

（4）焊缝厚度　在焊缝横截面中，从焊趾连线到焊缝根部的距离，见图 8-13c。

（5）焊缝计算厚度　设计焊缝时使用的焊缝厚度。对接焊缝时，它等于焊件的厚度；角焊缝时，它等于在角焊缝断面内画出的最大直角三角形中，从直角的顶点到斜边垂线的长度，见图 8-13c。

（6）焊缝实际厚度　在焊缝截面中，从焊缝表面的凸点或凹点到焊缝根部的距离，见图 8-13c。

（三）宏观组织检验的目的

通过宏观组织检验可达到以下目的：

1）确定焊缝和母材的宏观组织及缺陷。

2）检查母材与焊缝金属的熔化情况。

3）估计热影响区的范围。

4）测量熔深、焊脚、焊缝成形系数、焊缝厚度等参数。

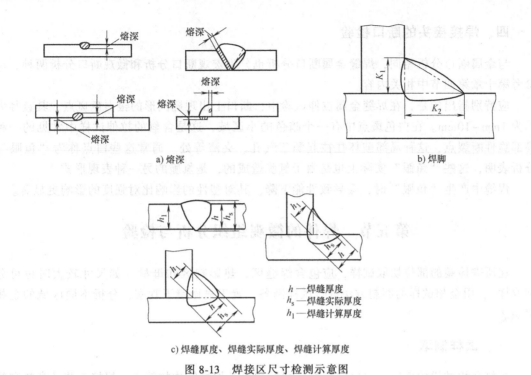

a) 熔深　　　　　　　　　　　　　　　　　　b) 焊脚

h —焊缝厚度
*h*_s —焊缝实际厚度
*h*₁ —焊缝计算厚度

c) 焊缝厚度、焊缝实际厚度、焊缝计算厚度

图 8-13　焊接区尺寸检测示意图

三、宏观金相检验的浸蚀剂

用于显示宏观组织的浸蚀剂，浸蚀能力较强，要掌握好浸蚀温度、时间和速度。表 8-4 是不同焊接接头宏观金相检验的常用浸蚀剂配置方法。

表 8-4　焊接接头宏观金相检验常用浸蚀剂

序号	浸蚀剂成分	浸蚀环境	应用
1	20%硝酸水溶液	浸蚀或擦拭（室温）	低合金钢的粗晶、树枝状晶、熔合线、热影响区
2	15%硝酸水溶液 10%过硫酸铵水溶液	室温复合浸蚀	碳钢、低合金钢粗晶、熔合线、热影响区
3	5mL 硝酸 50mL 盐酸 50mL 水溶液	热浸蚀	不锈钢+钢接头、粗晶、熔合线、热影响区
4	50mL 盐酸、50mL 水溶液	热浸蚀	碳钢、合金钢粗晶熔合线、热影响
5	硫酸铜 8mL 盐酸 50mL 水 50mL	室温下擦拭、浸蚀	低合金钢粗晶
6	10%硝酸酒精溶液	室温	粗晶组织 宏观组织

四、焊接接头的断口检验

与金属断口分析相同，焊缝金属断口分析也分为宏观断口分析和微观断口分析两种，可参考第十章第四节中相关内容。

应特别指出的是，在焊缝金属拉伸试验中，断口上出现椭圆形的银白色斑点，其直径大约为 1mm~10mm。在白色斑点中有一个暗色的小区域，这是含氢的拉伸试样中常见的一种局部脆性断裂点，这种局部破坏往往起源于气孔、夹渣等处。通常这些白点称为"鱼眼"。分析表明，这些"鱼眼"实际上也是由于氢脆造成的，是氢脆的另一种表现形式。

焊缝中产生"鱼眼"时，会导致性能下降。其对塑性的影响比对强度的影响更显著。

第五节　焊件的微观组织分析与检验

在所需检验的部位切取试样，应包含焊缝区、热影响区和母材（如尺寸较大时也可分别取样），用金相试样的磨制方法进行试样制备，置于显微镜下观察，分析不同区域的金相组织。

一、试样制取

焊接金相试样的切取方式决定于焊件的材质以及焊接结构的特点、焊接工艺及参数和使用情况。根据焊接试样的检验目的和要求，通常分为系统取样和指定取样。

（1）系统取样　试样必须能够表征焊接接头的特点，应具有一定的代表性。可以截取一系列的试样，有助于试验结果的准确性。常规金相观察所切取的试样部位、形状、数量和尺寸可以根据焊接接头不同的检验要求进行选择。

（2）指定取样　根据所研究焊接接头的某一特殊性能，有针对性地进行取样。需根据使用部位、受力情况、出现裂纹及其他缺陷的部位和形态等情况，在焊接接头的关键部位进行取样。

二、焊接时组织转变的特点

实验证明，焊接时加热速度越快，被焊金属的相变点 Ac_1 和 Ac_3 的温度越高，且 Ac_1 和 Ac_3 之间的温度差也越大。钢中碳化物含量越多，则随加热速度增大，Ac_1 和 Ac_3 的升高也更为明显。

加热速度除了对相变温度有影响外，对已形成的奥氏体的均匀化程度也有很大影响。加热速度越快，在相变温度以上停留的时间越短，奥氏体成分和组织的不均匀性就更加明显，这将会对焊接接头的组织和性能产生直接影响。

在焊接条件下，近焊缝区由于强烈过热，晶粒较为粗大，从而降低了焊接接头的塑性，增大了裂纹产生倾向。

焊接冷却后，得到的焊缝金属是一次结晶组织，它沿着结晶方向生长，具有方向性明显的柱状晶结构，并有与母材热影响区晶粒联结长大的基本特征。焊缝中常见的组织形态为柱状晶，在一定条件下，焊缝中心也会出现等轴晶。

焊缝结晶时，垂直于熔池壁的方向是最大温度梯度的方向，散热速度最快，所以柱状晶长大的方向一般与熔池壁垂直。由于焊缝凝固是在热源不断向前移动的情况下进行的，随着熔池的向前推进，最大温度梯度方向也在不断改变，因此柱状晶长大的最有利方向也在不断改变。一般情况下焊接熔池呈椭圆状，柱状晶垂直于熔池弯曲长大，见图8-14。

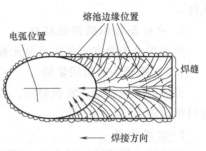

图 8-14　椭圆状熔池的柱状晶长大形态

三、焊缝的组织与偏析

(一) 焊缝区的金相组织

1. 低碳钢的焊缝组织

由于碳含量较低，组织为铁素体加少量珠光体。由于铁素体一般先从原奥氏体晶界析出，往往将原奥氏体晶界的柱状轮廓勾画出来，所以又称为柱状铁素体，其晶粒很粗大。此外焊缝中的部分铁素体可能具有魏氏组织特征。

图 8-15 为 Q355 钢焊接接头焊缝区域的金相组织（选用 4%硝酸酒精溶液浸蚀）。根据生产工艺要求，选用 H10Mn2 焊丝（$w_C \leqslant 0.12\%$、w_{Mn} 为 $1.50\% \sim 1.90\%$、$w_{Si} \leqslant 0.07\%$）进行焊接，可见焊缝为沿晶析出的铁素体勾画出的粗大柱状晶组织，晶内为索氏体，部分铁素体具有魏氏组织特征，由于冷速较快，组织非常细小。

2. 低碳低合金钢的焊缝组织

一般来说，合金元素较少的低合金钢焊缝组织与低碳钢相近，例如 Q355 钢的焊缝组织，柱状铁素体沿原奥氏体晶界分布，晶内为铁素体和珠光体，冷却速度大时也可能会出现粒状贝氏体。

以应用较多的低合金钢焊接为例，对焊缝金属中可能出现的典型金相组织进行简单分析如下：

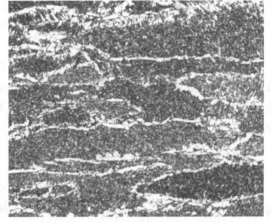

图 8-15　Q355 钢焊缝金相组织　100×

（1）先共析铁素体　先共析铁素体可分为晶界铁素体和晶内铁素体。晶界铁素体沿原奥氏体晶界析出，有的沿晶界呈长条状扩展，有的沿晶界呈互相连接的多边形状分布。先共析铁素体通常在高温区发生 $\gamma \rightarrow \alpha$ 相变时优先生成，这是因为晶界能量较高，易于形成新相的核心。

（2）带第二相的铁素体　第二相是指珠光体、渗碳体、马氏体及 M-A 组元等。第二相的性质、分布位置及其特征是决定组织类型的关键，也是观察焊缝显微组织的重点。它的性质、分布及特征等与相变温度密切相关，也与焊缝的合金成分、奥氏体晶粒度等有关。在第二相与铁素体平行排列的情况下，可根据第二相的性质、分布等特征来区别魏氏组织（侧板条铁素体）、上贝氏体和下贝氏体。

（3）针状铁素体　针状铁素体是出现在原奥氏体晶内，有方向性的细小铁素体，它可能是以氧化物或氮化物为形核核心，呈放射状生长，属于 $\gamma \rightarrow \alpha$ 相变的产物。

（4）珠光体类组织　珠光体是铁素体和碳化物的集合体。受相变温度的影响，珠光体的形态和粗细有所不同，根据层片间距的大小，珠光体类组织可分为珠光体、索氏体和屈氏体。

3. 中碳合金钢的焊缝组织

此类钢由于含有较多的合金元素，淬透性较好，会出现贝氏体及马氏体组织。

(二) 焊缝中的组织偏析

焊缝中的偏析分为宏观偏析、微观偏析和层状偏析三种类型，这三种偏析都是在合金凝固时形成的。

1. 宏观偏析

焊接时，焊缝的结晶首先在熔池的边缘开始，柱状晶逐步向熔池中心长大，由于固相中的溶质和杂质的浓度往往低于液相，所以最后凝固的熔池中心部分含溶质和杂质的浓度最高，形成偏析。当焊接速度大时，长大的柱状晶在焊缝中心线附近相遇，使溶质和杂质均在那里偏聚，这时出现中心线偏析。中心线偏析降低了结合强度，使焊缝易出现中心线裂纹。

2. 微观偏析

钢在凝固过程中，液相和固相的合金成分在不断发生变化，如前所述，先后结晶的固相含溶质和杂质元素均是不同的，由于焊接的快热快冷特点，固相内的成分不均匀不能通过溶质的扩散来消除，因而被保留了下来。例如，固相呈树枝状长大时，先结晶的树干部分溶质浓度最低，后结晶的树枝部分溶质浓度略高，最后结晶的部分，即相邻树枝晶之间的缝隙中溶质浓度最高。偏析严重时会产生凝固裂纹，降低焊缝的性能。

3. 层状偏析

经腐蚀后，在焊缝的断面上可以发现有颜色深浅不同的分层组织，这是由于化学成分的分布不均匀造成的，称为层状偏析。它的形成是由于晶粒长大速度发生周期性变化。实验证实，层状偏析带中常富集了一些有害元素、缺欠（如气孔、夹杂）等，使力学性能不均匀，化学耐蚀性不同。

四、焊接热影响区的组织

根据热处理的特性，用于焊接的结构钢可分为两类：一类是低碳钢（如 20 钢、Q235 钢等）和普通低合金钢（如 Q355、Q390 等），他们的淬硬倾向较小，因而被称为不易淬火钢；另一类是中碳钢（如 40 钢、45 钢、50 钢等）、低碳调质高强度钢（$w_C \leqslant 0.25\%$）和中碳调质高强度钢（$w_C = 0.25\% \sim 0.45\%$），他们的淬硬倾向较大，被称为易淬火钢。由于这两类钢的淬硬倾向不同，焊接热影响区的组织也不同。

(一) 不易淬火钢的热影响区组织

由图 8-16 可知：加热到 Ac_1 以下的区域，组织不发生变化，仍保持母材原始组织（铁素体+珠光体）。加热到 Ac_1 以上至熔化温度区域内，组织发生显著变化，根据组织变化的不同特征，可将热影响区分为以下四个区域。

1. 部分相变区（不完全重结晶区）

加热温度范围为 $Ac_1 \sim Ac_3$，Q235 钢的温度范围约为 750℃ ~ 900℃。在该区域内加热，钢中的珠光体和部分铁素体转变为晶粒比较细小的奥氏体，但仍保留部分铁素体。冷却后奥氏体转变为细小的铁素体和珠光体（称为重结晶），未溶入奥氏体的铁素体不发生转变，晶粒比较粗大（称为不完全重结晶），因而冷却后的组织晶粒大小极为不均匀，并保留原始组织特征，如带状组织。

2. 细晶粒区（相变重结晶区）

加热温度范围为 $Ac_3 \sim T_{KS}$（T_{KS} 为晶粒开始急剧长大的温度），Q235 钢加热到 900℃ ~ 1100℃ 范围内，铁素体和珠光体全部转变为奥氏体，由于焊接时加热速度快，Ac_1、Ac_3、T_{KS} 都移向较高温度，同时在较高温度下停留时间较短，所以即使温度接近 1100℃，奥氏体晶粒也未明显长大。该区域冷却后得到均匀细小的铁素体+珠光体，相当于热处理中的正火组织，又称正火区或相变重结晶区。

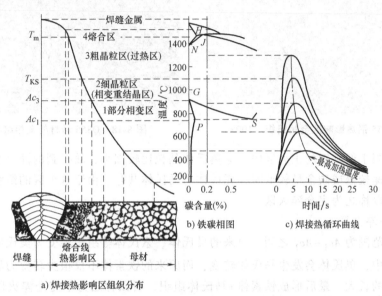

图 8-16　不易淬火钢热影响区各部分被加热的温度范围

T_m—峰值温度　T_{KS}—晶粒开始急剧长大温度

3. 粗晶粒区（过热区）

加热温度范围在 $T_{KS} \sim T_m$（熔点）之间。当加热到 1100℃ 以上时，奥氏体晶粒开始急剧长大，尤其在 1300℃ 以上晶粒十分粗大。在焊后冷却后出现粗大的魏氏组织，使塑性和韧性大幅度降低，但对强度影响不大。

4. 熔合区

加热温度处于固相线和液相线之间。这个区域的金属处于局部熔化状态，因而晶粒十分粗大，化学成分和组织性能都极为不均匀，冷却后的组织为过热组织。此区域很窄，在低倍显微镜下观察很难区分出来，但对焊接接头的塑性、韧性有较大影响。

图 8-17 和图 8-18 分别为 Q355 钢焊接后的热影响区（细晶区）和母材的金相组织。

（二）易淬火钢的热影响区组织

这类钢有较高的淬透性，容易获得马氏体组织，焊后热影响区的组织分布与母材焊前的热处理状态有直接关系。如果处于正火或退火状态，则焊后热影响区的组织可以分为以下两个区域。

1. 完全淬火区

在加热温度超过 Ac_3 以上的区域中，由于淬硬倾向较大，焊后冷却可得到马氏体。在焊缝附近（相当于低碳钢的过热区），由于奥氏体晶粒已经很粗大，淬火组织中的马氏体也相

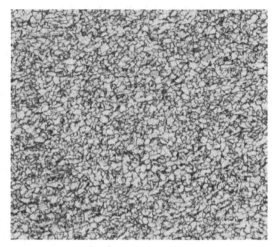

图 8-17 Q355 钢热影响区金相组织 100×   图 8-18 Q355 母材的金相组织 100×

当粗大，在相当于低碳钢的正火区中，原奥氏体晶粒比较细小，故得到的淬火组织为细小的马氏体。当冷速较慢或碳含量较低时，托氏体与马氏体共存。由于这个区的组织本质上都属于马氏体，所以称之为完全淬火区。

2. 不完全淬火区

加热温度范围为 $Ac_1 \sim Ac_3$ 之间，原来的贝氏体、索氏体等组织转变为奥氏体，在随后的快速冷却过程中，奥氏体会发生马氏体转变，而原来的铁素体不仅很少转变为奥氏体，而且还有不同程度的长大，最后形成铁素体+马氏体组织，所以称之为不完全淬火区。如果该区碳含量不高或合金元素含量较少时，奥氏体也可能转变为索氏体和珠光体组织。

在不完全淬火区，焊后得到的组织与母材焊前的热处理状态无关，因为加热温度只要超过了 Ac_3（或 Ac_1 与 Ac_3 之间），冷却后均会得到淬火组织。

在加热温度低于 Ac_1 的热影响区内，可能会产生下列几种情况：

如果焊前为退火状态，加热温度低于 Ac_1 时一般不发生组织变化；淬火或淬火+低温回火状态，则焊接时加热温度低于 Ac_1 的热影响区中，由于加热温度和保温时间的不同，可以得到不同类型的回火组织。例如，靠近 Ac_1 温度区，相当于高温回火，通常得到回火索氏体组织，离焊缝越远，加热温度越低，淬火组织的回火程度也越低，相应可得到回火托氏体、回火马氏体等组织。

焊前为调质状态，组织和性能变化的区域决定于焊前母材的回火温度。例如，焊前 500℃回火，焊接时低于此温度的区域，组织和性能均不发生变化；而高于此温度的区域，组织和性能均会发生变化。

以中碳合金钢（37CrMoMn）为例，焊接前的母材为调质状态，组织为回火索氏体，焊接低温回火后，接近焊缝部位的过渡区组织为回火马氏体+少量铁素体+残余奥氏体，见图 8-19；接近基体部位的过渡区组织为回火索氏体+铁素体，见图 8-20。

五、焊接热影响区的硬度分布

用硬度的变化可以粗略判断热影响区的性能变化。这种方法比较简单且实用。一般来说，硬度高的区域，其强度也高，但塑性和韧性相对较低。因此，测定焊接热影响区硬度分布可以间接估计热影响区的强度、塑性和韧性。

从另一方面来说，硬度的变化实质上反映了组织的变化。一般低碳钢和淬硬倾向不大的低合金高强度钢的不同金相组织和混合组织的维氏硬度值见表8-5。

(←母材方向　→焊缝方向)

图 8-19　接近焊缝部位的过渡区组织　100×

(←母材方向　→焊缝方向)

图 8-20　接近母材部位的过渡区组织　100×

表 8-5　不同金相组织和混合组织的维氏硬度

维氏硬度　HV				金相组织的体积分数(%)				最高宏观维氏硬度 HV
铁素体(F)	珠光体(P)	中间组织(Z)	马氏体(M)	F	P	Z	M	
202~246	232~249	240~285	—	10	7	83	0	212
216~258	—	273~336	245~383	1	0	70	29	298
—	—	293~323	446~470	0	0	19	81	384
—	—	—	454~508	0	0	0	100	393

图 8-21 反映了相当于 Q355 钢单道焊时热影响区的硬度分布。由图可以看到，在熔合线附近的热影响区硬度最高，随着与熔合线的距离增大，硬度逐渐下降，直至接近母材的硬度。这也说明了在熔合区附近的金属塑性最差，因而这里是焊接接头的薄弱区域。为此，目前已有许多国家用熔合线附近的最高硬度值作为钢种焊接性的参考依据。

在生产检验中，可参照相关标准或技术协议中规定的方法进行焊接接头的显微硬度测定。

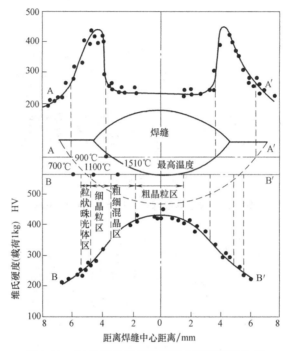

图 8-21　Q355 钢单道焊时热影响区的硬度分布

思 考 题

1. 焊接接头由哪几个区域组成？各区域组织有何特征？
2. 热裂纹与冷裂纹在产生条件上有何不同？如何识别？
3. 焊缝中的偏析有哪些，它们分别是由于什么原因产生的？
4. 焊接层状撕裂产生的原因是什么？通常出现在什么类型的接头中？
5. 焊接冷裂纹产生的主要因素是什么？
6. 焊接结晶裂纹的宏观特征是什么？产生的原因是什么？
7. 再热裂纹是如何产生的？
8. 焊前预热和焊后退火的目的是什么？

第九章

高温合金及粉末冶金的检验与分析

随着工业的发展，对材料的性能要求越来越高，传统的材料已难以满足使用要求，因此，材料工作者又研究了很多新材料，本章主要介绍高温合金和粉末冶金。

第一节　高　温　合　金

高温合金是指以铁、钴、镍为基体，能在 600℃ 以上，承受一定应力的条件下适应不同环境短时或长时使用的金属材料。具有较高的高温强度、塑性，良好的抗氧化、抗热腐蚀性能，良好的热疲劳性能、断裂韧性，良好的组织稳定性和使用可靠性。高温合金为单一奥氏体组织，在各种温度下具有良好的组织稳定性和使用的可靠性。基于上述性能特点，且高温合金的合金化程度很高，故在英美称之为超合金（Superalloy）。

高温合金是航空发动机、火箭发动机、燃气轮机等高温热端部件不可代替的材料，它要占先进发动机重量的 50% 以上。由于其用途的重要性，对材料的质量控制与检测非常严格。

一、高温合金的主要特点

高温合金具有优良的高温力学性能和耐高温氧化、腐蚀的性能及组织稳定性，是一种兼有热稳定性和热强性的合金。热稳定性是指金属材料在高温下抗氧化或抗气体腐蚀的能力；而热强性是指金属材料在高温下抵抗塑性变形和断裂的能力。金属的热稳定性常用称重法来评定，在高温下金属单位时间、单位面积上的失重或增重越大，表示抗氧化性越差，即热稳定性越差。热强性的评定指标包括蠕变极限、持久强度、高温瞬时强度、高温疲劳强度等。蠕变极限表征在高温、长期载荷作用下，材料抵抗塑性变形的能力；持久强度表征在高温、长期载荷作用下，材料抵抗断裂的能力；高温瞬时强度（$R_{p0.2}$ 和 R_m）表征高温下材料在瞬时过载时抵抗塑性变形和断裂的能力；高温疲劳强度是指在规定循环次数下（一般为 10^7 次）不引起断裂的应力。

高温合金的应用是由变形合金开始的。为了提高合金的承温能力，合金强化元素含量不断增加。当合金中 Al+Ti>9%（质量分数）时很难变形，而采用精密铸造的零部件则成形工艺简单，能方便地调整合金的成分以满足强度和其他性能方面的要求，而且制造成本显著降低，因此，自 20 世纪 60 年代以来，铸造高温合金得到了广泛的应用。随着科学技术的发展，铸造高温合金及铸件的凝固技术发展迅速，在普通多晶铸造基础上，用定向凝固技术研发出了消除横向晶界的定向凝固合金、消除全部晶界的单晶合金。20 世纪 70 和 80 年代分别是国外定向凝固和单晶合金大发展时期，当前已经有三代定向和三代单晶合金广泛用于各型燃气涡轮发动机。1995 年以后，所有先进发动机的一级涡轮叶片都用单晶高温合金。研发中的新型单晶合金在 1100℃、140MPa 的应力下达 1000h 寿命，标志着高温合金的发展达到了很高的水平。

二、高温合金分类及表示方法

（一）高温合金的分类

根据高温合金成分、成形工艺及强化方式的不同，有不同的分类方法。

1）按合金的基本成形方式或特殊用途，将高温合金分为变形高温合金、铸造高温合金、焊接用高温合金丝、粉末冶金高温合金和弥散强化高温合金。

2）按合金的基本组成元素分为铁基、镍基和钴基合金。

3）按合金的主要强化特征分为固溶强化型和时效硬化型。

（二）高温合金牌号的表示方法

根据 GB/T 14992—2005《高温合金和金属间化合物高温材料的分类和牌号》，我国高温合金牌号的命名采用汉语拼音字母加阿拉伯数字相结合的方法表示。根据特殊需要，可以在牌号后加英文字母表示原合金的改型合金，如表示某种特定工艺或特定化学成分等。高温合金牌号的一般形式为：

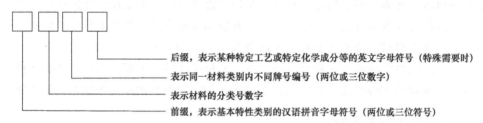

后缀，表示某种特定工艺或特定化学成分等的英文字母符号（特殊需要时）
表示同一材料类别内不同牌号编号（两位或三位数字）
表示材料的分类号数字
前缀，表示基本特性类别的汉语拼音字母符号（两位或三位符号）

1. 高温合金前缀字母的意义

GH：变形高温合金

K：等轴晶铸造高温合金

DZ：定向凝固柱晶高温合金

DD：单晶高温合金

HGH：焊接用高温合金丝

FGH：粉末冶金高温合金

MGH：弥散强化高温合金

2. 阿拉伯数字

变形高温合金和焊接用高温合金丝的前缀后采用四位数字，第一位数字表示合金的分类号，第二至四位数字表示合金编号，不足位数的合金编号用数字"0"补齐，"0"放在第一位表示分类号的数字与合金编号之间。其中变形高温合金第一位表示分类号的数字含义见表 9-1。焊接用高温合金丝牌号中的第一位数字没有强化类型的含义，只沿用变形高温合金牌号的数字。

铸造高温合金前缀后一般采用三位阿拉伯数字，第一位数字表示合金的分类号；第二、三位数字表示合金编号，不足位数的合金编号用数字"0"补齐，"0"放在第一位表示分类号的数字与合金编号之间。粉末冶金高温合金和弥散强化高温合金的前缀后接 4 位阿拉伯数字，具体规定同变形高温合金。

表 9-1 变形高温合金牌号前缀后的第一位数字含义

前缀后第一位数字	1	2	3	4	5	6	7	8
材料	铁或铁镍基		镍基		钴基		铬基	
工艺	固溶	时效	固溶	时效	固溶	时效	固溶	时效

（三）高温合金中的元素

高温合金是金属材料中成分最复杂的合金。在这些合金中，除了需要控制的杂质元素以外，涉及的合金元素有 20 余种，主要有 Fe、Co、Ni、Ti、Zr、Hf、V、Nb、Ta、Cr、Mo、W、Re、Ru、Al、Mg、La、Ce、Y、C、B 等。其中最常用的是 Fe、Co、Ni、Al、Ti、W、Mo、C、B 等元素。这些元素除了组成合金基体外，还起着固溶强化、沉淀强化和晶界与枝晶间强化，具体的作用归纳为八个方面：

1) 形成奥氏体基体的元素：Ni、Fe、Co、Mn。

2) 固溶强化元素：Cr、Mo、W、N、Al、Re、Ru，这些元素主要固溶进入 γ 基体中，起强化 γ 作用。

3) 金属间化合物形成元素：Al、Ti、Nb、Ta、Hf、W，这些元素形成金属间化合物 Ni_3Al、Ni_3Nb 和 Ni_3Ti，起沉淀强化作用。上述元素可固溶进入金属间化合物中，形成二次固溶体，进一步强化这些金属间相。

4) 碳化物和硼化物形成元素：C、B、Cr、Mo、W、V、Nb、Ta、Ti、Zr、Hf，主要形成碳化物 MC、M_6C、$M_{23}C_6$ 和硼化物 M_3B_2，提高合金的高温强度。

5) 提高抗氧化、耐腐蚀的元素：Cr、Al、Ti、Ta、Hf、Y。其中 Cr、Al、Y、Hf 主要提高合金的抗氧化能力，而 Cr、Ti、Ta 有利于提高抗热腐蚀能力。

6) 稳定合金组织的元素：Co、Ru，能提高奥氏体对其他元素的溶解度，抑制次生碳化物 M_6C 和 $M_{23}C_6$ 的过量形成，也可阻碍有害的 TCP 相（其中的 σ、μ 相）的析出。

7) 晶界和枝晶间强化元素：B、Zr、H、Nb、稀土、碱土元素，这些元素以间隙原子或第二相的形式存在，抵消了有害元素 S 的作用，净化和强化了晶界和枝晶间。

8) 弱化晶界的有害元素：Pb、Sb、Sn、Bi、As、Cd 等。

（四）高温合金的强化机理

高温合金主要是通过固溶强化、第二相强化（时效沉淀强化）、晶界强化和工艺强化的手段来满足工作条件的要求。

1. 固溶强化

将一些合金元素（W、Mo、Co 等）加入到镍、铁或钴基高温合金中，使之形成合金化的单相奥氏体而达到强化的目的。其主要强化方式如下：

1) 不同原子尺寸的元素钴、钨、钼等，引起基体金属的点阵畸变，增大固溶体中的滑移阻力，使固溶体中的滑移变形更加困难而达到强化的效果。

2) 钴降低合金基体的堆垛层错能，使位错运动变得困难，从而提高合金的高温稳定性。

3) 钨、钼可缓减基体金属扩散，阻碍扩散式形变过程的进行，提高合金稳定性。

高温合金中，合金元素的固溶强化作用，首先是与溶质和溶剂原子尺寸因素差别相关联；此外，两种原子的电子因素差别和化学因素差别都有很大影响，而这些因素也是决定合金元素在基体中的溶解度的因素。固溶度小的合金元素较之固溶度大的合金元素，会产生更强烈的固溶强化作用，但其溶解度小又限制其加入量；固溶度大的元素可以通过增加其加入量而获得更大的强化效果。

2. 第二相（时效）强化

第二相强化是高温合金的重要强化方式。主要通过时效析出沉淀强化，也可通过铸造第二相强化和弥散质点强化等。时效强化主要是通过高温固溶后淬火时效的方法，使过饱和的固溶体中析出共格第二相的 γ'、γ''、碳化物等细小颗粒均匀分布基体上，阻碍位错运动，起到强化作用。

3. 晶界强化

晶界在低温下是位错滑移的阻碍，起强化作用。对于在低温工作的合金，细化晶粒将有利于合金的强度提高。但是晶界在高温下易发生蠕动，因此实际应用中希望在高温下使用的合金减少晶界的粗晶结构；另外为了提高晶界的高温强度，采用控制有害杂质，加入微量元素（如锆等元素）的手段来强化晶界。晶界强化与下列因素有关：

1）用特殊的方法得到弯曲的晶界，可降低晶界滑移的速率。

2）控制有害杂质。这些杂质元素往往是低熔点的，偏析在晶界，并与基体生成低熔点的化合物或共晶体。对合金含硫和磷的质量分数控制在小于 5×10^{-6}% ，可明显提高高温热强性。稀土和碱土元素对气体、硫、磷等有害杂质有较大的亲和力，形成难熔化合物，起净化作用。

3）强化晶界元素。这些微量元素有硼、钡、锆、镁、铪等，偏析于晶界，改善晶界第二相（碳化物等）的形态和分布，以及晶界附近区域的组织（如贫 γ' 区），从而改善晶界强度和塑性。

4）碳化物和氧化物强化。碳化物硬而脆，与基体呈非共格、阻挠位错切割。一些碳化物在高温下易溶解，低温可析出，高温具有一定的稳定性，不易长大。此类碳化物有 VC，$M_{23}C_6$，NbC 等，增加碳化物的含量和弥散度有利于提高强化效果，但过高的饱和度会造成大块的碳化物析出，引起脆性增大。

4. 工艺强化

高温合金的工艺强化主要包含以下几个方面：

（1）粉末冶金　加入的高熔点元素钨、钼、钽，凝固时会在铸件内部产生偏析，造成组织不均。采用粒度为数十至数百微米的合金粉末，经过压制、烧结，成型的零件可消除偏析，组织均匀，并节省材料，做到既经济又合理。

（2）定向凝固　由于高温合金中存在多种合金元素，塑性和韧性都很差，通常采用精密铸造成形工艺。铸造结构中的等轴晶粒的晶界垂直于受力方向时，最易产生裂纹。叶片旋转时受的拉应力和热应力，平行于叶片的纵轴，采用定向凝固工艺形成沿纵轴方向的柱状晶粒，消除垂直于应力方向的晶界，可使热疲劳寿命提高 10 倍以上。

（3）快速凝固　快速凝固得到的高温合金，合金的组织细化，偏析降低，固溶体基本过饱和，缺陷增加，从而改善合金的组织，使前述各种强化手段的作用得到充分发挥。原来在一般凝固条件下不能获得良好的组织，在快速凝固条件下则可获得优良的、非平衡状态组织。

（五）高温合金中的相及作用

由于高温合金成分复杂，其组成相也甚多。就实用的铁基、镍基、钴基合金来说，目前常见的组成相多达十余种，如碳化物 MC、M_6C、$M_{23}C_6$、M_7C_3，碳氮化物 M（CN）；金属间化合物 γ'，初生 γ'、η、γ''、δ、σ、$Laves$、μ、G、π；硼化物 M_3B_2，硫化物 M_2SC（H-相）等相。它们在合金中起着不同作用，有些是高温合金的主要强化相（如 γ'、γ''），有些损害合金的强度和延性（如所谓的拓扑密堆相-σ、$Laves$、μ 等相）。因此对合金组成相的分析（包括组成相的形态、分布、数量、结构、成分及其变化规律）是控制性能的重要环节。

一般情况下，按晶体结构常把高温合金中的相分为几何密排相（GCP 相）、拓扑密堆相（TCP 相）和间隙相，见表 9-2。

表 9-2　高温合金中常见析出相及分类

金属学概念分类	晶体结构	主要相
金属间化合物	几何密排相（GCP 相）	γ' 相，η 相，δ 相，γ'' 相等
	拓扑密堆相（TCP 相）	σ 相、$Laves$ 相、μ 相、χ 相等
	其他结构	NiAl（体心有序相），Ni_2AlTi（面心立方有序相），α' 相（体心富 Cr 固溶体），G 相（体心衍生空位有序相）
间隙相	简单密排结构（八面体间隙化合物）	碳化物、氮化物（CM、MN、MCN、Z-CrNbN 相）
	密排结构（非八面体间隙化合物）	M_3C、M_7C_3
	复杂结构碳化物（半碳化物）	M_6C、$M_{23}C_6$

1. 几何密排相及作用

几何密排相（GCP 相）都具有密排的有序结构，晶体结构都是由密排面按不同方式堆垛而成，只是由于密排面上原子的有序排列方式不同和密排面的堆垛方式不同，产生了多种不同结构。高温合金中常见的 GCP 相有 γ' 相、η 相、δ 相、γ'' 相等。

（1）γ' 相　γ' 相具有 Cu_3Au 型面心立方有序结构，是沉淀强化高温合金的重要强化相，通过固溶+时效处理可使 γ' 相均匀弥散地在 γ 基体中析出。γ' 相具有固溶其他元素的能力，如合金中加入 Ta 或 Nb 以后，便形成 Ni_3（Al、Ti、Ta）和 Ni_3（Al、Ti、Nb），γ' 相的溶解度随铝、钛含量和合金化程度增加而提高。高合金化的铸造镍基合金，γ' 相的溶解温度高达1200℃以上。γ' 相的数量也随铝、钛含量的提高而增加，其体积百分数最高可达 65%，但是铁镍基合金中的 γ' 相体积百分数最高不超过 20%~30%。γ' 相的数量直接影响合金性能，一般来说，增加 γ' 相数量总能提高合金的强度，但 γ' 相太多，会降低耐蚀性。

γ' 相的尺寸大小对合金性能有重大影响。通常认为更细的 γ' 相对提高合金高温强度有利，而较粗的 γ' 相则有利于提高塑性，最常用的组织控制是让合金中同时存在几种不同大小和形状的 γ' 相，这些都要通过凝固控制和热处理来实现。当合金中 γ' 相含量较少时，γ' 相的尺寸大小对合金强度的影响十分敏感，通常认为尺寸控制在 10nm~50nm 比较合适。当 γ' 相数量达体积百分数 40% 以上时，γ' 相的尺寸大小对合金强度的影响就较不敏感了，允许有大尺寸的 γ' 相存在。

γ' 相的形态及分布对高温合金力学性能的影响也很重要。γ' 相的形态与 γ 基体和 γ' 相的晶格错配度（共格晶面上原子间距的相对差值）密切相关。如果 γ' 相以片层状与 γ 基体形成胞状分布在晶界，因 γ′相的反常屈服效应在中温形成一个硬化壳层，使高温合金的中温屈服强度升高。同时，胞状 γ′相在晶界也成为裂纹萌生和扩展的通道，使合金呈现中温脆性。

γ′相的形状和尺寸取决于合金化程度，在高合金化镍基铸造合金中经常出现初生 γ′相，实际上它是在凝固过程中从液体中生成的 γ+γ′的共晶组织，呈白色大块状分布于晶界和树枝晶间，见图 9-1a，在白色大块内部有点状、条状和网状组成物，它是 γ 基体，见图 9-1b。

合金化程度较低的镍基合金（如大多数变形高温合金）和所有的铁-镍基合金，γ′相呈球状，见图 9-1c。其尺寸也较小，通常不能在金相显微镜下发现它。对于复杂合金化的铸造镍基合金，γ′相呈立方形，尺寸也较大，能在金相显微镜中观察到。

热处理同样可以改变 γ′相的形状，时效析出的 γ′相常为方形（三角形、矩形）和球形，见图 9-1d，个别情况呈片状或胞状，见图 9-1e。其主要影响因素为析出温度和点阵错配度。当错配度变小或者析出温度较低时易成球状，当错配度大或者析出温度高时易成方形，错配度很大而析出温度又较低时可成为片状或胞状。球状 γ′相与 γ 基体的相界面为共格型，共格应力随错配度增大而增高，方形 γ′相与 γ 基体的相界面为位错型或部分位错型，共格应力较小。所以当错配度小时可为球形，而错配度大时就呈方形。温度升高，原子活动能力增强，不易保持共格状态，易为方形。高温时效时，γ′相不仅在晶内弥散析出，还可以在晶界析出链状的方形 γ′相，见图 9-1f，或包覆碳化物的 γ′膜，见图 9-1g。γ′相含量多的合金，在一定的温度和应力作用下，γ′相会沿滑移面集中，并具有明显的方向性，见图 9-1h。

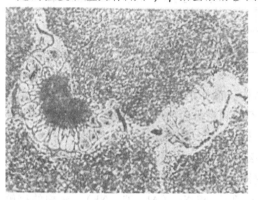

a) γ+γ′的共晶组织 500×

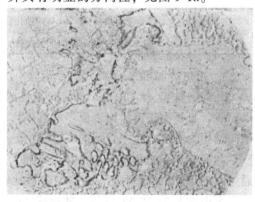

b) 初生γ′内的点状γ 4000×

c) 方形γ′相 6000×

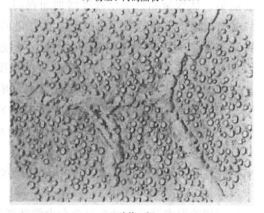

d) 球状γ′相 6000×

图 9-1 高温合金中 γ′典型金相形态

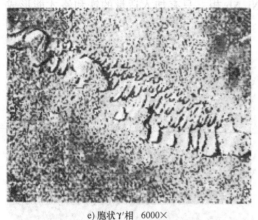
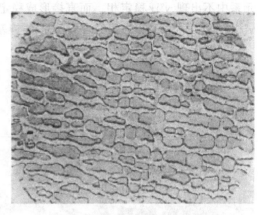

e) 胞状γ′相　6000×　　　　　　　　　　f) 链状方形γ′相　6000×

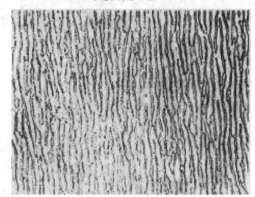

g) 晶界γ′包膜　5000×　　　　　　　　　　h) 长条形γ′相　5000×

图 9-1　高温合金中 γ′典型金相形态（续）

（2）η 相（Ni₃Ti）　η 相具有有序密排六方结构，其结构较稳定，不易固溶其他元素。η 相通常出现在 Ti+Al>3.5%（质量分数），Ti/Al>2.1（质量比）的合金中。铁-镍基合金比镍基合金更容易形成 η 相，铸造合金比变形合金形成 η 相更敏感。η 相可以直接从 γ 基体中析出，也可以由高钛低铝合金中的 Ni₃（Al、Ti）亚稳定相转变而来。由于 η 相本身既无硬化作用而又要消耗一部分 γ′相，因此合金中出现 η 相总是使强度下降。然而，部分资料指出：利用 η 相作为铁-镍基合金锻造和热处理时的组织控制相。因为它以球状或片状存在于晶界上，能"钉扎"住晶界阻止晶粒长大，获得细晶粒组织，从而改善合金的塑性和机械疲劳性能。

初生 η 相在枝晶间区以粗片状或块状形态出现，见图 9-2a。次生 η 相的金相形态有两种：一种是晶界胞状，如在 650℃~850℃ 的温度下时效，η 相呈胞状沉淀于晶界上，见图 9-2b；另一种为晶内呈片状或魏氏组织形态，如在高于 850℃ 时效，η 相以魏氏体沉淀于晶内，见图 9-2c。

（3）γ″相（NiₓNb）　γ″相是高铌合金的主要强化相，它具有有序体心四方结构。γ″相具有高屈服强度（约 1300MPa）的特点，这是因为 γ 与 γ″之间的点阵错配度较大，共格应力强化作用显著。γ″相是亚稳定的过渡相，因此使用温度不能过高，其析出速度较慢，这有助于减少焊缝热影响区的时效裂纹倾向，因此用 γ″相强化的合金有良好的焊接性。Ni-Nb 二

元系中不出现 γ'' 亚稳定相，而直接形成稳定的 $\delta\text{-Ni}_3\text{Nb}$ 相，只有加入适量的铁和铬才能形成 γ'' 相。因此，用 γ'' 相强化的合金都是铁-镍基合金。

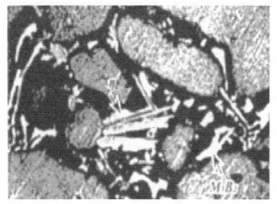

a) 初生粗片状 η 相   400×

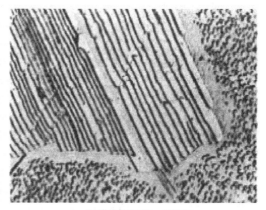

b) 胞状群体 η 相   10000×

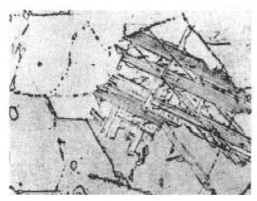

c) 魏氏 η 相   800×

图 9-2   高温合金中 η 相典型金相形态

γ'' 相尺寸非常细小，只有用电子显微镜才能观察到。γ'' 相在时效时沉淀析出，呈球状或圆盘状，将时效温度提高，γ'' 相圆盘状形态会更清晰，见图 9-3。

（4）$\delta\text{-Ni}_3\text{Nb}$ 相 $\delta\text{-Ni}_3\text{Nb}$ 相具有正交有序结构，是亚稳相 γ'' 的稳定相。$\delta\text{-Ni}_3\text{Nb}$ 相可在铸造过程液体中直接析出，呈块状分布于枝晶间，见图 9-4a，也可在凝固过程中由 γ 基体析出。$\delta\text{-Ni}_3\text{Nb}$ 相金相形貌多数为薄片状或魏氏体形态，见图 9-4b、c，在 GH4169 合金中也见到晶界颗粒状的 δ 相，见图 9-3；在某些合金中还有胞状 $\delta\text{-Ni}_3\text{Nb}$

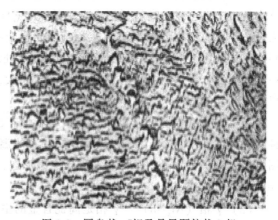

图 9-3   圆盘状 γ'' 相及晶界颗粒状 δ 相

相，见图 9-4d。硅、铌促进 $\delta\text{-Ni}_3\text{Nb}$ 相形成，用钽代替铌可以阻止 $\delta\text{-Ni}_3\text{Nb}$ 相析出。

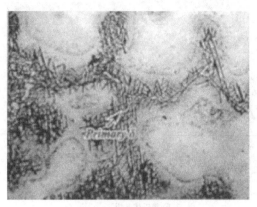

a) 枝晶间区析出的片状 δ-Ni₃Nb

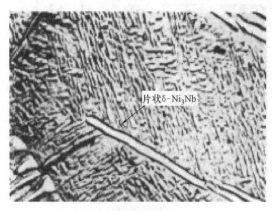

b) 薄片状 δ-Ni₃Nb

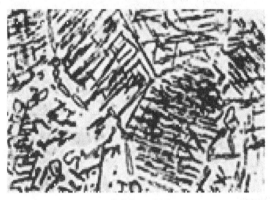

c) 魏氏体 δ-Ni₃Nb

d) 胞状 δ-Ni₃Nb

图 9-4　高温合金中 $\delta\text{-Ni}_3\text{Nb}$ 相典型金相形态

2. 拓扑密堆相及作用

拓扑密堆相（TCP 相）晶体结构复杂，原子排列非常紧密，配位数高达 14 ~ 16，原子间距极短，只存在四面体间隙。高温合金中常见的有 σ 相、Laves 相、μ 相、χ 相等。σ 相、Laves 相、μ 相等 TCP 相在高温合金中都属于要加以控制的有害相。在镍基合金中铬、钼、钨、钴、钛、铌等含量过高时就会出现 σ 或 Laves 相。对于铁基合金来说，形成 TCP 相的倾向比镍基合金大，钴基合金 TCP 相形成倾向最小。G 相只在含硅的 A286 合金中发现。χ 相存在于 LCN-155 合金中。

（1）σ 相　σ 相具有四方晶体结构，最大配位数为 15。σ 相的成分范围比较宽，镍基高温合金中为 $(\text{Cr, Mo})_x(\text{Ni, Co})_y$，式中 x、y 值在 1 ~ 7 之间，铁基高温合金中常为 FeCr（含 Mo）型。

σ 相的主要金相形态为颗粒状和片（针）状，数量多时可呈魏氏体组织，见图 9-5a、b、c。σ 相常在晶界形核，但也在 M_{23}C_6 颗粒上形核，由于铸造合金中的偏析，使 σ 相易在（γ +γ'）共晶边缘形成。片（针）状 σ 相是裂纹产生和传播的通道，使合金脆化，有时还降低持久强度。晶界 σ 相颗粒常引起沿晶断裂，降低冲击韧性。

（2）Laves 相　Laves 相有 MgCu_2 型、MgZn_2 型和 MgNi_2 型晶体结构，高温合金中多属 MgZn_2 型。Laves 相在低温时效时呈细小颗粒状析出，高温时效时析出常呈短棒状或竹叶状，

a) 片(针)状 σ 相   b) 魏氏体 σ 相

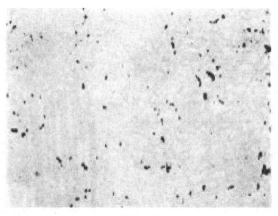

c) 块状 σ 相

图 9-5　高温合金中 σ 相典型金相形态

还有晶界颗粒状，见图 9-6a、b。Laves 相析出温度范围较宽，其上限温度随成分而异。Laves 相对性能的影响取决于它的形态和数量，弥散点状分布对合金起沉淀硬化作用，可提高合金的持久性能，对塑性无明显影响，大量析出则降低合金的塑性，特别是呈针状的 Laves 相大量析出明显损害室温塑性。

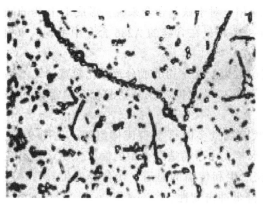

a) 颗粒状Laves相

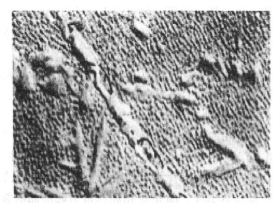

b) 竹叶状Laves相

图 9-6　高温合金中 Laves 相典型金相形态

（3）μ相　μ相又称 ε 相，化学式为 B_7A_6，晶体结构属三角晶系，μ 相的金相形态呈颗粒状、棒状、片状或针状，见图 9-7a、b。μ 相由于颗粒较大，没有强化作用，针状析出会降低室温塑性。通常在 W+Mo>4.3%（质量分数）和 Mo/（W+Mo）>0.3（质量比）的高钨、钼合金中出现，在碳的质量分数低于 0.3%的定向凝固合金或无碳的单晶合金中更容易产生。

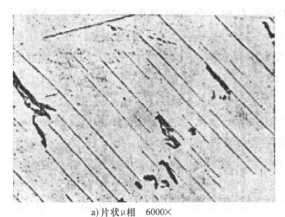

a) 片状 μ 相　6000×　　　　　　　　　　　　　b) 针状 μ 相

图 9-7　高温合金中 μ 相典型金相形态

（4）X相　X 相最初在 Cr-Mo-Ni 钢中被发现，以后在 Cr-Mo-Fe 三元系中也观察到了。X 相是一个三元合金相，具有复杂的体心立方结构，常见的铁基合金中没有 X 相。X 相的金相形态一般为块状，见图 9-8，不起强化作用。

（5）G相　G 相分子式 $A_6B_{16}C_7$，C 为硅原子，A 为钛族和 V 族原子，B 为钴、镍原子。晶体为面心立方结构。G 相的金相形貌为晶界块状，量多时可为网状，见图 9-9。少量晶界 G 相对性能没有影响，含量较多时将降低持久强度。

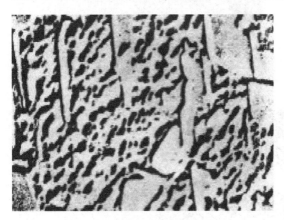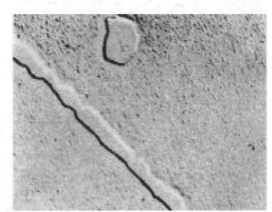

图 9-8　高温合金中块状 X 相　　　　　　　图 9-9　高温合金中块状 G 相

3. 间隙相及作用

高温合金中，过渡族金属元素与碳、氮、硼形成的化合物，通称为间隙相。其特点为金属原子密排，而原子半径小的碳、氮和硼原子位于金属原子的间隙中。间隙相的特点是熔点高、硬度高、脆性大、同时还具有一些金属特性。

（1）碳化物 碳化物是高温合金中的一种重要组成相，出现的碳化物一般有 MC、$M_{23}C_6$、M_6C 和 M_7C_3 型四类。取决于高温合金的化学成分、凝固结晶状况及所处温度、时间及应力等条件的不同，每种合金可能存在的碳化物种类和数量都不一样。而且每种碳化物都可能是从液态合金中直接析出（即一次碳化物），也可能是从高温时效或使用中析出（即二次碳化物）。

1）MC 碳化物：MC 碳化物是高温合金中的常存相，含量通常小于 2%（体积分数），该相具有面心立方结构。MC 碳化物中的 "M" 是各种 MC 碳化物元素的总称，MC 碳化物分初生和次生两种。初生 MC 存在于所有含 MC 形成元素的合金中，大多是在 1340℃的液态金属中析出。次生 MC 碳化物则主要存在于含 Hf、Zr、Nb、Ta 的合金中，在 1000℃以上长时间时效时析出。

初生 MC 碳化物一般呈点状、点条状和骨架状形态分布于枝晶间和晶界，见图 9-10a、b。以什么形态为主取决于 MC 中 "M" 的组成元素和凝固条件，以 Ti、Zr、Hf 为主倾向于形成点（块）状，以 Nb、Ta 为主倾向于形成骨架状；缓慢凝固有利于形成粗骨架状的 MC。次生 MC 碳化物以粒状形态在共晶 γ′ 或枝晶间的粗 γ′ 膜内形成，周围被 γ 所包围，通常称次生 MC，它是高温合金中最稳定的相，直到熔化都不转变成其他相，见图 9-10c。次生 MC 型碳化物比较细小，通常倾向在晶内层错处析出，这种细小而稳定的 MC 有很大的时效硬化作用。

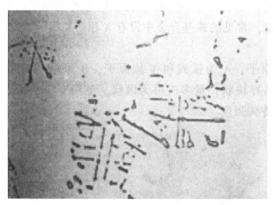
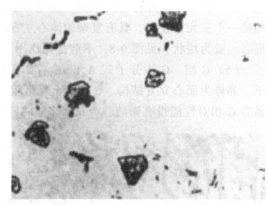

a) 条状及骨架状MC 400×   b) 块状MC

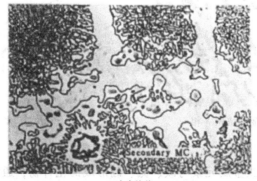

c) 次生粒状MC

图 9-10 高温合金中 MC 碳化物典型金相形态

MC 是铁基合金中的主要碳化物相，只有少数 Cr、Mo、W 含量高的合金才出现少量 M_6C 或 $M_{23}C_6$ 型碳化物。

镍基合金中的碳化物往往不是单一的 MC 相，MC 相的稳定性也差一些，长期时效过程中将发生碳化物反应。MC 蜕化反应有各种形态，见图 9-11a、b、c。

a) MC 碳化物分解为$M_{23}C_6$和γ'胞　5500×

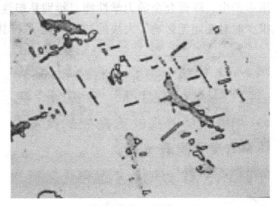

b) 蜕化的针状M_6C形貌　1000×

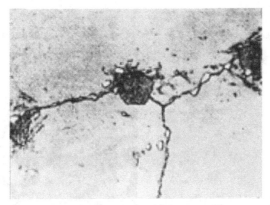

c) 颗粒状(白色)M_7C_3形貌(深色块状MC)　1000×

图 9-11　MC 蜕化反应的各种形态

铸造高温合金中往往在枝晶间和晶界析出一次 MC 碳化物，在镍基和钴基合金中，强度高的 MC 呈块状或汉字草书体状，起骨架强化作用，即使经高温固溶处理也不易溶解。

变形高温合金中存在以 MC 为主或含有 MC 的点状偏析，在变形时裂纹易于在 MC 与 γ 界面或者点偏析区域垂直于应力轴的小晶粒边界形核与扩展，使持久时间、抗拉强度、塑性以及疲劳性能明显降低。

粉末冶金高温合金中的 MC 碳化物，阻碍金属颗粒间的扩散与连续，形成弱的界面，而且很难用热处理消除，使 MC 碳化物成为裂纹的起始源区和扩展通道，断口呈沿颗粒断裂形貌，降低粉末高温合金的持久寿命和塑性。

2）M_6C 碳化物：M_6C 碳化物具有复杂面心立方结构，由大小两种金属原子组成，其中小原子 A 包括 Fe、Cr、Ni、Co 等元素，大原子 B 包括 Mo、W、Nb 等元素，这些元素组成 A_3B_3C 或 A_2B_4C 两种形式。镍基高温合金 W+Co>3.5%（质量分数）时易形成 M_6C，大多以次生形式在晶界、枝晶间和 MC 碳化物周围析出，通常呈粒状和片状，见图 9-12a、b。当合金中 W+Wo>7%（质量分数）时，在液态下就会出现初生 M_6C 碳化物，这种碳化物非常粗大，有不少尺寸大于 $50\mu m$ 的初生 M_6C 分布于共晶 γ' 中，其特征形状为多边形块状、粗棒状和锚状，见图 9-12c、d。

呈质点状分布于晶内和晶界的 M_6C 起强化作用；沿晶界呈膜状的 M_6C 常在合金长时使用中产生，降低合金的力学性能，特别是塑性。片状（针状）的 M_6C 也是有害的，但数量很少时对性能无影响，大块的初生 M_6C 是极其有害的，应尽量避免出现。

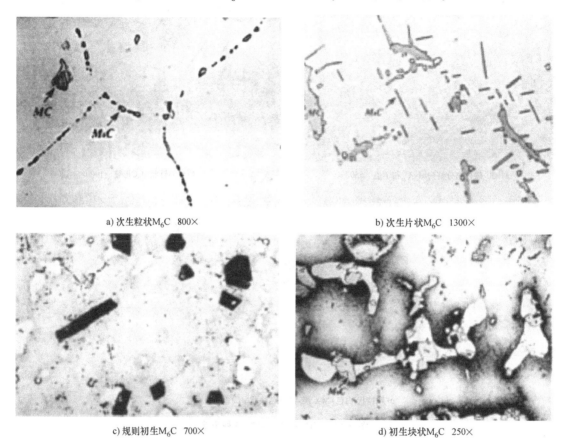

a) 次生粒状M_6C 800×   b) 次生片状M_6C 1300×

c) 规则初生M_6C 700×   d) 初生块状M_6C 250×

图 9-12   高温合金中 M_6C 碳化物典型金相形态

3）$M_{23}C_6$ 碳化物：$M_{23}C_6$ 碳化物是富含铬的镍基高温合金中最常见的碳化物，在铁基变形高温合金、钴基高温合金中也发现有 $M_{23}C_6$ 碳化物。该碳化物还可固溶 W、Mo 等元素，它具有复杂的面心立方结构，可呈现不同形态析出，对合金的力学性能有很大影响。

$M_{23}C_6$ 碳化物主要以次生形式存在，按两种方式形成：一种是通过（$MC+\gamma\rightarrow M_{23}C_6+\gamma'$）碳化物反应形成，另一种由固溶在 γ 中的碳直接析出。$M_{23}C_6$ 的析出温度范围在 650℃～1080℃之间，高峰析出温度区间为 900℃～1000℃。$M_{23}C_6$ 倾向在晶体缺陷上形核，高温时效时 $M_{23}C_6$ 常呈晶界链状分布，见图 9-13a；低温时效时除在晶界和非共格双晶界形核外，还常常在共格双晶界和位错上形核，通常在 MC 或 MN 周围位错密度较高，所以 MC（MN）周围常见到有 $M_{23}C_6$ 颗粒。时效析出 $M_{23}C_6$ 时，初期为小片状，与母体有共格或半共格关系，长大后 $M_{23}C_6$ 为片状、针状或颗粒状（见图 9-13b），有时为胞状（见图 9-13c）。

在铁基合金中 $M_{23}C_6$ 以颗粒状沉淀于晶界或晶内对力学性能起有益的作用。在钴基合金中，高温时效后 $M_{23}C_6$ 以颗粒状或层片状析出，提高高温强度。总体来说，晶界链状 $M_{23}C_6$ 起阻碍晶界滑动作用，提高合金持久强度。晶界胞状 $M_{23}C_6$ 使合金脆化。晶内普遍析出的细小 $M_{23}C_6$ 质点可以起强化作用。

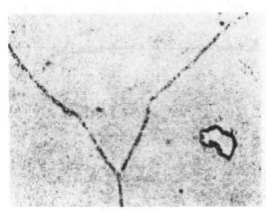

a) 晶界链状$M_{23}C_6$

b) 针状$M_{23}C_6$

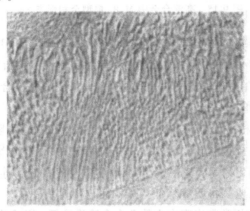

c) 胞状$M_{23}C_6$　4900×

图 9-13　高温合金中 $M_{23}C_6$ 碳化物典型金相形态

4）M_7C_3 碳化物：M_7C_3 碳化物具有斜方结构。这种碳化物只在铬、碳的质量分数之比较低的合金或强碳化物形成元素含量较低的合金中出现。金属原子"M"主要是铬，它是一种亚稳定碳化物，在时效和使用过程中将转变成 $M_{23}C_6$。对于高碳低镍的奥氏体耐热钢及钴基合金，由于碳和铬含量均相当高，M_7C_3 可与 MC 同时从液相中形成，起到一定的强化作用。成分复杂的镍基合金由于铬含量较低，M_7C_3 很少出现。M_7C_3 碳化物的金相形态一般为颗粒状，见图 9-14。

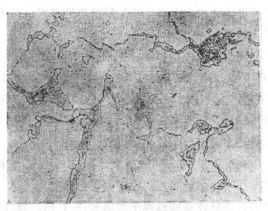

图 9-14　白色颗粒状 M_7C_3

（2）硼化物　高温合金中加入微量硼能显著地提高持久强度和改善塑性。但加入过量的硼将形成硼化物，若硼化物的数量过多，将使合金变脆并严重恶化热加工性能，成为疲劳开裂的根源。硼化物在铸态为骨架状硼化物共晶，见图 9-15a，加工变形后分布在晶界和晶内呈椭圆小颗粒，见图 9-15b。晶界上的小颗粒硼化物也有强化晶界作用。

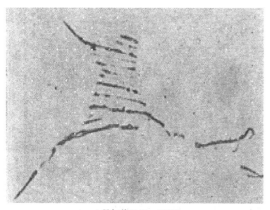

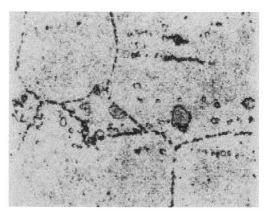

a) 骨架状M_3B_2　400×　　　　　　　　　　　　b) 颗粒状M_3B_2

图 9-15　高温合金中 M_3B_2 典型金相形态

在变形高温合金中，铸态的骨架状一次 M_3B_2 被碎化，与碎化的 MC 碳化物一起形成带状组织，在固溶处理时 M_3B_2 能固溶，在时效处理时以球状颗粒在晶界析出，有时也以短棒状在晶内析出，降低力学性能。如果采用的固溶处理温度偏高，变形高温合金将会有 $M_3B_2+\gamma$ 共晶形成，从而明显降低持久性能。

高温合金中二次 M_3B_2 相主要分布在晶界，晶界颗粒状 M_3B_2 可阻止晶界滑动，抑制有害相在晶界析出，从而提高持久温度，并且随着颗粒状 M_3B_2 相的增多，持久时间呈正比增加。然而，如果晶界面上硼化物呈薄片状分布，而且呈连续状或半连续状，将使晶界变脆，成为裂纹形核与扩展的发源地，将明显降低持久寿命与塑性。

（3）氮化物　氮化物 Z 相常常出现在少数几个含镍量较低，并含有 0.12%～0.30%氮（质量分数）作为合金元素的铁基变形高温合金中，化学式为 CrNbN。在高温合金凝固结晶时形成一次 Z 相，在时效时还析出二次 Z 相。Z 相以不规则块状分布于晶内和晶界，见图 9-16。分布于晶界的 Z 相在再结晶退火和固溶处理时，可有效阻止晶粒长大。这是由于 Z 相高温稳定性好，温度达 900℃也未开始固溶。

高温合金中还存在 TiN 或者 T(CN)，TiN 具有面心立方结构。许多变形高温合金，如 GH4033、GH3536、GH4738 等都能观察到 TiN 的存在，然而在铸造高温合金中很少发现。TiN 很硬，因此，在抛光状态可以看见它呈三角形、正方形等规则形状，呈橘红色。由于数量很少，往往与 TiC 和 M_3B_2 等混在一起，以夹杂物形式出现，一般对力学性能影响不大，数量较多时对合金的冲击韧性影响较大。

（4）硫化物　硫是高温合金中的有害元素，它极易偏析于晶界上，形成低熔点共晶，严重损害合金的延性。由于高温合金中都加入一定量的钛，微量的锆，它们对硫有很强的亲和力，在液体凝固过程中形成初生 Y 相。就 Y 相本身来说，它对合金性能是不利的，可能成为裂纹的起源，然而它去除了基体中的硫，不至于在晶界上形成低熔点共晶，因此总体来说，Y 相还可能改善合金的延性。

常见的 Y 相有 Ti_2SC 或 $Ti_4S_2C_2$，具有六方结构。铸造合金中的 Y 相一般呈长条状，见图 9-17。

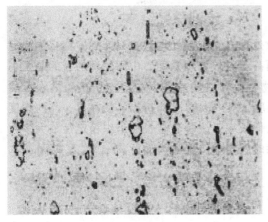

图 9-16　块状 Z 相形貌

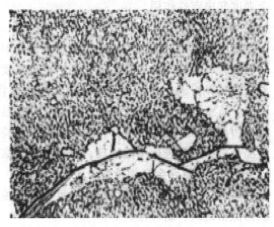

图 9-17　长条状 Y 相

（六）高温合金的热处理

高温合金的显微组织和力学性能可通过热处理来调节。高温合金强化热处理通常分为固溶处理、中间处理和时效处理三类。有些合金采用多次固溶和多次时效以获得更好的综合性能。对于多晶铸造高温合金，热处理通常较为简单，如 K403 合金只用 1210℃/4h 固溶处理，K4002 合金只用 870℃/32h 时效处理。但对于单晶高温合金往往采用更复杂的热处理规范，如 DD406 单晶高温合金采用 1290℃/1h+1300℃/2h+1315℃/4h 空冷+1080℃/4h 空冷+870℃/16h 空冷（三步固溶+两步时效）的复杂热处理规范。

1. 固溶处理

高温合金成分复杂，在合金液凝固和随后冷却过程中析出相关的各种碳化物相，在塑性变形过程中进一步析出 M_6C 或 $M_{23}C_6$，或粗大 γ' 强化相。固溶处理目的之一就是将这些相尽量溶入基体中，以得到单相组织，为后序的时效沉淀析出均匀细小的强化相作准备。目的之二是要获得均匀合适的晶粒尺寸。一般情况下，升高固溶温度和延长保温时间有利于相的固溶，但固溶温度升高，合金晶粒长大，甚至使低熔点共晶相熔化，因此固溶温度又不能过高。

选择固溶温度和保温时间应考虑合金的成分及使用条件。通常，高温合金的固溶温度为 1000℃~1200℃，对于时效沉淀强化的高温合金，如果要求合金具有高的屈服强度和机械疲劳性能，同时也要求晶粒细小，则固溶温度应较低，保温时间应较长。如果要求合金具有高的持久和蠕变性能，则晶粒尺寸以较大为宜，选择固溶温度应较高。

合金晶粒大小，还与该温度下的保温时间长短有关，但其影响不如温度明显。固溶处理后的冷却速度对以后的时效析出相的颗粒大小也有影响，尤其是对低合金化的高温合金影响更为明显。大部分合金固溶处理后采用空冷冷却，少数合金采用水冷或者油冷。

2. 时效处理

高温合金时效处理，有时也称沉淀处理，其目的是在合金基体中析出一定数量和大小的强化相，如 γ' 相、γ'' 相等，以达到最大的合金强化效果。一般来说，合金的时效温度随着合金中合金元素含量的增多，尤其是 Al、Ti、Mo 和 W 的增加而升高，其温度约在 650℃~980℃之间。有些合金，为了抑制有害相的析出，时效温度要有所改变。

通常时效温度就是合金的主要使用温度。有些高温合金，如 GH2036、GH4710，其时效处理分两级进行，其目的是调整强化相的大小以获得强度和塑性的最佳配合。时效处理对合金强度起决定性作用。

3. 中间处理

高温合金的中间处理是介于固溶处理与时效处理之间的热处理，也有文献中称之为稳定化处理。一般中间处理温度低于固溶处理温度而高于时效处理温度。中间处理的目的是使高温合金晶界析出一定量的各种碳化物相和硼化物相，同时使晶界以及晶内析出较大颗粒的 γ' 相。晶界析出的颗粒碳化物，提高晶界高温强度，晶内大的 γ' 相析出，使晶界、晶内强度得到协调配合，提高合金持久和蠕变寿命及持久伸长率，改善合金长期组织稳定性。大多数高温合金都需要进行中间处理，合金化程度高的时效强化合金尤为如此。

（七）高温合金金相检验及方法

高温合金金相检验项目有纯净度、晶粒度、显微组织、细晶带状组织、横向低倍组织、纵向低倍组织、断口检验等。

高温合金金相检验的试验方法如下。

（1）样品制备　高温合金的显微磨片制备并不复杂。高温合金的基体多为奥氏体型，质较软，制样磨抛过程中磨面容易发生滑移变形，因此要十分仔细，抛光时间不宜过长。为消除变形层和加快抛光过程，抛光和腐蚀可以交替进行。可选用显露该合金组织的浸蚀剂轻度腐蚀，也可采用腐蚀抛光的方法。对一些较难制备的样品或软态组织，可用电解抛光。也可在机械抛光后，再进行电解抛光。

（2）高温合金的浸蚀剂　高温合金的低倍和显微组织显示剂的配方很多，但常用的只有十余种，见表 9-3。适用于高温合金的浸蚀剂基本上可分为两大类，一类为碱性浸蚀剂，另一类为酸性浸蚀。碱性浸蚀剂显示碳化物、硼化物、σ、μ 等相，但不显示诸如 γ'、η 等金属间化合物。酸性浸蚀剂基本能显示所有的相、枝晶和晶粒。在观察抛光态试面后，接着就用各种碱性浸蚀剂浸蚀，以鉴别如 $M_{23}C_6$、M_6C 次生碳化物、σ、μ 等相，最后才能用酸性浸蚀剂浸蚀，观察整个组织。

表 9-3　高温合金的低倍和显微组织显示剂

显示剂	编号	显示剂组成		操作要点	显示功能
低倍组织显示剂	1	HCl H₂SO₄ CuSO₄	500mL 35mL 150g	室温浸入或擦拭，一般 5min～30min	显示低倍晶粒和各种缺陷
	2	HCl H₂O FeCl₃	200mL 300mL 100g	室温浸入或擦拭几分钟～1 小时	显示所有高温合金低倍组织和缺陷组织
	3	HCl CuSO₄ 饱和水溶液 （Marble 试剂）	500mL 250mL	溶液加热至 80℃，试样浸入其中到所需衬度，一般 5min～20min	如显示低倍组织困难，可使 CuSO₄ 溶液量加倍
	4	HCl H₂O H₂O₂	200mL 200mL 100mL	HCl 先加进 H₂O 中，加热溶液至 50℃～80℃，浸入试样后再分几次加入 H₂O₂，每次添加 H₂O₂ 后立即起泡沫，待泡沫平静下来再加 H₂O₂，一般需 2min～5min（注意用大的敞口容器，防止液体溢出）	强烈而均匀地除去表层，快速显示晶粒、带状组织等低倍组织特征

（续）

显示剂	编号	显示剂组成	操作要点	显示功能
显微组织显示剂	5	HNO₃ 10mL HCl (20~50)mL 甘油 30mL （Villela 试剂）	HCl与甘油先混合再加 HNO₃，溶液不存储，室温下浸蚀或擦拭 10s～40s，对难显示试样，可加热溶液或延长时间至几分钟，也可用 3V 电解数秒	显示晶粒及一般组织
	6	HNO₃ 20mL HCl 60mL	室温浸入或擦拭 5s～60s	显示晶界及一般组织
	7	H₃PO₄ 10mL HNO₃ 40mL H₂SO₄ 50mL	按所列顺序加入试剂，现配溶液带热化学浸蚀<60s 或冷却电解数秒	显示一般组织、晶界和显微偏析
	8	HNO₃ 10mL HF 30mL 甘油 50mL	按顺序加入，化学浸蚀<60s，3V 电解 3s～15s。溶液存储在塑料容器，可多次使用，但避免混进 H₂O	显示一般组织，枝晶、孪晶、偏析显示更清晰
	9	H₃PO₄ (5~20)mL H₂O (95~800)mL	电解腐蚀，4V～6V，5s～10s	高体积分数合金中的 γ 相呈黑色（γ 相优先溶解）
	10	NaOH 40g H₂O 1000mL	电解腐蚀，2V～4V，2s～6s	按 M₃B₂、M₆C、MC、M₂₃C₆ 顺序先后腐蚀，σ、μ 也受腐蚀
	11	苦味酸 2g NaOH 20g H₂O 1000mL	煮沸 5min～15min	M₃B₂、M₆C 受腐蚀，MC 不腐蚀
	12	K₃Fe(CN)₆(赤血盐)10g NaOH 10g H₂O 1000mL	冷浸 1min～10min，50℃热浸 5s～60s	显示碳化物、硼化物和 TCP 相
	13	KMnO₄ 4g NaOH 4g H₂O 1000mL	室温浸蚀 5s～30s	显示碳化物、硼化物、TCP 相、α 相

除了用试剂显示外，高温合金还常用彩色显示方法区分和鉴定，即用化学试剂或把抛光试样在 450℃～650℃ 的环境中保温 30min 进行热染，在各相表面形成厚度不等的透光膜，通过光的干涉效应产生不同的色彩，有关这部分的细节，可参考《高温合金与钢的彩色金相研究》一书。

（3）高温合金组织中相的鉴别 MC 碳化物或 MN 氮化物，这些相在金相显微镜下极易识别。由于其硬度比其他碳化物（如 M₂₃C₆、M₆C、M₇C₃）硼化物高得多，经过机械抛光后有鲜明的边界，略微凸出于基体，因此不需要浸蚀在显微镜下也明显可见，加之其形貌特征以及颜色便能初步鉴定。M₂₃C₆、M₆C、M₇C₃ 和硼化物等在抛光态下只能隐约可见。假若合金中有硫化物相 M₂SC，它在抛光态也可能出现，但 M₂SC 呈金褐色，在偏光下观察时，在一个消光过程中其颜色从暗绿色变成金粉红色，而硼化物、MC 是没有颜色变化的。高温合金中主要析出相的组织特征见表 9-4，典型图片见图 9-18～图 9-23。

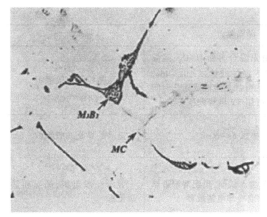

熔融NaOH煮沸腐蚀(M_3B_2变黑，MC不腐蚀)

图 9-18　K406 合金组织形貌　250×

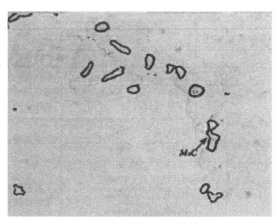

用7号试剂煮沸7min显示M_6C轮廓

图 9-19　K403 合金组织形貌　1600×

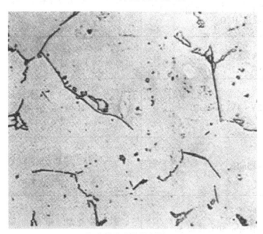

盐酸硫酸水溶液浸蚀

基体，白色片层Ni_3Ti，黑色骨架一次M_3B_2，点条状二次M_3B_2

图 9-20　K214 合金组织形貌　400×

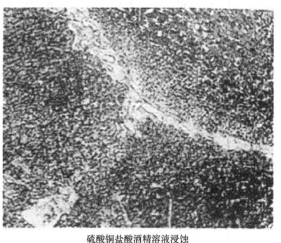

硫酸铜盐酸酒精溶液浸蚀

γ基体，晶内弥散γ'相，晶界$M_{23}C_6$及γ'包膜

图 9-21　K401 合金组织形貌　800×

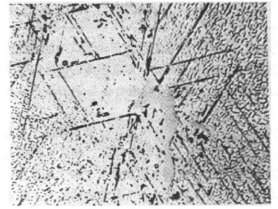

氢氧化钾水溶液浸蚀

γ基体上分布有针状α相，灰色块状NbC，弥散的γ'相

图 9-22　K418 经 850℃500h 时效后组织　500×

硫酸铜、盐酸、硫酸水溶液浸蚀

γ基体，蘑菇状($\gamma+\gamma'$)共晶，骨架状($\gamma+M_3B_2$)，块状MC，黑色条状Y相和弥散的γ'相

图 9-23　K401 合金组织形貌　500×

表 9-4　高温合金中主要析出相的组织特征

析出相名称	在合金中的形态及分布	光学特征			显现条件
		明场	暗场	偏光	
MC 型一次碳化物	形状不规则,分散分布在合金中。变形合金中也有呈条带分布的,铸造合金中也有骨架状	灰白	不透明周界有亮线	各向同性	不经腐蚀即可显示
MN 型一次氮化物	有规则的几何形状、方形、矩形或多边形,分散或成条带分布在合金中	亮黄色	不透明周界有亮线	各向同性	不经腐蚀即可显示
M(CN)碳氮化物	形状不规则,分散或呈带状	黄到玫瑰红	不透明周界有亮线	各向同性	不经腐蚀即可显示
σ 相(NiCrMo)	针状或魏氏体,容易在 MC,$M_{23}C_6$ 和一次 γ′共晶处形成	白色周界有黑边	不透明四周有亮线	各向异性	不经腐蚀不显示
一次 γ′共晶	形状不规则,如花瓣,尺寸大,分散分布于晶内	白色	不透明四周有亮线	各向异性	不经腐蚀不显示
η 相(Ni$_3$Ti)	片状群体或魏氏组织。铸造合金中的一次 η 相共晶呈大块或大片状	白色	不透明四周有亮线	各向异性	不经腐蚀不显示
Laves 相 AB$_2$ 型	小棒状,竹叶状,分散分布于晶内或晶界	白色	不透明四周有亮线	各向异性	不经腐蚀不显示
δ 相(Ni$_3$Nb)	长针状,平行分布于晶内	白色	不透明四周有亮线	各向异性	不经腐蚀不显示
G 相(Ni$_{13}$Ti$_8$Si$_6$)	块状,分散分布于晶内或晶界	白色	不透明四周有亮线	各向异性	不经腐蚀不显示
Z 相(NbCrN)	块状,不规则,分散分布于晶内	白色	不透明四周有亮线	各向异性	不经腐蚀不显示
M_3B_2硼化物	铸造合金中一次 M_3B_2,分布于树枝间,骨架状。变形合金中呈圆块状,分布于晶内时效后沿晶界析出	白色	不透明周界有亮线	各向异性	—

第二节　粉末冶金

　　粉末冶金是一项很有发展前景的新技术、新工艺,已广泛应用在农机、汽车、机床、冶金、化工、轻工、地质勘探、交通运输等各方面。粉末冶金材料具有传统熔铸工艺所无法获得的独特化学组成和物理、力学性能,如材料的孔隙度可控,材料组织均匀、无宏观偏析(合金凝固后其截面上不同部位没有因液态合金宏观流动而造成的化学成分不均匀现象)、可一次成形等。

一、粉末冶金分类

　　粉末冶金材料有工具材料及机械零件和结构材料。工具材料大致有粉末高速钢、硬质合金、超硬材料、陶瓷工具材料及复合材料等。机械零件和结构材料有粉末减摩材料(包括多孔减摩材料和致密减摩材料)、粉末冶金铁基零件及粉末冶金非铁金属零件等。通常按用途分为七类。

1. 粉末冶金减摩材料

又称烧结减摩材料。通过在材料孔隙中浸润滑油或在材料成分中加减摩剂（或固体润滑剂）制得。材料表面间的摩擦系数小，在有限润滑油条件下，使用寿命长、可靠性高；在干摩擦条件下，依靠自身或表层含有的润滑剂，即具有自润滑效果。广泛用于制造轴承、支承衬套或端面密封件等。

2. 粉末冶金多孔材料

又称多孔烧结材料。由球状或不规则形状的金属或合金粉末经成型、烧结制成。材料内部孔道纵横交错、互相贯通，一般有 30%～60% 的体积孔隙度，孔径 $1\mu m \sim 100\mu m$。透过性能和导热、导电性能好，耐高温、低温，抗热震，抗介质腐蚀。用于制造过滤器、多孔电极、灭火装置、防冻装置等。

3. 粉末冶金结构材料

又称烧结结构材料。能承受拉伸、压缩、扭曲等载荷，并能在摩擦、磨损条件下工作。由于材料内部有残余孔隙存在，其延展性和冲击值比化学成分相同的铸、锻件低，从而使其应用范围受限。

4. 粉末冶金摩擦材料

又称烧结摩擦材料。由基体金属（铜、铁或其他合金）、润滑组元（铅、石墨、二硫化钼等）、摩擦组元（二氧化硅、石棉等）三部分组成。其摩擦系数高，能很快吸收动能，制动、传动速度快，磨损小；强度高，耐高温，导热性好；抗咬合性好，耐腐蚀，受油脂、潮湿影响小。主要用于制造离合器和制动器。

5. 粉末冶金工模具材料

包括硬质合金、粉末冶金高速钢等。后者组织均匀，晶粒细小，没有偏析，比熔铸高速钢的韧性和耐磨性好，热处理变形小，使用寿命长。可用于制造切削刀具、模具和零件的坯件。

6. 粉末冶金电磁材料

包括电工材料和磁性材料。电工材料中，用作电能头材料的有金、银、铂等贵金属的粉末冶金材料和以银、铜为基体添加钨、镍、铁、碳化钨、石墨等制成的粉末冶金材料；用作电极的有钨铜、钨镍铜等粉末冶金材料；用作电刷的有金属-石墨粉末冶金材料；用作电热合金和热电偶的有钼、钽、钨等粉末冶金材料。磁性材料分为软磁材料和硬磁材料。软磁材料有磁性粉末、磁粉芯、软磁铁氧体、矩磁铁氧体、压磁铁氧体、微波铁氧体、正铁氧体和粉末硅钢等；硬磁材料有硬磁铁氧体、稀土钴硬磁、磁记录材料、微粉硬磁、磁性塑料等。用于制造各种转换、传递、储存能量和信息的磁性器件。

7. 粉末冶金高温材料

包括粉末冶金高温合金、难熔金属和合金、金属陶瓷、弥散强化和纤维强化材料等。用于制造高温下使用的涡轮盘、喷嘴、叶片及其他耐高温零部件。

二、粉末冶金样品制备及检验

通常，粉末冶金制品是经过固相烧结得来的，也有少数特殊制品是在固相和液相转变温度下烧结成的。因此，在制品内部就不可避免地存在着孔隙；由于混粉不匀，造成制品内部显微组织的不均匀分布；烧结温度的高低以及烧结后制品冷却的快慢，导致其内在组织粗、细不一致；制品热处理后的显微组织转变；烧结、热处理过程中制品表层增碳和脱碳现象；

制品表面处理后的显微组织以及原始粉末外形和粒度等等，所有上述这些情况，都可以用金相方法给予检验和测定，以判断粉末冶金产品质量的优劣。

1. 试样制备及试验方法

（1）试样磨面的选取　由于其表面与心部组织不同，一般表面孔隙更多，因此应以制品的折断面或纵、横剖面作为金相磨面，或者在金相砂纸上多磨去一些表层组织，作为金相磨面。

（2）试样的磨制　将选择好的金相试样，从粗磨到细磨依次用 180#、280#、400#、600# 金相砂纸，磨削时手推试样要平稳，返回时试样应提离砂纸，不可来回往复磨制，在每磨光一道砂纸后，应将试样转 90°，在每换一道砂纸后，用力应越来越轻，时间也不宜过长。

（3）金相试样的抛光　磨制好的试样，在水龙头上冲洗干净，到抛光盘上进行机械抛光。在装有海军呢的抛光盘上，转速以 300r/min 为宜，用规格为 W3.5 的金刚石研磨膏进行抛光，然后水洗、吹酒精后热风吹干。

这里特别介绍一下常用的钨合金制样。

将上述方法中的金刚石换为三氧化二铬，将其溶于水过滤后使用效果最好，待磨痕消除后，改用煮沸过的氧化镁溶液浸蚀，过滤后沉淀取膏状抛光至钨颗粒轮廓清晰即可。

2. 显微组织

图 9-24、图 9-25 为钨合金的典型形貌，钨颗粒大小不太均匀，白色为黏结相。图 9-26 为粉末冶金材料中典型的孔隙形貌。

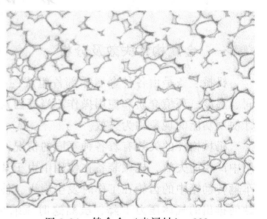

图 9-24　钨合金（未浸蚀）　200×

图 9-25　钨合金（稀王水浸蚀）　200×

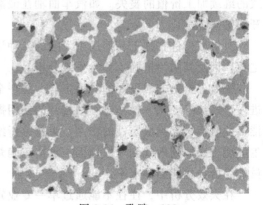

图 9-26　孔隙　200×

思 考 题

1. 简述粉末冶金的分类及其显微组织的特点。
2. 简述高温合金的强化方式有哪些。
3. 简述高温合金热处理的种类及处理目的。

第十章

失效分析

第一节 概　述

一、金属构件失效及分析

机械装备是由各种金属零部件组成的，这些金属零部件在使用过程中，由于应力、时间、温度、环境介质和使用操作不当等因素的作用，失去它原有的功能，这种丧失其原有设计使用功能的现象称为失效。

机械构件的失效有着各种不同的情况，从大的方面来看可以归结为两大类：一种是在使用中产生的失效，机械装备在使用中由于某个构件先发生失效而导致整个装备整体失效。如车辆传动箱中的齿轮在工作时发生崩齿，使整个车辆不能行驶；由于压缩机气缸内壁发生腐蚀使排出的气体压力下降，虽然这时压缩机还没有完全丧失工作能力，但它已经发生了失效。另一种是机械构件在加工过程中产生的失效，由于原材料缺陷、加工工艺不当等原因导致的继续加工价值的丧失。如汽车曲轴在锻造过程中出现了裂纹；模具在热处理过程中发生开裂等。

对机械构件在加工和使用中发生的各种形式的失效进行分析研究，从中找出产生失效的主要原因及其防治措施，称为失效分析。

失效分析是非常重要的一项工作，是一个认识事物的复杂过程，确定失效的原因可为改进设计、加工工艺、操作过程和构件的使用提供资料。同时明确失效原因，在确定诉讼、赔偿责任时能够起到决定性的作用。失效分析经常会遇到很多困难并会遭遇失败，一旦失效发生后能否在短期内找到失效原因，做出正确判断，从而找到解决问题的途径，反映了科技人员的综合技术能力和水平。

在失效分析中，往往不能通过单一专业知识解决问题，而需要通过多学科的交叉分析找到失效的原因，进一步完善构件的功能，促进各项相关工作的改进。

二、失效分析在质量和效益方面的作用

机械构件的质量往往是通过各种试验检测手段进行考核的，而再好的模拟试验也不可能做到与构件的实际服役条件完全相同，任何一次失效都可以作为实际使用条件下对构件质量的考核，意想不到的失效，会给人们带来意想不到的启示，在复杂多变的服役条件下暴露出材料、设计、加工等缺陷，找出被忽略的质量问题，以便于在各方面加以改进，提高机械构

件的质量。

以耐腐蚀机械构件为例，高质量的金属材料是预防失效的基本保证。在二十世纪初期，发现奥氏体不锈钢在很多介质中发生晶间腐蚀而失效，通过失效分析提出了晶间腐蚀的贫铬理论、选择性腐蚀理论和沉淀相腐蚀理论等。在不锈钢冶炼过程中，采用降低碳元素含量、加入稳定的碳化物形成元素和降低杂质含量等方法，对奥氏体不锈钢化学成分进行优化，防止晶界贫铬，使奥氏体不锈钢构件因晶间腐蚀产生失效的情况大为减少。又如铁路运输出现后，频繁出现车轴断裂的现象，当时令人感到非常困惑，通过对断轴的大量失效分析和试验研究发现：车轴在车辆运行中受交变应力作用，虽然该应力远低于金属材料的抗拉强度，但通过一定时间的循环积累，也会发生断裂，这就是后来人们所认识的疲劳断裂。科学家们经过系统地分析研究，使疲劳断裂成为金属材料强度学中的一个重要领域，运用疲劳断裂机理可以使很多失效现象得到解释，并针对使用情况研制具有良好抗疲劳性能的机械构件。

机械构件的失效会带来直接或间接经济损失，有时是非常巨大的，给社会造成严重影响，通过失效分析找出问题的原因并提出防止措施，使同类问题不再发生，无疑减少了损失；从另一方面来说提高了机械构件的质量，增加了使用寿命，减少了维修费用，使质量和信誉都得到了提高，会带来经济效益和社会效益。失效分析能分清失效责任，为仲裁和执法提供科学依据，失效分析能够揭示标准、技术文件的不足，为今后的修改提供依据，因此失效分析能够有力推动科学技术的发展。

三、失效分析与相关学科的关系

失效分析是一门综合技术学科，它对失效的形式、机理、原因进行研究，并提出预防和改进措施，它涉及广泛学科领域和技术范畴。要做好失效分析工作，需要掌握多个专业学科的知识，图 10-1 表示失效分析与各专业学科的关系，图中单箭头表示只为失效分析提供信息和依据，而双箭头表示互相提供信息和依据。

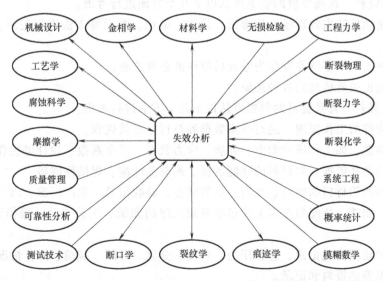

图 10-1　失效分析与各专业学科的关系

从图中我们可以看到，许多专业学科知识为失效分析服务，而失效分析的结果又可为学科的发展提供新的资料和信息，互相促进，共谋发展，推动学科的不断进步。

由于失效分析的复杂性和特殊性，技术人员需要具备扎实的专业基础知识和其他相关专业的知识。

第二节　失效分析的一般步骤

在机械构件的失效过程中，如果只有一个零部件失效，一般来说失效原因较容易分析，但在很多情况下有几个零部件发生失效，暂时还难以判断是哪一个零部件首先出现问题，哪些零部件是受它的影响而随后出现问题的，如变速箱出现故障，打开后发现已有几个齿轮发生崩落或啃噬。因此在失效分析时，特别是面对比较复杂的问题时，除了要有正确的分析思路，还应有合理的失效分析步骤。由于失效的形式多种多样，失效的原因往往错综复杂，很难有一个统一规范的步骤，一般来说大体可以分为现场调查和收集资料、失效件的检测及试验、失效原因分析和提出改进措施。

一、现场调查和收集资料

在接受失效分析工作后，应明确分析对象、目的及要求。首先要了解失效件是单一失效还是批量性失效，它的名称、型号、功能、服役时间和设计、制造及过去曾经出现过的问题。

为了掌握第一手资料，失效分析人员应尽可能早进入现场，以免由于人多、时间长，造成信息损失，甚至形成假象。例如，将某些重要迹象（散落物、介质等）毁掉，残骸碎片丢失、污染、移位、断口碰伤等，给失效分析工作造成误导。

需要收集的信息和资料一般可以分为两大类：一类是能够反映失效件失效的过程、起因的现象和物质，也可理解为现场资料；另一类是分析中可能用到的背景资料。

（1）现场资料　现场资料的收集可从以下几个方面进行考虑：

1）能全面地反映失效现场。用摄影、录像、笔记、图示等方法进行记录，并注意失效件所处的位置。

2）能反映出各个零部件发生失效先后顺序的各种迹象。

3）能反映出失效机理的各种迹象。

（2）背景资料　背景资料的收集可从以下几个方面进行考虑：

1）失效构件的工作原理、运行技术数据和执行标准及规程。

2）设计参数，如工作压力温度、介质、应力状态、安全系数、设计思想和使用寿命。

3）材料的选择依据，如材料的性能数据、耐腐蚀性能、焊接性能等。

4）失效件所用材料的牌号、性能、供货状态、验收记录、生产厂家、出厂时间等。

5）加工、制造、装配的技术文件包括各道工序的图纸、工艺卡片、操作记录、检验报告等技术文件。

6）构件的使用情况记录，包括压力、温度、介质、时间、载荷、操作情况。

7）维护保养的资料和记录。

8）涉及的合同、法律责任和经济责任。

特别是对于情况复杂，责任重大的失效分析，应特别注意对当事人和现场目击者的走访，做到认真细致，不得有任何遗漏。

二、失效件的观察、检测和试验

在掌握了现场情况和背景资料的基础上，对收集到的失效件进行观察、检测和试验，以判断失效类型、分析失效原因。

（一）观察

在清洗前要对收集到的失效残片进行全面观察。包括肉眼观察、放大镜观察、体视显微镜观察和三维视频显微镜观察。注意颜色、光泽、粗糙度的变化，尤其是对断裂件的断口、被腐蚀件的腐蚀区域的观察，以初步判断断裂顺序、断裂源、扩展方向等，以便于进一步微观观察。

（二）检测

根据失效分析的目的和要求对失效构件进行检测，以了解本质特征的变化，一般需要进行化学成分分析、力学性能试验、无损检测、组织结构分析（包括金相组织、晶粒大小、脱碳、非金属夹杂物和裂纹、冶炼缺陷及加工缺陷等）、应力测试、硬度试验、断口分析等。

（三）试验

为了验证失效分析结果的正确性，往往对关键的机理解释进行验证试验，或对失效的全部或部分过程进行模拟，以寻求更有力的技术数据支持。

三、失效原因分析和提出改进措施

对失效构件进行观察、检测和试验后，还需要结合材料、设计、制造、使用等背景资料和现场情况进行对照分析，建立整个失效过程及失效原因之间的联系，进行综合分析判断，确定失效原因，得出结论，写出失效分析报告。失效分析报告应包括以下主要内容：

1）失效过程和现场情况的简单描述。

2）失效件的名称、材料、加工过程、基本工艺情况的说明。

3）宏观观察分析判断。

4）检测、试验结果以及与技术要求和标准的对照。

5）失效原因分析和结论。

6）意见和建议。

第三节　机械构件失效的常见类型

一、按失效形式分类

机械构件的失效类型很多，可以根据失效过程的表现特征，将构件使用中的失效形式分为四类，即畸变失效、断裂失效、腐蚀失效和磨损失效。

（一）畸变失效

产品或零部件在机械载荷或热载荷作用下发生影响产品或零部件功能的变形称为畸变。

当发生畸变的产品或零部件丧失了规定的功能时就称为畸变失效。

发生畸变失效主要表现为体积增大或缩小、弯曲、翘曲等。

在常温或者温度不是很高的情况下,畸变失效主要分为弹性畸变失效和塑性畸变失效。弹性畸变失效主要是变形过量或丧失原设计的弹性功能,塑性畸变失效一般是变形过量。

在高温下的变形失效主要分为蠕变失效和热变形失效。图 10-2 为紧固件因异常弯曲应力产生过量变形致塑性畸变,并在应力集中部位断裂失效;图 10-3 为水冷壁管在持续高温作用下的蠕变开裂失效。

图 10-2　紧固件弯曲变形

图 10-3　水冷壁管蠕变开裂失效

(二) 断裂失效

断裂是产品或零部件在外力作用下导致裂纹形成并扩展使其分离为互不相连的两个或者两个以上部分的现象。图 10-4 为连杆上的两件侧耳断裂,连杆因断裂失效而分成三部分。

图 10-4　连杆上的两件侧耳断裂

产品或零部件可能在制造、成形和使用的不同阶段、不同条件下萌生裂纹,并受不同环境因素及承载状态的影响而使裂纹扩展直至断裂,因此断裂也有各种不同的失效类型。

产品或零部件断裂后,在断裂部位都有匹配的两个或者多个断裂表面,称为断口,断口及其周围也会留下与断裂过程密切相关的信息。通过断口分析可以判断断裂的类型、断裂过程的机理,以此为依据,可以分析断裂的原因和预防措施。

产品或零部件内部产生裂纹也属于材料断裂范畴,只要把裂纹打开,也可按照断裂失效进行研究。例如：重载汽车上的连接板构件，使用过程中开裂，形貌见图10-5，开启裂纹后断面上可以观察到裂纹扩展条纹，见图10-6。

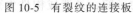

图 10-5　有裂纹的连接板

图 10-6　开启裂纹后的断口

（三）腐蚀失效

产品或零部件由于材料与周围介质发生化学及电化学作用，从而使材料变质或被破坏的累积损伤过程称为腐蚀失效。

按照腐蚀机理分类，腐蚀失效可分为两大类：即化学腐蚀和电化学腐蚀。

因为自然界的物质都不是单一的，因此单纯化学腐蚀发生的情况很少。图10-7为耐热钢管和周围环境发生化学腐蚀和电化学腐蚀，失效特征表现为氧化腐蚀和点腐蚀。

（四）磨损失效

相互接触并相对运动的物体由于机械、物理和化学作用，造成物体表面材料的位移及分离，使表面形状、尺寸、组织及性能发生变化的过程称为磨损，由磨损引发的产品或零部件失效称为磨损失效。

磨损是一个复杂过程，按磨损机理来划分，有磨粒磨损、黏着磨损、冲蚀磨损、微动磨损、腐蚀磨损和疲劳磨损等。图10-8为失效的车辆制动盘，连续、多次刹车制动后盘面出现磨痕和热疲劳裂纹的疲劳磨损。

图 10-7　耐热钢管腐蚀失效

图 10-8　制动盘表面的磨痕及热疲劳裂纹

二、按失效原因分类

金属构件及其装备在设计寿命内发生失效，通常为多种因素共同作用的结果，涉及从制造、装配、运输到使用的全部过程，包括材料的冶炼、锻轧冲压、构件机械加工、焊接、热处理、使用环境（温度、介质、受力状态）等。

（一） 设计不合理造成的失效

金属构件及装备的设计要有足够的强度、刚度、稳定性，结构设计要合理。由于设计上考虑不周密或认识水平的限制，构件及装备在使用过程中的失效时有发生。如设计中的过载荷、应力集中、结构选择不当、安全系数过小及配合不当等都会导致金属构件及装备失效；再如对复杂构件未做可靠的应力计算；或对构件在服役中所承受的非正常工作载荷的类型及大小未作考虑；甚至于对工作载荷确定和应力分析准确的构件来说，如果只考虑拉伸强度和屈服强度数据的静载荷能力，而忽视了脆性断裂、低循环疲劳、应力腐蚀及腐蚀疲劳等机理可能引起的失效，都会在设计上造成严重的错误。其中结构或形状不合理，构件存在缺口、小圆弧转角、不同形状过渡区等高应力区，未能恰当设计引起的失效比较常见。常见的设计不合理因素包含以下几点：

1. 几何形状

忽略了构件形状突变处的尖角和粗糙度对使用性能的影响，是造成构件失效的重要因素。由设计引起的失效中，尖角、半径太小的圆角等处的应力集中引起的疲劳断裂占有很高的比例。

2. 结构设计不合理

金属构件都是在完成某种功能的装备系统中工作的，每一个构件都是结构中的一部分，其工作受到结构中其他构件的影响，因此，结构尺寸及工作参数对每一个构件的失效都有影响。如对于一些承受复杂应力的重要构件，其结构较复杂时，若加工和装配紧度误差设计考虑不周，在以后的运行过程中易引起非正常摩擦磨损，导致构件的损伤或断裂失效。

3. 选材不合理

金属构件及装备的材料要遵循使用性、加工工艺性能及经济性原则，遵循使用性原则是首先要考虑的。在特定环境中使用的构件，对可预见的失效形式要为其选择足够的抵抗失效的能力。如对韧性材料可能产生的屈服变形或断裂，应该选择足够拉伸强度和屈服强度的材料；但对可能产生的脆性断裂、疲劳及应力腐蚀开裂的环境条件，高强度的材料往往适得其反。在符合使用性能的原则下选取的结构材料，对构件的成形要有好的加工工艺性能。在保证构件使用性能、加工工艺性能要求的前提下，经济性也是必须考虑的。

选材不合理引起的金属构件及装备的失效已引起很大的重视，但仍有发生。

（二） 材料冶金缺陷引起的失效

材料内部存在疏松、缩孔、皮下气泡、严重的非金属夹杂、成分偏析等原始冶金缺陷导致金属构件及装备失效的事例在事故分析中占有一定比例。在大多数情况下，材料内部的这种冶金缺陷是一种宏观的低倍组织缺陷，因此，金属构件及装备的过早失效，特别是在设备安装、调试过程中，或是设备投入运行的初期阶段发生的事故大多与材料的冶金缺陷有关。

（三） 制造工艺缺陷引起的失效

金属构件所用原材料是经熔炼、脱氧、浇注以及轧制或锻造而成的。原材料在机械制造厂又经一系列冷热加工而成为金属构件。在这些加工过程中都可能造成某种缺陷，例如铸锭或铸件中可能产生偏析或不希望有的组织、夹杂、孔隙、裂纹以及其他不连续性缺陷。铸件中的一些缺陷对铸件的性能也许并不构成严重影响，但有可能在后续锻造中成为锻件缺陷，最终成为金属构件缺陷。

1. 铸造缺陷与失效

铸件缺陷有很多种，但从失效分析角度看，可归纳为两类：一类为破坏材料连续性的缺陷，如材料中的孔洞、裂纹等。另一类是因材料成分或生产工艺不当，造成不正常的缺陷组织。

2. 锻造缺陷与失效

锻造工艺不仅可保证达到构件所要求的形状和尺寸，而且对构件的强度、塑性、韧性等都有影响。如果锻造工艺不当，会产生各种锻造缺陷，常见的锻造缺陷有：锻造裂纹、锻造折叠、过热和过烧等。

3. 焊接缺陷与失效

金属构件及装备均存在大量焊缝，焊缝质量的优劣直接关系到装备的正常运行。失效分析的实践证明，多数焊接构件的失效发生或起源于焊缝或热影响区。

焊接构件在施焊及后处理过程中会产生各种缺陷。在载荷、温度、介质等力学和环境因素作用下，这些缺陷均会成为裂纹源并进一步引起实际构件的破坏。常见的焊接缺陷：焊接裂纹、未焊透、未熔合、咬边、夹渣、气孔、缩孔等。

4. 热处理缺陷与失效

热处理工艺是使材料获得预期的显微组织和性能的重要手段。热处理工艺涉及各种处理工序：正火与退火、淬火与回火、感应加热与火焰加热、表面淬火以及渗碳、渗氮、渗硼、碳氮共渗等化学热处理工序，如果热处理工艺控制不当会引起构件失效。常见的热处理缺陷：淬火裂纹、氧化和脱碳、渗碳和碳氮共渗缺陷、渗氮缺陷等。

5. 机械加工缺陷与失效

机械加工是金属构件制造过程的重要组成部分，其作用为赋予构件外形、去掉多余的材料及得到所要求的形状、尺寸和表面状态。如果机械加工不当会导致构件表面缺陷，如内、外尖角、粗糙的切削刀痕、磨削烧伤、裂纹、机械碰伤和表面织构的改变等，这些都是造成局部应力集中、降低疲劳强度的因素，也是决定金属构件使用寿命的又一重要原因。其中，磨削烧伤和磨削裂纹是最常见的引起金属构件失效的机械加工缺陷。

磨削通常是金属构件加工的最后一道工序。磨削过程中，由于局部摩擦生热，容易引起烧伤和磨削裂纹等缺陷，并在磨削表面生成残余拉应力，这些都对构件力学性能有影响，甚至成为导致构件失效的原因。导致磨削失效的原因归纳起来有下列几种：①磨削量太大；②砂轮太钝；③砂轮的磨料粗细与构件材料组织不匹配；④冷却不力。

（四）装配使用和维护不当引起的失效

优质的产品是安全使用的保证，也是保证使用寿命的先决条件。但在装配过程中若装配不当，或未按设计要求的规范安全运行，或缺乏良好的维护，就有可能使构件处于不正常的受力状态，形成过载、磨损和局部应力集中等不良状态。装配时清洁度不好，有残留污物、金属碎屑等引起摩擦损伤都会导致装备的早期失效。

1. 装配不当

装配不当包括以下几个方面：①装配紧度控制不妥。如螺栓在固定连接构件时，若拧紧力过大，使螺栓变形伸长，会在使用应力下导致断裂；若拧紧力不足，增加装配件在使用中的不稳定性，使螺栓经受撞击和弯曲等复杂应力的作用发生断裂。②清洁度的影响。对于一些精度较高的组合件和传动机构，若清洁度不好或润滑油不洁，砂粒、铁屑等硬物质带入摩擦面、齿轮啮合面，都会导致传动件的机械损失而引发失效。③装配构件的混错。在装配过程中，由于粗心将相似构件混错或方向装反等导致整个产品的早期失效。④装配中心距偏差。配合件中心距偏差，使配合件受力状态发生改变而引起早期损坏。⑤表面损伤。装配时稍有不慎就可能造成构件表面的损伤，在长期使用应力的作用下，会引起损伤部位的应力集中，导致微裂纹的形成。

2. 使用和维护不当

在使用过程中由于操作失误或未按规定程序进行，导致金属构件及装备的损坏时有发生。

经常检查和维护金属构件及装备是确保安全使用所必需的，缺乏正常的检查和保养，往往是导致构件及装备损伤和失效的重要因素。

（五）环境因素引起的失效

金属构件及装备均处于一定条件的环境（如温度、介质、气氛等）中工作，当环境条件超过一定范围时，构件及装备的使用性能会受到一定影响而降低使用寿命，甚至出现突发性事故。近几年我国金属构件及装备失效的分析结果表明，约有50%的失效与环境因素有关，其中主要是腐蚀环境。

环境断裂失效通常包括：应力腐蚀断裂、腐蚀疲劳断裂、氢脆等等。

1. 应力腐蚀断裂

在拉应力作用下金属材料在特定介质中引起的腐蚀断裂，应力包括外加应力、残余应力、热应力及焊接应力等，示意见图10-9。

应力腐蚀特征：断裂是脆性的，裂纹可以是穿晶、沿晶或混合型的，应力是拉应力，裂纹易于点蚀或缝隙腐蚀诱发。

2. 腐蚀疲劳断裂

在交变应力作用下，处于腐蚀介质中的金属材料产生的疲劳断裂，一般没有疲劳极限，示意见图10-10。

腐蚀疲劳特征：常在腐蚀裂纹、点蚀坑及其他蚀坑底部引起，裂纹多半是穿晶或沿晶，很少分叉，断口表面多有腐蚀产物，且呈圈状发展。

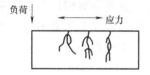

图10-9 应力腐蚀裂纹示意图

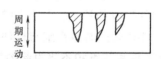

图10-10 腐蚀疲劳裂纹示意图

3. 氢脆

由于氢渗入金属内部导致损伤，从而使金属零件在低于材料屈服极限的持续静应力作用下导致的失效称为氢致破断失效，俗称氢脆。

氢脆特征：氢脆断裂源可在表面，也可在次表层，常在缺口的三向应力区，由于氢首先诱发裂纹，然后扩展达到临界值而引起断裂，微观形貌一般显示沿晶分离，也可能是穿晶的。沿晶分离系沿晶界发生的沿晶脆性断裂，呈冰糖状。断口的晶面平坦，没有附着物，有时可见白亮的、不规则的细亮条，这种线条是晶界最后断裂位置的反映，并存在大量的鸡爪形的撕裂棱。

第四节 断口分析技术

构件或零件在外力作用下导致裂纹形成、扩展直至分裂为两部分（或几部分）的过程称为断裂。金属材料及其构件在受到大于临界强度的应力作用时常常会发生断裂，其断裂后的自然表面称为断口。断裂总是发生在构件或金属组织中最薄弱的地方。断口记录了金属材料及构件断裂的全过程，即裂纹的萌生、扩展和断裂；同时也记录了内外因素对裂纹扩展的影响以及材料本身的缺陷对裂纹萌生的促进作用，总之，断口上记录着与裂纹有关的各种信息，通过对这些信息的分析，可以找出构件断裂的原因及其影响因素。通过断口的形态分析去研究断裂起因、断裂性质、断裂方式、断裂机制、断裂韧性、断裂过程的应力状态以及裂纹扩展速率等，还可以通过对断口表面的微区成分分析、结晶学分析和断口的应力与应变分析等，深入研究材料的冶金因素和环境因素对断裂过程的影响。随着断裂学科的发展，断口分析同断裂力学等所研究的问题更加密切相关，互相渗透，互相配合，断口分析现已成为对金属构件进行失效分析的重要手段。

一、断裂

（一）断裂的分类

从不同的角度，断裂有不同的分类方法。

1）按断裂前变形程度，断裂可分为韧性断裂和脆性断裂。

2）按断裂过程中裂纹扩展路径，断裂可分为沿晶断裂、穿晶断裂和混晶断裂。

3）按微观断裂机制，断裂可分为解理断裂、准解理断裂、韧窝断裂、疲劳断裂、蠕变断裂等。

4）按应力类型及断面与应力的相对位置，断裂可分为正断、切断和混合型断裂。正断可能是脆性的，也可能是韧性的；切断多为韧性；混合型断裂是正断与切断相混合的断裂，较为多见。

（二）韧性断裂

韧性断裂一般发展较为缓慢，在断裂前发生较明显的塑性变形，宏观断口上可见到明显的纤维区和剪切唇区，断口的微观形貌为韧窝，通常韧窝越大越深，材料的塑性越好。韧性断裂的一种典型断口是光滑圆拉伸试样的杯锥状断口，该断口上有明显的区域性，可观察到三个区域：纤维区、放射区和剪切唇区，见图10-11。

（三）脆性断裂

脆性断裂在断裂前几乎不发生明显的塑性变形，因为在断裂前毫无征兆，往往会引起灾难性的突发事件。完全的韧性或脆性断裂较少出现，更多的是韧性、脆性混合型断裂。

脆性断裂面与拉应力方向垂直，断面较平直，宏观断口特征呈颗粒状，有时能观察到放射状条纹或人字形条纹，条纹的收敛点为断裂源，见图10-12；脆性断裂微观机理大多是穿晶解理型的，当晶界有脆性析出物、晶界偏析、回火脆性、应力腐蚀及过热、过烧等情况时，也会出现沿晶型脆性断裂，微观形貌呈冰糖状。

金属材料发生脆性断裂，主要有以下两种情况：一种是由于制造过程中热处理工艺不当造成的，如回火脆性，过热、过烧，第二相质点沿晶界析出，高碳钢的石墨化析出等；另一种是由于使用环境造成的，如低温脆断和腐蚀介质的作用等。

图 10-11　韧性材料拉伸断口

图 10-12　脆性断口形貌

引起脆性断裂的主要因素有以下几个方面。

1) 应力状态和缺口效应。三向拉伸应力和缺口效应越大，越易发生脆性断裂。

2) 温度。温度越低越易发生脆性断裂。

3) 尺寸效应。有研究表明，随着钢板厚度增加，材料的脆性转变温度会升高，钢材的缺口脆性增加，易发生脆性断裂。

4) 焊接质量。当焊接构件中存在残余应力、焊接缺陷时，易发生脆性断裂。

5) 工作介质。零件在腐蚀介质和拉应力下，易发生脆性断裂。

6) 材料组织因素。如材料组织中有偏析，脆性相析出等，易发生脆性断裂。

（四）沿晶断裂

裂纹沿晶粒边界扩展的断裂，可分为沿晶脆断和沿晶韧断，见图 10-13、图 10-14。

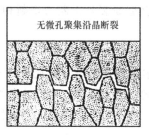

图 10-13　沿晶脆断示意图

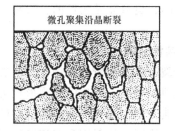

图 10-14　沿晶韧断示意图

（五）穿晶断裂

裂纹穿过晶粒内部而延伸的断裂。穿晶断裂可以是韧性的，也可以是脆性的。前者断口具有明显的韧窝花样，后者断口的主要特征为解理花样。

（六）混晶断裂

同一裂纹体中的裂纹既可能发生穿晶，也可能发生沿晶，呈混合状，从而成为混晶断裂。

（七）疲劳断裂

疲劳断裂是构件在交变载荷作用下发生的断裂，它是金属构件断裂的主要形式之一。疲劳断裂具有突发性，断裂应力低，对材料缺陷、加工缺陷和腐蚀缺陷敏感等特点。

1．疲劳断裂方式

1）按载荷类型分：拉压疲劳、拉拉疲劳、弯曲疲劳、扭转疲劳等。

2）按应力大小和载荷交变频率分：高应力低周疲劳及低应力高周疲劳。

3）按工作环境分：腐蚀疲劳、高温疲劳和微振疲劳。

疲劳断裂过程包括疲劳裂纹的萌生、疲劳裂纹的扩展和瞬时断裂三个阶段。在疲劳断口上一般也可观察到相应的疲劳裂纹源区、疲劳裂纹扩展区和瞬断区。

疲劳裂纹源一般位于构件表面应力集中处或不同类型的缺陷部位。如果构件内部或亚表面存在着较大缺陷，则裂纹源也可能从这些缺陷部位产生。一般情况下，一个疲劳断口有一个疲劳源，但有时也会有多个疲劳源，见图 10-15。多个疲劳源萌生有不同时性，源区越光滑，疲劳条纹密度越大，说明该疲劳源产生越早。

图 10-15 多源疲劳

疲劳裂纹扩展区常有海滩花样，又称贝纹线、疲劳弧线，是疲劳断口上最重要的特征区域。瞬断区是疲劳裂纹扩展到临界尺寸，构件剩余截面积不足以承受载荷时而发生快速断裂的区域。

2．几种常见的疲劳断裂

（1）高周疲劳断裂　高周疲劳指零件在低应力（一般情况低于材料的屈服强度）作用下寿命较高的疲劳（循环次数 $N_f > 10^5$），疲劳断口特征是扩展区很大，贝纹线细窄、密集。

（2）低周疲劳断裂　低周疲劳指零件在反复变化的大应力或大应变作用下，使局部应力超过材料的屈服极限，断裂过程中产生较大的塑性变形，是一种短寿命的疲劳（循环次数 $N_f < 10^5$），疲劳断口特征是扩展区很窄（有时就没有），只有在微观下通过疲劳辉纹来判定，瞬断区所占面积很大，几乎与断裂源区接壤。

有些低周疲劳断裂断口上常出现多个疲劳源，断口粗糙且高低不同，疲劳条纹粗大，对于一些高强度钢，可能不出现疲劳条纹。

（3）热疲劳断裂　许多零件是在反复加热、冷却（温度循环）下工作，在内部形成温度梯度的交替循环变化引起材料体积循环变化，当零件不能自由膨胀或收缩时，会产生循环热应力或热应变，在与机械应力共同作用下，会导致疲劳裂纹的形成、扩展直到失效的现象叫热疲劳。塑性材料抗热应变的能力较强，故不易发生热疲劳，而脆性材料则较易发生热疲劳。对于一些塑性材料，因长期在高温下工作，也可能导致塑性下降或者由塑性变为脆性，则也会发生热疲劳。

热疲劳裂纹一般都从表面向内部扩展，多呈龟裂状，裂纹走向可以是沿晶的，也可以是穿晶的，裂纹内常有氧化物，微观断口上的疲劳辉纹粗大，有时也会有韧窝花样。

（4）微振疲劳断裂　零件在往复的微动应力作用下发生的疲劳断裂称为微振疲劳断裂。只有在微动磨损条件下工作的零件，才会发生微振疲劳。其断口形貌与低应力疲劳断口一样也有三个区域，但断口上常有腐蚀特征。

（5）接触疲劳　零件在使用过程中因接触过紧产生表层应力引起的疲劳断裂。接触疲劳断裂主要产生于滚动接触的机器零件,如轴承、齿轮等,接触面上有麻点、凹坑和局部剥落是接触疲劳的主要特征;微观上有疲劳辉纹或准解理等特征,但疲劳辉纹因摩擦而呈现断裂状和不清晰特征。

(6)腐蚀疲劳断裂 零件受交变应力和腐蚀环境条件共同作用,由电化学腐蚀引起的疲劳断裂叫腐蚀疲劳断裂。腐蚀疲劳属于多源疲劳,裂纹的走向可以是穿晶的,也可以是沿晶的,断裂多源自表面缺陷或腐蚀坑底部,微观断口上可见到疲劳辉纹和腐蚀产物。

3. 引起疲劳断裂失效的原因

1)零件的结构不合理。如在零件薄弱处有转角、尖角、孔等。

2)表面缺陷。如加工缺陷、材料表面缺陷等。

3)材料强度不足。如选材不当或用错材料等。

4)材料的组织状态不良。一般来说,马氏体组织较其他组织的疲劳性能好,珠光体比铁素体的疲劳性能好。如果马氏体组织粗大、过热、碳化物聚集、非金属夹杂物大量存在会降低疲劳性能;组织不均匀,存在偏析,晶粒大小不均等也会降低疲劳性能。

5)零件装配不好。如正确的预紧力可大幅提高零件疲劳寿命。

6)零件工作环境。工作环境(温度、腐蚀介质等)越恶劣越易发生疲劳断裂。

(八)蠕变断裂

蠕变断裂是指构件长时间在拉应力作用下,尽管所受应力低于材料的屈服强度,但也会缓慢产生塑性变形直至断裂,这种断裂称为蠕变断裂。随着温度的升高,蠕变断裂进程加快。

明显的塑性变形是蠕变断裂主要的宏观特征,另一个特征是常在断口表面形成一层氧化膜;微观形貌为韧窝,但在等强温度(晶界强度=晶内强度)以上为沿晶断裂,在等强温度以下为穿晶断裂。

(九)正断断裂

受正应力引起的断裂,其断口表面与最大正应力方向相垂直。断口宏观形貌较平整,微观形貌有韧窝、解理花样等。

(十)切断断裂

在切应力作用下引起的断裂。断面与最大正应力方向呈45°角,断口的宏观形貌较平滑,微观形貌为抛物线状的韧窝花样。

(十一)混合断裂

正断与切断两者相混合的断裂方式,断口呈杯锥状,混合断裂是最常见的断裂类型。

二、断口

(一)断口的分类

1)根据金属或构件断裂时的塑性变形大小,断口大致可以分为脆性断口和韧性断口。脆性断口无明显塑性变形,其断裂面通常与拉伸应力垂直,宏观可见由光亮的结晶小平面组成,有放射状花纹,多数呈"人"字形花样。断口上的"人"字纹见图10-16。韧性断口有明显塑性变形,其断裂面可能同拉伸应力垂直或倾斜,分别称为正断和斜

图10-16 断口上的"人"字纹

断，宏观断口上有细小凹凸，呈纤维状，最后断裂处出现剪切唇。

2）按断裂过程中裂纹扩展路径，断口可分为沿晶断口、穿晶断口和混晶断口。裂纹沿着晶界扩展，称为沿晶断口，多为脆性断裂，也有韧性断裂。裂纹穿过晶粒扩展，称为穿晶断口，它可能是韧性断裂，也可能是脆性断裂。混晶断裂是指裂纹的扩展既有穿晶型，也有沿晶型。

3）按受力状态分类　断口可分为拉伸断口、冲击断口、疲劳断口和扭转断口等。

4）按微观断裂机制，断口可分为解理断口、韧窝断口、疲劳断口等。

（二）断口的保护及清理

1. 断口的保护

由于断口可以提供许多有价值的依据，即使轻轻擦拭都会影响断口的原有形貌，因此应特别注意对断口的保护。断口可能出现的损伤主要有机械和化学（腐蚀）损伤。

（1）机械损伤的避免　机械损伤主要来源于断口与其他物件的碰撞，以及在移动、运输过程中使断口上一些松散的附着物剥落，因此应绝对避免用手触摸、擦拭断口，或为了检验断口是否吻合而去对接断口。

（2）化学损伤的避免　防止断口化学损伤最常用的方法有两种：一种是用干燥的压缩空气将断口吹干，然后放置在干燥器中进行保存；另一种是在断口上涂防腐层，对涂层的要求是不与断口发生化学反应，并且很容易完全消除。

2. 断口的清理

通常断口都需要经过清理，尤其是需要用电镜观察的断口。清理断口的目的是除去保护涂层、腐蚀产物、灰尘等松散沉积物。但在断口清洗之前，应考虑断口上的沉积物是否能够提示有关断裂原因或断裂进程等。

常用的断口清理技术有以下几种：

1）吹干燥空气或用软毛笔进行清理，可去除许多松散的附着物。

2）用无机溶剂处理，用浸入法或用泵喷射以除去油、脂或塑料涂层。

3）用弱酸或碱性溶液处理，因为会损坏断口的细节，这种处理只能用于最后处理。对厚的铁锈和氧化皮，通常用 10%~20% 柠檬酸或草酸溶液加以清除。

4）超声波清洗，这种方法效率高而且不损伤断口。用有机溶剂、弱酸或弱碱溶液的超声振动，可以去除牢固的涂层、污垢和沉积物。去除油脂可用乙醇或丙酮。

三、断口的分析

断口分析分为宏观分析和微观分析两种。无论哪种分析都应该先确定主裂纹和裂纹源。

裂纹源是断裂破坏的起始部位，确定裂纹源是断口分析最核心的任务之一。确定裂纹源通常先确定主裂纹，再沿主裂纹寻找裂纹起始位置（点线面皆有可能）。

（一）确定主裂纹的方法

（1）T 形法　在同一个零件上，后产生的裂纹不可能穿越原有裂纹而扩展。由此可以判断哪条裂纹是先产生的裂纹。见图 10-17，T 字形的横向裂纹 A 为先于 B 的主裂纹，B 为二次裂纹。

（2）多枝形法　通常裂纹分叉方向即裂纹的扩展方向，其反向为裂纹源的位置，即分叉裂纹为二次裂纹，汇合裂纹为主裂纹。见图 10-18，A 为主裂纹，B、C、D 为二次裂纹。

（3）氧化法　氧化法是利用金属或合金材料在环境介质中会发生氧化或腐蚀，并随着时间的增长而逐渐严重的现象判断裂纹扩展方向的方法。氧化或腐蚀比较严重的部位，是主裂纹的部位。裂纹源在主裂纹的表面处。见图 10-19，A 为主裂纹。

（4）拼凑法　金属构件如果已破坏成几个碎片，则应将这些碎片按零件原来的形状拼合起来，然后观察其密合程度，密合最差的断面为最先开裂的断面，即主断面。见图 10-20，A 为主裂纹。

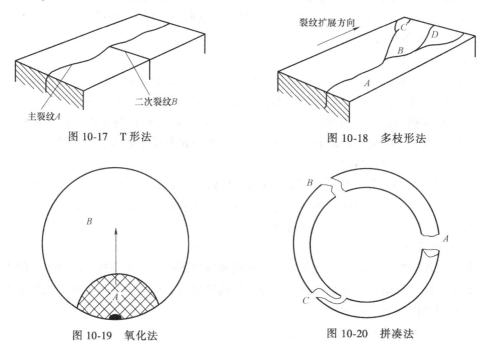

图 10-17　T 形法　　　　　　　图 10-18　多枝形法

图 10-19　氧化法　　　　　　　图 10-20　拼凑法

（二）确定裂纹源的方法

1）利用断口上的"三要素"特征确定裂纹源区。裂纹源在纤维区，放射区是裂纹扩展区域，剪切唇是最后断裂区。

2）利用断口上的"人"字纹特征确定裂纹源区。当表面无应力集中，裂纹源区在"人"字顶端汇合处，即"人"字上部指向裂纹源。当有缺口或应力集中时，"人"字下部指向裂纹源。

3）根据断口上的贝纹线确定裂纹源区。在断口上，如果出现贝纹线，可以根据贝纹线特征确定出裂纹源区。这一方法适用于疲劳断裂。此外，在分析疲劳断裂时，如果有多个裂纹源，则要确定出主裂纹源与次裂纹源等。

4）对于环境类断裂，裂纹源位于氧化或者腐蚀最严重位置的表面或者次表面。

5）在宏观特征不明显的情况下，也可以利用微观断口形貌如解理、韧窝的方向来寻找裂纹源。如对于韧窝断裂，撕裂韧窝的抛物线方向为裂纹源位置；对于解理断裂，裂纹源一般位于河流花样汇集处，或者解理台阶高度增加的方向，抑或扇形花样发散方向等等。

6）在断口表面没有其他特殊花样存在的情况下，利用断口表面的损伤、碰撞、摩擦以及断口的边缘（如台阶、剪切唇、毛刺等）情况判定裂纹源。裂纹源区一般在零件的表面、尖角、凸台、缺口、刮伤及较深的加工刀痕等应力集中处。

7）可以根据构件的受力情况或者受力特征判定裂纹源。利用这一方法一定要慎重，最好结合宏观断面的实际情况判定。这是因为构件断裂往往不具有某种普遍性规律，如正常情况下，断裂通常沿构件最薄弱处起裂；但是，如果构件本身或者服役环境因素，其断裂往往并不是从我们认为最薄弱的地方开始，所以运用这一方法时一定要仔细甄别。

8）若断裂源在构件内部，则断裂起源于内部缺陷处。材料内部的缺陷既提高了局部应力，又加剧了材料对有害环境的反应，大的缺陷甚至可能使构件一次加载就断裂。空洞（缩孔、气孔、冷拔空洞）、裂纹（体积收缩裂纹、锻轧件过烧裂纹、锻轧中过度变形裂纹及折叠裂纹、热处理过程中出现的相变应力裂纹、淬火裂纹、回火裂纹等）和夹杂（氧化物、硫化物、硅酸盐等）都是常见的缺陷。起源或穿过显著缺陷的断口，缺陷附近的纹理、表面轮廓或颜色会表现出与相邻区域不同的特征，因而比较容易在断口上找到缺陷位置。

（三）断口的宏观分析

断口宏观分析能全面观察断口，在许多情况下，利用宏观观察就可以判定断裂的性质，找出断裂源起始位置和裂纹扩展路径，是断口分析的重要手段。可直接用目视的方法，或借助放大镜（放大倍数约 10 倍）和体视显微镜（放大倍数 5 倍~50 倍）对断口进行宏观观察。

断口的宏观分析依据主要着重于以下几个方面：

1. 断口的颜色与光泽

观察断口有无氧化色、腐蚀痕迹、夹杂物的色彩和其他颜色的变化；观察锈蚀的颜色：红锈、黄锈或其他颜色的锈蚀；观察断口的金属光泽：深灰色、浅灰色、黑色、蓝色、褐色、紫色等。

根据疲劳断口的光亮程度，可以判断断裂源的位置。如果不是腐蚀疲劳，则断裂源区是最光滑的。

2. 断口上的花纹

不同的断裂类型在断口上留下不同形貌的花纹，这些花纹很多与自然界中的事物相似，并以其命名。

如疲劳断口上宏观可见的海滩状条纹（贝纹线），脆性断口上有闪闪发光的结晶小刻面、"人"字纹或山形条纹，韧性断口上的灰色纤维状等。

3. 断口上的粗糙度

断口的表面实际上是由许多微小的小断面构成，其大小和高度差决定着断口的粗糙度。不同材料、不同断裂方式，其断口的粗糙度也不同。从不同断裂方式来说，属于剪切型的韧性断裂，其断口的剪切唇比较光滑；正断裂的纤维区较粗糙。属于脆性断裂的解理断裂所形成的结晶状断口较粗糙，而准解理断裂所形成的瓷状断口较光滑。疲劳断口的粗糙度与裂纹的扩展速度有关，扩展速度越快，断口越粗糙。

4. 断口与最大正应力交角

在不同的应力状态或不同的材料和外界环境下，断口与最大正应力的交角是不同的。

韧性材料的拉伸断口往往呈杯锥状或呈 45°切断的外形，其塑性变形的表现方式为颈缩，即断口与拉伸轴向最大正应力交角是 45°。韧性材料的扭转断口呈切断型，断口与扭转正应力交角是 45°。

脆性材料的拉伸断口一般与最大拉伸正应力垂直，断口表面平齐，无剪切唇和颈缩。脆性材料的扭转断口呈麻花状，在纯扭矩的作用下，沿着与最大主应力垂直的方向分离。

5. 断口上的冶金缺陷

冶金缺陷种类较多，经常在失效件断口上或金属材料断口检验中发现，有夹杂、夹渣、树枝状结晶、带状、发纹、分层、晶粒粗大、白点、白斑、氧化膜、疏松、气孔、撕裂等。

（四）断口的微观分析

断口的微观观察经历了光学显微镜（观察断口的实用倍数是在 50 倍~500 倍）、透射电子显微镜（观察断口的实用倍数是在 1000 倍~40000 倍）和扫描电子显微镜（观察断口的实用倍数是在 20 倍~10000 倍）三个阶段。因为断口是一个凹凸不平的粗糙表面，观察断口所用的显微镜要具有最大限度的焦深，尽可能宽的放大倍数范围和高的分辨率。扫描电子显微镜最能满足上述的综合要求，故近年来对断口的观察大多用扫描电子显微镜进行。

断口的微观观察包括对断口表面的直接观察和断口剖面的观察。通过微观观察进一步核实宏观观察收集的信息，确定断裂性质、断裂源的位置和裂纹扩展方向、速度，找出断裂原因和机理。

在扫描电镜下揭示出来的常见断口微观特征有以下几种：

1. 显微孔穴聚集形成的韧窝

当韧性断裂是以微孔聚集型进行时，在电镜下断口呈现出韧窝形态。显微孔穴可以在晶界、亚晶界、第二相质点（碳化物、沉淀物等）和夹杂物的界面处形核，也可以在显微疏松、微裂纹等缺陷处产生。随着应力的增加，微孔长大、聚集而形成连续的裂纹，直至断裂。韧窝形态见图 10-21。

在韧窝中心常有夹杂物或第二相质点。韧窝的形状主要取决于所受的应力状态，最基本的韧窝形状有等轴韧窝、撕裂韧窝和剪切韧窝，后两种呈方向性，又称拉长韧窝，见图 10-22。

 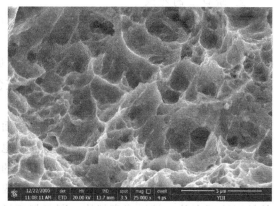

图 10-21　45CrNiMoVA 拉伸韧窝断口　　　　图 10-22　螺钉疲劳中断区韧窝断口

韧窝的大小和深浅，决定于材料断裂时微孔形核的数量、材料的塑性和试验温度，通常韧窝越大越深，材料的塑性越好。如果微孔形核位置多，或材料韧性差，则断口上形成的韧窝尺寸较小也较浅；反之韧窝较大也较深。

应该指出的是：微孔聚集型的韧窝断裂一定有韧窝存在，但在微观形态上出现韧窝的断口，其宏观上不一定就是韧性断裂。

2. 撕裂棱

撕裂的产生伴随着撕裂棱的形成，典型的撕裂棱很尖锐，在扫描电镜图像中反映鲜明。

3. 解理断口

解理断裂是金属在正应力作用下沿着一定晶面发生的一种低能断裂，断裂往往是脆性穿晶型的，断裂时分离的晶面叫解理面，但有时断裂也可沿滑移面或孪晶面分离，解理断裂形成的断口叫解理断口。典型的解理断口有以下几个重要特征，即：河流花样、解理台阶、舌状花样、鱼骨状花样和二次裂纹，其中河流花样是主要形貌，河流条纹的流向即为裂纹扩展的方向。解理断口形貌见图10-23。

4. 准解理断口

准解理断裂是解理断裂的一种变态，微观形态处于解理断口与韧窝断口之间，既具有解理断口形态特征——河流花样，又有韧性断口特征——韧窝、撕裂棱等，见图10-24。它主要在回火马氏体中出现，有时也在贝氏体中出现。

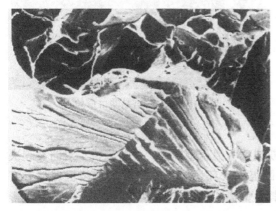

图 10-23　解理断口形貌　1000×

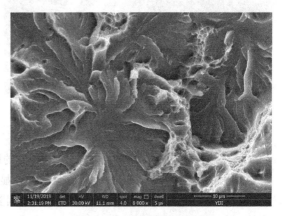

图 10-24　准解理断口形貌

和解理相比，准解理有以下几个特征：

1）准解理平面比回火马氏体的尺寸大得多，它相当于淬火前的原始奥氏体晶粒度。

2）准解理平面的位向并不与铁素体基体的解理面严格对应，不存在确定的对应关系，这也是准解理这个名词的由来。

3）准解理裂纹比解理裂纹的扩展路程要不连续得多，常在局部形成裂纹并扩展。

4）准解理裂纹源常在准解理平面的内部形成，而解理裂纹源则在解理面的边界上形成。

5）准解理平面上有许多撕裂棱，它是由许多单独形成的裂纹相互连接时撕裂而形成的，因此准解理包含有更多的撕裂棱。

5. 疲劳辉纹

疲劳辉纹是裂纹在每次负荷循环时留下的痕迹，疲劳辉纹的间距大小与应力大小有关，一般在裂纹扩展初期间距较小，而后逐渐加大。疲劳辉纹形貌见图10-25。

疲劳辉纹与宏观的疲劳条带和贝壳状花样不同，每一条辉纹都对应一次负荷循环，条纹的距离是负荷每次循环时裂纹扩展的进程。而贝纹则为机械构件在宏观应力改变时留下的痕迹。

6. 沿晶断裂

沿晶断裂就是晶界分离，它可以是突然的脆性断裂，或者是在晶界面上脆断加显微孔穴聚集。鉴别沿晶断裂是通过存在分开的晶粒小面的多少，如果这种晶面构成了断口的绝大部分，就可以认为是主要断裂机理，当断裂沿晶发展时，河流花样完全消失，很容易鉴别出三个晶界相交的交点。沿晶断口形貌见图 10-26。

沿晶断裂一般是由于热激活杂质偏析，使晶粒沿平滑的界面分开所致，如在过热、过烧、氢脆的情况下会发生沿晶断裂；应力腐蚀开裂也会造成沿晶断裂。

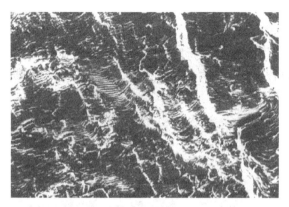

图 10-25 疲劳辉纹形貌 5000×

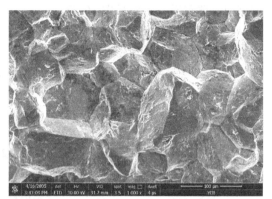

图 10-26 沿晶断口形貌

7. 混合型断裂

两个或两个以上断裂机理共同作用产生的断裂称为混合型断裂。一般来说，对断裂起决定性作用的常见因素（如应力状态、载荷、显微组织及环境等）对主要的断裂机理都有有利作用，而局部断裂机理是会被这些常见因素的偏离以及局部晶粒取向的综合作用所影响的。

具有代表性的混合断裂情况有以下几种：

1）解理+显微孔穴聚集。

2）解理+撕裂。

3）解理+疲劳条带。

4）解理+沿晶断裂。

5）显微孔穴聚集+撕裂。

6）显微孔穴聚集+沿晶断裂。

7）撕裂+疲劳条带。

8）撕裂+沿晶断裂。

9）疲劳条带+沿晶断裂。

四、常见断口分析

（一）疲劳断口分析

在交变应力条件下形成裂纹并断裂，由此而形成的断口称之为疲劳断口。疲劳断口一般有三个区域：疲劳裂纹源区、疲劳裂纹扩展区和瞬时断裂区。典型疲劳断口的宏观形貌见图 10-27。

图 10-27 光学疲劳断口宏观形貌

1. 疲劳裂纹源区

疲劳裂纹源区通常指断面上疲劳弧线的曲率中心点或疲劳花样放射源的中心点。疲劳源是疲劳破坏的起点，一般发生于表面，但如果内部存在严重缺陷，如脆性夹杂物、空洞、微裂纹、成分偏析等，也会发生在构件内部；疲劳源可能是一个或多个，尤其是过载疲劳，由于应力大，断口上常出现多个疲劳源。

2. 疲劳裂纹扩展区

疲劳裂纹扩展区常表现出海滩状花样（贝纹线），见图 10-28，这些条纹是裂纹前沿线扩展时留下的痕迹，从疲劳源开始向四周推进，并与裂纹的宏观扩展方向垂直。

海滩状花样与循环加载的变化、环境的腐蚀条件、裂纹尖端的应力集中有关；见纹线的间隔记录了裂纹扩展速率和循环经历。细小和均匀间隔的海滩线是在载荷变化较小且均匀循环的加载条件下因裂纹缓慢扩展而形成的。

图 10-28 疲劳断口上的贝纹线

3. 瞬时断裂区

瞬时断裂区也称最后断裂区，是疲劳裂纹达到一定尺寸后，构件有效受力面积减小，使构件不能承受逐渐增大的应力而快速断裂，其特征与静载荷下的快速破坏区相似，可以出现放射花样和剪切唇。对于脆性材料，此区为结晶状的脆性断口；而对于塑性材料，它是纤维状的韧性断口，有剪切唇。

从瞬时断裂区的大小和位置能够判断构件所受载荷的大小。一般来说，瞬时断裂区的面积越大，越靠近中心，则过载荷程度越大或材料越脆；相反则过载荷程度小。

构件在交变扭转载荷作用下，可能会产生一种特殊的扭转疲劳断口——锯齿状断口或棘轮状断口。锯齿状断口是在双向交变扭转应力作用下产生的，棘轮状断口一般是在单向交变扭转应力作用下产生的。图 10-29 为各种类型的弯曲疲劳、旋转疲劳和扭转疲劳的断口形态示意图，它表明了载荷类型、应力大小和应力集中等因素对断口形态的影响。

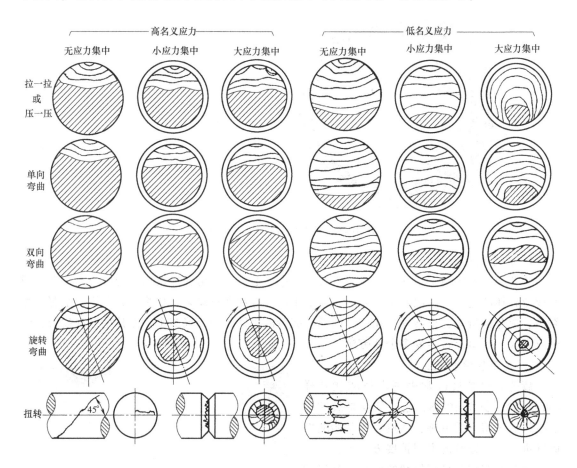

图 10-29　各种类型的疲劳断口形态示意图

比较各种类型的断口可以发现：

在其他条件相同的情况下，与低应力相比，高应力的最后断裂区面积较大，疲劳源区有台阶和线痕（或表面比较粗糙，缺乏光泽），疲劳线的密度小。

单向弯曲和双向弯曲相比，单向弯曲的疲劳源只有一个，而双向弯曲的疲劳源有两个，最后断裂区的形状也不同。

单向弯曲和旋转弯曲相比，旋转弯曲的最后断裂区和疲劳源的相对位置发生偏转，最后断裂区并不在疲劳源的直径方向上，而是向旋转的相反方向偏转一定角度，这是由于迎合转动方向的疲劳裂纹发展较快造成的。

无应力集中（无缺口）与小应力集中（钝缺口）相比，小应力集中起始疲劳线比较平坦，最后断裂区的形状也有所不同。

钝缺口与尖锐缺口相比，尖锐缺口的起始疲劳线更平坦，最后断裂区的弧度更小，甚至有可能被疲劳区包围。

在高应力尖锐缺口的情况下，沿圆周应力集中线同时产生许多疲劳源，进而形成大量的径向台阶，疲劳线基本上呈圆形，并不断向中心扩展，最后断裂区呈同心圆形状。由于高应力的缘故，最后破坏区的相对面积较大。

（二）韧性断口分析

断裂前发生明显宏观塑性变形而形成的断口称之为韧性断口。韧性断裂是一个比较缓慢的过程，在断裂过程中需要不断地消耗能量，并伴随着大量的塑性变形。

1. 静载荷下的断口形态

静载荷下的韧性断口通常可分为三个区域，即纤维区、放射区和剪切唇区，称为断口的三要素。光滑试样在理想情况下的拉伸断口示意图见图 10-30，实物拉伸断口的宏观照片见图 10-31。

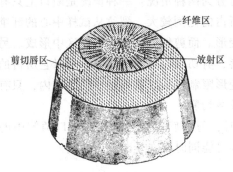

图 10-30　光滑圆柱试样典型拉伸断口区域　　图 10-31　18Cr2Ni4WA 钢淬火+低温回火拉伸断口

（1）纤维区　纤维区位于断口的中央，是材料处于平面应变状态下发生的断裂，呈粗糙的纤维状，属正断型断裂。在正应力作用下，光滑试样由于缩颈而产生三向应力，其中沿最小截面处的中心轴向拉应力为最大。这些三向应力对于裂纹的产生具有很大的影响，某些非金属夹杂物、渗碳体或某些其他第二相质点、缺陷，将促进裂纹的形成。因此，裂纹便在这些地方形核、长大。纤维区所在的宏观平面（即裂纹扩展的宏观平面）垂直于拉伸应力方向。在通常情况下，裂纹源位于纤维状区的中心部位，因此找到了纤维区的位置就可确定裂源的位置。另一方法是利用放射区的形貌特征，在一般条件下，放射条纹收敛处为裂纹源位置。

（2）放射区　放射区的特征是放射花样，放射线发散的方向为裂纹扩展方向。纤维区和放射区的交界线标志着裂纹由缓慢扩展向快速不稳定扩展转化。随着从缓慢裂纹扩展到快速或失稳裂纹扩展的变化，产生了与裂纹主要扩展方向相一致的放射花样，从纤维区的周围放射出来，若没有纤维区，即裂纹直接失稳扩展的情况下，则从裂纹源放射出来。放射花样纹缕的粗细取决于材料的性能、微观结构及试验温度等。如具有回火马氏体组织的高强度钢断口的放射花样是细的；相反，具有索氏体组织的中强度钢在室温或接近室温断裂的断口具有较粗的放射花样。但是，随着试验温度的降低，在相同钢的断口上，会出现较粗放射花样突然转变成为细放射花样的变化。

放射花样的形成是在裂纹达到临界尺寸后进行快速低能量撕裂的结果。这时材料的塑性变形量很小，表现为脆性断裂，但在微观局部区域仍有很大塑性变形，所以放射花样是剪切型低能量撕裂的一种标志。

放射区花样又可以分为"放射纤维"和"放射剪切"两种形态。一般说来，"放射纤维"形态的放射花样总是很直的，它与裂纹源的位置和放射线的大小无关。但"放射剪切"

形态的放射线却不一定是直的，只有当裂纹源在试样的中心或当放射线比较细时才是直的，否则就变得弯曲，以使放射花样伸向外表面的距离最短。发生弯曲的放射线往往属于裂纹中心距外表面较远一侧的放射线。如果是板材构件，断口上放射区的宏观特征为"人"字纹，其反方向为裂纹的扩展方向，见图 10-32。

（3）剪切唇区　剪切唇表面较光滑，与拉伸应力呈 45°角，属切断型断裂。它是平面应力状态下发生的快速不稳定扩展。剪切唇在断裂的最后阶段形成，它是由靠近样品自由表面的平滑环形区域所组成，在剪切唇区域中，裂纹扩展也是快速的，但它是一种剪切断裂。在一般情况下，剪切唇大小是应力状态及材料性能的函数。

根据剪切唇的大小及在断口上所占的位置，可分为两种情况：一种情况是断口上只有纤维区和剪切唇两个区域，这时剪切唇在断口表面所占的比例较大。裂纹从试样中心的纤维区向外扩展时，裂纹外侧整个区域都有很大的塑性变形。而剪切唇就在该塑性区中形成。另一种情况是，断口上同时有纤维区、放射区和剪切唇，剪切唇与放射区相邻，这时它所占的比例较小。因为裂纹在放射区中快速扩展时，塑性变形限制在裂纹前端很小的区域内，只有当塑性变形区随裂纹扩展至临近试样表面时，才形成剪切唇。

如果断裂过程相对于试样断口来说完全对称时，剪切唇仅存在于试样断口两侧中的一侧，呈杯状，另一侧呈锥状；当不对称时，剪切唇可能同时存在于断口的两侧。

2. 影响断口形态的因素

上文分析了静载荷下光滑圆柱试样的拉伸断口形态。但是当试样的形状和尺寸、材料的强度和塑性、试验温度及加载速度、受力状态发生变化时，断口三个区域的形态、大小和相对位置都要发生变化。

（1）试样的形状、尺寸的影响　根据试样形状的不同，分为三种试样进行分析：

1）光滑圆柱试样：图 10-33 是 42CrNiMo 钢试样直径对断口三个区域的影响。随着试样直径从小到大的变化，则放射区径向尺寸增大较快，剪切唇稍有增加，而纤维区几乎不变。可见，对于同种材料，其裂纹失稳扩展的临界尺寸几乎是一定的。

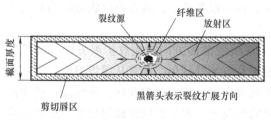

图 10-32　人字纹反方向指向裂纹扩展方向

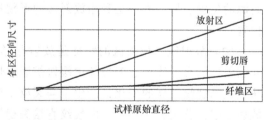

图 10-33　试样尺寸对断口三个区域的影响

2）缺口圆柱试样：对于这一类试样，通常裂纹源位置是在缺口处或接近缺口处，因此裂纹从表面向心部扩展。图 10-34 是断口各区的相对位置和裂纹扩展方向的图解，其最后破坏区比其他区域要粗糙得多，这是由于裂纹向心部扩展后，心部应力已由三向应力状态变为平面应力状态而发生韧性破坏的缘故。如果缺口比较钝，裂纹源有可能在试样的心部形成，但受试样表面缺口的约束，剪切唇会受到很大限制，甚至不存在剪切唇。

当裂纹扩展不对称时，断口表面形态变得更为复杂，见图 10-35。

3）矩形试样：无缺口的平板矩形拉伸试样，其断口也有三个区域，但是由于几何形状和圆柱试样不同，使其心部纤维区变成椭圆形，而放射区则变成"人"字形花样，"人"字

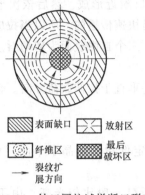

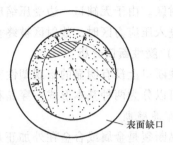

图 10-34 缺口圆柱试样断口形态　　　　图 10-35 裂纹不对称扩展时断口形态

形花样的尖端指向裂纹源，最后断裂区为剪切唇，断口表面形态见图 10-36。但实际断口的"人"字形花样并不是直线状的，而是弯曲的，它由一系列从板的中心向外发射的撕裂脊线组成。

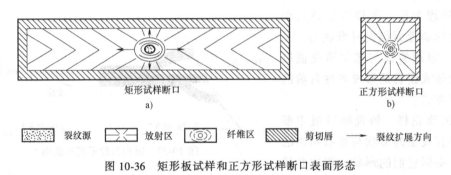

图 10-36 矩形板试样和正方形试样断口表面形态

　　矩形试样的尺寸效应与圆柱试样相同，但影响较显著，随着试样厚度的增加，放射区尺寸也增大，对于已相当薄的试样，可以得到全部是剪切唇的断口。

　　矩形试样的缺口效应与圆柱试样相同，由于缺口和表面缺陷的存在，裂纹源的位置会发生变化。

　　（2）材料强度的影响　在温度相同时，随着材料强度的增加，纤维区缩小，即临界裂纹尺寸减小，放射线由粗而不规则变为细而规则，断口比较平齐。

　　对于缺口圆形试样，如缺口尖锐，剪切唇可能消除，这时随强度的增加，放射区尺寸增大。如缺口较钝，裂纹源可能在试样的心部，剪切唇比无缺口试样要小。

　　（3）试样温度的影响　改变温度，断口各区的大小将发生明显变化。在较高温度下，断口可能是全剪切唇或纤维区+剪切唇，放射区消失。降低试验温度，纤维区或剪切唇减少，而放射区增加。

　　对于缺口圆形试样，断裂源在缺口根部时剪切唇消失。基本上随着试验温度的降低，纤维区缩小，放射区增大。

　　温度对冲击断口各区的大小有显著影响。随着试验温度的降低，纤维区的面积突然减小，而放射区面积突然增大，这表示材料由塑性状态迅速转变为脆性状态。这个转折温度即为脆性转化温度。

（4）加载速度的影响　以冲击断口为例，裂纹源在缺口附近形成，然后依次形成纤维区、放射区。由于无缺口一边受压缩应力作用，而裂纹又是快速传播的，所以当拉应力区的放射区进入压应力区时，放射区被终止，而再出现纤维区，三个自由表面为剪切唇。

（三）脆性断口分析

脆性断口上没有明显的宏观塑性变形，断口相对平齐并垂直于拉伸载荷方向。金属的脆性断裂可以分为两种基本形式：穿晶和沿晶。

1. 穿晶脆断

穿晶断裂是金属或合金在外加正应力作用下沿某些特定低指数结晶学平面（解理面）发生的一种低能断裂现象。

穿晶脆断裂纹扩展是沿晶粒内部某些晶面劈开的，断口一般比较光亮，由于被劈开的晶面是完整的表面，当光线照在这些晶面上时就反射出闪闪的亮光。被劈开的面称为解理面，这个面常常是晶体内原子排列密度较大的晶面，因为它的晶面间原子结合力最差，所以当受力时这个面最容易劈开。解理断口的微观特征有解理台阶、河流花样和"舌头"花样等。

1）解理台阶。解理台阶是两个不同高度的解理面相交时形成的，见图10-37。解理裂纹与螺位错交截以及次生解理或撕裂是形成解理台阶的两种主要方式。

2）河流花样。解理断口最主要的特征是其线条的形状与水系网络的相似性，根据它们的形状，把这些线

图 10-37　解理台阶形成示意图

条称为河流花样。它们的产生源于裂纹扩展并不局限在单一的平面内，而是偏离一个平面扩展到邻近的平面上去了，或者这些解理面碰到组织缺陷而分离成若干部分，最终的结果是出现一系列平行且同时扩展的裂纹，这些裂纹通过它们之间金属条带的断开面相互连接。因此，所谓"河流"实际上是一些台阶，它们把不同裂纹连接起来。

3）"舌头"花样和"鱼骨状"花样。在体心立方和密排六方结构金属中存在着机械孪晶，或者是更常见的情况——在变形过程中生成孪晶。裂纹前沿遇到孪晶时，会以孪晶和基体分离的方式而偏离原来的扩展方向，结果是形成"舌头"花样。解理舌也是解理断裂的典型特征之一。有时裂纹前沿和孪晶的相互作用会产生另外一种花样——"鱼骨状"花样。

2. 沿晶脆断

多晶体沿不同取向的晶粒界面分离所形成的断口称为沿晶断口。沿晶脆断断口一般呈暗灰色，一般情况下是晶界上有夹杂物、沉淀物聚集、成分偏析、晶间腐蚀、过烧等原因导致晶界结合力降低，当低于晶内结合力时，裂纹沿晶界扩展。

按断口表面的形态，沿晶断口分为两类：一种是常见的沿晶分离，断口呈现出不同程度的晶粒多面体外形的"岩石状"花样或"冰糖状"花样，晶粒明显，且立体感强，晶界面上多显示光滑无特征形貌；另一种是沿晶韧窝断口，断口表面的晶界上有大量的小韧窝（有时显示为滑移特征），这是晶界显微空洞生核、长大、连接的结果，见图10-38。

图 10-38　焊接热裂纹导致的沿晶韧性断口

第五节　金属的腐蚀失效

金属或合金表面与外界介质（大气、水、各种酸、碱、盐的溶液等）直接发生化学反应或电化学反应而引起破坏的现象称为腐蚀。

金属构件发生腐蚀后不能发挥正常功能的现象，称为腐蚀失效。

一、金属腐蚀失效的类型

（一）按照腐蚀的机理分类

可将金属的腐蚀失效分为化学腐蚀失效和电化学腐蚀失效两大类。

1. 化学腐蚀

化学腐蚀是指金属表面与外界介质发生化学反应造成的腐蚀。其典型反应式为

$$3Fe+4H_2O \rightarrow Fe_3O_4+4H_2 \uparrow \tag{10-1}$$

这种反应不产生腐蚀电流，只有化学溶解或形成生成物，例如钢在高温下的氧化就属于化学腐蚀。在工业中可以利用化学腐蚀，在金属和介质相互作用表面形成一层化学反应生成物，新的物质结构致密、化学稳定性高、比容大于基体，将改变金属的电极电位或使电位具有钝化的特征，覆盖在零件表面，可以减缓或阻止进一步的腐蚀发生，有效地保护零件。

化学腐蚀可分为气体腐蚀和在非电解质溶液中的腐蚀两类。

气体腐蚀是指金属在干燥气体中（表面没有湿气冷凝）发生的腐蚀。一般指在高温时金属的氧化或腐蚀，例如枪、炮管内的热腐蚀、电触点表面上的电腐蚀等。

在非电解质溶液中的腐蚀是指金属在不导电的液体中发生的腐蚀，例如金属在有机液体（如酒精、石油等）中的腐蚀。

2. 电化学腐蚀

金属浸入液体（电介质）中，都要或多或少地析出金属正离子，这些金属正离子就会在金属周围形成一正电层，与此同时，留在金属上的多余电子则形成一负电层，这正、负电层之间必然存在一定的电位差，电子就会从电极电位低处流向电极电位高处，构成了微电池。显然，溶入溶液的金属离子越多，电位差就越大，这个电位差就称为金属的电极电位，

不同金属的电极电位是不同的。

金属在电介质中，不同金属之间、金属的不同相之间、同一相的晶界与晶内之间由于电极电位不同构成微电池，这种方式引起的腐蚀就是电化学腐蚀。

电化学反应分为两个过程：

（1）阳极过程　金属以水化离子的形式进入电解液，而把当量的电子留在金属中

$$Fe \rightarrow Fe^{2+} + 2e \tag{10-2}$$

（2）阴极过程　去极化剂吸收金属阳极过程中放出的剩余电子。当电解液中存在氧时

$$O_2 + 2H_2O + 4e \rightarrow 4OH^- \tag{10-3}$$

当电解液呈酸性时

$$H^+ + 2e \rightarrow H_2 \uparrow \tag{10-4}$$

在电化学腐蚀过程中，低电位的金属或相不断地被溶解，遭到腐蚀。电解腐蚀也是电化学腐蚀的原理，只是增加外界电流，在原有电极电位差的基础上促进腐蚀进程，因此电化学腐蚀的机理可以归纳为电池作用和电解作用。

电化学腐蚀的基本过程是当两种不同金属或具有多相组织的金属材料处于电介质（如潮湿空气、水及酸、碱、盐溶液）中时，由于它们具有不同的电极电位，电子便会从电极电位低处流向电极电位高处，因而低电位的金属或相就被不断地溶解，这个过程就是电化学腐蚀。

电化学腐蚀的特点是腐蚀过程中有电流产生，而腐蚀产物溶于电介质中，并不覆盖在金属表面，起不了保护作用，所以电化学腐蚀的速度要比化学腐蚀快得多，危害更大。

按照所接触的环境不同，可以把电化学腐蚀分为大气腐蚀、土壤腐蚀、接触腐蚀、缝隙腐蚀、应力腐蚀、腐蚀疲劳和其他条件下的腐蚀等类。

（二）按照腐蚀的破坏特征分类

可将金属的腐蚀分为三大类：均匀腐蚀、局部腐蚀和腐蚀断裂。

1. 均匀腐蚀

也称全面腐蚀或普通腐蚀，是指腐蚀均匀地分布在整个金属的表面上，由于腐蚀使零件受力的有效截面减少而破坏。金属的全面腐蚀有化学溶解腐蚀，更主要的是电化学腐蚀。金属在各种腐蚀介质有不同的适应性，因此各种金属有不同的抗全面腐蚀能力。在铬镍含量相当的不锈钢中，一般奥氏体不锈钢的耐蚀性最好，铁素体不锈钢次之，马氏体不锈钢最差。

2. 局部腐蚀

其腐蚀作用仅局限在一定的区域内。与金属的均匀腐蚀比较，金属的局部腐蚀危害性较大。金属的局部腐蚀的类型很多，主要有点腐蚀、缝隙腐蚀、晶间腐蚀、应力腐蚀、腐蚀疲劳、空泡腐蚀、选择性腐蚀等。

3. 腐蚀断裂

金属材料在受到腐蚀物质作用的同时又受到应力的作用，最后导致零件或构件的断裂。如应力腐蚀断裂、腐蚀疲劳断裂、微振疲劳断裂等。

二、常见金属腐蚀失效的特征及形成条件

（一）均匀腐蚀

1. 失效特征

均匀腐蚀的特征是腐蚀减薄、均匀、面积大。

2. 导致失效的条件、应力及失效过程

环境介质的物理、化学和电化学条件及金属表面状态、化学成分、组织结构是均匀的，不构成局部腐蚀电池，而构成了无数的微电池。腐蚀分布在整个金属表面，结果使金属构件截面尺寸减小，直至完全破坏。纯金属以及组织成分均匀的合金在均匀的介质环境中表现出这类腐蚀形态，如钢铁在普通的大气和水溶液中所发生的腐蚀、锌在稀硫酸中的溶解等。

由于材质及环境不可能绝对均匀，金属构件实际上不可能被绝对均匀地腐蚀，因此一般把金属构件比较均匀的腐蚀过程也算作均匀腐蚀。以平均腐蚀速率表示腐蚀进行的快慢。工程上常以单位时间内腐蚀的深度表示金属的平均腐蚀速率，即金属构件的厚度在单位时间内的减薄量。

(二) 点腐蚀

产生于金属表面向内部扩展的点坑，即空穴的局部腐蚀称为点腐蚀，又称点蚀、孔蚀或小孔腐蚀，是在金属构件表面出现个别孔坑或密集斑点的腐蚀。

1. 失效特征

点蚀发生后的蚀孔直径很小，且通常沿重力方向发展。直至发展到穿孔，表面上呈麻点状，坑口覆盖着腐蚀产物。坑口形状有半球形、椭圆形、杯形、袋形、深窄形或浅宽形、复合形状等。点蚀孔的形貌主要受腐蚀物和腐蚀产物在蚀孔及周围介质之间交换时所存在的条件所控制。

2. 导致失效的条件、应力及失效过程

金属表面的不均匀性如表面缺陷、夹杂和划痕等是点腐蚀的发源地，介质中的卤族元素和氧化剂同时存在时有利于点腐蚀的形成和发展，点腐蚀易在介质滞留的区域发生。在金属表面局部缺陷（如伤痕、露头、位错、内部夹杂、晶界异相沉积）处形成点蚀源，并在化学腐蚀和电化学腐蚀的共同作用下，孔蚀沿重力方向或横向发展，严重时可腐蚀穿透金属。不锈钢和铝合金等材料在介质中含有 Cl^- 时容易产生点腐蚀，如在海水、工业水或含 Cl^- 的循环冷却水中常发生点蚀。

(三) 缝隙腐蚀

缝隙腐蚀是指由于金属表面与其他金属或非金属表面形成狭缝或间隙，在狭缝内或近旁发生的局部腐蚀，也称沉积物腐蚀或垫片腐蚀。由于金属之间或金属与非金属之间形成的缝隙很小，使缝隙内介质处于静滞状态，从而引起缝内金属加速腐蚀。

1. 失效特征

缝隙内局部加速腐蚀，且呈麻坑式蚀坑；缝隙外无腐蚀，或腐蚀甚微。

2. 导致失效的条件、应力及失效过程

金属与金属或者金属与非金属结构形成缝隙，其宽度（一般在 0.025mm~0.1mm）足以使电解质溶液进入缝隙，而又使溶液得以停滞在缝隙内，此时造成缝隙内某些阴离子浓集形成活化-钝化电池，同时 H^+ 增加使缝内酸度增高，从而加剧了腐蚀；大多数金属都会发生缝隙腐蚀，易钝化金属材料对缝隙腐蚀更敏感；几乎所有腐蚀介质（包括淡水）都能引起缝隙腐蚀，尤以有气泡的含活性阴离子的中性介质最易发生。通常钝性金属在含 CL^- 的介质中尤易发生缝隙腐蚀。在法兰盘与垫圈的接触面上、换热器管板与列管连接等处易发生缝隙腐蚀。漆膜下的丝状腐蚀也属于缝隙腐蚀。

(四) 晶间腐蚀

晶间腐蚀是指构件或金属材料的晶界及其邻近部位优先受到腐蚀，而晶粒本身不被腐蚀或腐蚀很轻微的一种局部腐蚀，也称晶界腐蚀。

金属构件的晶间腐蚀不仅降低力学性能，而且由于难以发现，易于造成突然失效。

不锈钢的晶间腐蚀比普通碳钢及低合金钢更普遍。奥氏体不锈钢的晶间腐蚀问题，曾一度成为使用这类钢材的严重障碍，但经过几十年的努力，对晶间腐蚀问题的了解已较深入，并有了控制其扩展的方法，晶间腐蚀失效已经大大减少。

晶间腐蚀中一种特殊但较为常见的形式是剥落腐蚀，简称剥蚀，有时也称之为层状腐蚀。形成这类腐蚀应满足下列条件：适当的腐蚀介质、合金具有晶间腐蚀倾向、合金具有层状晶粒结构、晶界取向与表面趋向平行。铝合金中的 Al-Cu-Mg 系、Al-Zn-Mg-Cu 系和 Al-Mg 系合金具有比较明显的剥蚀倾向。

1. 失效特征

发生晶间腐蚀后金属外形尺寸几无变化，仍有金属光泽，但强度及塑性显著下降，出现微裂纹，丧失金属声音。金相观察：晶粒间不结合，裂纹沿晶发展，甚至晶粒脱落。

铝合金板材及模锻件制品因其加工变形的特点，晶粒沿变形方向展平，并且与制品表面接近平行。在适当的介质中形成剥蚀时，由于腐蚀产物 $AlCl_3$ 或 $Al(OH)_3$ 的比容大于基体金属，随着腐蚀过程的进行和腐蚀产物的积累，晶界受到正应力，这种楔入作用使金属成片地沿晶界剥离。

2. 导致失效的条件、应力及失效过程

由于晶界原子排列较为混乱，缺陷多，晶界容易吸附 S、P、Si 等元素及晶界容易产生碳化物、硫化物、σ 相等析出物，这就导致晶界与晶粒本体化学成分及组织的差异，在适宜的环境介质中可形成腐蚀原电池，晶界为阳极，晶粒为阴极，因而晶界被优先腐蚀溶解。由于晶界上存在着杂质元素或析出相，晶界与基体晶粒间存在着电位差，在晶界上导致选择性溶解造成腐蚀。敏化处理后的奥氏体不锈钢或焊接的热影响区在腐蚀溶液中均可发生晶间腐蚀。

(五) 应力腐蚀

金属构件在静应力和特定的腐蚀环境共同作用下所导致的脆性断裂称为应力腐蚀断裂。

应力腐蚀开裂与单纯由机械应力造成的破坏不同，它在极低的应力水平下也能产生破坏；它与单纯由腐蚀引起的破坏也不同，腐蚀性极弱的介质也能引起应力腐蚀开裂。因此，它是危害性极大的一种腐蚀破坏形式。从全面腐蚀角度看，应力腐蚀开裂是在耐腐蚀的情况下发生的，细小的裂纹会深深地穿进构件之中，构件表面没有变形预兆，仅呈现模糊不清的腐蚀迹象，而裂纹在内部迅速扩展致突然断裂，容易造成严重的事故。

1. 失效特征

断裂是脆性的，裂纹可以是穿晶、沿晶或混合型的，应力是拉应力，裂纹易于点蚀或缝隙腐蚀处诱发。图 10-39 为应力腐蚀裂纹的显微形貌示意图。

金属应力腐蚀裂纹（SCC）的显微形貌主要有两种，一种是裂纹既有主干又有分支，貌似没

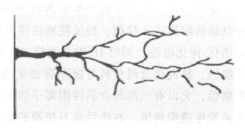

图 10-39　应力腐蚀裂纹显微形貌

有树叶的树干和枝条；另一种是单支的，少有分叉。前者多见于阳极溶解型的应力腐蚀开裂，尤其是奥氏体不锈钢构件在温度较高的含氯离子的氯化物溶液中的穿晶型应力腐蚀开裂；后者多见于氢致开裂型应力腐蚀开裂，高强钢构件在中性水溶液中由于阴极析氢进入钢中及应力作用，最容易出现沿晶型的应力腐蚀开裂。

2. 导致失效的条件及失效过程

金属构件发生应力腐蚀开裂必须同时满足材料、应力、环境三个特定条件。

（1）材料 纯金属不发生应力腐蚀破坏。但几乎所有的合金在特定（敏感）的腐蚀环境中，都会引起应力腐蚀裂纹。添加非常少的合金元素都可能使金属发生应力腐蚀，如纯度99.99%的铁在硝酸盐中不发生应力腐蚀，但若含有质量分数0.04%的碳，则会引起应力腐蚀。

（2）应力 引起金属构件应力腐蚀开裂的应力是静拉应力，且一般是低于材料屈服强度的拉应力，应力越大发生开裂所需的时间越短。

（3）环境 金属构件应力腐蚀只发生在特定的腐蚀介质中，即对于一定的金属材料，需要有一定特效作用的离子、分子或络合物才会导致构件的应力腐蚀断裂。甚至有时，即使它们的浓度很低也可以引起应力腐蚀断裂。如黄铜在含氨的气氛中极易发生应力腐蚀，而奥氏体不锈钢在氯化物溶液中容易发生应力腐蚀。

（六）腐蚀疲劳

金属材料在交变载荷及腐蚀介质的共同作用下所发生的腐蚀失效现象是腐蚀疲劳。发生腐蚀疲劳的金属构件的应力水平或疲劳寿命较无腐蚀介质条件下的纯机械疲劳要低得多。由于金属构件实际工况很少有真正的静载，也很少有真正的惰性环境，故发生腐蚀疲劳的情况是很多的。

1. 失效特征

腐蚀疲劳常由腐蚀裂纹、点蚀坑及其他蚀坑底部引起，腐蚀疲劳裂纹往往是多源的，穿晶或沿晶扩展，很少分叉。断口表面多有腐蚀产物，断口呈脆性特征，且呈圈状发展，断口微观观察可见裂纹扩展的疲劳辉纹，并带有腐蚀的特征，如腐蚀点坑、泥状花样。

2. 导致失效的条件、应力及失效过程

腐蚀疲劳是处于腐蚀介质中的金属材料在交变应力作用下产生的疲劳断裂，一般没有疲劳极限。孔蚀或其他局部腐蚀造成缺口、缝隙，引起应力集中，造成滑移。滑移台阶的腐蚀溶解使逆向加载时表面不能复原，成为裂纹源；反复加载使裂纹不断扩展，腐蚀作用使裂纹扩展速度加快。在交变应力作用下，滑移具有累积效应，使表面膜更容易遭到破坏，从而加速失效进程。

（七）氢腐蚀

氢与钢的化学作用引起的损伤称为氢腐蚀。氢对金属的作用往往表现在使金属产生脆性，因而有时把金属的氢损伤统称为氢脆。

氢与钢的化学作用主要是氢与钢中碳化物等第二相反应生成甲烷等气体。氢分子和甲烷分子的体积比氢原子大得多，形成后被封闭在钢材的微隙中，逐渐形成高压，高压作用使微隙壁萌生裂源直至发展成裂纹，最终钢材的力学性能下降而导致构件丧失承载能力。

1. 失效特征

脆性断口，有沿晶和穿晶型，断口表面上常带有鸡爪型花样、撕裂棱还有韧窝，往往呈大韧窝套小韧窝的形貌。

2. 导致失效的条件、应力及失效过程

在拉应力与腐蚀介质的共同作用下，阴极还原的氢扩散到裂纹尖端，渗入金属内部，受拉应力作用时，裂纹萌生、扩展、断裂。常在高强度、超高强度钢或铝合金、钛合金中发生，特别是在清洗和电镀后容易产生，这是由于环境中的 H^+ 吸附在金属表面上，还原成 H 原子后渗透到金属中去从而在金属内部引起脆性断裂。

三、金属腐蚀的防护

一般来说，金属（固溶体）的电极电位总是比其他化合物的电极电位低，所以在腐蚀过程中，金属（固溶体）总是作为阳极而被腐蚀，提高铁的电极电位，就可以提高其耐蚀性。而铁在自然界中存在的状态是 Fe_2O_3 和 Fe_3O_4，氧化铁比纯铁自由能低，钢铁材料在自然界中的腐蚀具有自发的趋势，因此，即使在大气中一般碳钢和低合金钢也要产生腐蚀。不仅如此，现代工业设备要在含酸、碱、盐的介质中工作，或者在腐蚀性的溶液及气氛中工作，腐蚀现象更为严重。因此腐蚀是很普遍存在的问题，据统计，每年全世界大约有 15% 的钢铁材料在腐蚀中失效，腐蚀不仅消耗大量钢材，还降低机器设备的精度，缩短机器设备的寿命，导致多种失效事故的发生，人类在不断研究具有耐腐蚀性能的不锈钢材料。

当今人们已经研究出许多提高金属耐蚀性的方法，通常采用的方法主要有金属表面覆盖保护层、改变金属内部组织结构和电化学保护法等。

（一）金属表面覆盖保护层

主要原理是隔绝金属与外界空气、电解质溶液的接触。如：油漆、油脂及各种镀层、涂层等的保护。

（二）改变金属内部组织结构

1）向钢中加入合金元素（主要是铬、镍），提高钢中铁素体的电极电位，降低铁素体与其他相之间形成微电池的电极电位差。

2）向钢中加入合金元素（如铝、硅等），使钢表面形成致密的氧化物保护膜（Al_2O_3、SiO_2 等）。

3）向钢中加入合金元素（如钛、铌等），能优先与碳结合生成碳化物（TiC、NbC 等），避免含铬碳化物的生成，保证耐蚀性不至于降低。

4）采用合理的热处理工艺，减少和消除钢中存在的应力及成分的不均匀性，得到均匀一致的单相组织，尽量减少微电池对数或避免形成微电池。

（三）电化学保护法

电化学保护法是根据电化学原理在金属设备上采取措施，使之成为腐蚀电池中的阴极，从而防止或减轻金属腐蚀的方法。

1. 牺牲阳极保护法

牺牲阳极保护法是用电极电势比被保护金属更低的金属或合金做阳极，固定在被保护金属上，形成腐蚀电池，被保护金属作为阴极而得到保护。牺牲阳极一般常用的材料有铝、锌及其合金。此法常用于保护海轮外壳，海水中的各种金属设备、构件和防止巨型设备（如贮油罐）以及石油管路的腐蚀。

2. 外加电流法

将被保护金属与另一附加电极作为电解池的两个极，使被保护的金属作为阴极，在外加的直流电的作用下阴极得到保护。此法主要用于防止土壤、海水及河水中金属设备的腐蚀。

四、金属腐蚀的测试方法

（一）浸泡试验

是将试样以一定方式浸泡在实验室配制的溶液中或现场介质中，在达到规定的时间后取出，然后采用选定的测量方法进行评定。

浸泡试验可分为全浸、半浸和间浸试验。按试验条件可分为常温、恒温和沸腾三种；按评定方法可分为重量法、容量法、极化曲线法、线性极化法和电阻法五种。其中重量法比较常用。

常用的标准有：

JB/T 7901—2001《金属材料实验室均匀腐蚀全浸试验方法》，适用于评价金属材料全浸试验的均匀腐蚀性能。

GB/T 4334.6—2015《不锈钢5%硫酸腐蚀试验方法》，适用于测定含钼奥氏体不锈钢在浓度为5%的硫酸溶液中的腐蚀失重，以试验不锈钢耐均匀腐蚀性能。

GB/T 1733—1993《漆膜耐水性测定法》，适用于金属表面漆膜耐水性的测定。

（二）盐雾试验

盐雾试验是检验金属材料和镀层抗盐雾腐蚀性能和比较工艺特性的一个重要手段，是模拟沿海大气条件所进行的快速腐蚀试验。

盐雾试验的国家标准中包括三种方法：中性盐雾（NSS）、乙酸盐雾（AASS）和铜加速乙酸盐雾（CASS）。

常用的标准为GB/T 10125—2012《人造气氛腐蚀试验　盐雾试验》。

（三）晶间腐蚀测试评定

晶间腐蚀是指多晶金属材料在特定的腐蚀介质和条件下沿着（或主要沿着）晶粒间界所发生的一种化学腐蚀现象。304不锈钢表面晶间腐蚀的典型形貌见图10-40。

GB/T 4334—2020《金属和合金的腐蚀　奥氏体及铁素体-奥氏体（双相）不锈钢晶间腐蚀试验方法》标准中规定了晶间腐蚀的试验方法。

（四）点腐蚀测试评定

金属材料在某些环境介质中，经过一定的时间后，大部分表面不发生腐蚀或腐蚀很轻微，但在表面上个别的点或微小区域内出现蚀孔或麻点，

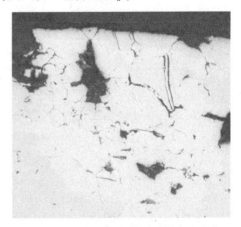

图 10-40　304 不锈钢表面晶间腐蚀形貌

且随着时间的推移，蚀孔不断向纵深方向发展，形成小孔状腐蚀坑，这种现象称为点腐蚀，简称点蚀，也叫小孔腐蚀或孔蚀。

主要方法：化学浸泡法和电化学测试法。

常用的标准为GB/T 17897—2016《金属和合金的腐蚀　不锈钢三氯化铁点腐蚀试验方法》，适用于评价不锈钢在6%三氯化铁溶液中的耐点蚀性能。

思 考 题

1. 什么是失效？最常见的失效形式分为几种类型？

2. 失效分析的一般步骤是什么？

3. 什么是断裂？什么是断口？常用的断口分析方法有哪些？

4. 简述韧性断口和脆性断口的特征。

5. 简述疲劳断口的三个区域及特征。

6. 简述断裂源的确定依据。

7. 什么是解理断口？解理断口的特征是什么？

8. 简述疲劳断口三个区域及特征。

9. 简述金属腐蚀的分类

10. 什么是晶间腐蚀？简述晶间腐蚀失效的特征。

第十一章

相关专业基础知识

第一节 金属熔炼与压力加工工艺

金属的熔炼就是为了获得化学成分和温度满足需求的液态金属，同时要求高效低成本。铸造属于液态金属成形工艺的一种，它是将液态金属浇铸到一个与零件形状和尺寸相适应的铸型型腔中，待其冷凝而获得毛坯或零件。锻造是金属塑性成形工艺的一种，它是利用外部的冲击力或压力使金属发生变形，从而获得所需形状及尺寸的锻件。

一、熔炼

（一）分类

根据装料的入炉状态分为热装和冷装两种：热装没有熔化期，冶炼时间短，生产率高，但需平炉、转炉或其他形式的炉子配合；冷装主要使用固体钢铁料或海绵铁等，由冷状态加热至钢液熔化。根据冶炼过程中的造渣次数分，有单渣法和双渣法。根据冶炼过程用氧与不用氧来分，有氧化法和不氧化法。根据氧化期供氧方式的不同，有矿石氧化法、氧气氧化法和矿、氧综合氧化法及氩、氧混吹法。冶炼方法的确定主要取决于炉料的组成以及对成品钢的质量要求。

（二）特点

（1）氧化法　氧化法冶炼的特点是有氧化期，在冶炼过程中采用氧化剂来氧化钢液中超标的 Si 、Mn、P 等元素及其他杂质。因此，该法虽然是采用粗料却能冶炼出高级优质钢，所以应用极为广泛。缺点是冶炼时间长，易氧化元素烧损大。

（2）不氧化法　不氧化法冶炼特点是没有氧化期，一般全用精料，如本钢种或类似本钢种的返回废钢以及软钢等，要求 P、S 等杂质含量越低越好，配入的合金元素含量应接近于成品钢规格的中限或下限。不氧化法冶炼可回收大量贵重合金元素并缩短冶炼时间。在缺少本钢种或类似本钢种返回废钢时，炉料中可配入铁合金，多用于冶炼高合金钢等钢种。

（三）钢的冶炼过程

钢的冶炼过程基本是装料、熔化、脱磷、脱碳去氢、脱硫、还原脱氧、合金化和调温出钢。

对于大型锻件和具有重要、特殊用途的零件，钢质的要求比普通零件更加严格，冶炼方法除了采用氧化熔炼外，还要进行还原精炼。传统冶炼方法的特点是在同一炉内进行，新兴冶炼方法的特点是将氧化熔炼和还原精炼分开，在两个装置或几个装置内分别进行，目前精炼技术有炉后钢包处理和二次精炼，钢包处理包括喷粉、喂线、真空除气、吹氩或电磁搅拌等；二次精炼包括桶式精炼、精炼炉、电渣重熔等。

氧化熔炼一般采用碱性电炉扩散脱氧法，熔炼时主要是脱磷和调温。还原精炼时主要是脱硫、脱气和合金化，在精炼过程中还可运用物理方法加强物理冶金作用，如吹氩气或电磁搅拌以提高非金属夹杂物上浮的速度，净化钢液并使之成分均匀；真空除气使钢液中的气体含量进一步降低。

二、铸造

(一) 砂型铸造——手工造型和机器造型

1. 手工造型

(1) 特点　比较灵活，适应性强，生产成本低，但生产率低，劳动强度大，铸件的质量较差。

(2) 应用　小批量、新产品试制、工艺装备的制作、机器的修理和重型复杂铸件。

2. 机器造型

(1) 特点　生产率高、铸件质量好，不受工人技术水平或情绪影响，易实现自动化，工作条件好；但成本高、准备时间长。

(2) 应用　适用于中、小型铸件成批或大批量生产。

(二) 特种铸造方法

特种铸造方法包括：熔模铸造、金属型铸造、压力铸造、低压铸造、离心铸造、陶瓷型铸造、磁型铸造。

1. 熔模铸造

熔模铸造是用易熔材料（如蜡）制成模样，在模样上包覆若干层耐火涂料，制成型壳，熔出模样后经高温熔浇即可浇注的方法。

(1) 过程　两次造型、两次浇注。

母模→压型→熔蜡→铸造单个蜡样→组合蜡样→结壳（多次浸涂料、撒砂、干硬)→加热脱蜡制成壳型→填砂造型、焙烧→浇注→落砂、清理→铸件。

(2) 特点　精度高：可达半精加工的精度（IT11～IT14，$Ra12.5～Ra3.2$)，因模样加工精确、逐个修理、无起模和合型；适应性强：适合各种金属材料铸造，特别是铸钢和耐热合金；不需起模，结构形状不限；生产率低：工序繁多、周期长。

(3) 应用　各种批量，主要用于高熔点金属材料和复杂结构的小零件。

2. 金属型铸造

金属型铸造是用重力浇注，将熔融金属浇入金属铸型获得铸件的方法。

(1) 金属铸型组成　底座、定型、动型、型芯、定位销。

(2) 过程（以垂直分型为例）　喷刷涂料→定位→锁紧→浇注→分型→取铸件。

(3) 特点　生产率高，一型多铸，凝固快，即取，连续生产，易实现自动化生产；精度较高，可达粗加工后的精度（IT12～IT16，$Ra25～Ra12.5$)；组织性能好，快冷，过冷度大，组织细密，性能比砂型铸件提高10%～20%；节省材料，但易产生铸造缺陷，如果金属流动性差易产生浇不足、冷隔，收缩应力大易产生裂纹，透气性差易产生气孔，冷却快易产生白口铸铁。

（4）应用　大批量、中小型、简单零件；多用于有色金属，很少用于钢铁材料。

3. 压力铸造

压力铸造是熔融金属在高压下高速充型，并在压力下凝固的铸造方法。

（1）压铸型组成　定型、动型（活塞、压室）及金属芯。

（2）过程　合型→浇注→压射→开型→顶出铸件。

（3）特点　生产率高，自动化生产，充型快（50 次/h～150 次/h，最高 500 次/h）；精度高，可达半精加工后的精度（IT11～IT13，$Ra6.3～Ra1.6$），不经加工可用；组织性能高，过冷度大且在压力下结晶组织更细密，性能比砂型提高 25%～30%，也比金属型性能好；但因透气性差，存在许多皮下小气孔，受热后铸件表面易突起或变形；压铸机贵重、投资大。

（4）应用　大批量；汽车、电子仪表等部门，一些均匀薄壁、形状复杂的零件，如气缸、化油器等；多用于有色金属。

4. 离心铸造

离心铸造是将熔融金属浇注到绕水平、倾斜或立轴旋转的铸型，在离心力的作用下凝固，成形的铸件中心线与旋转铸型轴线重合的铸造方法。离心铸造分为：立式（用于圆环件）和卧式（用于管材），铸型可以是金属型或砂型。

（1）过程　铸型旋转→浇注→定向凝固→分型、取件。

（2）特点　组织性能好，定向凝固的组织致密、性能优良；不易产生缩孔、气孔、夹杂等缺陷；成本低，设备简单，投资少；不需要造芯和开设浇、冒口，省工省料；铸件内孔尺寸不准确、表面也比较粗糙。

（3）应用　主要应用于各种圆筒状铸件的大批量生产，特别是内表面质量要求不高的铸件，但须增大加工余量来保证表面质量，例如铸铁管、滑动轴承。

三、锻压

锻压主要按成形方式和变形温度进行分类。锻压按成形方式可分为锻造和冲压两大类；按变形温度可分为热锻压、冷锻压、温锻压和等温锻压等。

1）热锻压是在金属再结晶温度以上进行的锻压。提高温度能改善金属的塑性，有利于提高工件的内在质量，使之不易开裂。高温还能减小金属的变形抗力，降低所需锻压机械的吨位。但热锻压工序多，工件精度差，表面不光洁，锻件容易产生氧化、脱碳和烧损。

2）冷锻压是在低于金属再结晶温度下进行的锻压，通常所说的冷锻压多专指在常温下的锻压。在常温下冷锻压成形的工件，其形状和尺寸精度高，表面光洁，加工工序少，便于自动化生产。许多冷锻、冷冲压件可以直接用作零件或制品，而不再需要切削加工。但冷锻压时，因金属的塑性低，变形时易产生开裂，变形抗力大，所以需要大吨位的锻压机械。

3）温锻压是在高于常温但又不超过再结晶温度下进行的锻压。温锻压的精度较高，表面较光洁而变形抗力不大。

4）等温锻压是在整个成形过程中坯料温度保持恒定值的锻压方法。等温锻压是为了充分利用某些金属在同一温度下所具有的高塑性，或是为了获得特定的组织和性能。等温锻压需要将模具和坯料一起保持恒温，所需费用较高，仅用于特殊的锻压工艺，如超塑成形。

未来锻压工艺将向提高锻压件的内在质量，发展精密锻造和精密冲压技术，研制生产率和自动化程度更高的锻压设备和锻压生产线，开发柔性锻压成形系统、新型锻压材料和锻压加工方法等方面发展。

提高锻压件的内在质量，主要是提高它们的力学性能（强度、塑性、韧性、疲劳强度）和可靠度。这需要更好地应用金属塑性变形理论，应用内在质量更好的材料，正确进行锻前加热和锻造热处理，对锻压件进行更严格和更广泛的无损探伤。

少、无切削加工是机械工业提高材料利用率、劳动生产率和降低能源消耗的最重要的措施和方向。锻坯少、无氧化加热，以及高硬、耐磨、长寿模具材料和表面处理方法的发展，将有利于精密锻造、精密冲压的扩大应用。

第二节　金属冷加工工艺

金属冷加工就是在常温下用刀具或模具把金属材料上多余的部分切去或使之改变形状，获得符合要求的几何形状、尺寸及表面粗糙度的加工过程。金属冷加工可分为金属切削加工（车、铣、磨、刨、钻）、冷冲压（冷挤压）和冷旋压等。

一、金属切削加工的工艺特点

金属切削加工虽有多种不同的形式，但是，它们在很多方面（如切削时的运动、切削工具以及切削过程等）都有着共同的现象和规律。

（一）车削加工

车削时，工件做旋转的主运动，刀具做直行的进给运动，见图 11-1。大部分回转体表面可以在车床上加工。

1）易于保证轴、套、盘等回转体类零件各表面的位置精度。

2）适合于有色金属零件的精加工。当有色金属的轴类零件要求较高的精度和小的粗糙度时，若用磨削，则砂轮容易堵塞，导致加工困难。这时，可用精车加工，即在车床上以很小的切深、进给量及很高的切削速度进行加工。

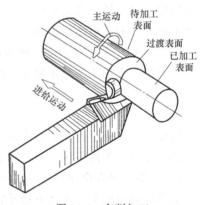

图 11-1　车削加工

3）切削过程比较平稳。车削时切削过程是连续的，而且切削面积是不变的。所以切削力变化小，切削过程比其他过程（如刨削、铣削等）平稳。

4）刀具简单。车刀是刀具中最简单的一种，制造、刃磨和装夹均较方便，这就便于根据具体加工要求，选用合理的角度，有利于提高加工质量和生产效率。

（二）铣削加工

铣削时，铣刀做旋转的主运动，工件一般作直线的进给运动（也可固定不动，而铣刀做进给运动），铣削是平面加工的主要方法之一，见图 11-2。

1）铣削加工时每个刀齿不均匀、不连续切削，切入和切离工件时均会引起冲击和振动。

2）铣刀每一切削刃在进入切削前，均要在工件已加工表面滑行一段距离，从而加剧了切削刃与工件之间的摩擦，引起切削温度升高，表面冷硬程度增加，刀具磨损加剧。

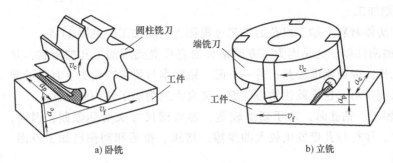

a) 卧铣　　　　　　　　　　b) 立铣

图 11-2　铣削加工

3）铣削时由于切削层参数及切削力是变化的，容易引起振动，使铣削加工的零件难以获得高的精度和小的表面粗糙度。

4）由于铣削时参加切削的刀齿较多，生产率较高。

（三）磨削加工

磨削实质上是用砂轮上的磨料自工件表面层切除细微切屑的过程，见图 11-3。磨削是零件精加工的主要方法之一，磨削不仅能加工一般材料（如碳钢、铸铁和有色金属等），还可以加工一般金属刀具难以加工的硬材料（如淬火钢、硬质合金等）。

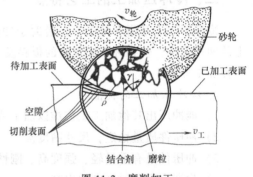

图 11-3　磨削加工

1）可以加工出高精度和表面粗糙度小的表面。

2）磨削温度高。在磨削过程中，一方面由于砂轮的高速旋转，砂轮与工件间产生剧烈的外摩擦；另一方面由于磨粒挤压工件表层，使其发生弹性和塑性变形，在工件材料内部发生剧烈的内摩擦。内、外摩擦的结果是产生了大量的磨削热。由于砂轮本身传热性很差，磨削区瞬时所产生的大量热量，短时间来不及传出。因此，工件表面容易产生烧伤现象，淬硬钢在磨削时更易发生退火，使表面硬度降低。

对于导热性差的材料在磨削高温的作用下，容易在工件内部与表面之间产生很大的温度差，致使工件表层产生磨削应力和应变。有时能使工件表面产生很细的磨削裂纹，降低表面质量。

为了减少磨削时的高温对加工质量的影响，在磨削过程中，应采用大量的切削液，以降低磨削温度。

（四）刨削加工

刨削是最普遍的平面加工方法之一，见图 11-4。它的主要特点是主运动为直线往复运动，并断续加工零件表面。由于空程、冲击和惯性力等，限制了刨削生产率和精度的提高。

1）机床刀具简单、通用性好。

2）生产率较低。因为刨刀回程时不切削，加工不是连续的，且进行加工时一般用单刃刨刀。

3）加工精度较低。

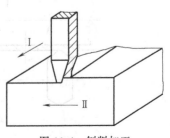

图 11-4　刨削加工

（五）钻削加工

用钻头在实体材料上加工出孔的工艺过程称为钻削加工，见图 11-5。

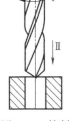

1）刀具的刚性差。这是因为一方面钻头的直径受到所加工孔的限制，并且钻头一般较长，因而刚度较差；另一方面，钻削本身要求在钻头上有尽可能大的容屑槽以利排屑，这样就使钻心变细，又大大地削弱了钻头的刚性。

2）排屑困难。钻孔时，由于切屑较宽，容屑槽尺寸又受到限制，因而，在排屑过程中，往往与孔壁发生较大的摩擦，挤压、拉毛和刮伤已加工表面，降低表面质量。

图 11-5　钻削加工

3）切削热不易传散。由于钻削是一种半封闭式的切削过程，造成钻削时所产生的热量不易传散。

二、冷冲压加工的工艺特点

冷冲压加工是指在常温下，借助于冲压设备（压力机）所提供的压力，通过安装在其上的冲压模具，使各种不同规格的板料发生塑性变形或分离，制成所需尺寸及形状的零件的一种加工方法。

1. 冷冲压加工的优点
1）能冲压出其他加工工艺难以加工或无法加工的形状复杂的制件。
2）冲压件质量稳定，尺寸精度高。
3）冲压件具有重量轻、强度高、刚性好和表面粗糙度小等特点。
4）生产率高，材料利用率高。
5）易于实现机械化与自动化生产。

2. 冷冲压加工的缺点
1）冷冲压模具制造周期长、制造成本高。
2）不适于单件小批量生产。
3）生产环境差、加工噪声大。

三、冷旋压加工的工艺特点

冷旋压加工就是在常温下，利用工具依次对工件的极小部分连续地施加压力而使其逐渐成形的一种工艺方法，见图 11-6。

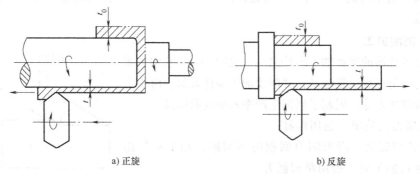

a）正旋　　　　　　　　　　　　b）反旋

图 11-6　冷旋压加工

1）产品精度高、表面粗糙度小。

2）产品性能好。冷旋压成形后的产品晶粒被拉长，见图11-7。并具有明显的纤维组织，强度和硬度都有不同程度的提高，但伸长率相应下降。

3）材料利用率高、产品成本低。由于冷旋压件的尺寸非常接近于成品，机械加工余量很小，因而材料利用率相当高，并相应地降低了生产成本。

4）工艺和装备简单、所需设备吨位小。由于冷旋压允许的变形量大，而且旋压变形工序之间一般不需要进行热处理等中间工序，所以冷旋压工序与冷冲压工艺相比，工序数少，工艺过程简单，工艺装备也大为简化。由于冷旋压是逐点渐进变形，因而旋轮对工件的加压面积非常小，尽管单位压力很高，但总压力并不大。

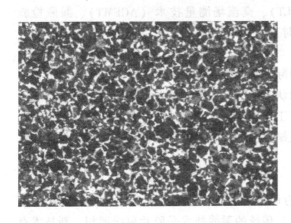

a) 旋压前　100×　　　　　　　　　　　　　　b) 旋压后　200×

图 11-7　冷旋压后晶粒被拉长

5）适用范围广。应用冷旋压技术能制造各种各样的空心零件，其尺寸范围也相当广，直径可由数毫米至数米，壁厚最薄的仅 0.05mm，许多用其他方法难以制造的大型薄壁空心件，都可用冷旋压法制造。

第三节　无损检测基础知识

一、定义

无损检测，也称无损探伤，是指在不损害或影响被检测对象使用性能，不伤害被检测对象内部组织的前提下，利用热、声、光、电、磁等特性，检测被检对象中是否存在缺陷或不均匀性，并给出缺陷的类型、性质、数量、形状、位置、尺寸、分布等信息，进而判定被检对象所处技术状态的所有技术手段。

无损检测技术经历了三个发展阶段：无损探伤、无损检测和无损评价。

二、无损检测的目的

（1）保证产品质量　通过无损检测可以检测出一些原材料和零部件等不允许存在的缺陷并予以消除而保证产品质量。

（2）保障使用安全　通过无损检测可以发现设备试件在使用中产生的缺陷，并予以消除，从而提高了设备在规定使用条件下工作时的可靠性。

（3）改进制造工艺　如对焊接规范、铸造工艺、加工工序的改进等。

（4）降低生产成本　如原材料、制造工序预检，防止不合格品转入下道工序等。

（5）配合失效分析　如对缺陷进行定位，有利于取样、制样等。

三、无损检测常用方法

常用的无损检测方法有目视检测（VT）、涡流检测（ECT）、射线检测（RT）、超声检测（UT）、磁粉检测（MT）和液体渗透检测（PT）。其他无损检测方法有声发射检测（AE）、热像/红外检测（TIR）、泄漏试验（LT）、交流场测量技术（ACFMT）、漏磁检验（MFL）、远场测试检测（RFT）、超声波衍射时差法（TOFD）等。

1. 目视检测（VT）

目视检测，在国内实施得比较少，但在国际上是非常受重视的第一阶段无损检测的首要方法。按照国际惯例，要先做目视检测，以确认不会影响后面的检验，再接着做五大常规检验。目视检测常常用于检查焊缝，焊缝本身有工艺评定标准，可以通过目测和直接测量尺寸来做初步检验。例如发现咬边等不合格的外观缺陷，就要先打磨或者修整，之后才做其他深入的仪器检测。

2. 射线检测（RT）

用 X 射线或 γ 射线穿透试样，以胶片作为记录信息器材的无损检测方法，该方法是最基本的，应用最广泛的一种非破坏性检测方法。传统的射线技术是胶片射线照相。新技术有加速器高能 X 射线照相、数字射线成像（DR）、计算机射线照相（CR，类似于数码照相）、计算机层析成像（CT）、射线衍射等。

原理：射线能穿透肉眼无法穿透的物质使胶片感光，当 X 射线或 γ 射线照射胶片时，与普通光线一样，能使胶片乳剂层中的卤化银产生潜影，由于不同密度的物质对射线的吸收系数不同，照射到胶片各处的射线强度也就会产生差异，便可根据底片各处黑度差来判别缺陷。

总的来说，RT 的定性更准确，有可供长期保存的直观图像，但总体成本相对较高，而且射线对人体有害，检测速度较慢。

3. 超声检测（UT）

原理：通过超声波与试件相互作用，就反射、透射和散射的波进行研究，对试件进行宏观缺陷检测、几何特性测量、组织结构和力学性能变化的检测和表征，并进而对其特定应用进行评价。传统的超声检测技术是 A 型超声（A 扫描超声，即 A 超）。新技术有 B 扫描超声（B 超）、C 扫描超声（C 超）、超声衍射（TOFD）、相控阵超声、共振超声、电磁超声、超声导波等。

超声波检测适用于金属、非金属和复合材料等多种试件的无损检测。可对较大厚度范围内的试件内部缺陷进行检测，而且缺陷定位较准确，对面积型缺陷的检出率较高；灵敏度高，可检测试件内部尺寸很小的缺陷；并且检测成本低、速度快，设备轻便，对人体及环境无害，现场使用较方便。但其对具有复杂形状或不规则外形的试件进行超声检测有困难；并且缺陷的位置、取向、形状以及材质和晶粒度等都对检测结果有一定影响，检测结果无法直接见证记录。

4. 磁粉检测（MT）

原理：铁磁性材料和工件被磁化后，由于不连续性的存在，使工件表面和近表面的磁力线发生局部畸变而产生漏磁场，吸附施加在工件表面的磁粉，形成在合适光照下目视可见的磁痕，从而显示出不连续性的位置、形状和大小。

磁粉检测适用于检测铁磁性材料表面和近表面尺寸很小、间隙极窄（如可检测出长0.1mm、宽为微米级的裂纹），目视难以看出的不连续性缺陷；也可对原材料、半成品、成品工件和在役零部件检测；还可对板材、型材、管材、棒材、焊件、铸钢件及锻钢件进行检测，可发现裂纹、夹杂、发纹、白点、折叠、冷隔和疏松等缺陷。

但磁粉检测不能检测奥氏体不锈钢材料和用奥氏体不锈钢焊条焊接的焊缝，也不能检测铜、铝、镁、钛等非磁性材料。对于表面浅的划伤、埋藏较深的孔洞以及与工件表面夹角小于20°的分层和折叠也难以发现。

5. 渗透检测（PT）

原理：零件表面被施涂含有荧光染料或着色染料的渗透剂后，在毛细管作用下，经过一段时间，渗透液可以渗透进表面开口缺陷中，经去除零件表面多余的渗透液后，再在零件表面施涂显像剂，同样，在毛细管的作用下，显像剂将吸引缺陷中保留的渗透液，渗透液回渗到显像剂中，在一定的光源下（紫外线或白光），缺陷处的渗透液痕迹被显现（黄绿色或鲜艳红色荧光），从而探测出缺陷的形貌及分布状态。

渗透检测可检测各种材料，包括金属、非金属材料，磁性、非磁性材料，焊接、锻造、轧制等加工方式加工的零件等。具有较高的灵敏度（可发现0.1μm宽的缺陷），同时显示直观、操作方便、检测费用低。但它只能检出表面开口的缺陷，不适于检测多孔性疏松材料制成的工件和表面粗糙的工件；只能检出缺陷的表面分布，难以确定缺陷的实际深度，因而很难对缺陷做出定量评价，检出结果受操作者的影响也较大。

6. 涡流检测（ECT）

原理：将通有交流电的线圈置于待测的金属板上或套在待测的金属管外。这时线圈内及其附近将产生交变磁场，使试件中产生呈涡状的感应交变电流，称为涡流。涡流的分布和大小，除与线圈的形状和尺寸、交流电电流的大小和频率等有关外，还取决于试件的电导率、磁导率、形状和尺寸、与线圈的距离以及表面有无裂纹缺陷等。因此，在保持其他因素相对不变的条件下，用一探测线圈测量涡流所引起的磁场变化，可推知试样中涡流的大小和相位变化，进而获得有关电导率、缺陷、材质状况和其他物理量（如形状、尺寸等）的变化或缺陷存在等信息。但由于涡流是交变电流，具有集肤效应，所检测到的信息仅能反映试样表面或近表面处的情况。

按试样的形状和检测目的的不同，可采用不同形式的线圈，通常有穿过式、探头式和插入式三种。穿过式线圈用来检测管材、棒材和线材，它的内径略大于被检物体，使用时使被检物体以一定的速度在线圈内通过，可发现裂纹、夹杂、凹坑等缺陷。探头式线圈适用于对试样进行局部探测，应用时线圈置于金属板、管或其他零件上，可检查飞机起落撑杆内筒和涡轮发动机叶片上的疲劳裂纹等。插入式线圈也称内部探头，放在管子或零件的孔内做内壁检测，可用于检查各种管道内壁的腐蚀程度等。为了提高检测灵敏度，探头式和插入式线圈大多装有磁芯。

涡流检测主要用于生产线上的金属管、棒、线的快速检测以及大批量零件（如轴承钢球、气门等）的探伤（这时除涡流仪器外，尚须配备自动装卸和传送的机械装置）、材质分选和硬度测量，也可用来测量镀层和涂膜的厚度。

涡流检测时线圈不须与被测物直接接触，可进行高速检测，易于实现自动化，但不适用于形状复杂的零件，而且只能检测导电材料的表面和近表面缺陷，检测结果也易于受到材料本身及其他因素的干扰。

7. 声发射检测（AE）

通过接收和分析材料的声发射信号来评定材料性能或结构完整性的无损检测方法。材料中因裂纹扩展、塑性变形或相变等引起应变能快速释放而产生的应力波现象称为声发射。1950 年，德国 J. 凯泽对金属中的声发射现象进行了系统的研究。1964 年，美国首先将声发射检测技术应用于火箭发动机壳体的质量检验并取得成功。此后，声发射检测方法获得迅速发展。这是一种新增的无损检测方法，通过材料内部的裂纹扩张等发出的声音进行检测。主要用于检测在用设备、器件的缺陷发展情况，以判断其良好性。

声发射技术的应用已较广泛。可以用声发射鉴定不同塑性变形的类型、研究断裂过程并区分断裂方式、检测出小于 0.01mm 长的裂纹扩展、研究应力腐蚀断裂和氢脆、检测马氏体相变、评价表面化学热处理渗层的脆性以及监视焊后裂纹的产生和扩展等。在工业生产中，声发射技术已用于压力容器、锅炉、管道和火箭发动机壳体等大型构件的水压检验，评定缺陷的危险性等级，进行实时报警。在生产过程中，用声发射技术可以连续监视高压容器、核反应堆容器和海底采油装置等构件的完整性。声发射技术还应用于测量固体火箭发动机中火药的燃烧速度和研究燃烧过程，检测渗漏；研究岩石的断裂，监视矿井的崩塌，并预报矿井的安全性。

四、无损检测的特点

（1）非破坏性　在获得检测结果的同时，除了剔除不合格品外，不损失零件。因此，检测规模不受零件多少的限制，既可抽样检测，又可在必要时采用普检。因而更具有灵活性（普检、抽检均可）和可靠性。

（2）互容性　指检测方法的互容性，即同一零件可同时或依次采用不同的检测方法；而且又可重复地进行同一检测。这也是非破坏性检测带来的好处。

（3）动态性　无损检测方法可对使用中的零件进行检测，而且能够适时考察产品运行期的累计影响。因而，可查明结构的失效机理。

（4）严格性　首先无损检测需要专用仪器、设备；同时也需要专门训练的检测人员，按照严格的规程和标准进行操作。

（5）检测结果的分歧性　不同的检测人员对同一试样的检测结果可能有分歧，经常需要"会诊"。

第四节　复合材料制造工艺

复合材料是由两种及两种以上不同性质的材料，通过物理或化学的方法，在宏观尺度上组成的具有新性能的材料。

一、复合材料的分类及特点

1. 分类

复合材料按其结构特点可分为纤维增强复合材料、夹层复合材料、细粒复合材料和混杂复合材料，按照基体材料不同可分为树脂基复合材料、金属基复合材料、陶瓷基复合材料。

2. 特点

复合材料是由基体与功能体构成的多相材料，基体主要起黏结作用，也可发挥功能作用，复合材料的功能特性主要由功能体提供，加入不同特性的功能体可得到特性各异的复合材料，复合材料具有以下特点：

1）根据需要可设计和制备不同功能的复合材料。
2）复合材料性价比高于结构材料。
3）可以小批量，多品种进行生产。
4）研制周期短。
5）适用于特殊用途。

二、复合材料的增强机制

1. 颗粒复合材料增强机制

（1）颗粒阻碍基体位错运动强化　基体是承受外来载荷相，颗粒起阻碍基体位错运动的作用，降低位错流动性，发挥强化作用。

（2）不均匀变形引起位错增殖强化　颗粒复合材料的变形属于不均匀变形，导致界面变形的不匹配，产生变形应力，该应力的释放导致位错摩擦、缠绕加剧，形成亚晶，起到强化作用。

（3）弥散和 Orowan 强化

1）小颗粒增强颗粒对晶界的钉扎作用，可细化复合材料基体的晶粒，实现基体的细晶强化。

2）当增强颗粒的体积分数一定时，粒子尺寸越小，粒子间距就越小，由于小颗粒粒子为不可穿透的硬粒子，变形过程中位错运动只能绕过粒子，从而增加了位错密度，实现了位错强化。

3）刚性颗粒使基体加工硬化率提高，增强颗粒的存在会影响穿晶断裂的路径，消化更多的断裂能，提高材料的强度。

2. 纤维复合材料增强机制

基体不是主承力相，通过界面将载荷有效地传递到晶须、纤维等主承力相，由于组分变形的差异，在基体上产生剪切应变，通过界面将外力转递到纤维上，起到强化效果。

三、复合材料的界面

1. 概述

复合材料不同组元相接触的界面结构随组元而异，界面不是一个单纯的几何面，而是一个多层的过渡区域，界面区是从增强体内部性质不同的某一点开始，直至与基体内整体性质相一致的点之间的区域。

2. 界面种类

（1）聚合物基复合材料界面　在材料的成形过程中，通过物理或化学的变形而固化，形成稳定的界面层。

（2）金属基复合材料界面　界面是基体与增强体相互扩散、相互作用形成化合物，在增强物质表面进行预处理形成的区域。

（3）陶瓷基复合材料界面　界面是增强体与基体的相互作用区域，由于相互作用的差异，导致该区域化学成分和结构变化，产生原子扩散，在该区域可发生化学反应形成化合物，也可不反应形成化合物。

3. 复合材料界面性质的表征

目前复合材料界面性质的表征方法包括宏观和微观两个主要表征方法，其分析数据与复合材料的性能进行对应，对设计预期性能的复合材料具有重要意义。

（1）宏观表征方法　利用色度、复合界面的形态、界面层结构、界面残余应力确定组分的含量、界面对整体性能的影响的方法。

1）界面形态的表征：可通过计算机图像处理技术研究复合材料的界面形态，并测试界面层厚度，与界面性能建立关系，保证界面成像清晰，界面参数可量化。

2）界面层结构的表征：通过构建复合材料模型，利用拉曼光谱特征表征界面层结构，并通过多次扫描或改变光源波长的方式，研究不同工艺下的界面层结构的变化规律。

3）界面残余应力的表征：目前采用的主要方法包括同步辐射连续 X 射线能量色散法和聚束电子衍射法测定复合材料界面附件的应力和应力变化。

（2）微观表征方法　界面的微观结构特征可通过先进仪器观察分析，包括俄歇电子谱仪（AES）、电子探针（EP）、X 射线电子能谱仪（XPS）、扫描二次离子质谱仪（SSIMS）、电子能量损失仪（EELS）、X 射线反射谱仪（GAXP）、透射电子显微镜（TEM）、扫描电镜（SEM）、辉光放电光谱仪（GDS）等。

（3）树脂基复合材料的界面表征示例

1）界面强度表征：三点弯曲法、单纤维试验法、微压入试验法、声发射法。

2）界面结构表征：界面微观结构、形貌、厚度可通过俄歇电子谱仪、电子探针、X 射线电子能谱仪、扫描二次离子质谱仪、电子能量损失仪、X 射线反射谱仪、透射电子显微镜、扫描电镜、拉曼光谱进行分析。

4. 界面改善方法

复合材料的界面层或界面相的好坏是决定复合材料性质的关键因素之一，需要根据成形、化合、物理填充等原理，开展复合材料界面方法研究，目前界面改善的主要方法有诱导界面结晶法、纳米材料、制造弹性界面相法、聚合包覆刚性粒子、制成有芯壳粒子的复合材料、形成互穿网络。

四、复合材料制备方法

（一）概述

复合材料是用两种或多种组分按一定方式组合而成的材料，通过工艺的设计和合理的制备方法，使得组元间性能互补，其许多性能优于单组分材料，具有刚度高、轻量化、耐腐蚀、耐高温等特点，并具有电学、光学、声学、热学、磁学等特性。

(二) 复合材料的制备工艺和方法

1. 聚合物基复合材料工艺及方法

聚合物基复合材料的制备主要受到成形固化工艺的影响,目前主要的成形方法有:手糊成形-湿法铺层成形、真空袋压法成形、压力袋成形、树脂注射和树脂传递成形、喷射成形、真空辅助树脂注射成形、夹层结构成形、模压成形、注射成形、挤出成形、纤维缠绕成形、拉挤成形、拉续板材成形、层压或卷制成形、热塑性片膜塑料冲压成形、离心浇铸成形。采用晶须增强增韧聚合物基复合材料,其拉伸强度可提高 70% 左右,拉伸形变率可提高 6% 左右,拉伸功几乎提高 100%。

手糊工艺:其工艺流程为在磨具上涂刷含有固化剂的树脂混合物,在其上铺一层一定尺寸的纤维物,采用物理方法压挤织物,使其均匀浸胶,然后按此工艺反复进行,直至达到所需厚度,将该涂敷层在一定压力加热固化成形制成复合材料。该种工艺制成的复合材料性能稳定性不高,产品力学性能较低,其优点是耐蚀性好。

2. 金属基复合材料制备工艺及方法

金属基复合材料的成形加工技术因基体材料的差异而不同,其制备方法有铸造法、粉末冶金复合法、搅拌法。铸造方法主要有压力铸造法、机械搅拌法、喷射分散法、离心铸造法、中间合金法、涂覆铸造法、渗透铸造法。

喷射分散法:用粉末冶金工艺,如通过将铝和铝锂复合材料填充陶瓷颗粒,可提高材料强度、模量和耐热性。使用碳化硅纤维对金属合金基体进行增强不仅可以有效提高其力学性能,而且可以使材料的工作温度提高 100℃~200℃。

铸造凝固复合法:在基体处于熔融状态下,采取外加和内生增强颗粒的复合方法,该种方法可有效提高基体的硬度和耐磨性。

粉末冶金复合法:该工艺是将金属粉末和强化颗粒混合,采用热压或烧结的方式进行复合材料制备,并可进行挤、轧、锻等塑性成形方式加工,得到粉末冶金复合材料制品,该工艺可提升耐磨材料的耐磨性和多孔材料的强度。采用该方法制备的复合材料,其功能层的高温寿命、耐磨性有较大的提升。如在 Fe-1.5Cu-1.8Ni-0.5Mo-1C 基体中加入质量分数 1%~2% 的 WC 增强颗粒,复合材料的硬度 (HRB) 提升了 12.9%~14.3%,磨损量降低了 50%~52.1%。

3. 陶瓷基复合材料制备工艺及方法

陶瓷基复合材料的成形方法包括:泥浆浇铸法、热压烧结法、浸渍法。由于陶瓷具有耐高温、高强度、相对重量轻、耐腐蚀等优异性能,而其弱点是具有脆性,处于应力状态时,会产生裂纹,甚至断裂导致材料失效。采用高强度、高弹性的纤维与基体复合,纤维能阻止裂纹的扩展,从而得到有优良韧性的纤维增强陶瓷基复合材料。

陶瓷基复合材料已用作液体火箭发动机喷管、飞机制动盘、高档汽车制动盘等耐高温零部件,成为耐高温材料发展的一个重要方向。陶瓷基复合材料的工作温度高达 1650℃,能够简化甚至省去冷却结构,在无冷却结构的条件下,可以在 1200℃ 的环境中长期使用。如制备 SiC_f/SiC 和 C_f/SiC 陶瓷基复合材料,其弯曲强度分别达到 498MPa 和 595MPa,表现出优良的力学性能。

4. 水泥基复合材料加工技术

粉末状物质,加入适量水后成为塑性浆体,既能在空气中硬化,又能在水中硬化,并能将砂石颗粒、纤维材料牢固结合在一起的水硬性胶凝材料，通称为水泥。目前增强水泥的成形方法有：直接喷射法、喷射脱水法、预混料浇铸法、压力法、离心成形法。

如制备的超高韧性水泥基复合材料，极限拉应变可以稳定地达到3%以上，是混凝土的几百倍，与此同时，该材料也展示出了良好的裂纹宽度控制能力，即使在载荷达到峰值的情况下，对应的裂纹宽度仍可以有效地控制在100nm以内，有些甚至可以控制在50nm以内，可以称为无缝混凝土。

5. 碳-碳复合材料成形加工技术

碳-碳复合材料是碳纤维及其织物增强的碳基复合材料，具有低密度、高强度、高比模量、高导热性、低膨胀系数及抗热冲击性能好、尺寸稳定性高等优点，目前是1650℃以上耐高温材料的发展方向之一，最高理论温度可达2600℃。如国外开发的高强度、高模量和轻量特性的碳-碳复合材料弹簧，从常温至2000℃高温均可维持60kgf/mm（588MPa）的强度，在高温下具有优良的弹簧特性。

碳-碳复合材料成形加工技术根据基体和增强相的不同有所差异，对于碳纤维成形物一般选取CVD渗透技术，对于预浸物选取热压成形法，对于短纤维与沥青组成的树脂混合物采用喷射成形法。

思　考　题

1. 简述熔炼的分类和特点。
2. 简述离心铸造的过程和特点。
3. 简述车削加工的特点。
4. 简述磨削加工的特点。
5. 常用无损检测方法有哪些？优缺点是什么？
6. 无损检测的特点是什么？
7. 简述复合材料的分类和特点。
8. 简述复合材料界面的特征。
9. 简述复合材料制备工艺及方法。
10. 简述复合材料界面的表征方法。

参 考 文 献

[1] 刘宗昌，等．金属学与热处理［M］．北京：化学工业出版社，2008．

[2] 谭家骏．金属材料及热处理专业知识解答［M］．北京：国防工业出版社，1997．

[3] 李超．金属学原理［M］．哈尔滨：哈尔滨工业大学出版社，1989．

[4] 刘国勋．金属学原理［M］．北京：冶金工业出版社，1979．

[5] 国家职业资格培训教材编审委员会．热处理工：中级［M］．北京：机械工业出版社，2006．

[6] 上海交通大学《金相分析》编写组．金相分析［M］．北京：国防工业出版社，1982．

[7] 石德珂．材料科学基础［M］．北京：机械工业出版社，2000．

[8] 戚正风．金属热处理原理［M］．北京：机械工业出版社，1987．

[9] 机械工业技师考评培训教材编审委员会．热处理工技师培训教材［M］．北京：机械工业出版社，2001．

[10] 王淑花．热处理设备［M］．哈尔滨：哈尔滨工业大学出版社，2011．

[11] 王书田．热处理设备［M］．长沙：中南大学出版社，2011．

[12] 马伯龙．热处理设备及其使用与维修［M］．北京：机械工业出版社，2011．

[13] 张立文．热处理工艺与设备［M］．大连：大连理工大学出版社，2018．

[14] 全国铸造标准化技术委员会．蠕墨铸铁金相检验：GB/T 26656—2011［S］．北京：中国标准出版社，2011．

[15] 全国铸造标准化技术委员会．球墨铸铁金相检验：GB/T 9441—2009［S］．北京：中国标准出版社，2009．

[16] 全国铸造标准化技术委员会．灰铸铁金相检验：GB/T 7216—2009［S］．北京：中国标准出版社，2009．

[17] 全国钢标准化技术委员会．钢的硫印检验方法：GB/T 4236—2016［S］．北京：中国标准出版社，2016．

[18] 全国钢标准化技术委员会．钢中非金属夹杂物的检验 塔形发纹酸浸法：GB/T 15711—2018［S］．北京：中国标准出版社，2018．

[19] 全国钢标准化技术委员会．钢材断口检验法：GB/T 1814—1979［S］．北京：中国标准出版社，1979．

[20] 全国钢标准化技术委员会．钢的低倍组织及缺陷酸蚀检验法：GB/T 226—2015［S］．北京：中国标准出版社，2015．

[21] 全国钢标准化技术委员会．结构钢低倍组织缺陷评级图：GB/T 1979—2001［S］．北京：中国标准出版社，2001．

[22] 全国钢标准化技术委员会．金属材料 顶锻试验方法：YB/T 5293—2014［S］．北京：冶金工业出版社，2014．

[23] 全国铸造标准化技术委员会．可锻铸铁金相检验：GB/T 25746—2010［S］．北京：中国标准出版社，2010．

[24] 张博．金相检验［M］．2版．北京：机械工业出版社，2014．

[25] 邓文英．金属工艺学［M］．北京：高等教育出版社，1991．

[26] 毕革平，杨栋．金相显微镜数字照相及图像分析的方法确认［J］．理化检验：物理分册，2007，43（1）：23-26．

[27] 毕革平，吴京利，李江豫，等．数码照相技术在金相显微镜上的应用［J］．钢铁研究学报，1999，

11（6）：57-59.

[28] 毕革平，林家明，吴伯群. 金相显微镜数码化照相系统［J］. 材料工程，2000（5）：45-48.

[29] 冶金工业部钢铁研究总院. 一种实现显微镜照相系统计算机化的方法：CN98120459.7［P/OL］. ［2004-01-28］. https://www.xaecong.com/zhuanli/zhuanli_462745.html.

[30] 中国合格评定国家认可委员会. 检测和校准实验室能力认可准则：CNAS-CL01：2005［S］. 北京：中国标准出版社，2005.

[31] 于起峰. 基于图像的精密测量与运动测量［M］. 北京：科学出版社，2002.

[32] 张小喜，毕革平. 金属图像处理算法的研究［J］. 北京理工大学学报，2000，20（6）：668-671.

[33] 马金鑫，朱国凯. 扫描电子显微镜入门［M］. 北京：科学出版社，1985.

[34] 张清敏，徐濮. 扫描电子显微镜和X射线微区分析［M］. 天津：南开大学出版社，1988.

[35] 周丽花. JSM-6700F冷场发射扫描电镜的日常维护及常见故障排除［J］. 现代科学仪器，2012（6）：184-187.

[36] 中国机械工程学会热处理专业分会《热处理手册》编委会. 热处理手册：第1卷［M］. 3版. 北京：机械工业出版社，2001.

[37] 机械工业部北京机电研究所. 钢铁材料渗氮层金相组织图谱［M］. 北京：机械工业出版社，1986.

[38] 王国佐，王万智. 钢的化学热处理［M］. 北京：中国铁道出版社，1980.

[39] 中国腐蚀与防护学会《金属防腐蚀手册》编写组. 金属防腐蚀手册［M］. 上海：上海科学技术出版社，1989.

[40] 全国热处理标准化技术委员会. 金属热处理工艺 术语：GB/T 7232—2012［S］. 北京：中国标准出版社，2012.

[41] 全国钢标准化技术委员会. 钢中非金属夹杂物含量的测定 标准评级图显微检验法：GB/T 10561—2005［S］. 北京：中国标准出版社，2005.

[42] 全国钢标准化技术委员会. 金属平均晶粒度测定方法：GB/T 6394—2017［S］. 北京：中国标准出版社，2017.

[43] 全国钢标准化技术委员会. 钢的脱碳层深度测定法：GB/T 224—2019［S］. 北京：中国标准出版社，2019.

[44] 全国钢标准化技术委员会. 应用自动图像分析测定钢和其他金属中金相组织、夹杂物含量和级别的标准试验方法 第1部分：钢和其他金属中夹杂物或第二相组织含量的图像分析与体视学测定：GB/T 18876.1—2002［S］. 北京：中国标准出版社，2002.

[45] 全国钢标准化技术委员会. 低碳钢冷轧薄板铁素体晶粒度测定法：GB/T 4335—2013［S］. 北京：中国标准出版社，2014.

[46] 全国热处理标准化技术委员会. 钢件渗碳淬火硬化层深度的测定和校核：GB/T 9450—2005［S］. 北京：中国标准出版社，2005.

[47] 全国热处理标准化技术委员会. 钢件薄表面总硬化层深度或有效硬化层深度的测定：GB/T 9451—2005［S］. 北京：中国标准出版社，2005.

[48] 全国热处理标准化技术委员会. 钢铁零件渗氮层深度测定和金相组织检验：GB/T 11354—2005［S］. 北京：中国标准出版社，2005.

[49] 任颂赞，叶俭，陈德华. 金相分析原理及技术［M］. 上海：上海科学技术文献出版社，2013.

[50] 李炯辉，林德成. 金属材料金相图谱［M］. 北京：机械工业出版社，2006.

[51] 机械工业理化检验人员技术培训和资格鉴定委员会. 金相检验［M］. 北京：中国计量出版社，2008.

[52] 戴起勋. 金属材料学［M］. 北京：化学工业出版社，2005.

[53] 王英杰. 金属工艺学［M］. 北京：机械工业出版社，2008.

[54] 丁建生. 金属学与热处理 [M]. 北京：机械工业出版社，2004.

[55] 上海市机械制造工艺研究所. 金相分析技术 [M]. 上海：上海科学技术文献出版社，1987.

[56] 项程云. 合金结构钢 [M]. 北京：冶金工业出版社，1999.

[57] 《高温合金金相图谱》编写组. 高温合金金相图谱 [M]. 北京：冶金工业出版社，1979.

[58] 郭建亭. 高温合金材料学：上册 [M]. 北京：科学出版社，2008.

[59] 张博. 金相检验 [M]. 北京：机械工业出版社，2009.

[60] 李炯辉. 金属材料金相图谱数字化手册 [M]. 北京：机械工业出版社，2015.

[61] 黄积荣. 铸造合金金相图谱 [M]. 北京：机械工业出版社，1983.

[62] 金相图谱编写组. 变形铝合金金相图谱 [M]. 北京：冶金工业出版社，1975.

[63] 洛阳铜加工厂中心试验室金相组. 铜及铜合金金相图谱 [M]. 北京：冶金工业出版社，1983.

[64] 路俊攀，李湘海. 加工铜及铜合金金相图谱 [M]. 长沙：中南大学出版社，2010.

[65] 赵永庆，洪权，葛鹏. 钛及钛合金金相图谱 [M]. 长沙：中南大学出版社，2015.

[66] 《粉末冶金金相图谱》编写组. 粉末冶金金相图谱 [M]. 北京：机械工业出版社，1980.

[67] 机械工业系统理化检验协作网，《理化检验》编辑部. 金相检验 [M]. 上海：《理化检验》编辑部，1983.

[68] 桂立丰，唐汝钧. 机械工程材料测试手册：物理金相卷 [M]. 沈阳：辽宁科学技术出版社，1999.

[69] 岗特·裴卓. 金相浸蚀手册 [M]. 李新立，译. 北京：科学普及出版社，1982.

[70] 科瓦连科 B C. 金相显示剂手册 [M]. 李云盛，郑运荣，译. 北京：国防工业出版社，1983.

[71] 傅积和，孙玉林. 焊接数据资料手册 [M]. 北京：机械工业出版社，1997.

[72] 中国机械工程学会焊接学会. 焊接金相图谱 [M]. 北京：机械工业出版社，1987.

[73] 陈伯蠡. 焊接工程缺欠分析与对策 [M]. 2版. 北京：机械工业出版社，2006.

[74] 张文钺. 焊接冶金学：基本原理 [M]. 北京：机械工业出版社，1995.

[75] 任颂赞，叶俭，陈德华. 金相分析原理及技术 [M]. 上海：上海科学技术文献出版社，2012.

[76] 中国机械工程学会焊接学会. 焊接手册：第 2 卷　材料的焊接 [M]. 3 版. 北京：机械工业出版社，2013.

[77] 中国机械工程学会焊接学会. 焊接手册：第 1 卷　焊接方法及设备 [M]. 3 版. 北京：机械工业出版社，2015.

[78] 杨川，高国庆，崔国栋. 金属零部件失效分析基础 [M]. 北京：国防工业出版社，2014.

[79] 张栋，钟培道，陶春虎，等. 失效分析 [M]. 北京：国防工业出版社，2004.

[80] 廖景娱. 金属构件失效分析 [M]. 北京：化学工业出版社，2003.

[81] 丁慧麟，金荣芳. 机械零件缺陷、失效分析与实例 [M]. 北京：化学工业出版社，2013.

[82] 刘瑞堂. 机械零件失效分析 [M]. 哈尔滨：哈尔滨工业大学出版社，2005.

[83] 陈德和. 钢的缺陷 [M]. 北京：机械工业出版社，1977.

[84] 王广生. 金属热处理缺陷分析及案例 [M]. 北京：机械工业出版社，1997.

[85] 吕炎. 锻件缺陷分析与对策 [M]. 北京：机械工业出版社，1999.

[86] 李亚江，王娟. 焊接缺陷分析与对策 [M]. 北京：化学工业出版社，2013.

[87] 刘瑞堂. 机械零件失效分析与实例 [M]. 哈尔滨：哈尔滨工业大学出版社，2015.

[88] 邓洪军. 无损检测实训 [M]. 北京：机械工业出版社，2012.

[89] 李国华，吴淼. 现代无损检测与评价 [M]. 北京：化学工业出版社，2009.

[90] 张俊哲. 无损检测技术及其应用 [M]. 2 版. 北京：科学出版社，2010.

[91] 王仲生，万小朋. 无损检测诊断现场实用技术 [M]. 北京：机械工业出版社，2003.

[92] 王荣国，武卫莉，谷万里. 复合材料概论 [M]. 哈尔滨：哈尔滨工业大学出版社，1999.